全国高职高专临床医学专业"十三五"规划教材

（供临床医学、预防医学、口腔医学专业用）

生物化学

主　编　杨留才　杨林娴

副主编　李　红　陈　华　马永超　张媛英

编　者　（以姓氏笔画为序）

马永超（漯河医学高等专科学校）

杨林娴（楚雄医药高等专科学校）

杨留才（江苏医药职业学院）

李　军（楚雄医药高等专科学校）

李　红（安庆医药高等专科学校）

李姝梅（红河卫生职业学院）

张　虎（江苏医药职业学院）

张媛英［山东第一医科大学（山东省医学科学院）］

陈　华（重庆三峡医药高等专科学校）

周治玉（毕节医学高等专科学校）

晁相蓉（山东医学高等专科学校）

韩　冰（菏泽医学专科学校）

中国健康传媒集团

中国医药科技出版社

内 容 提 要

本教材为全国高职高专临床医学专业"十三五"规划教材之一,系根据本套教材的编写指导思想和原则要求,结合专业培养目标和本课程的教学目标、内容与任务要求及临床执业助理医师资格考试的要求编写而成。内容涵盖生物大分子的结构与功能,物质代谢及其调节,生物信号转导,遗传信息传递与表达及调控,肝的生物化学、酸碱平衡和钙、磷、铁代谢等五大基本内容。

本教材为书网融合教材,即纸质教材有机融合电子教材、教学配套资源(PPT、微课、视频、图片等)、题库系统、数字化教学服务(在线教学、在线作业、在线考试)。

本教材供临床医学、预防医学、口腔医学专业专科层次师生使用,也可作为从事医学类相关工作的从业人员、管理工作者的自学、培训、进修教材。

图书在版编目(CIP)数据

生物化学 / 杨留才,杨林娴主编 . —北京:中国医药科技出版社,2018.8

全国高职高专临床医学专业"十三五"规划教材

ISBN 978-7-5214-0108-0

Ⅰ.①生… Ⅱ.①杨… ②杨… Ⅲ.①生物化学-高等职业教育-教材 Ⅳ.①Q5

中国版本图书馆 CIP 数据核字(2018)第 060661 号

美术编辑 陈君杞
版式设计 南博文化

出版 **中国健康传媒集团** | 中国医药科技出版社
地址 北京市海淀区文慧园北路甲 22 号
邮编 100082
电话 发行:010-62227427 邮购:010-62236938
网址 www.cmstp.com
规格 889×1194mm $\frac{1}{16}$
印张 18
字数 383 千字
版次 2018 年 8 月第 1 版
印次 2020 年 7 月第 3 次印刷
印刷 北京市密东印刷有限公司
经销 全国各地新华书店
书号 ISBN 978-7-5214-0108-0
定价 **46.00 元**

获取新书信息、投稿、为图书纠错,请扫码联系我们。

数字化教材编委会

主　编　杨留才　杨林娴
副主编　李　红　陈　华　马永超　张媛英
编　者　（以姓氏笔画为序）
　　　　马永超（漯河医学高等专科学校）
　　　　成秀梅（江苏医药职业学院）
　　　　杨林娴（楚雄医药高等专科学校）
　　　　杨留才（江苏医药职业学院）
　　　　李　军（楚雄医药高等专科学校）
　　　　李　红（安庆医药高等专科学校）
　　　　李姝梅（红河卫生职业学院）
　　　　张　虎（江苏医药职业学院）
　　　　张媛英［山东第一医科大学（山东省医学科学院）］
　　　　陈　华（重庆三峡医药高等专科学校）
　　　　周治玉（毕节医学高等专科学校）
　　　　晁相蓉（山东医学高等专科学校）
　　　　韩　冰（菏泽医学专科学校）
　　　　潘　艳（江苏医药职业学院）

出版说明

　　为贯彻落实国务院办公厅《关于深化医教协同进一步推进医学教育改革与发展的意见》（〔2017〕63号）等有关文件精神，不断推动职业教育教学改革，推进信息技术与医学教育融合，加强医学人才培养，使职业教育切实对接岗位需求，教材内容与形式及呈现方式更加切合现代职业教育需求，适应"3+2"等多种临床医学专科教育人才培养模式改革要求，大力提升临床医学人才培养水平和教育教学质量，培养满足基层医疗卫生服务要求的临床医学专业人才，在教育部、国家卫生健康委员会、国家药品监督管理局的支持下，在本套教材建设指导委员会和评审委员会顾问、华中科技大学同济医学院文历阳教授，主任委员、厦门医学院王斌教授等专家的指导和顶层设计下，中国健康传媒集团·中国医药科技出版社组织全国80余所以高职高专院校及其附属医疗机构为主体的，近300名专家、教师历时近1年精心编撰了"全国高职高专临床医学专业'十三五'规划教材"，该套教材即将付梓出版。

　　本套教材包括高职高专临床医学专业理论课程主干教材共计20门，主要供全国高职高专临床医学专业教学使用，也可供预防医学、口腔医学等专业教学使用。

　　本套教材定位清晰、特色鲜明，主要体现在以下方面。

一、紧扣培养目标，满足培养基层医生需要

　　本套教材的编写，始终坚持"去学科、从目标"的指导思想，淡化学科意识，遵从高职高专临床医学专业培养目标要求，对接职业标准和岗位要求，培养从事基层医疗卫生服务工作（预防、保健、诊断、治疗、康复、健康管理）的高素质实用型医学专门人才，并适应"3+2"等多种临床医学专科教育人才培养模式改革要求。教材内容从理论知识的深度、广度和技术操作、技能训练等方面充分体现了上述要求，特色鲜明。

二、密切联系应用，强化培养岗位胜任能力

　　本套教材理论知识、方法、技术等与基层医疗卫生服务实际紧密联系，体现教材的先进性和适用性，满足"早临床、多临床、反复临床"的培养要求。教材正文中插入编写模块（课堂互动、案例讨论等），起到边读边想、边读边悟、边读边练，做到理论知识与基层医疗实践应用结合，为学生"早临床、多临床、

反复临床"创造学习条件，提升岗位胜任能力。

三、人文融合医学，注重培养人文关怀素养

本套教材公共基础课、医学基础课、临床专业课、人文社科课教材内容选择，面向基层（乡镇、村）、全科导向（全科医疗、全民健康），紧紧围绕基层医生岗位（基本医疗卫生服务、基本公共卫生服务）对知识、能力和素养的基本要求。在强化培养学生病情观察能力和应急处置能力的同时，注重学生职业素养的训练和养成，体现人文关怀。

四、对接考纲，满足医师资格考试要求

本套教材中，涉及执业助理医师资格考试相关课程教材的内容紧密对接执业助理医师资格考试大纲，并插入了执业助理医师资格考试"考点提示"，有助于学生复习考试，提升考试通过率。

五、书网融合，使教与学更便捷、更轻松

全套教材为书网融合教材，即纸质教材与数字教材、配套教学资源、题库系统、数字化教学服务有机融合。通过"一书一码"的强关联，为读者提供全免费增值服务。按教材封底的提示激活教材后，读者可通过 PC、手机阅读电子教材和配套课程资源（PPT、微课、视频、动画、图片、文本等），并可在线进行同步练习，实时反馈答案和解析。同时，读者也可以直接扫描书中二维码，阅读与教材内容关联的课程资源（"扫码学一学"，轻松学习 PPT 课件；"扫码看一看"，即刻浏览微课、视频等教学资源；"扫码练一练"，随时做题检测学习效果），从而丰富学习体验，使学习更便捷。教师可通过 PC 在线创建课程，与学生互动，开展在线课程内容定制、布置和批改作业、在线组织考试、讨论与答疑等教学活动；学生通过 PC、手机均可实现在线作业、在线考试，提升学习效率，使教与学更轻松。此外，平台尚有数据分析、教学诊断等功能，可为教学研究与管理提供技术和数据支撑。

编写出版本套高质量教材，得到了全国知名专家的精心指导和各有关院校领导与编者的大力支持，在此一并表示衷心感谢。出版发行本套教材，希望受到广大师生欢迎，并在教学中积极使用本套教材和提出宝贵意见，以便修订完善。让我们共同打造精品教材，为促进我国高职高专临床医学专业教育教学改革和人才培养做出积极贡献。

中国医药科技出版社

2018 年 5 月

全国高职高专临床医学专业"十三五"规划教材

建设指导委员会

刘圆月（益阳医学高等专科学校）

江秀娟（重庆三峡医药高等专科学校）

孙　静（漯河医学高等专科学校）

苏衍萍［山东第一医科大学（山东省医学科学院）］

杨林娴（楚雄医药高等专科学校）

杨留才（江苏医药职业学院）

杨智昉（上海健康医学院）

李士根（济宁医学院）

李济平（安庆医药高等专科学校）

张加林（楚雄医药高等专科学校）

张兴平（毕节医学高等专科学校）

张爱荣（安庆医药高等专科学校）

陈云华（长沙卫生职业学院）

罗红波（遵义医药高等专科学校）

周少林（江苏医药职业学院）

周鸿艳（厦门医学院）

庞　津（天津医学高等专科学校）

郝军燕（江苏医药职业学院）

秦红兵（江苏医药职业学院）

徐宛玲（漯河医学高等专科学校）

海宇修（曲靖医学高等专科学校）

黄　海（江苏医药职业学院）

崔明辰（漯河医学高等专科学校）

康红钰（漯河医学高等专科学校）

商战平［山东第一医科大学（山东省医学科学院）］

韩中保（江苏医药职业学院）

韩扣兰（江苏医药职业学院）

蔡晓霞（红河卫生职业学院）

全国高职高专临床医学专业"十三五"规划教材

评审委员会

本教材是在贯彻落实国务院办公厅印发的《关于深化医教协同进一步推进医学教育改革与发展的意见》（〔2017〕63号）等医学教育改革文件精神的背景下，在医学教育改革加速发展的新形势下，根据高职高专临床医学专业的培养目标和主要就业方向及职业能力要求，按照本套教材编写指导思想和原则要求，结合本课程的教学大纲，由全国10所院校从事教学与临床一线的教师悉心编写而成。

生物化学是临床医学、预防医学专业以及相关医学专业的核心基础课程，学习本课程可以为后续学习药理学、病理生理学、内科学以及传染病学等课程奠定理论知识和基本技能基础。本教材以临床医学专业综合技能和职业素养培养为目标，根据职业岗位能力和相应工作任务的要求，既注重生物化学基础知识的学习，又强调职业岗位技能的培养，强化"必需、够用"，在兼顾科学性和条理性的基础上，按照临床医学专业的特点，注重教材内容的有效衔接。比如将维生素内容整合为酶与维生素，将核酸化学与代谢内容整合为核酸化学与代谢，而将临床执业助理医师资格考试的非重点内容，如DNA、RNA和蛋白质合成及其调控的内容简略整合成遗传信息的传递与表达，将与临床密切相关的胆色素代谢内容作为重点进行介绍。本教材共13章，主要包括生物大分子的结构与功能，物质代谢及其调节，生物信号转导，遗传信息传递与表达，肝生物化学、酸碱平衡和钙、磷、铁代谢等五大基本内容。

在编写体例上，本教材每章内容均设置了"学习目标""案例讨论""知识链接"或"知识拓展""考点提示"和"本章小结""习题"等。"案例讨论"可以引发学生的学习兴趣，促进学生将所学知识与临床密切联系；"知识链接"或"知识拓展"，便于学生了解相关知识点的背景及新进展；"考点提示"对接临床执业助理医师资格考试大纲知识点；"本章小结"以"思维导图"的形式总结重点内容，便于学生记忆；"习题"与临床执业助理医师考试密切联系，便于复习及检查学习效果。

本教材为书网融合教材，即纸质教材有机融合电子教材、教学配套资源（PPT、微课、视频、图片等）、题库系统、数字化教学服务（在线教学、在线作业、在线考试），形式多样，内容丰富，生动形象，学习者通过手机扫描纸质教材相关内容的二维码即可阅读。

本教材供临床医学、预防医学、口腔医学专业专科层次师生使用，也可作为从事医学类相关工作的从业人员、管理工作者的自学、培训、进修教材。

本教材编写分工如下：第一章和第三章由江苏医药职业学院杨留才编写；第二章由楚雄医药高等专科学校杨林娴编写；第四章由菏泽医学专科学校韩冰、楚雄医药高等专科学校杨林娴编写；第五章由安庆医药高等专科学校李红、江苏医药职业学院杨留才编写；第六章由山东医学高等专科学校晁相蓉编写；第七章由泰山医学院张媛英编写；第八章由红河卫生职业学院李姝梅编写；第九章由江苏医药职业学院张虎编写；第十章由漯河医学高等专科学校马永超编写；第十一章由毕节医学高等专科学校周治玉编写；第十二章由重庆三峡医药高等专科学校陈华编写；第十三章由楚雄医药高等专科学校李军编写。本教材在编写过程中得到了各参编者所在院校的大力支持，在此表示诚挚的感谢。

由于编者学术水平有限，难免存在缺点和不足之处，期盼同行专家、使用本教材的师生和其他读者批评指正。

编　者
2018 年 3 月

第一章 绪 论

📖 **学习目标**

1. **掌握** 生物化学的概念、研究对象。
2. **熟悉** 生物化学的主要内容。
3. **了解** 生物化学的发展历程和学习方法。
4. 通过学习生物化学的发展历程，加强对生物化学课程的了解。
5. 学会灵活运用生物化学的学习方法。

生物化学（biochemistry）即生命的化学，是利用物理学、化学和免疫学等原理和方法，研究生物现象化学本质的一门学科，即研究生物体的化学组成、理化性质、结构与功能及代谢调控的规律，阐述生命现象中的遗传繁殖、生长发育、免疫功能及衰老死亡等。其中，将从分子水平探讨生命现象本质的分支学科称为分子生物学（molecular biology），其主要研究生物大分子的结构功能、基因信息的传递及其调控等，因此，分子生物学是生物化学的重要组成部分。

一、生物化学的研究对象和研究内容

（一）生物化学的研究对象

生物化学研究的对象为一切生物有机体，包括动物、植物、微生物和人体，因此，将生物化学分为动物生物化学、植物生物化学、微生物生物化学和医学生物化学等。

医学生物化学是以人体作为研究对象，利用微生物及动物等进行实验研究，获取相关物质代谢和生物分子的知识；也可通过临床医疗实践，积累人体相关资料，并将这些知识和资料上升为理论，再将理论广泛运用于临床实践和研究。因此，生物化学是一门重要的医学基础课程，其与其他医学基础课程间存在广泛的联系，这些学科的研究也都深入到分子水平，并常应用生物化学的理论和技术去研究解决各自学科的问题，从而延伸出许多新兴的学科，如分子病理学、分子药理学、分子免疫学、分子遗传学等。

（二）生物化学的研究内容

1. 生物体的化学组成、结构与功能的关系 构成人体的主要物质包括水（占体重的55%~67%）、蛋白质（占体重的15%~18%）、脂质（占体重的10%~15%）、无机盐（占体重的3%~4%）、糖类（占体重的1%~2%）等，除此之外，还有核酸、维生素等多种化合物。由于蛋白质、核酸、多糖及复合脂质等都属于体内的大分子有机化合物，故简称生物分子。它们都是由某些基本结构单位按一定顺序和方式连接形成的多聚体，通常将分子量大于10^4的生物分子称为生物大分子，生物大分子的重要特征之一是具有信息功能，故又称为生物信息分子。构成人体的物质看似简单，但是，若从分子水平上来看，是非常复杂的，除水外，每一类物质又包含很多化合物，如人体蛋白质就有10万种以上，各种蛋白质的组成和结构不同，因而也就具有不同的生物学功能。

人体由生物分子按照一定的布局和严格的规律组合而成。当代生物化学研究的重点是生物大分子，即分子生物学研究的内容。因此，从广义的角度来看，分子生物学是生物化学的重要分支，对生物分子的研究，重点是对生物大分子的研究，除了确定其基本结构（基本组成单位的种类、排列顺序和方式）外，更重要的是研究其空间结构及其与功能的关系。功能与结构是密切相关的，结构是功能的基础，而功能则是结构的体现。生物大分子的功能还可通过分子之间的相互识别和相互作用来实现。例如蛋白质、核酸自身之间，蛋白质与核酸之间的相互作用在基因表达的调节中起着决定性作用，所以分子结构、分子识别和分子间的相互作用是执行生物信息分子功能的基本要素。

2. 物质代谢及调控 生物体的基本特征是新陈代谢，即机体与外环境进行物质交换及维持其内环境的相对稳定。新陈代谢分为以下三个阶段。

第一阶段：消化吸收。

第二阶段：中间代谢过程包括合成代谢、分解代谢、物质互变、代谢调控、能量代谢，这是生物化学需重点把握的内容。

第三阶段：排泄阶段。

生物体在生命活动过程中，不断地通过摄食和排泄与周围环境进行物质交换。营养物质在体内的降解和合成的化学过程称为物质代谢。各种物质代谢均按一定规律进行，通过物质代谢为生命活动提供所需的能量，同时，各种组织化学成分得到不断的代谢更新。代谢失常则引起疾病的发生和发展。

物质代谢中的绝大部分化学反应由酶来催化，估计每个细胞拥有近2000种酶，催化一般的代谢反应。物质代谢在体内能有条不紊地进行和彼此间相互密切联系，是因为酶结构和酶含量的变化对物质代谢的调节起作用，如酶的高度特异性、多酶体系及其分布的区域化等调节细胞内各种代谢有序地进行。此外，细胞信息的传递，参与多种物质代谢的调节。细胞信息传递的机制及网络也是近代生物化学研究的重要课题。

3. 遗传信息的传递与表达 生命现象的另一个特征为细胞的自我复制，这一过程即将细胞内贮存的遗传信息进行传递和表达的过程，包括DNA的复制、RNA的转录、蛋白质的合成、基因表达的调控等。基因信息传递涉及遗传变异、生长分化等生命过程，也与遗传性疾病、代谢异常性疾病、恶性肿瘤、心血管病、免疫缺陷性疾病等多种疾病的发病机制有关，故基因信息传递的研究在生命科学，特别是在医学中的作用，越来越显示出重要意义。

遗传的主要物质基础是DNA，基因即DNA分子的功能片段。分子生物学属于生物化学的分支学科，是研究核酸、蛋白质等所有生物大分子的结构、功能及基因结构、表达与调控的科学。

随着基因工程技术的发展，许多基因工程产品应用于人类疾病的诊断和治疗。分子生物学除进一步研究DNA的结构与功能外，更重要的是研究DNA复制、RNA转录、蛋白质生物合成等基因信息传递过程的机制及基因表达时调控的规律。DNA重组、基因剔除、转基因、人类基因组计划、新基因克隆及功能基因组计划等的发展，将大大推动这一领域的研究进程。

二、生物化学的发展历程

生物化学发展历史悠久，在欧洲约在160年前开始，逐渐发展，一直到1903年Carl

Neuberg才引进"生物化学"这个名词。在我国，其发展可追溯到远古。我国古代劳动人民在饮食、营养、医药等方面都有不少创造和发明。

生物化学的发展历程可分为：叙述生物化学、动态生物化学及功能生物化学三个阶段。

（一）叙述生物化学阶段

1. 饮食方面 公元前21世纪，我国人民已能造酒，作酒必用曲，故称曲为酒母，又叫做酶，是促进谷物中主要成分的淀粉转化为酒的催化剂。公元前12世纪，已能制饴，饴即麦芽糖，是大麦芽中的淀粉酶水解谷物中淀粉的产物。可见我国在上古时期，已使用生物体内一类很重要的有生物学活性的物质——酶，作饮食制作及加工的一种工具，这显然是酶学的萌芽时期。

2. 营养方面 《黄帝内经·素问》记载："五谷为养，五畜为益，五果为助，五菜为充"，这在近代营养学中，也是配制完全膳食的一个好原则，营养上也是一个无可争辩的完全膳食。膳食疗法早在周秦时代即已开始应用，到唐代已有专书出现，公元8世纪，昝殷著有《食医必鉴》等书，由此可看出我国古代医务工作者应用营养方面的原理，试图治疗疾患的一些端倪。

3. 医药方面 我国古代医学对某些营养缺乏病的治疗也有所认识，如地方性甲状腺肿古称"瘿病"，用含碘丰富的海带、海藻等海产品防治。脚气病是缺乏维生素B_1的疾病，孙思邈（公元581~682年）认为可用含有维生素B_1的车前子、杏仁、槟榔等治疗；夜盲症古称"雀目"，是一种缺乏维生素A的病症，孙思邈用含维生素A较丰富的猪肝治疗。我国研究药物最早者据传为神农，其尝百草，说明我国人民开始用天然药物治疗疾病，如用紫河车（胎盘）作强壮剂，蟾酥（蟾蜍皮肤疣的分泌物）治创伤等；将秋石（男性尿中沉淀出的物质）用以治病者，与Windaus Askew等（20世纪30年代）所创提取类固醇激素相似。明代李时珍的《本草纲目》，详述了人体的代谢物、分泌物及排泄物等，如人中黄（即粪）、淋石（即尿）、乳汁、月水、血液及精液等。这一巨著不但集药物之大成，对生物化学的发展也不无贡献。

我国古代在生物化学的发展上作出了巨大贡献，但由于封建王朝的尊经崇儒，斥科学为异端，所以近代生物化学的发展，欧洲处于领先地位。

18世纪中叶，Scheele F. 研究了生物体的化学组成，1785年Antoine Laurent de Lavoisier证明呼吸过程是吸进氧气，呼出二氧化碳，同时放出热能；接着，William Beaumont（1833年）及Glaude Bernard（1877年）研究了消化的基础，巴斯德（1822~1895年）研究了发酵，Justus von Liebig（1803~1873年）研究了生物物质的定量分析。值得一提的是，1828年Wöhler在实验室里将氰酸铵转变成尿素，为有机化学扫清了障碍，也为生物化学发展开辟了广阔的道路。20世纪初，开展了对生物体内物质，如脂质、糖类及氨基酸的研究，发现了核质及核酸，进行了多肽的合成等；而更有意义的则是1897年制备的无细胞酵母提取液，在催化糖类发酵上获得成功，开辟了发酵过程在化学上的研究道路，奠定了酶学的基础。9年之后，又发现发酵辅酶的存在，使酶学的发展更向前推进一步。

以上均为生物化学的萌芽时期，虽然也有生物体内的一些化学过程的发现和研究，但以分析和研究组成生物体的成分及生物体的分泌物和排泄物为主，所以这一时期可以看作叙述生物化学阶段。

（二）动态生物化学阶段

20 世纪开始，生物化学进入蓬勃发展时期。在营养方面，研究了人体对蛋白质的需要及需要量，并发现了必需氨基酸、必需脂肪酸、多种维生素及一些不可或缺的微量元素等。在内分泌方面，发现了各种激素。许多维生素及激素不但被提纯，而且还被合成。在酶学方面，Sumner 于 1926 年分离出脲酶，并成功地将其做成结晶。接着，胃蛋白酶及胰蛋白酶也相继被做成结晶。这样，酶的蛋白质性质得到了肯定，对其性质及功能才有了详尽的了解，使体内新陈代谢的研究易于推进。在这一时期，我国生物化学家吴宪等在血液分析方面创立了无蛋白质血滤液的制备及血糖的测定等方法；在蛋白质的研究中，提出了蛋白质变性学说；在免疫化学上，首先使用定量分析方法，研究抗原-抗体反应的机制；在营养方面，比较了荤膳与素膳的营养价值。自此以后，生物化学工作者逐渐采用了一些先进手段，如放射性核素示踪法，深入探讨各种物质在生物体内的化学变化，故对各种物质代谢途径及其中心环节的三羧酸循环，已有了一定的了解。

从 20 世纪 50 年代开始，生物化学的进展突飞猛进，对体内各种主要物质的代谢途径均已基本阐述清楚，所以，这个时期可以看作动态生物化学阶段。

（三）功能生物化学阶段

近年来，各种先进技术及方法在生物化学领域得以广泛采用。例如，用于分离和鉴定化合物的电泳法及层析法，用于分离生物大分子的超速离心法，用于测定物质的化学组成的自动分析仪，还有测定生物分子性质和结构的红外光谱仪、紫外分光光度计和质谱等。在认识分子结构同时，用人工合成生物分子，以了解其功能。1965 年，我国首先人工合成了有生物学活性的胰岛素，开创了人工合成生物分子的途径。另外，用人工培养的细胞及繁殖迅速的细菌，作为研究材料，了解了糖类、脂质及蛋白质的分解代谢途径及其生物合成，测出了重要蛋白质的结构，特别是一些酶的活性部位，而且还测出了 DNA 和 RNA 的结构，确定了它们在蛋白质生物合成及遗传中的作用，所以，可以认为这一阶段生物化学已进入功能生物化学阶段。

1953 年，沃森（J. D. Watson）和克里克（F. H. Crick）提出的 DNA 双螺旋结构模型，使生物化学的研究进入分子生物学阶段。分子生物学揭示了生命现象最本质的内容，这一时期提出了生物遗传信息传递的中心法则，发展了核酸与蛋白质组成的序列分析技术，出现了 DNA 重组技术、转基因技术、基因剔除技术、基因芯片技术等，使人类对疾病进行基因诊断和基因治疗成为可能。20 世纪 80 年代中期，人类基因组计划（human genome project，HGP）被提出，并于 1990 年正式启动，2001 年 2 月，包括中国在内的 6 国科学家共同协作完成了人类基因组草图，为人类破解生命之谜奠定了坚实基础，为人类的健康和疾病研究带来根本性的变革。目前，生物化学又发展到蛋白质组学（proteomics）研究阶段。蛋白质组学是研究蛋白质的定位、结构和功能、相互作用以及特定时空的蛋白质表达谱等，确定人类蛋白质结构与功能将比测定人类基因组序列更具挑战性。

三、生物化学与医学的关系

生物化学与医学有紧密的联系。生物化学是生命科学中进展迅速的基础学科，它的理论和技术已渗透至基础医学和临床医学的各个领域，使之产生了新兴的交叉学科，如分子遗传学、分子微生物学、分子免疫学、分子病理学等。随着近代医学的发展，越来越多地将生物化学的理论和技术应用于疾病的预防、诊断和治疗，从分子水平探讨各种疾病的发生、发展的机制，也已成为当代医学研究的共同目标。可以相信，生物化学与分子生物学的进一步发展，将给临床医学的诊断与治疗带来全新的理念。

随着生物化学的飞速发展，不仅许多疑难疾病的发病机制相继被揭示，而且随着诸多诊断检测技术和方法的不断创建，为许多疾病的预防和治疗提供了全新的手段。如癌基因的发现，证明它在正常情况下并不引起细胞癌变，只有在某些理化因素或病毒以及情感等因素的作用下，才能被激活而导致细胞癌变，这为最终根治恶性肿瘤奠定了基础。

基因工程的发展，对临床医学起着极大的促进作用，随着基因探针、PCR 技术和重组蛋白试剂等应用于临床诊断，使疾病的诊断达到了前所未有的高特异性、高灵敏度和简便快捷。基因工程疫苗的生产，为解决免疫学难题提供了新的手段。基因治疗目前已成为医学领域的研究热点，随着遗传病基因疗法、传染病基因疗法、肿瘤基因疗法和其他疾病基因疗法的不断完善和广泛应用，基因工程药物（如胰岛素）的研究开发和大量生产，必将对临床医学、预防医学和军事医学等领域产生重大影响。

四、生物化学的学习方法

生物化学是在分子水平上研究生命活动规律的一门基础交叉学科。其内容相当广泛，在学习本课程时，将涉及无机化学、有机化学、物理化学、数学、物理学、生物学及生理学等许多学科的基本知识。学习时应遵照循序渐进的原则，在学好相应学科基本知识基础上再学习本课程。

在学习方法上，首先要把生物体看成是体内无数的生物化学变化和生理活动融合成的统一整体，物质代谢过程虽然错综复杂、多种多样，但却又相互制约、彼此联系。体内的生化活动过程既要与内环境的变化及生理需要相适应，又要与外界环境相统一。因此，在学习过程中，不应机械地、静止地、孤立地对待每个问题，必须注意它们之间的相互关系及发展的变化，要理解和运用所学的知识，深入掌握每个代谢过程的条件、意义以及与其他物质代谢的相互关系等问题。由于生物化学是一门迅速发展的学科，对于现有的结论与认识还会不断地发展、提高或被纠正，新的认识与概念会不断出现。总之，生物化学所阐述的一切现象都发生在活的生物体内，因此，我们必须以辨证的、发展的观点来学习和研究生物化学。

习 题

一、选择题

【A1 型题】

1. 生物化学研究的对象是

   A. 人体　　　　　　　　　　　B. 动物

   C. 植物　　　　　　　　　　　D. 微生物

   E. 一切生物体

2. 关于生物化学叙述错误的是

   A. 生物化学是生命的化学　　　B. 生物化学是生物与化学

   C. 生物化学是生物体内的化学　D. 生物化学研究对象是生物体

   E. 生物化学研究目的是从分子水平探讨生命现象的本质

3. 关于分子生物学叙述错误的是

   A. 研究核酸的结构与功能　　　B. 研究蛋白质的结构与功能

   C. 研究基因结构、表达与调控　D. 研究对象是生物体

   E. 是生物化学的重要组成部分

4. 关于生物化学的发展叙述错误的是

   A. 经历了三个阶段

   B. 18 世纪中至 19 世纪末是叙述生物化学阶段

   C. 20 世纪前半叶是动态生物化学阶段

   D. 20 世纪后半叶以来是分子生物学时期

   E. DNA 双螺旋结构模型的提出是在动态生物化学阶段

5. 我国生物化学家人工合成具有生物活性的牛胰岛素是在

   A. 公元前 21 世纪　　　　　　B. 20 世纪

   C. 1965 年　　　　　　　　　D. 1981 年

   E. 2001 年

二、思考题

1. 什么是生物化学？它的研究对象和目的是什么？

2. 什么是分子生物学？它与生物化学的关系是什么？

扫码"练一练"

（杨留才）

第二章 蛋白质的结构与功能

学习目标

1. **掌握** 蛋白质的元素组成特点；氨基酸的结构特点和分类；肽键与肽；蛋白质的各级结构的概念及维系其结构稳定的主要化学键；蛋白质的主要理化性质。
2. **熟悉** 蛋白质分子结构与功能的关系。
3. **了解** 氨基酸的理化性质；蛋白质的生理功能；蛋白质的分类。
4. 学会运用蛋白质的理化性质解释临床常见现象，如高温灭菌、低温保存生物制剂、乙醇消毒等的机制。
5. 从蛋白质的多功能角度，培养学生对生命的尊重和勇于探索的职业素养。

案例讨论

[案例] 某5个月女婴，长期食用某品牌奶粉，头、脸肥大，全身水肿，体重减轻，食欲低下，经检测，血清清蛋白为20g/L。

[讨论] 女婴出现上述症状的原因是什么？为什么？

蛋白质（protein）是生命活动的物质基础，在生物体内含量丰富、分布广泛、功能复杂且种类繁多。蛋白质是细胞内最丰富的有机分子，占人体干重的45%、细胞干重的70%以上；生物体的所有器官、组织、细胞都含有蛋白质，各种生命活动都离不开蛋白质；蛋白质功能复杂，除了是生物体的重要组成成分外，还有催化、运输、肌肉收缩、血液凝固、免疫保护、基因表达调控、细胞信号转导以及氧化提供能量等诸多功能。蛋白质种类繁多，研究发现，最简单的单细胞生物大肠埃希菌中就发现了约3000种蛋白质，人体中蛋白质种类达十万余种，生物体越复杂所含蛋白质的种类越多。每种蛋白质都有其特定的结构和功能，生物体的多样性就是由蛋白质的结构和功能的多样性决定的，因此我们要认识生物体必须要先了解蛋白质的结构。

扫码"看一看"

第一节 蛋白质的分子组成

一、蛋白质的元素组成

蛋白质是由许多氨基酸（amino acids，AA，aa）通过肽键（peptide bond）相连形成的一类大分子含氮有机化合物。主要含有碳（50%～55%）、氢（6%～8%）、氧（19%～24%）、氮（13%～19%）和少量的硫（0～4%），有些蛋白质还含有磷、铁、锰、铜、锌和碘等。

蛋白质的种类非常繁多，但是各种蛋白质的含氮量基本恒定，故将氮视为蛋白质的特

征性元素，约占蛋白质总量的16%，即1g氮相当于6.25（100/16）g的蛋白质。这是蛋白质元素组成的一个重要特点，由于生物组织中的含氮物质以蛋白质为主，因此，可以借助定氮法测出生物样品中的含氮量，然后换算出蛋白质的大致含量。

考点提示

蛋白质中特征性元素和定氮法计算蛋白质含量的方法。

$$\text{蛋白质含量（g）}=\text{生物样品中含氮的克数}\times 6.25$$

6.25 称为蛋白质换算系数，即1g氮相当于蛋白质的克数。

二、蛋白质的基本组成单位——氨基酸

蛋白质在酸、碱或蛋白酶的作用下彻底水解产生各种氨基酸，所以，氨基酸是蛋白质的基本组成单位。

1. 氨基酸的结构 氨基酸是具有氨基（—NH$_2$）或亚氨基（—NH—）和羧基（—COOH）的有机分子，即含有氨基或亚氨基的羧酸。虽然存在于自然界中的蛋白质大概有300多种氨基酸，但参与人体蛋白质构成的氨基酸主要有20种，这20种氨基酸均具有相应的遗传密码，故又称为编码氨基酸。这20种氨基酸的结构除甘氨酸（无不对称碳原子）外均为L-α-氨基酸，其中脯氨酸是一种L-α-亚氨基酸，其结构通式如下（R基为可变基团）。

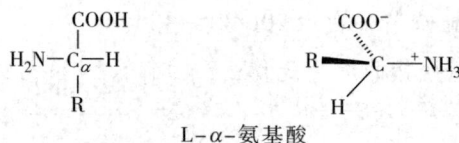

L-α-氨基酸

这20种氨基酸的结构特点为L-α-氨基酸：

（1）α-氨基酸 构成蛋白质的氨基酸都是一类含有羧基并在与羧基相连的碳原子（α碳原子）上连有氨基的有机化合物，故称为α-氨基酸，目前自然界中尚未发现蛋白质中有氨基和羧基不连在同一个碳原子上的氨基酸，所以这20种氨基酸均为α-氨基酸。但脯氨酸没有氨基，只有亚氨基，属于α-亚氨基酸。

（2）L-氨基酸 除甘氨酸外，其他蛋白质的氨基酸中，与α碳原子键相连的四个取代基各不相同，即α碳原子均为不对称碳原子，因此氨基酸可以有立体异构体，即可以有不同的构型（D型与L型两种构型），这20种氨基酸中除甘氨酸均为L型。D型大多存在于某些细胞产生的抗生素及个别植物的生物碱中。

（3）不同氨基酸的主要区别点就是R侧链，不同的R侧链使其理化性质各不相同。

2. 氨基酸的分类 氨基酸的分类方法很多，常见的有以下几种分类方法。

（1）根据氨基酸侧链结构与理化性质不同分类 可将20种氨基酸分成四类（表2-1），即非极性疏水性氨基酸、极性中性氨基酸、酸性氨基酸和碱性氨基酸。其特征见表2-2。

表 2-1　组成人体蛋白质的 20 种编码氨基酸的结构和分类

中文名称	中文缩写	英文名称	英文缩写		等电点（pI）	结构式
1. 非极性疏水性氨基酸						
甘氨酸	甘	Glycine	Gly	G	5.97	
丙氨酸	丙	Alanine	Ala	A	6.00	
亮氨酸	亮	Leucine	Leu	L	5.98	
异亮氨酸	异亮	Isoleucine	Ile	I	6.02	
缬氨酸	缬	Valine	Val	V	5.96	
脯氨酸	脯	Proline	Pro	P	6.30	
苯丙氨酸	苯丙	Phenylalanine	Phe	F	5.48	
甲硫（蛋）氨酸	蛋	Methionine	Met	M	5.74	
2. 极性中性氨基酸						
色氨酸	色	Tryptophan	Trp	W	5.89	
丝氨酸	丝	Serine	Ser	S	5.68	
谷氨酰胺	谷胺	Glutamine	Gln	Q	5.65	

中文名称	中文缩写	英文名称	英文缩写		等电点（pl）	结构式
苏氨酸	苏	Threonine	Thr	T	5.60	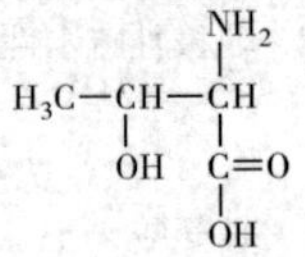
半胱氨酸	半胱	Cysteine	Cys	C	5.07	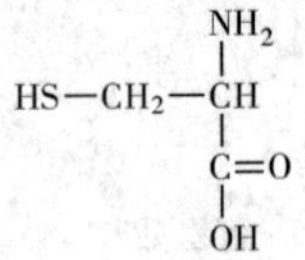
天冬酰胺	天胺	Asparagine	Asn	N	5.41	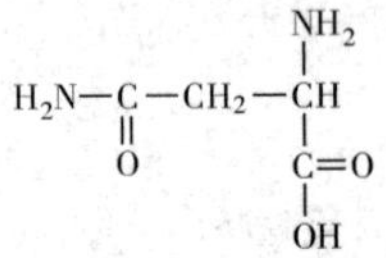
酪氨酸	酪	Tyrosine	Tyr	Y	5.66	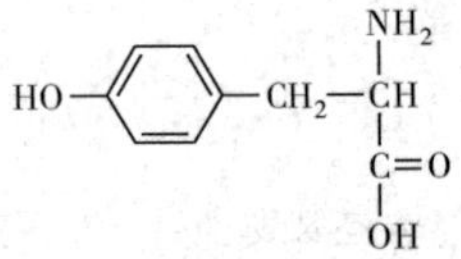

3. 酸性氨基酸

中文名称	中文缩写	英文名称	英文缩写		等电点	结构式
天冬氨酸	天	Aspartic acid	Asp	D	2.97	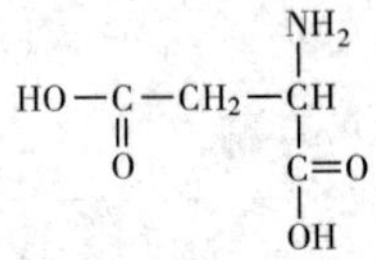
谷氨酸	谷	Glutamic acid	Glu	E	3.22	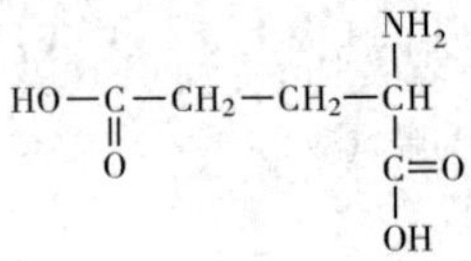

4. 碱性氨基酸

中文名称	中文缩写	英文名称	英文缩写		等电点	结构式
赖氨酸	赖	Lysine	Lys	K	9.74	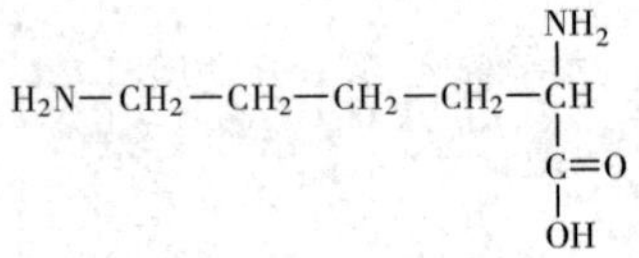
精氨酸	精	Arginine	Arg	R	10.76	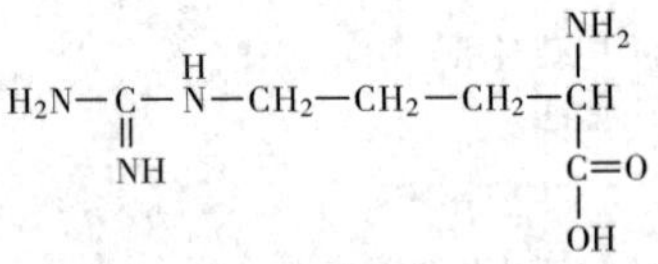
组氨酸	组	Histidine	His	H	7.59	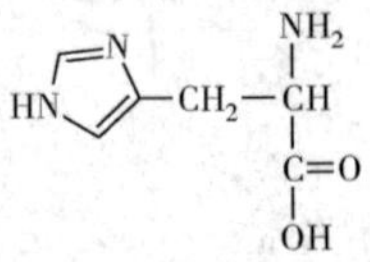

表 2-2 氨基酸根据侧链结构与极性不同的分类

种　类	特　征	氨基酸
非极性疏水性氨基酸	R 基团为脂肪烃基、芳香烃基等非极性疏水基团，在水中的溶解度小。疏水的这些 R 基团相互靠拢形成一种疏水作用，使它们相互聚集。是维持蛋白质分子空间构象相对稳定和分子内部疏水区形成的物质基础	甘氨酸、丙氨酸、亮氨酸、异亮氨酸、缬氨酸、脯氨酸、苯丙氨酸、甲硫（蛋）氨酸

续表

种 类	特 征	氨基酸
极性中性氨基酸	R 侧链（除色氨酸外）为其侧链上有羟基、巯基、酰胺基等极性基团，具有亲水性，可与水形成氢键。但在生理条件下，不能解离，属于中性氨基酸	色氨酸、丝氨酸、谷氨酰胺、苏氨酸、半胱氨酸、天冬酰胺、酪氨酸
酸性氨基酸	R 侧链含有羧基，能解离释放出 H^+ 而带负电荷	天冬氨酸、谷氨酸
碱性氨基酸	R 侧链含有氨基、胍基、咪唑基，侧链易接受 H^+ 而带正电荷	赖氨酸、精氨酸、组氨酸

（2）根据氨基酸分子的化学结构不同分类　见表 2-3。

表 2-3　氨基酸根据分子的化学结构不同的分类

种 类	氨基酸
脂肪族氨基酸	甘氨酸、丙氨酸、丝氨酸、苏氨酸、天冬酰胺、谷氨酰胺、天冬氨酸、谷氨酸、精氨酸
支链氨基酸	缬氨酸、亮氨酸、异亮氨酸
芳香族氨基酸	苯丙氨酸、酪氨酸、色氨酸
杂环氨基酸	组氨酸、色氨酸
杂环亚氨基酸	脯氨酸

（3）从营养学角度分类　氨基酸又可分为必需氨基酸、半必需氨基酸、条件必需氨基酸、非必需氨基酸等，详见第七章氨基酸的代谢。

上述 20 种氨基酸都具有特异的遗传密码，称为编码氨基酸。硒代半胱氨酸和吡咯赖氨酸参与人体内少数蛋白质的合成，为次要编码氨基酸。此外，一些特殊蛋白质中还含有其他非天然氨基酸。例如，甲状腺球蛋白中的碘代酪氨酸、胶原蛋白中的羟脯氨

> **考点提示**
> 氨基酸的结构与分类、酸性氨基酸和碱性氨基酸的种类。

酸及羟赖氨酸、胰岛素中的胱氨酸，以及脑细胞中存在的三甲基组氨酸等。这些氨基酸都是在蛋白质合成过程或合成后由相应的编码氨基酸经过化学修饰而成，称为修饰性氨基酸。有些氨基酸是氨基酸在代谢过程中转变而成的。例如，鸟氨酸、瓜氨酸，通常称它们为代谢性氨基酸。

第二节　蛋白质的分子结构

蛋白质分子是由氨基酸首尾相连缩合而成的共价多肽链，并在此基础上形成特定的三维空间结构，从而执行各种蛋白质特有的功能。蛋白质的分子结构可划分为四级，一级结构为线性结构，又称基本结构，二级、三级、四级结构统称为高级结构或空间结构，一级结构是空间结构的基础。

一、蛋白质的基本结构

（一）肽键与肽

1. 肽键　蛋白质是由氨基酸构成的，氨基酸之间是以肽键（peptide bond）相连的。肽键就是由一个氨基酸的 α-羧基（—COOH）与另一个氨基酸的 α-氨基（—NH_2）脱水缩合形成的酰胺键。

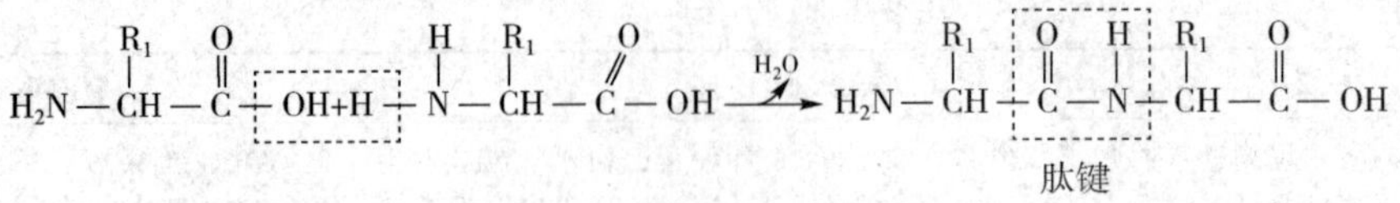

$$R_1 \quad O \qquad\qquad H \quad R_1 \quad O \qquad\qquad R_1 \quad O \quad H \quad R_1 \quad O$$
$$H_2N-CH-C-\boxed{OH+H}-N-CH-C-OH \xrightarrow{H_2O} H_2N-CH-C-\boxed{N}-CH-C-OH$$
$$\qquad\qquad\qquad\qquad\qquad\qquad\qquad\qquad\qquad\qquad\qquad\qquad\qquad\qquad\qquad 肽键$$

2. 肽单元 肽键是蛋白质分子中的主键，肽键的四个原子及其邻近的两个 α 碳原子位于同一个平面之内，称肽单元（peptide unit），或称肽键平面（图 2-1），它是构成蛋白质主链空间结构的基本单位。其结构特点如下。

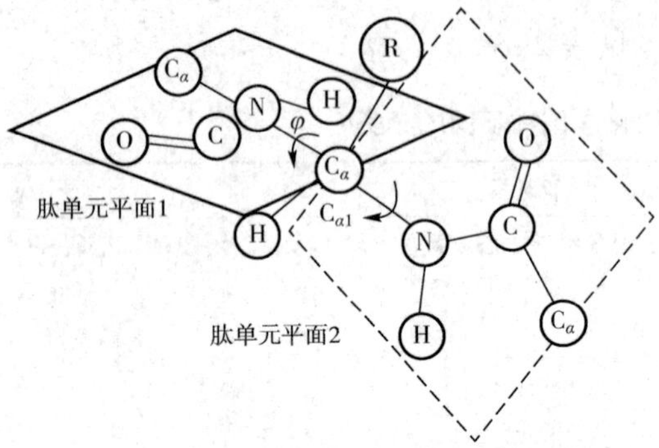

图 2-1 肽单元

（1）肽键的 C—N 键长 0.132nm，比相邻的 N—C 单键（0.147nm）短，而较一般 C＝N 双键（0.128nm）长，可见，肽键中—C—N—键的性质介于单、双键之间，具有部分的双键性质，不能自由旋转。

（2）肽键的 C 及 N 周围三个键角之和均为 360°。肽键上的 C、O、N、H 四个原子和相邻的两个 α 碳原子（C_{α_1}、C_{α_2}）6 个原子形成一个平面，称为肽单元（肽键平面），C_{α_1}、C_{α_2} 在平面结构上所处的位置为反式构型。

（3）肽键具有双键性质，与肽键相连的 4 个原子有顺反异构关系，除脯氨酸参与形成的肽键有顺式或反式构型外，其他肽单元均呈反式构型。

（4）肽链中能够旋转的只有 α 碳原子所形成的单键，此单键的旋转决定两个肽键平面的位置关系。所以，肽单位成为肽链盘曲折叠的基本单位。

3. 肽 氨基酸通过肽键连成的化合物叫肽（peptide）。由两个氨基酸分子形成的肽叫二肽，二肽还可以再与另一个氨基酸分子脱水以肽键结合生成三肽，以此类推可以生成四肽、五肽等。一般由十个以下氨基酸缩合的肽叫寡肽（oligopeptide），由十个以上氨基酸缩合而成的肽叫多肽（polypeptide）。

氨基酸分子按不同的排列顺序通过肽键相互连接，可以形成长链状的多肽，称为多肽链。通常人为认定含 50 个氨基酸残基以上的多肽为蛋白质，而含 50 个以下的氨基酸则为多肽，例如通常把由 39 个氨基酸残基组成的促肾上腺皮质激素称为多肽，把含有 51 个氨基酸残基的胰岛素称为蛋白质。由于氨基酸在形成肽链时部分基团参与了肽键的形成，因此肽链中氨基酸已不是完整的氨基酸了，故称为氨基酸残基（amino acid residue）。多肽链中肽键与 α 碳原子形成一条主链骨架，氨基酸残基上的 R 基团在此骨架上向外伸出，称为侧链，每一个氨基酸残基上均有一个 R 侧链。多肽链的自由 α-氨基端称为氨基末端（N 端），通常写在多肽链的左侧；自由的 α-羧基端称为羧基末端（C 端），通常写在多肽链的右侧。体内多肽和蛋白质生物合成时，是从多肽链 N 端开始，逐步延长到 C 端终止，故蛋白质和多肽链结构的书写通常是将 N 端写在左边，C 端写在右边，氨基酸残基顺序的编号也是依次从 N 端向 C 端排列。

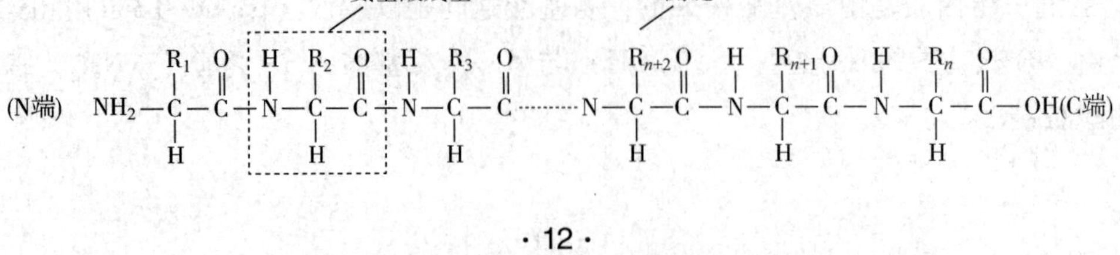

$$\qquad\qquad\qquad\qquad\qquad\qquad 氨基酸残基 \qquad\qquad\qquad\qquad 侧链$$
$$\qquad\quad R_1 \quad O \quad H \quad R_2 \quad O \quad H \quad R_3 \quad O \qquad R_{n+2} \quad O \quad H \quad R_{n+1} \quad O \quad H \quad R_n \quad O$$
$$(N端)\ NH_2-C-C-N-C-C-N-C-C\cdots\cdots N-C-C-N-C-C-N-C-C-OH(C端)$$
$$\qquad\qquad\quad H \qquad\qquad H \qquad\qquad H \qquad\qquad\qquad H \qquad\qquad H \qquad\qquad H$$

4. 体内重要的生物活性肽 在人体内，存在一些具有重要生理功能的小分子肽，称为生物活性肽。它们在代谢调节、神经传导、生长、发育、繁殖等生命活动中起重要作用。例如，谷胱甘肽（glutathione，GSH）、多肽类激素、神经肽等都是重要的生物活性肽。

（1）谷胱甘肽 它是由谷氨酸、半胱氨酸与甘氨酸缩合而成的三肽。在各种多肽中，GSH 的结构比较特殊，其结构中存在非 α-肽键，分子中谷氨酸是以其 γ-羧基与半胱氨酸的 α-氨基脱水缩合生成肽键的。其结构式如下：

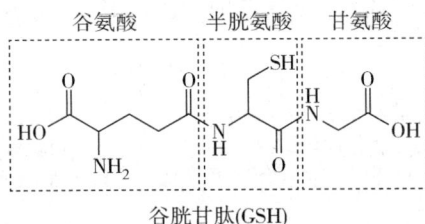

谷胱甘肽(GSH)

谷胱甘肽具有还原型（GSH）和氧化型（GSSG）两种，在生理状态下还原型占绝大多数。GSH 分子中—SH 代表半胱氨酸残基的巯基，是该化合物的主要功能基团。

GSH 参与体内多种重要的生化反应，其主要机制是巯基具有还原性，可以保护体内蛋白质或者酶分子中的巯基免遭氧化，使细胞膜结构及使细胞内酶处于还原、活性状态；GSH 分子中的巯基还有嗜核特征，它能给出电子与外源的嗜电子毒物（如致癌剂、化疗药物等）结合，从而避免这些化合物与 DNA、RNA 或和蛋白质结合，以保护机体免遭毒物损害。临床常用它作为解毒、抗辐射、治疗肝病、提高免疫力等作用的药物。

（2）多肽类激素 机体内有许多激素为多肽类激素（poly peptide hormone），如下丘脑分泌促甲状腺素释放激素（TRH）是一个三肽，主要作用是促进脑垂体分泌促甲状腺素；再如促肾上腺皮质激素（ACTH）是 39 肽，具有刺激肾上腺皮质发育和功能的作用。催产素、升压素是 9 肽，它们都具有非常重要的生理功能。

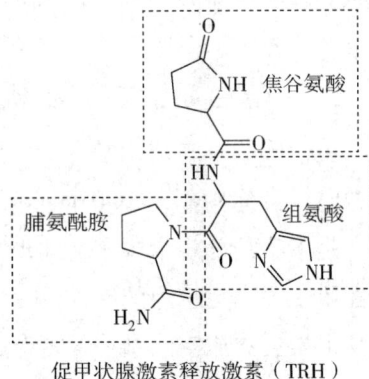

促甲状腺激素释放激素（TRH）

（3）神经肽 神经肽（neuropeptide）泛指存在于神经组织并参与神经系统功能作用的内源性活性物质，是一类特殊的信息物质。其特点是含量低、活性高、作用广泛而又复杂，在体内调节多种多样的生理功能，如痛觉、睡眠、情绪、学习与记忆乃至神经系统本身的分化和发育都受神经肽的调节。

（二）蛋白质的一级结构

蛋白质的一级结构（primary structure）就是蛋白质多肽链中氨基酸的排列顺序（sequence）。各种蛋白质所含的氨基酸总数不同，而且各种氨基酸所占的比例也不同，再加上各氨基酸在多肽链中的排列顺序不同，就可以形成多种多样结构特异的蛋白质。多肽链中氨基酸的顺序是由基因上遗传密码的排列顺序所决定的。但遗传密码只决定氨基酸的排列顺序，而氨基酸的排列顺序又可以决定蛋白质的空间结构。因此，蛋白质的一级结构是蛋白质最基本的结构，肽键是蛋白质结构中的主要化学键，同时有些蛋白质分子中还含有少量的二硫键，也属于一级结构的化学键。

牛胰岛素（insulin）是第一个被测定一级结构的蛋白质分子，是牛胰脏中胰岛 β 细胞分泌的一种调节糖代谢的蛋白质激素，在医学上有抗炎、抗动脉硬化、抗血小板聚集、治疗骨质增生、治疗精神疾病等作用。1953 年，英国生物化学家 F. Sanger 由于测定了牛胰岛素的一级结构而获得 1958 年诺贝尔化学奖。牛胰岛素分子是一条由 21 个氨基酸组成的 A 链和另一条由 30 个氨基酸组成的 B 链，通过两对二硫键连接而成的一个双链分子，而且 A 链本身还有一对二硫键（图2-2）。我国是第一个合成人工牛胰岛素的国家。1965 年我国学者在世界上第一次用人工方法合成出具有生物活性的蛋白质——结晶牛胰岛素。它标志着人工合成蛋白质时代的开始，是生命科学发展史上一个新的重要里程碑，它是我国自然科学基础研究的重大成就。

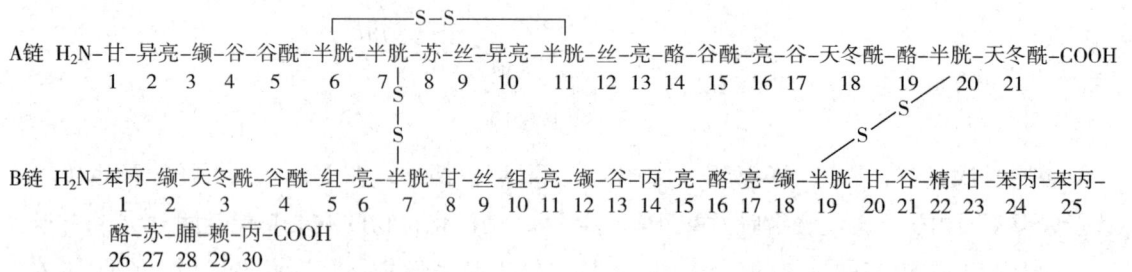

图 2-2　牛胰岛素一级结构

蛋白质的一级结构决定了蛋白质的二级、三级、四级等空间结构，成百亿的天然蛋白质各有其特殊的生物学活性，而决定每一种蛋白质的生物学活性的结构特点，首先在于其肽链的氨基酸序列。由于组成蛋白质的 20 种氨基酸各具特殊的侧链，因此侧链基团的理化性质和空间排布各不相同，当它们按照不同的序列关系组合时，就可形成多种多样的空间结构和不同生物学活性的蛋白质分子。

二、蛋白质的空间结构

蛋白质的空间结构是指蛋白质分子所含原子或基团在三维空间上的排列、分布和肽链的走向，又称构象（conformation）；是蛋白质分子的多肽链进行卷曲、折叠所形成的空间构象，是多肽链上各个原子之间形成一定的空间排列及相互关系。蛋白质的生物学活性和理化性质主要决定于空间结构的完整。

根据蛋白质空间结构的复杂程度和所涉及的范围不同，分为二级、三级和四级结构。

（一）蛋白质的二级结构

蛋白质二级结构（secondary structure）是指多肽链的主链原子的局部空间排布即构象，不涉及侧链部分的构象。常见的二级结构有 α 螺旋（α-helix）、β 折叠（β-pleated sheet）、β 转角（β-turn 或 β-bend）和无规卷曲（random coil）四种。氢键是维系二级结构稳定最主要的化学键。

1. α 螺旋　α 螺旋是指多肽链主链原子围绕同一想象的中心轴盘绕成右手螺旋结构（图 2-3），其主要特点如下。

（1）多个肽单元通过 α 碳原子旋转，相互之间紧密盘曲成稳固的右手螺旋。主链呈螺旋上升，每上升一圈含 3.6 个氨基酸残基，每个残基沿着螺旋的长轴上升 0.15nm，螺旋的

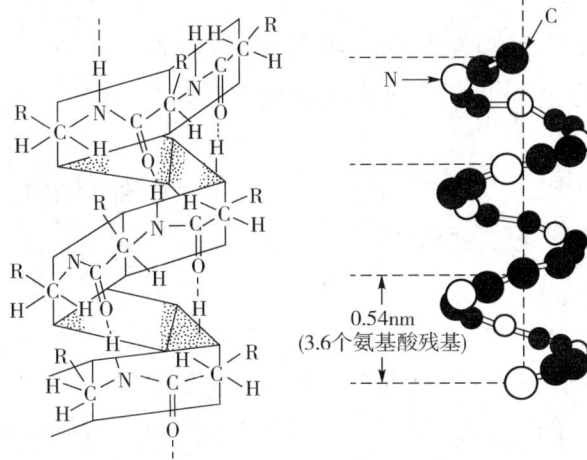

图 2-3 α 螺旋结构示意图

半径为 0.23nm，螺距为 0.54nm。

（2）每一个氨基酸残基（第 n 个）羧基氧与多肽链 C 端方向的第 4 个残基（第 $n+4$ 个）的酰胺氮形成氢键，这是稳定 α 螺旋的主要键。

（3）肽链中氨基酸残基的 R 基团，分布在螺旋外侧，其形状、大小及所带电荷状态影响 α 螺旋的形成和稳定性。

（4）脯氨酸不能形成 α 螺旋结构，因为脯氨酸的亚氨基少一个氢原子，无法形成氢键，而且 C_α—N 键不能旋转，所以脯氨酸是 α 螺旋的破坏者，肽链中如果出现脯氨酸就中断 α 螺旋，形成一个"结节"。

（5）R 基的电荷性质影响 α 螺旋形成，多聚赖氨酸在 pH 为 7 的水中不能形成 α 螺旋。因为 pH 为 7 时 R 基具有正电荷，彼此间由于静电排斥不能形成链内氢键，在 pH 为 12 时多聚赖氨酸能自发形成氢键；R 基大小影响 α 螺旋形成，多聚异亮氨酸由于 R 基较大造成空间阻碍不能形成 α 螺旋；甘氨酸由于 R 基为氢可形成的酰胺平面与 α 碳原子的二面角可取范围较不易形成 α 螺旋；R 基小且不带电荷的氨基酸利于 α 螺旋的形成。多聚丙氨酸在 pH 为 7 的水中自发形成 α 螺旋。

2. β 折叠 两段以上的肽链折叠成锯齿状，通过氢键相连而平行成片层状的结构称为 β 折叠或称 β 片层结构（图 2-4）。其主要特点如下。

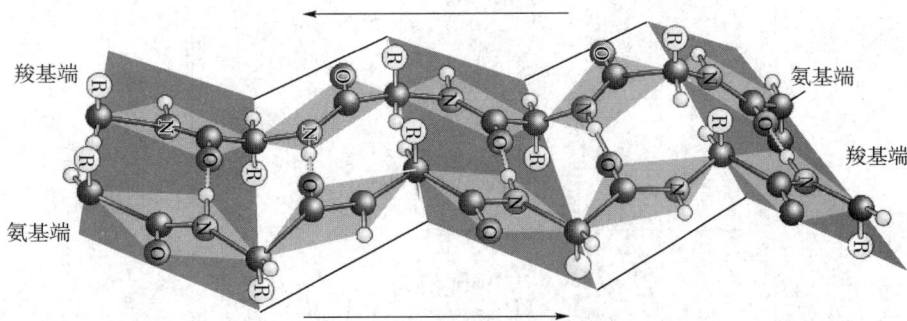

图 2-4 β 折叠结构示意图

（1）肽链平面之间折叠成锯齿状，相邻肽键平面间呈 110° 角。氨基酸残基的 R 侧链伸出在锯齿的上方或下方。

（2）由两条以上多肽链平行排列或一条多肽链因折叠后的两段反向平行排列而成，两条（或两段）链之间以氢键相连。几乎所有肽键都参与链内氢键的交联，氢键与链的长轴接近垂直。

（3）β折叠有两种类型：一种为平行式，即所有肽链的 N 端都在同一侧；另一种为反平行式，即相邻两条肽链的方向相反。

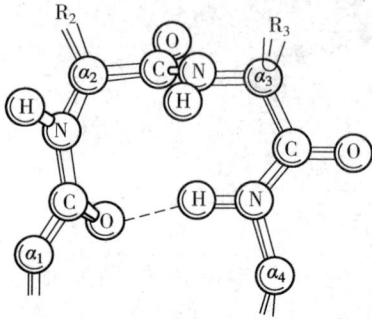

图 2-5　β转角结构示意图

3. β 转角　蛋白质分子中，多肽链经常会出现 180°的回折，在这种回折角处的构象就是 β 转角。β 转角中，第一个氨基酸残基的 C═O 与第四个残基的 N—H 形成氢键，从而使结构稳定（图 2-5）。β 转角经常出现在连接反平行 β 折叠的端头。β 转角处常为脯氨酸，因为脯氨酸的 N 上缺少 H，不能形成氢键，也经常出现在 α 螺旋的端头，它改变多肽链的方向并终止螺旋。

4. 无规卷曲　没有确定规律性部分的肽链构象，肽链中肽键平面不规则排列，属于松散的无规卷曲。

（二）蛋白质的三级结构

蛋白质的三级结构（tertiary structure）是指整条肽链中全部氨基酸残基的相对空间位置，即肽链中所有原子在三维空间的排布位置。只有具有三级结构的多肽链才能称为蛋白质，它是在二级结构基础上，多肽链的不同区段的侧链基团相互作用在空间进一步盘绕、折叠形成的包括主链和侧链构象在内的特征性三维结构。其主要特点如下。

（1）蛋白质三级结构的稳定主要靠氢键、疏水作用、离子键以及范德华力（van der Waals force）等来维系，这些都是各侧链基团相互作用产生的非共价键，统称为次级键。（图 2-6）

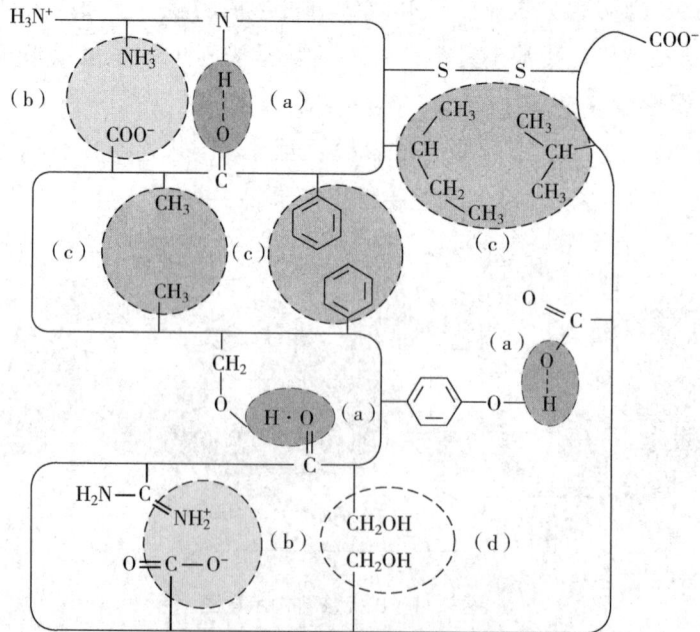

图 2-6　蛋白质分子中次级键示意图

（a）氢键；（b）离子键；（c）疏水作用；（d）范德华力

（2）次级键都是非共价键，易受环境中 pH、温度、离子强度等的影响，有变动的可能性。二硫键不属于次级键，但在某些肽链中能使远隔的两个肽段联系在一起，这对于蛋白质三级结构的稳定起着重要作用。

（3）只有一条肽链的蛋白质的最高结构形式是三级结构。蛋白质必须具备三级以上空间结构才能完整地表达其生物学功能。图 2-7 为肌红蛋白三级结构示意图。

分子量较大的蛋白质常可折叠成多个结构较为紧密且稳定的区域，并各行其功能，称为结构域（domain）。结构域是生物大分子中三级结构层次上具有特异结构和独立功能的区域。这些结构域大多呈"口袋""洞穴"或"裂缝"状，某些辅基常镶嵌在其中，结构域往往是蛋白质的功能部位。如酶的活性中心、蛋白质受体分子中供配体结合的部位等。

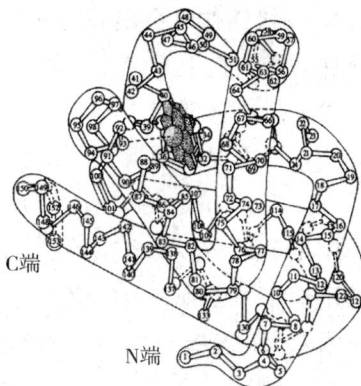

C端

N端

图 2-7　肌红蛋白三级结构示意图

（三）蛋白质的四级结构

蛋白质的四级结构（quaternary structure）是指具有两条或两条以上独立三级结构的多肽链通过非共价键相互组合而形成的空间结构。蛋白质四级结构中每个具有独立三级结构的多肽链单位称为亚基（subunit）。蛋白质的四级结构是指两个或两个以上亚基通过非共价键的相互作用，聚合而成的空间结构。其特点如下。

（1）稳定蛋白质四级结构的作用力与稳定三级结构的作用力没有本质上的区别，但主要是疏水作用，其次是氢键和离子键。亚基间次级键的结合比二、三级结构疏松，因此，在一定的条件下，四级结构的蛋白质可分离为其组成的亚基，而亚基本身构象仍可不变。

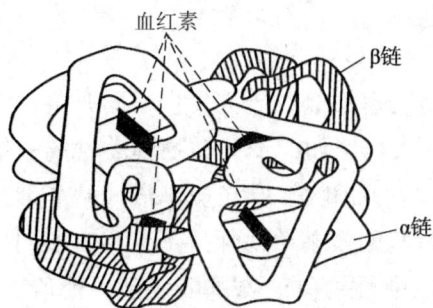

血红素

β链

α链

图 2-8　血红蛋白的四级结构示意图

（2）一种蛋白质中，亚基结构可以相同，也可不同。例如，血红蛋白质分子是由 2 个 α 亚基和 2 个 β 亚基组成。每个亚基中各有一个含亚铁离子的血红素辅基。4 个亚基间靠氢键和 8 个离子键维系着血红蛋白分子严密的空间构象（图 2-8），起运输 O_2 和 CO_2 的作用。

（3）蛋白质分子中，亚基的聚合或解聚对蛋白质的生物学活性具有调节作用。

（4）亚基单独存在时，不具有生物学功能。例如，血红蛋白的每个亚基单独存在时，虽能结合 O_2 且与 O_2 的结合力较强，但是在细胞内却难以释放 O_2。

> **考点提示**
> 蛋白质各级结构的概念和维系各级结构的化学键。

第三节　蛋白质结构与功能的关系

研究蛋白质结构与功能的关系，不仅有助于我们从分子水平上认识生命的起源以及生命现象的本质，而且对于疾病的诊断与治疗、新药的研究与开发等实践具有指导意义。特别是近年来兴起的蛋白质组学（proteomics）是对细胞在某一生理时期全部的蛋白质进行分析、鉴定，并进行结构与功能关系的研究，是继"人类基因组计划"后发展起来的一个新的研究领域。蛋白质组学的研究不仅能阐述生命活动规律中所需的物质基础，也能为众多种疾病机制的阐明及攻克提供理论根据和解决途径。

一、蛋白质一级结构与功能的关系

1. 一级结构是蛋白质空间结构和功能的基础 一级结构不同的蛋白质其功能也不相同，甚至在一级结构上有微小差异的蛋白质就可能表现出很大差异的生物学功能。例如，血管升压素（抗利尿激素，ADH）和缩宫素都是由脑神经垂体分泌，两者一级结构相似，都是九肽激素，主要区别仅第三位和第八位氨基酸不同（图2-9），但功能却相差甚远，升压素能促进血管收缩，升高血压，并能促进肾小管对水的重吸收，具有抗利尿作用；而缩宫素的作用是刺激子宫平滑肌，引起子宫收缩，有催产的作用。但两者因为一级结构相似，它们的生理作用也有一定的交叉，例如，缩宫素对犬的抗利尿作用相当于升压素的1/200，而升压素对大鼠离体子宫的收缩作用为缩宫素的1/500。

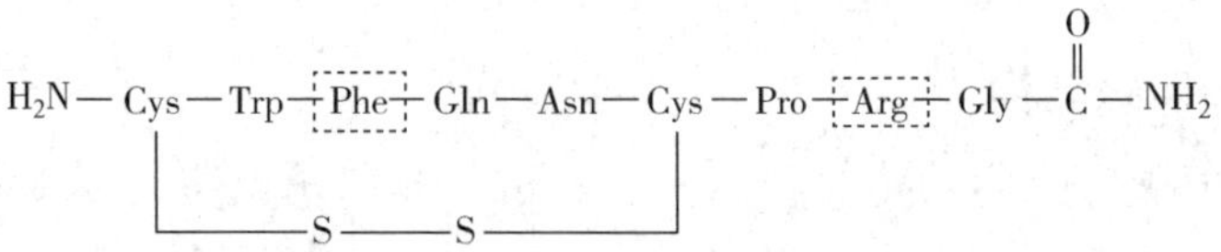

$$H_2N-Cys-Trp-\boxed{Phe}-Gln-Asn-Cys-Pro-\boxed{Arg}-Gly-\overset{\overset{\displaystyle O}{\|}}{C}-NH_2$$

升压素

$$H_2N-Cys-Trp-\boxed{Ile}-Gln-Asn-Cys-Pro-\boxed{Leu}-Gly-\overset{\overset{\displaystyle O}{\|}}{C}-NH_2$$

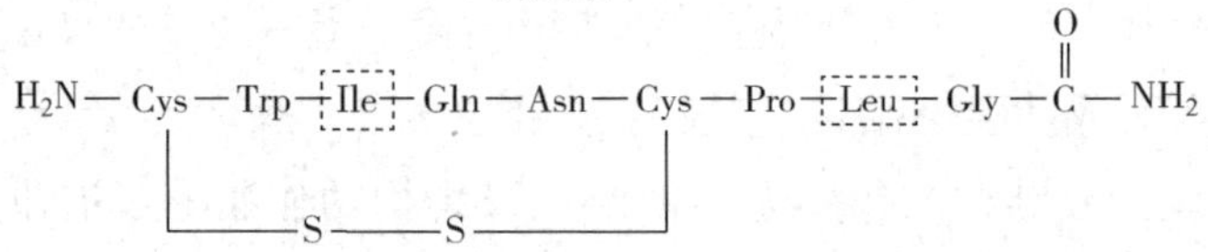

缩宫素

图2-9 升压素和缩宫素结构的比较

2. 物种越接近，其同类蛋白质一级结构越相似，功能也相似 研究发现，同源蛋白质中有许多位置的氨基酸是相同的，而其他氨基酸差异较大。例如，不同动物胰岛素的一级结构不同，主要差异位点表现在胰岛素A链的8、9、10位和B链30位氨基酸残基。但是胰岛素分子的51个氨基酸残基中（图2-2），有24个氨基酸残基始终保持不变，为不同生物所共有。一般认为，蛋白质的活性中心以及维持活性中心构象的氨基酸残基不能改变，否则，蛋白质将失去生物活性。我国治疗人糖尿病的胰岛素大多是从猪的胰腺中提取出来的。由于猪与人的胰岛素相比，只有B_{30}位一个氨基酸残基不同（人的是苏氨酸，猪的是丙氨酸），因此用猪胰岛素治疗人糖尿病，既不易引起胰岛素抗体的产生，而且疗效也较好。

3. 蛋白质一级结构的变异与分子病 若蛋白质分子中起关键作用的氨基酸残基缺失或被替代，都会严重影响其空间构象或生理功能，产生某种疾病，这种由于基因突变导致蛋白质一级结构的变异，进而导致蛋白质生物功能的下降或丧失而引起的疾病称为"分子病"（molecular disease）。例如，镰状细胞贫血，其病因是由于血红蛋白（hemoglobin，Hb）β亚基的第6位氨基酸——谷氨酸被缬氨酸取代所致（表2-4）。仅因为一个氨基酸改变，就使得血红蛋白在低氧状态溶解性降低，聚集成丝，相互黏着，导致红细胞由圆形变成镰刀状，脆性增大，当其通过狭窄的毛细血管时容易破裂引起贫血。因为蛋白质一级结构中氨基酸排列顺序是由遗传密码所决定的，氨基酸的改变最根本原因是DNA碱基顺序的改变所致，因此研

考点提示
蛋白质一级结构与功能的关系。

究蛋白质的一级结构有助于从分子水平诊断和治疗遗传病。

表 2-4 镰状细胞贫血患者血红蛋白基因的异常

	正 常	异 常
相关的 DNA	…CTT…	…CAT…
相关的 mRNA	…GAA…	…GUA…
Hbβ 链第 6 位氨基酸残基	谷氨酸	缬氨酸
Hb 的种类	HbA	HbS

二、蛋白质空间结构与功能的关系

蛋白质的空间结构与功能之间有密切相关性，其特定的空间结构多样性导致了不同的生物学功能。如果蛋白质一级结构不变，只是空间结构发生改变，也可导致其功能的变化。

1. 血红蛋白空间结构与功能的关系　Hb 的四级结构是由 4 个亚基组成（图 2-8），Hb 未结合 O_2 时，4 个亚基结构紧密，称紧张态（tense state，T 态）。随着 O_2 的结合，空间结构发生变化，使结构相对松弛，称松弛态（relaxed state，R 态）。T 态对氧亲和力低，R 态对氧亲和力高，是 Hb 结合 O_2 的形式。肺毛细血管 O_2 分压高，促使 T 态转变成 R 态，组织毛细血管 O_2 分压低，促使 R 态转变成 T 态。这种某种物质特异地与蛋白质分子的某个部位结合，触发该蛋白质的构象发生一定变化，从而导致其功能活性的变化的现象称为别构效应（又称变构效应）。Hb 通过别构效应改变空间构象，从而完成其运输 O_2 和 CO_2 的功能。

2. 朊病毒蛋白空间结构与功能的关系　朊病毒就是蛋白质病毒，是只有蛋白质而没有核酸的病毒。少量的"朊病毒"分子，可以将大量的正常的蛋白质变为"朊病毒"，即少量变异的蛋白质分子可以将正常构型的蛋白质变为变异的分子，而导致机体的功能丧失。例如，疯牛病是由朊病毒蛋白（prion protein，PrP）引起的一组人和动物神经退行性病变。正常的 PrP 富含 α 螺旋，称为 PrPᶜ。PrPᶜ 在某种未知蛋白质的作用下可转变成全为 β 折叠的 PrPˢᶜ，从而致病，属蛋白质构象疾病，即因蛋白质构象改变而引起的疾病。蛋白质构象改变的机制是因为有些蛋白质错误折叠后相互聚集，形成抗蛋白水解酶的淀粉样纤维沉淀，产生毒性而致病。表现为蛋白质淀粉样纤维沉淀的病理改变。疯牛病、阿尔茨海默病、亨廷顿舞蹈病、人纹状体脊髓变性病等都属于这类疾病。

> **考点提示**
> 蛋白质空间结构与功能的关系。

第四节　蛋白质的分类与理化性质

一、蛋白质的分类

蛋白质分子结构复杂、种类繁多，分类方法也多种多样。通常按组成、形状和功能进行分类。

（一）按分子组成分类

按分子组成可分为单纯蛋白质与结合蛋白质。只由 α-氨基酸组成的蛋白质，称为单纯蛋白质，如血清清蛋白、球蛋白、组蛋白、硬蛋白、精蛋白、谷蛋白等。由单纯蛋白质和非蛋白质部分结合而成的蛋白质，称为结合蛋白质，此非蛋白质部分称为辅基。结合蛋质根据辅基不同可分为核蛋白（辅基为核酸）、糖蛋白（辅基为糖类）、色蛋白（辅基为色素）、脂蛋白（辅基为脂质）、磷蛋白（辅基为磷酸）、金属蛋白（辅基为金属离子）等。

（二）按分子形状分类

按分子形状可分为纤维蛋白与球蛋白。纤维蛋白的蛋白质分子外形呈纤维状。例如，胶原蛋白、角蛋白、弹性蛋白等。球蛋白的蛋白质分子形状呈球状或椭圆状。如各种酶、免疫球蛋白、血红蛋白等。

（三）按蛋白质的功能分类

按蛋白质功能可分为活性蛋白质和非活性蛋白质。活性蛋白质是指除具有一般蛋白质的营养作用外，还具有某些特殊的生理功能的一类蛋白质，如酶、调节蛋白、转运蛋白、贮存蛋白、收缩和游动蛋白等。非活性蛋白质包括一大类对生物体起保护或支持作用的蛋白质，如胶原是哺乳动物皮肤的主要成分。角蛋白其作用是保护或加强机械强度。弹性蛋白存在于韧带、血管壁等处，起支持与润滑作用。

知识拓展

血浆蛋白质

血浆蛋白质是血浆中最主要的固体成分，含量为 $60\sim80g/L$，血浆蛋白质种类繁多，功能各异。用不同的分离方法可将血浆蛋白质分为不同的种类。常见的有两种分类：盐析法和电泳法。盐析法将血浆蛋白质分为清蛋白、球蛋白与纤维蛋白原三大类。醋酸纤维素薄膜电泳法将血浆蛋白质分为清蛋白、α_1-球蛋白、α_2-球蛋白、β-球蛋白、γ-球蛋白等。用其他方法，如免疫电泳，还可以将血浆蛋白质作更进一步的区分。这说明血浆蛋白质包括了很多分子大小和结构都不相同的蛋白质。血浆蛋白质多种多样，各种血浆蛋白质有其独特的功能，除按分离方法分类外，亦可采用功能分类法，可分为凝血系统蛋白质、纤溶系统蛋白质、补体系统蛋白质、免疫球蛋白、脂蛋白、血浆蛋白质酶抑制剂、作为与各种配体、结合的载体以及未知功能的血浆蛋白质等。近年来已知的血浆蛋白质有二百多种，有些蛋白质的功能尚未阐明。血浆蛋白质已知的主要功能有：维持血液 pH 的稳定，维持血浆胶体渗透压，免疫与防御功能，凝血、抗凝血与纤溶功能，营养、运输、催化、调控物质代谢等。机体在某些异常情况下，会引起血浆蛋白质的异常，临床上可以通过测定血浆蛋白质的种类和含量来作为诊断疾病的依据。

二、蛋白质的理化性质

（一）两性解离与等电点

氨基酸分子含有氨基和羧基，它既可接受质子，又可释放质子，因此氨基酸具有两性电离的性质。在一定 pH 条件下，氨基酸解离成阴、阳离子的趋势相等，成为兼性离子，净电荷为零，此时溶液的 pH 称为该氨基酸的等电点（isoelectric point，pI）。蛋白质由氨基酸组成，蛋白质分子中除两末端有自由的 $\alpha-NH_2$ 和 $\alpha-COOH$ 外，许多氨基酸残基的侧链上尚有不少可解离的基团，如—NH_2、—COOH、—OH 等，所以蛋白质也具有两性电离的性质。蛋白质在溶液中的带电情况主要取决于溶液的 pH 值。如果一种溶液能够使蛋白质解离成

扫码"看一看"

阴、阳离子的趋势相等，成为兼性离子，即净电荷为零，当蛋白质以兼性离子存在时所处溶液的 pH 值称为该蛋白质的等电点（pI）。各种蛋白质具有特定的等电点，这与其所含的氨基酸种类和数量有关。一般来说，含酸性氨基酸较多的酸性蛋白，等电点偏酸；含碱性氨基酸较多的碱性蛋白，等电点偏碱。当溶液的 pH>pI 时，蛋白质带负电荷；pH<pI 时，则带正电荷。体内多数蛋白质的等电点为 5.0 左右，所以在生理条件下（一般 pH 为 7.4），它们多以负离子形式存在。蛋白质的两性解离与等电点的特性是蛋白质较重要的性质，对蛋白质的分离、纯化和分析等都具有重要的实用价值。如蛋白质的离子交换和电泳等分离分析方法的基本原理都是以此特性为基础的。

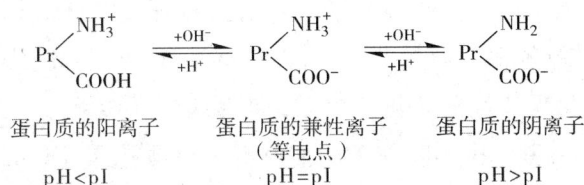

$$Pr\overset{NH_3^+}{\underset{COOH}{\diagup}} \underset{+H^+}{\overset{+OH^-}{\rightleftharpoons}} Pr\overset{NH_3^+}{\underset{COO^-}{\diagup}} \underset{+H^+}{\overset{+OH^-}{\rightleftharpoons}} Pr\overset{NH_2}{\underset{COO^-}{\diagup}}$$

蛋白质的阳离子　　　　蛋白质的兼性离子　　　　蛋白质的阴离子
　　　　　　　　　　　　（等电点）

pH<pI　　　　　　　　　pH=pI　　　　　　　　pH>pI

（二）蛋白质的亲水胶体性质

蛋白质是大分子有机物，分子量多在 1 万~100 万，甚至有高达数百万至数千万之巨，其分子的直径在 1~100nm 范围，在胶粒范围之内。因此具有胶体的各种性质，如扩散慢、黏度大、不能透过半透膜等。临床上的透析治疗就是利用人体内的蛋白质胶体不能透过半透膜的原理去除尿素、肌酐、有机盐等小分子的物质，而保留体内的蛋白质达到治疗的目的。又由于蛋白质分子表面为亲水基团，故易溶于水而形成亲水胶体。蛋白质胶体溶液相对稳定，维持蛋白质亲水胶体稳定性的因素有两方面，一是颗粒表面的水化膜：由于蛋白质颗粒表面多为亲水基团，可吸收水分子，使颗粒表面形成一层水化膜，它可阻止蛋白质颗粒的相互聚集，避免形成更大的颗粒而沉淀析出。二是颗粒表面所带的同性电荷：相同的蛋白质颗粒在同一条件下，带相同种类的电荷，彼此排斥，也使颗粒不能互相聚集下沉。一旦上述两个因素遭到破坏，蛋白质就极易从溶液中析出（图 2-10）。这也是蛋白质盐析、等电点沉淀和有机溶剂分离沉淀蛋白质的作用机制。

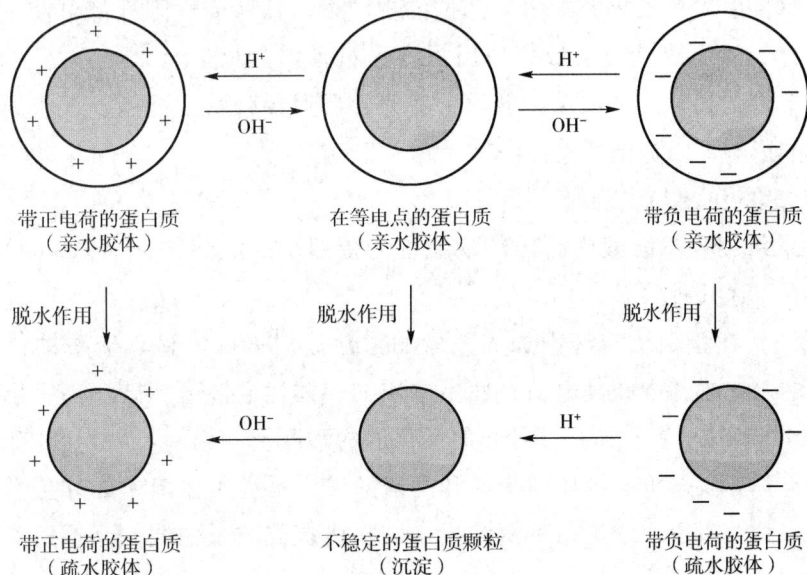

图 2-10　溶液中的蛋白质沉聚

（三）蛋白质的变性作用

在某些物理（高温、高压、紫外线及强烈震荡、搅拌等）或化学因素（强酸、强碱、有机溶剂、重金属等）作用下，蛋白质分子的次级键断裂，空间结构被破坏，从而导致理化性质的改变和生物学活性丧失的现象，称为蛋白质的变性作用（denaturation）。变性作用主要是由于稳定蛋白质空间结构的化学键遭到破坏所致，但一级结构并不发生改变。变性后的蛋白质溶解度降低、黏度增加、结晶能力消失，肽链构象由卷曲变为伸展，使肽键暴露，易被蛋白酶分解，所以熟食比生食更容易消化。大多数蛋白质变性后，不能再恢复其天然状态，但有些蛋白质变性后，如果设法将变性因素除去，该变性蛋白质尚能恢复其活性，称为蛋白质复性。如牛核糖核酸酶分子内 4 对二硫键和次级键等共同维系其空间结构的稳定，用尿素和 β-巯基乙醇使该酶变性后，其 4 个二硫键全部断裂（图 2-11），使空间结构遭到破坏，该酶变为无活性的非折叠状态，但肽键不受影响，一级结构不被破坏。当用透析法除去尿素和 β-巯基乙醇后，松散的多肽链可重新恢复成酶的天然构象，酶又恢复原来的活性。

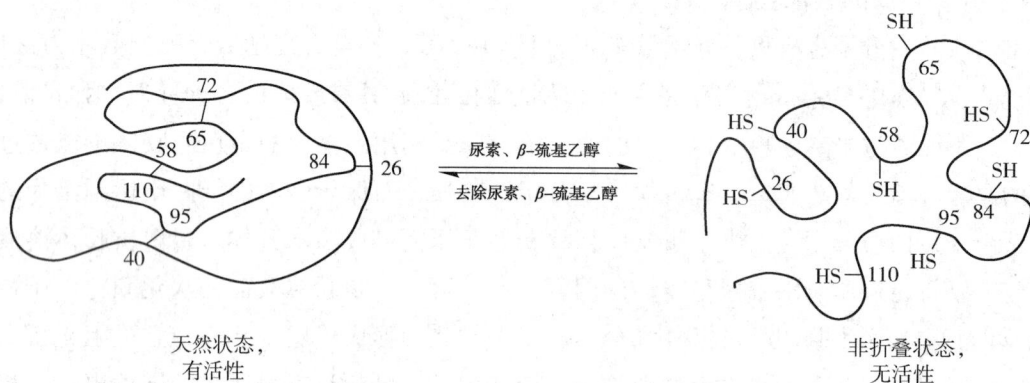

图 2-11　牛核糖核酸酶的变性与复性

蛋白质变性的理论被广泛应用于医学领域中。例如，使用高压、高温消毒杀菌，用紫外线照射手术室，用 75% 乙醇消毒手术部位的皮肤等。这些变性因素都可使细菌、病毒的蛋白质发生变性，从而使其失去致病作用，防止患者伤口感染。另外，保存血清、疫苗、激素、酶类等生物制剂时，必须保持低温、避光，要避免强酸、强碱、重金属盐、剧烈震荡等变性因素的影响，以防止其失去生物活性。

（四）蛋白质的沉淀与热凝

1. 蛋白质的沉淀　从溶液中析出的现象称为蛋白质的沉淀（precipitation）。蛋白质沉淀的主要方法有下述几种。

（1）盐析法　在蛋白质溶液中加入大量的中性盐（如硫酸铵、硫酸钠、氯化钠等），因破坏蛋白质的水化膜并中和其电荷，使蛋白质的胶体稳定性遭到破坏而析出，这种方法称为盐析（salting out）。各种蛋白质盐析时所需的盐浓度及 pH 不同，故可用于对混合蛋白质组分的分离，称分段盐析。例如用半饱和的硫酸铵来沉淀出血清中的球蛋白，饱和硫酸铵可以使血清中的清蛋白、球蛋白都沉淀出来，盐析沉淀的蛋白质，经透析除盐，仍保证蛋白质的活性。

（2）重金属盐沉淀法　当溶液的 pH>pI 时，蛋白质带负电荷，可以与带正电荷的重金属离子如汞、铅、铜、银等结合成盐，使其沉淀。重金属沉淀的蛋白质常是变性的，但若在低温条件下，并控制重金属离子浓度，也可用于分离制备不变性的蛋白质。临床上利用蛋白质能与重金属盐结合的这种性质，抢救误服重金属盐中毒的患者，给患者口服大量蛋清或牛奶，然后用催吐剂将结合的重金属盐呕吐出来解毒。

（3）生物碱试剂以及某些酸类沉淀法　蛋白质在 pH<pI 时，带正电荷，可与生物碱试剂（如苦味酸、钨酸、鞣酸）以及某些酸（如三氯醋酸、过氯酸、硝酸）结合成不溶性的盐沉淀。临床血液化学分析时常利用此原理除去血液中的蛋白质，此类沉淀反应也可用于检验尿中蛋白质。

（4）有机溶剂沉淀法　与水互溶的有机溶剂如乙醇、甲醇、丙酮等对水的亲和力很大，能破坏蛋白质颗粒的水化膜，使蛋白质相互聚集而沉淀。在常温下，有机溶剂沉淀蛋白质往往引起变性。例如乙醇消毒灭菌就是如此，但若在低温条件下，则变性进行较缓慢，可用于分离制备各种血浆蛋白质。

2. 蛋白质的热凝　加热使蛋白质首先发生变性，有规则的肽链结构被打开呈松散状不规则的结构，分子的不对称性增加，疏水基团暴露，进而凝聚成凝胶状的蛋白质凝块。

蛋白质的变性、沉淀、凝固相互之间有很密切的关系。变性的蛋白质不一定发生沉淀，变性蛋白质只在等电点附近才沉淀。有时蛋白质发生沉淀，但并不变性。沉淀的变性蛋白质也不一定凝固。例如，蛋白质被强酸、强碱变性后由于蛋白质颗粒带着大量电荷，故仍溶于强酸或强碱之中。但若将强碱和强酸溶液的 pH 调节到等电点，则变性蛋白质凝集成絮状沉淀物，若将此絮状物加热，则分子间相互盘缠而变成较为坚固的凝块，此凝块不易再溶于强酸或强碱中。

> **考点提示**
> 蛋白质的等电点、沉淀和变性。

（五）蛋白质的紫外吸收光谱特性

酪氨酸的酚基、苯丙氨酸的苯环和色氨酸的吲哚环含有共轭双键，所以它们在 280nm 处有特征性的最大吸收峰，其中吸收紫外光的能力以色氨酸最强，苯丙氨酸最弱。由于大多数蛋白质分子中均含酪氨酸、色氨酸、苯丙氨酸残基，在 280nm 紫外光谱处也有特征性的最大吸收峰。因此，280nm 的吸收值可用于蛋白质的定性、定量测定。

（六）蛋白质的呈色反应

蛋白质分子中的肽键及侧链上的某些基团可与有关化学试剂反应而显色，利用这些呈色反应可以对蛋白质进行定性、定量分析。

1. 双缩脲反应　蛋白质和多肽分子中肽键在稀碱溶液中与硫酸铜共热，呈现紫色或红色。氨基酸不出现此反应。蛋白质水解加强，氨基酸浓度升高，双缩脲呈色深度下降，可检测蛋白质水解程度。

2. 茚三酮反应　α-游离氨基与茚三酮反应产生一种称为罗曼染料的蓝紫色化合物，同时释出 CO_2 和 R—CHO，生成蓝紫色化合物的颜色深浅及释放出 CO_2 多少，均可用于氨基酸的定性及定量测定。脯氨酸与茚三酮反应生成黄色化合物及释放出 CO_2。呈色深浅与氨基酸含量成正比关系，蛋白质分子中的 α-游离氨基也可发生茚三酮反应，故此反应可用于氨基酸和蛋白质的定量测定。

3. 福林-酚试剂反应　蛋白质分子中酪氨酸、色氨酸残基在碱性条件下能与酚试剂（磷钼酸-磷钨酸化合物）作用，生成蓝色化合物。该反应测定蛋白质的灵敏度比双缩脲反应高 100 倍。

本章小结

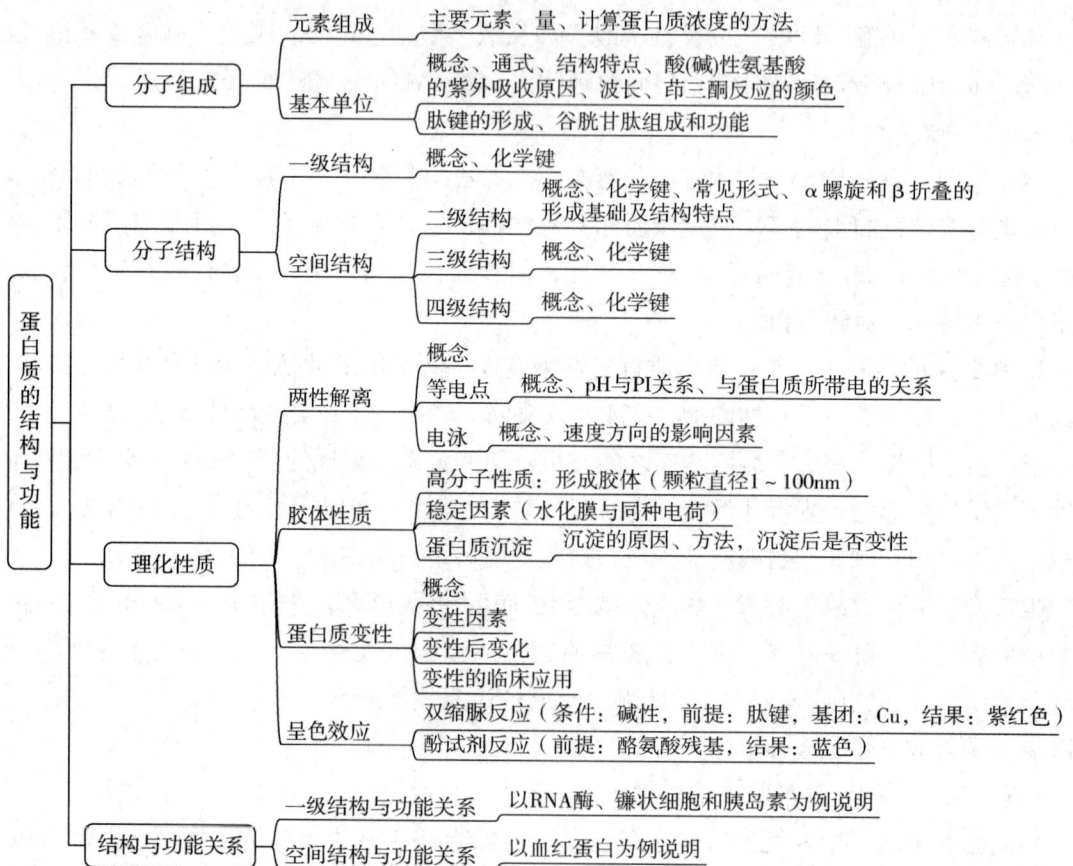

习题

一、选择题

【A1 型题】

1. 下列哪种氨基酸是碱性氨基酸

　　A. 谷氨酸　　　B. 精氨酸　　　　C. 苯丙氨酸　　　D. 丙氨酸　　　　E. 亮氨酸

2. 天然蛋白质中不存在的氨基酸是

　　A. 丙氨酸　　　B. 谷氨酸　　　　C. 羟脯氨酸　　　D. 甲硫氨酸　　　E. 丝氨酸

3. 组成人体蛋白质的氨基酸均为

　　A. L-α-氨基酸　　　　　　　B. D-α-氨基酸

　　C. L-β-氨基酸　　　　　　　D. D-β-氨基酸

　　E. D 或 L-α-氨基酸

4. 测得 100g 某生物样品中含氮 2g，该样品中的蛋白质约为

A. 2%　　　　B. 2.5%　　　　C. 6.25%　　　　D. 12.5%　　　　E. 16%

5. 蛋白质分子中的肽键

    A. 是由一个氨基酸的 α-氨基和另一个氨基酸的 α-羧基形成的

    B. 是由谷氨酸的 γ-羧基与另一个氨基酸的 α-氨基形成的

    C. 氨基酸的各种氨基和各种羧基均可形成肽键

    D. 是由赖氨酸的 β-氨基与另一个氨基酸的 α-氨基形成的

    E. 是由两个氨基酸的羧基脱水而成的

6. 维持蛋白质二级结构的主要化学键是（2012，2016 年临床执业助理医师资格考试题）

    A. 氢键　　　B. 二硫键　　　C. 疏水作用　　　D. 磷酸二酯键　　　E. 肽键

7. 关于 α 螺旋结构的叙述正确的是

    A. 又称随机卷曲

    B. 柔软但无弹性

    C. 螺旋一圈由 3.6 个氨基酸残基组成

    D. 只存在于球状蛋白质中

    E. 属于左手螺旋

8. 不属于蛋白质二级结构的是（2014 年临床执业助理医师资格考试题）

    A. β 折叠　　　　　　　　B. α 螺旋

    C. β 转角　　　　　　　　D. 无规则卷曲

    E. 右手双螺旋

9. 蛋白质中次级键不包括

    A. 疏水作用　　　B. 二硫键　　　C. 肽键　　　D. 氢键　　　E. 盐键

10. 分子病主要是哪种结构异常

    A. 一级结构　　　B. 二级结构　　　C. 三级结构　　　D. 四级结构　　　E. 空间结构

11. 蛋白质处于等电点时

    A. 分子不带电荷　　　　　　B. 分子正负电荷相等

    C. 分子易变性　　　　　　　D. 胶体较为稳定

    E. 溶解度增加

12. 两种分子量相同的蛋白质 A 和 B，A 的 pI 为 6.8，B 的 pI 为 7.8，问在 pH8.6 的缓冲液中电泳，则

    A. A→正极，B→负极　　　　B. A→负极，B→正极

    C. A 和 B→正极，A 快　　　　D. A 和 B→负极，B 快

    E. A 和 B→正极，B 快

13. 蛋白质变性后将不发生

    A. 天然构象被破坏　　　　　B. 一级结构被破坏

    C. 生物学活性丧失　　　　　D. 吸光性改变

    E. 晚出现沉淀

14. 下列何者一般不引起蛋白质变性

    A. 强酸　　　B. 高压　　　C. 低温　　　D. 碘伏　　　E. 辐射

15. 不能够通过半透膜的物质是

A. 钠离子　　　B. 钾离子　　　　C. 葡萄糖　　　　D. 蛋白质　　　　E. 水

16. 蛋白质对紫外光的最大吸收峰是

　　A. 260nm　　B. 280nm　　　C. 360nm　　　D. 380nm　　　E. 420nm

17. 维持蛋白质亲水胶体的因素是

　　A. 氢键　　　B. 水化膜　　　C. 盐键　　　D. 二硫键　　　E. 肽键

18. 蛋白质变性是由于

　　A. 氨基酸的排列顺序发生改变　　　　　　　　B. 氨基酸的组成发生改变

　　C. 氨基酸之间的肽键断裂　　　　　　　　　　D. 次级键断裂

　　E. 蛋白质分子被水解为氨基酸

19. 透析分离纯化蛋白质利用了蛋白质哪个理化性质

　　A. 两性解离　　　　　　　　　　　　　　　　B. 胶体性质

　　C. 变性　　　　　　　　　　　　　　　　　　D. 紫外吸收性质

　　E. 呈色反应

20. 人血浆蛋白质的 pI 大多为 5~6，它们在血液中的主要存在形式是

　　A. 兼性离子　　B. 带正电荷　　C. 带负电荷　　　D. 非极性分子　　E. 疏水分子

二、思考题

1. 蛋白质各级结构的定义和维系各级结构稳定的主要化学键。

2. 蛋白质的变性在临床上有哪些应用？

扫码"练一练"

（杨林娴）

第三章　酶与维生素

📖 **学习目标**

1. **掌握**　酶的概念、结构与分子组成和酶促反应特点。
2. **熟悉**　酶的分子结构和影响酶作用的因素。
3. **了解**　酶作用机制，酶的命名、分类和酶与医学的关系。
4. 学会运用影响酶的因素解释临床常见现象。
5. 具备利用酶的活性调节进行分析问题和解决问题的能力。

案例讨论

[案例]　患者女，45岁，1小时前因与家人不和，自服有机磷农药50ml，伴腹痛、恶心，并呕吐一次，吐出物有大蒜味，逐渐神志不清，大小便失禁，出汗多。既往体健，无肝、肾、糖尿病史，无药物过敏史，月经史、个人史及家族史无特殊。

查体：T 36.5℃，P 60次/分，R 30次/分，Bp 110/80mmHg，平卧位，神志不清，呼之不应，压眶上有反应，皮肤湿冷，肌肉颤动，巩膜不黄，瞳孔针尖样，对光反射弱，口腔流涎，肺叩清，两肺较多哮鸣音和散在湿啰音，心界不大，心率60次/分，律齐，无杂音，腹平软，肝脾未触及，下肢不肿。

[讨论]　有机磷农药抑制什么酶？其机制是什么？

生物体内的各种化学反应，包括所有的物质代谢在内，其过程是在温和条件下有序、连续、高效和特异地进行，其依赖于生物体内的一类重要的生物催化剂——酶的催化。人们已发现两类生物催化剂：酶和核酶。

第一节　酶的概念、分类和作用特点

一、酶的概念

酶是活细胞合成的具有高度专一性和催化效率的蛋白质，是一种生物催化剂（biocatalyst）。酶所催化的反应称为酶促反应；被酶催化的物质称为底物（substrate）；反应产生的物质称为产物（production），酶所具有的催化能力称为酶活性；酶失去催化化学反应的能力称为酶失活。

扫码"看一看"

知识链接

蛋白质酶和核酶

酶的发现：尽管我国早在4000多年前就朴素地应用了酶，但真正对酶的认识还是1833年Anselme Payen和Ean-Franois Person首先从乙醇发酵物中提取到一种活性物质，发现能够促进淀粉分解（发现了淀粉酶）；继Anselme Payen和Ean-Franois Person之后，德国的W. Kühne进一步深入研究了酶，并提出enzyme这个名词；enzyme是希腊文，原意是指"在酵母中"，我国翻译成酶，日本译成酵素。

19世纪中叶，即开始对酶进行系统的研究。1850年，法国科学家Louis Pasteur通过实验断定：发酵离不开活的酵母细胞。1897年，德国科学家Eduard Büchner兄弟成功地用不含细胞的酵母提取液实现了发酵，并从事了从破碎酵母细胞提取酶的研究，获得了能转化糖产生乙醇的粗酶。此后便开始了从酶的提取、酶的性质、酶催化反应等酶的研究。这一贡献打开了通向现代酶学与现代生物化学的大门，因此，其获得1907年诺贝尔化学奖。1926年，美国生化学家James B. Sumner第一次从刀豆中得到脲酶结晶，并证明了脲酶的蛋白质本质。以后陆续发现的二千余种酶，均被证明酶的化学本质是蛋白质。

1982年，T. R. Cech首次发现RNA也具有酶的催化活性，提出核酶（ribozyme）的概念，其功能是切割和剪接RNA，其底物是RNA分子。1995年，Jack发现了具有DNA连接酶活性的DNA片段，将其称为脱氧核酶（deoxyribozyme）。由于核酶可以将过度表达的肿瘤相关基因生成的mRNA进行切割，使其不能翻译成蛋白质，也可以用于切割病毒的RNA序列，因此核酶已被用于治疗肿瘤和病毒性疾病，如艾滋病等。

二、酶的分类

根据国际酶学委员会（International Enzyme Commission，IEC）的规定，按照酶促反应的性质，分为六大类。

1. 氧化还原酶类 氧化还原酶类（oxidoreductase）是指催化底物进行氧化还原反应的酶类，反应通式是$AH_2+B \longrightarrow A+BH_2$，如乳酸脱氢酶、琥珀酸脱氢酶、细胞色素氧化酶、过氧化氢酶、过氧化物酶等。

2. 转移酶类 转移酶类（transferase）是指催化底物之间某些基团的转移或交换的酶类，反应通式为$A—R+B \longrightarrow A+B—R$，如磷酸化酶、甲基转移酶、氨基转移酶等。

3. 水解酶类 水解酶类（hydrolase）是指催化底物发生水解反应，反应通式为$A—B+H_2O \longrightarrow A—H+B—OH$，如脂肪酶、蛋白酶、淀粉酶、核酸酶等。

4. 裂合酶类 裂合酶类（lyase）是指催化一种化合物裂解成两种或两种以上的化合物的反应或其逆反应的酶类，反应通式为$A—B \longrightarrow A+B$或$A+B \longrightarrow A—B$，如延胡索酸酶、碳酸酐酶、醛缩酶、柠檬酸合酶等。

5. 异构酶类 异构酶类（isomerase）是指催化各种同分异构体之间相互转化，如磷酸丙糖异构酶、磷酸己糖异构酶和消旋酶等。

6. 合成酶或连接酶类 合成酶类（synthetase）或连接酶类（ligase）是指催化两分子底物合成一分子化合物，同时偶联有ATP的分解释能，如谷氨酰胺合成酶、氨酰tRNA合成酶等。

三、酶的命名

通常有习惯命名和系统命名两种方法。

1. 习惯命名法　常根据两个原则进行命名：①根据酶的作用底物，如淀粉酶；②根据催化反应的类型，如脱氢酶。也有根据上述两项原则综合命名或加上酶的其他特点，如琥珀酸脱氢酶、碱性磷酸酶等。

习惯命名较简单，习用较久，但缺乏系统性又不甚合理，以致某些酶的名称混乱。如肠激酶和肌激酶，从字面看，看似来源不同而作用相似的两种酶，实际上它们的作用方式截然不同。又比如铜硫解酶和乙酰辅酶 A 转酰基酶实际上是同一种酶，但名称却完全不同。

2. 系统命名法　鉴于上述情况和新发现的酶不断增加，为适应酶学发展的新情况，国际酶学委员会（International Enzyme Commission，IEC）于 1961 年提出系统命名法。将上述六大类酶用 EC（enzyme commission）加 1.2.3.4.5.6 编号表示，再按酶所催化的化学键和参加反应的基团，将酶大类再进一步分成亚类和亚-亚类，最后为该酶在这亚-亚类中的排序。如 α-淀粉酶的国际系统分类编号为：EC 3.2.1.1。

EC 3——hydrolase 水解酶类；

EC 3.2——glycosylase 转葡糖基酶亚类；

EC 3.2.l——glycosidase 糖苷酶亚亚类 i. e. enzymes hydrolyzing O-glycosyl compound and S-glycosyl compound 即能水解 O-糖基化合物和 S-糖基化合物；

EC 3.2.1.1 alpha-amylase，α-淀粉酶。

值得注意的是，即使是同一名称和 EC 编号，但来自不同的物种或不同的组织和细胞的同一种酶，如来自动物胰脏、麦芽等和枯草杆菌 BF7658 的 α-淀粉酶等，它们的一级结构或反应机制不同，它们虽然都能催化淀粉水解反应，但有不同的活力和最适合反应条件。

可以按照酶在国际分类编号或其推荐名，从酶手册（Enzyme Handbook）、酶数据库中检索到酶的结构、特性、活力测定和 K_m 值等有用信息。例如谷丙转氨酶（习惯命名法）写成系统名时，应将它的两个底物"L-丙氨酸""α-酮戊二酸"同时列出，它所催化的反应性质为转氨基，也需指明，故其名称为"L-丙氨酸：α-酮戊二酸转氨酶"。

由于系统命名一般都很长，使用时不方便，因此叙述时可采用习惯名。

知识拓展

多酶复合体与抗体酶

多酶复合体：常包括 3 个或 3 个以上的酶，组成一个有一定构型的复合体。复合体中第一个酶催化的产物，直接由邻近下一个酶催化，第二个酶催化的产物又为复合体第三酶的底物，如此形成一条结构紧密的"流水生产线"，使催化效率显著提高。如葡萄糖氧化分解过程的丙酮酸脱氢酶复合物，即属于多酶复合体。

抗体酶：1946 年，鲍林（Linus Pauling）用过渡态理论阐明了酶催化的实质，即酶之所以具有催化活力是因为它能特异性结合并稳定化学反应的过渡态，从而降低反应能级。1969年杰奈克斯（Jencks）在过渡态理论的基础上猜想：若抗体能结合反应的过渡态，理论上它则能够获得催化性质。1984年列那（Lerner）进一步推测：以过渡态类似物作为半抗原，则其诱发出的抗体即与该类似物有着互补的构象，这种抗体与底物结合后，即可诱导底物进入过渡态构象，从而引起催化作用。后来将这类具催化能力的免疫球蛋白称为抗体酶或催化抗体。因此，抗体酶是具有催化活性的免疫球蛋白，它既具有抗体的高效选择性，又能像酶那样高效催化化学反应，开创了催化剂研究的崭新领域。

四、酶催化作用的特点

酶作为生物催化剂，既有与一般催化剂相同的催化性质，又具有一般催化剂所没有的生物大分子的特性。

酶与一般催化剂的共性，如：①微量的催化剂就能发挥较大的催化作用，其质和量在化学反应前后不发生变化；②只能加速热力学上进行的化学反应，对热力学上不能进行的反应没有催化作用；③只能缩短化学反应达到平衡所需的时间，而不能改变化学反应的平衡点。

酶与一般催化剂相比较，也具有其个性特点。

1. 高度的催化效率 酶的催化效率极高，比非催化反应高$10^8 \sim 10^{20}$倍，比一般催化剂高$10^7 \sim 10^{13}$倍。用脲酶水解尿素的速度常数比酸水解尿素高7×10^{12}倍，用过氧化氢酶水解过氧化氢的速度比Fe^{2+}催化高6×10^5倍。

酶与一般催化剂加速反应的机制都是降低反应的活化能。化学反应中，由于反应物分子所含能量高低不同，所含自由能较低的反应物分子（基态），很难发生化学反应。只有达到或超过一定能量水平的分子（过渡态），才能发生相互碰撞并发生化学反应过程，这样的分子称为活化分子。1mol反应物在一定温度下从基态转变为过渡态所需要的自由能，称为活化能。如果反应物分子的过渡态能量越高，则由基态至过渡态之间的那部分能量（即活化能）越大，则反应越慢；反之，过渡态能量越低，则活化能越小，反应越快。酶和一般的催化剂都能降低反应的活化能，但酶能使反应物分子获得更少的能量便可进入过渡态（图3-1）。所以，酶具有高度的催化效率。

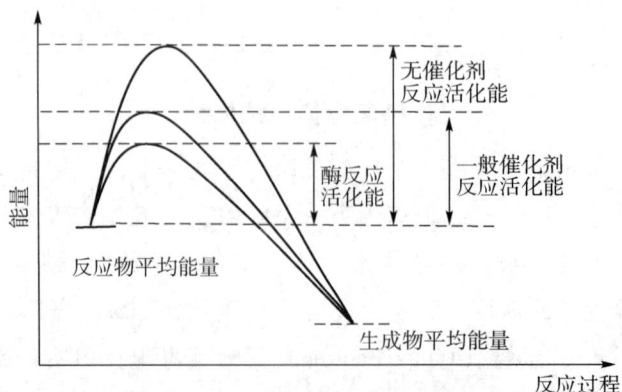

图3-1 无催化剂、一般催化剂和酶反应活化能的变化图

2. 高度的特异性　一般催化剂对反应物无选择性，但酶对催化的底物具有较严格的选择性，即酶只能催化一种化学键或一类化合物，进行一定的化学反应，从而产生一定的产物，这种特性称为酶的特异性或专一性（specificity）。根据酶对底物选择的严格程度不同可分为以下三种。

（1）**绝对特异性**　有的酶只作用于一种底物产生一定的反应，称为绝对特异性（absolute specificity）。

如脲酶（urease），只能催化尿素水解成 NH_3 和 CO_2，而不能催化甲基尿素（在尿素的基础上加个甲基）水解；琥珀酸（丁二酸）脱氢酶只能催化琥珀酸生成延胡索酸，而不能催化丙二酸的代谢。

绝对特异性有一种特殊情况，只能催化一种光学异构体或立体异构体进行反应，分别称其为光学异构和立体异构（stereopecificity）。

例如延胡索酸酶只能催化反-丁二烯（延胡索酸）加水生成苹果酸，而不能催化顺-丁二烯（马来酸）加水反应；乳酸脱氢酶仅催化 L-乳酸脱氢生成丙酮酸，而对 D-乳酸无作用。

（2）**相对特异性**　有些酶对底物的专一性不是针对整个底物的分子结构，而是作用于底物分子中的特定化学键或基团。因此一种酶可作用于一类底物或一种化学键，这种不太严格的选择性称为相对特异性（relative specificity）。

例如蔗糖酶作用于糖苷键，所以其既能水解蔗糖中的糖苷键，也能水解棉子糖中的同一种糖苷键；再如淀粉酶既能水解淀粉分子中的 α-1,4-糖苷键，也能水解麦芽糖中的 α-1,4-糖苷键；消化液中的蛋白酶作用于蛋白质分子中氨基酸残基之间的肽键，而对具体的是何种蛋白质无特殊要求。

3. 高度的不稳定性　大部分酶是蛋白质，凡能使蛋白质变性的理化因素都可使酶蛋白变性而失活。因此，酶对作用环境的温度、pH 等均较为敏感，要选择适宜的条件，才能使酶保持最佳的催化活性。如患者体温持续升高在 42℃ 以上，使脑细胞内大多数酶活性降低，引起脑功能障碍，而致昏迷甚至死亡。

4. 酶活性的可调节性　酶和体内其他物质一样，不断进行新陈代谢，酶的催化活性也受多方面的调控。例如，酶的生物合成的诱导和阻遏、酶的化学修饰、抑制物的调节作用、代谢物对酶的反馈调节、酶的别构调节以及神经体液因素的调节等，这些调控保证酶在体内新陈代谢中发挥其恰如其分的催化作用，使生命活动中的多种化学反应都能够有条不紊、协调一致地进行。

考点提示　酶和一般催化剂的异同点，酶促反应的特点或酶催化作用的特点。

五、酶的作用机制

酶催化作用的机制仍不太清楚，目前主要存在下列几种推理。

1. 酶能降低反应的活化能　化学反应中，反应物分子必须超过一定的能阈即活化能，成为活化的状态，才能发生变化，形成产物。酶能显著地降低反应所需的活化能，导致相同的能量能使更多的分子活化，从而加速反应的进行，使反应速度增高千百万倍以上，故表现为高度的催化效率（图 3-1）。

2. 中间复合物学说　酶催化反应时，首先在酶的活性中心与底物结合生成酶-底物复合物，该过程为释放能量的过程，其释放的能量用于使更多的反应物成为活化分子，从而提高活化分子的百分比，即前面所述的降低了反应的活化能；酶-底物复合物再进行分解而释放出酶，同时生成一种或数种产物，此过程可用下式表示：

$$E + S \longrightarrow ES \longrightarrow E + P$$

式中，E 代表酶，S 代表底物，ES 代表酶-底物复合物，P 代表反应产物。

1958 年，美国加州大学柏克莱分校的生物化学学家 Koshland 提出酶-底物结合形成中间复合物的诱导契合学说（induced-fit theory），该学说认为酶与底物的结合不是简单的锁匙结合，而是当酶分子与底物分子接近时，酶蛋白和底物分子结构相互诱导、变形并适应，使两者构象发生有利于底物结合的变化，酶与底物在此基础上互补契合进行反应（图 3-2）。学说得到 X 射线衍射分析的证明。这种相互的诱导作用，使酶分子的结合底物的部位本来与底物的结构不完全相似，从而利于结合，使底物转变为不稳定的酶-底物复合物。

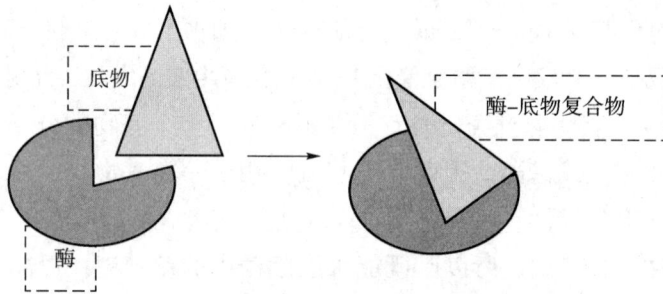

图 3-2　酶与底物相互作用的诱导契合作用

3. 邻近效应和定向排列　酶可以将它的底物结合在它的活性部位，由于化学反应速度与反应物浓度成正比，若在反应系统的某一局部区域，底物浓度增高，则反应速度也随之提高。此外，酶与底物间的靠近具有一定的取向，这样反应物分子才被作用，大大增加了酶-底物复合物进入活化状态的概率。

4. 张力作用　张力作用是指底物的结合可诱导酶分子构象发生变化，比底物大得多的酶分子的三、四级结构的变化，也可对底物产生张力作用，使底物扭曲，促进酶和底物结合，进入活性状态。

5. 酸碱催化作用　酸碱催化作用（acid-base catalysis）是指酶的活性中心具有某些氨基酸残基的 R 基团，这些基团往往是良好的质子供体或受体，在水溶液中这些广义的酸性基团或广义的碱性基团对许多化学反应是有力的催化剂。

6. 共价催化作用　共价催化作用（covalent catalysis）是指某些酶能与底物形成极不稳定的、共价结合的酶-底物复合物，这些复合物比无酶存在时更容易进行化学反应。

第二节　酶的结构和催化活性

酶的化学本质为蛋白质，由单一肽链构成的酶称为单体酶（monomer enzyme），而由多个或不同的亚基以非共价键相连形成的酶称为多酶复合体（multienzyme complex），多酶复合体中，前一反应的产物是后一步反应的底物，形成一种连锁反应。

一、酶的分子组成

酶是大分子蛋白质，根据其组成成分，可将其分成单纯酶和结合酶两类。

单纯酶（simple enzyme）是指基本组成单位仅为氨基酸的一类酶。其催化活性完全由蛋白质结构决定，如淀粉酶、脂肪酶、蛋白酶等。

结合酶（conjugated enzyme）由蛋白质和非蛋白质两部分组成，其中的蛋白质部分称为酶蛋白（apoenzyme），而非蛋白质部分称为辅因子（cofactors）。这两部分对于酶的催化活性都是必需的。两者单独存在时都没有活性，只有当两者结合成复合物即全酶（holoenzyme）时，才具有生物学活性。全酶中决定酶高度专一性的是酶蛋白部分，辅因子决定化学反应的种类与性质。

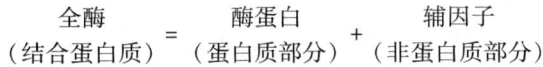

$$\begin{matrix}全酶\\(结合蛋白质)\end{matrix} = \begin{matrix}酶蛋白\\(蛋白质部分)\end{matrix} + \begin{matrix}辅因子\\(非蛋白质部分)\end{matrix}$$

酶的辅因子按照其化学组成一般有两类：一类是金属离子，如 Mg^{2+}、Cu^{2+}（或 Cu^+）、Zn^{2+} 和 Fe^{2+}（或 Fe^{3+}）；另一类是小分子有机化合物，其分子中最主要的是 B 族维生素的衍生物。

金属离子作为辅因子分为两类。一类是金属酶：金属离子与酶结合紧密，提取过程中不易丢失，称为金属酶，如羧肽酶、黄嘌呤氧化酶等；另一类是金属激活酶：金属离子与酶的结合不甚紧密，其与酶是可逆结合，并为维持酶的活性所必需，称金属激活酶，如己糖激酶、肌酸激酶等。（表3-1）

金属离子作为辅因子的作用是：①稳定酶蛋白活性构象；②参与构成酶的活性中心：作为酶的活性中心的组成部分，参加催化反应，金属在其中的作用是传递电子，并使酶与底物形成正确的空间排列，有利于酶促反应的发生；③是连接酶和底物的桥梁：作为酶与底物之间的连接桥梁，形成三元复合物；④中和阴离子：减少静电斥力，有利于酶与底物的结合。

> **考点提示**
>
> 结合酶的组成及其作用。

表 3-1 某些金属酶和金属激活酶

金属酶	金属离子	金属激活酶	金属离子
过氧化物酶	Fe^{2+}	丙酮酸羧化酶	Mn^{2+}、Zn^{2+}
固氮酶	Mo^{2+}	己糖激酶	Mg^{2+}
过氧化氢酶	Fe^{2+}	丙酮酸激酶	K^+、Mg^{2+}
谷胱甘肽过氧化物酶	Se^{2+}	蛋白激酶	Mg^{2+}、Mn^{2+}

辅因子按其与酶蛋白结合的紧密程度不同分成辅酶和辅基两大类。辅酶（coenzyme）与酶蛋白结合疏松，可以用透析或超滤方法除去；辅基（prosthetic group）与酶蛋白结合紧密，不易用透析或超滤方法除去。辅酶与辅基的差别仅仅是它们与酶蛋白结合的牢固程度不同，而无严格的界限。

辅因子与酶蛋白存在如下关系：①酶的催化作用有赖于全酶的完整性，酶蛋白与辅因子单独存在均无催化活性；②一种辅因子可与多种酶蛋白组成多种催化功能不同的全酶，一种酶蛋白只能与一种辅因子组成一种催化功能的全酶；③在酶促反应过程中，酶蛋白决定催化反应的特异性，辅因子决定催化反应的类型。

二、酶的催化活性与活性中心

酶是一种大分子蛋白质，而底物多数为小分子的有机化合物，所以酶与底物的结合范围只是酶分子表面的一个较小区域，因此，将酶分子中能与底物专一性结合并将底物催化为产物的关键性空间区域称酶的活性中心（active center）。

酶催化某一反应时，酶的活性中心与底物结合生成酶-底物复合物（ES），ES 是一种很不稳定的过渡态，可很快将底物转变为产物，酶重新游离出来。ES 的形成，改变了原来反应的途径，可使底物的活化能大大降低，从而使反应加速，这就是有关酶催化机制中的中间复合物学说。

酶的分子中存在不同的化学基团，并不都参与催化反应，却为维持酶的活性中心（或）作为调节剂的结合部位所必需，例如碱性氨基酸残基的—NH₂、酸性氨基酸残基的—COOH、半胱氨酸残基的—SH、丝氨酸残基的—OH 等。一般将与酶活性有关的基团称为酶的必需基团（essential group）。这些必需基因虽然在一级结构上相距很远，但当多肽链折叠成类似于球状的空间结构后，这些必需基团彼此靠近，集中在一起形成具有一定空间结构的区域，该区域既能够与底物相结合，又能够将底物转化为产物。对于结合酶来说，辅酶或辅基上的一部分结构往往是活性中心的组成成分。

酶分子中构成酶活性中心的必需基团可分为两种，与底物结合的必需基团称为结合基团（binding group），其作用是识别底物并与底物特异地结合，形成过渡态的酶-底物复合物；促进底物发生化学变化的基团称为催化基团（catalytic group），其作用是影响底物中的某些化学键的稳定性，催化底物和酶-底物复合物转变为产物。活性中心中有的必需基团可同时具有这两方面的功能，还有些必需基团虽然

图 3-3　酶分子的组成

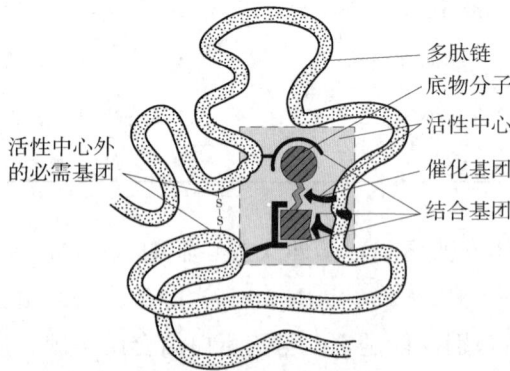

不参加酶的活性中心的组成，但为维持酶活性中心应有的空间构象所必需，这些基团是酶的活性中心以外的必需基团（图 3-3、图 3-4）。

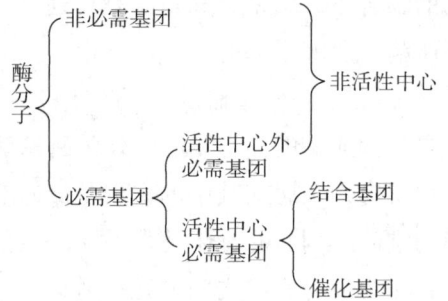

图 3-4　酶活性中心示意图

酶的活性中心是酶催化作用的关键部位，不同的酶具有不同的活性中心，故酶对其底物具有高度的特异性。例如 L 型乳酸脱氢酶催化 L 型乳酸脱氢生成丙酮酸的可逆反应，反应中 L 型乳酸只有通过其不对称碳原子上的—CH₃、—COOH 和—OH 三个化学基团分别与酶活性中心的 A、B 和 C 三个相应的功能基团结合，酶才能发挥催化作用。D 型乳酸中的—COOH 和—OH 与 L 型乳酸位置相反，与酶活性中心上的相应基团不匹配，因而 D 型乳酸不受 L 型乳酸脱氢酶催化（图 3-5）。酶的立体异构特异性表明，酶的活性中心是分子中具有三维结构的区域，酶与底物的结合，至少存在三个结合点。

活性中心往往位于酶分子表面，或凹陷处，或裂缝处，也可通过凹陷或裂缝深入到酶

> **考点提示**
>
> 酶的活性中心的构成。

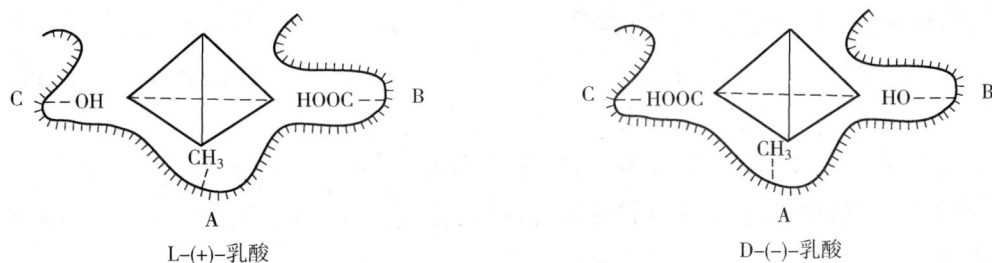

图 3-5 乳酸脱氢酶活性中心的功能基团

（A、B、C 分别为 LDH 活性中心的三个功能基团）

分子内部，如溶菌酶的活性中心（图 3-6），溶菌酶的活性中心是一裂隙，可以容纳肽多糖的 6 个单糖基（A，B，C，D，E，F），并与之形成氢键和范德华力。催化基团是 35 位 Glu，52 位 Asp；101 位 Asp 和 108 位 Trp 是结合基团。

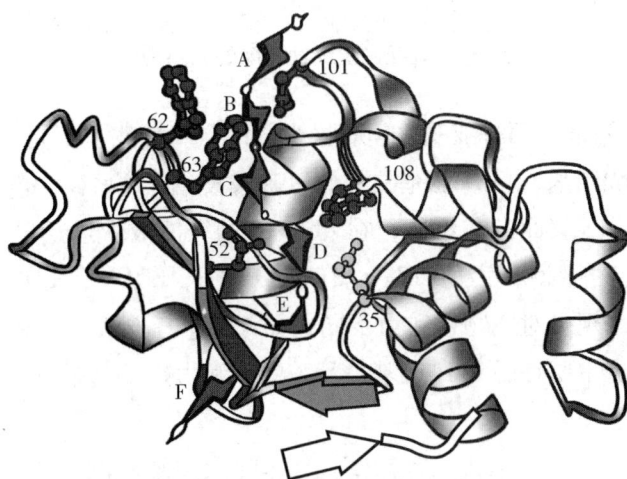

图 3-6 溶菌酶的活性中心

不同的酶分子空间结构（构象）不同，活性中心各异，催化作用各不相同。具有相同或相近活性中心的酶，尽管其分子组成和理化性质不同，但催化作用相同或极为相似。酶的活性中心一旦被其他物质占据或某些理化因素使其空间结构（构象）破坏，酶则丧失其催化活性。

三、同工酶的概念与特点

同工酶（isoenzyme 或 isozyme）是指催化完成相同的化学反应，但酶蛋白的分子结构、理化性质和免疫学性质不同的一组酶。同工酶虽然在一级结构上存在差异，但其具有相同或相似的活性中心，其三维结构相同或相似，故可以催化相同的化学反应。从分子遗传学角度分析，同工酶是由不同基因或等位基因编码形成的蛋白质，或同一基因转录的 mRNA 前体经过不同的剪接过程，生成多种不同 mRNA 的翻译产物（即一组酶），但加工修饰后，所有同工酶的活性中心相同或相似。所有的同工酶均具有四级结构，多为由两个或两个以上亚基组成的寡聚体。

同工酶具有以下特点：通常存在于生物的同一种属或同一个体的不同组织甚至同一组

织或细胞，或同一细胞的不同亚细胞结构中；一级结构可不同，但活性中心相似；由于分子结构差异，催化同一反应，但对底物的专一性、亲和力乃至动力学都可能存在差异，功能也有所不同。同工酶使不同的组织、器官和不同的亚细胞结构具有不同的代谢特征。这为同工酶用来诊断不同器官的疾病提供了理论依据。

现已发现有百余种酶具有同工酶，如乳酸脱氢酶（lactate dehydrogenase，LDH）是含锌的由四个亚基组成的四聚体，LDH 的亚基可以分为两型：骨骼肌型（M 型）和心肌型（H型），两种亚基以不同比例组成五种四聚体，即为一组 LDH 同工酶：$LDH_1(H_4)$、$LDH_2(H_3M)$、$LDH_3(H_2M_2)$、$LDH_4(HM_3)$ 和 $LDH_5(M_4)$（图 3-7），它们均能催化乳酸与丙酮酸之间的氧化还原反应。

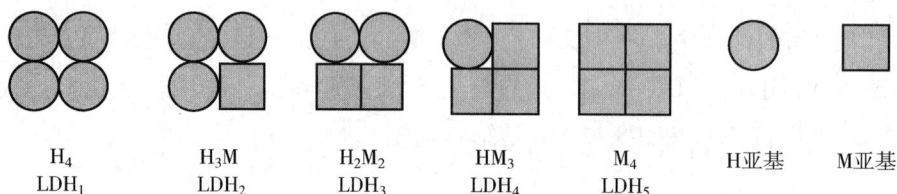

H_4	H_3M	H_2M_2	HM_3	M_4	H亚基	M亚基
LDH_1	LDH_2	LDH_3	LDH_4	LDH_5		

图 3-7 乳酸脱氢酶同工酶的亚基构成

在 LDH 活性中心附近，两种亚基之间有极少数的氨基酸残基不同，如 M 亚基的丙氨酸残基，H 亚基的谷氨酸残基，且 H 亚基的酸性氨基酸较多，这些微小的差异引起 LDH 同工酶的解离程度不同、分子表面电荷不同，在 pH 8.6 的缓冲液中进行电泳的速率有所差异，自负极至正极电泳结果排列顺序为 LDH_5、LDH_4、LDH_3、LDH_2 和 LDH_1，两种亚基的氨基酸序列的构象差异，表现出对底物亲和力不同，如 LDH_1 对乳酸的亲和力较大，而 LDH_5 对乳酸的亲和力较小，这主要是因为 H 亚基对乳酸的亲和力较大引起。

LDH 催化的反应：

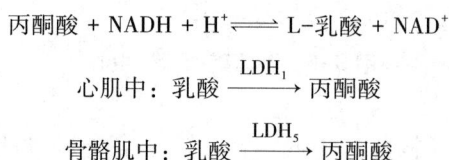

$$丙酮酸 + NADH + H^+ \rightleftharpoons L\text{-}乳酸 + NAD^+$$

$$心肌中：乳酸 \xrightarrow{LDH_1} 丙酮酸$$

$$骨骼肌中：乳酸 \xrightarrow{LDH_5} 丙酮酸$$

LDH 的特点：

（1）由于分子结构差异，具有不同的电泳速度：由 $LDH_1 \rightarrow LDH_5$ 递减。

（2）对同一底物表现不同的 K_m 值。

（3）单个亚基无酶的催化活性。

（4）LDH 同工酶在不同组织器官中的含量与分布比例不同，使不同组织与细胞具有不同的代谢特点。

各种组织中乳酸脱氢酶同工酶的组成比例不同，如心肌中以 LDH_1 较为丰富，骨骼肌及肝中含 LDH_5 较多（图 3-8）。基于每种组织 LDH 同工酶谱具有相对特定的百分率，若某一组织发生病变，必将释放其中的 LDH 到血液，导致血清同工酶谱的变化，因此，临床上通过观测患者血清中 LDH 同工酶的电泳图谱，可作为体内某些器官组织发生病变的辅助诊断指标。例如，心肌细胞受损患者血清 LDH_1 含量上升，肝细胞受损者血清 LDH_5 含量增高。

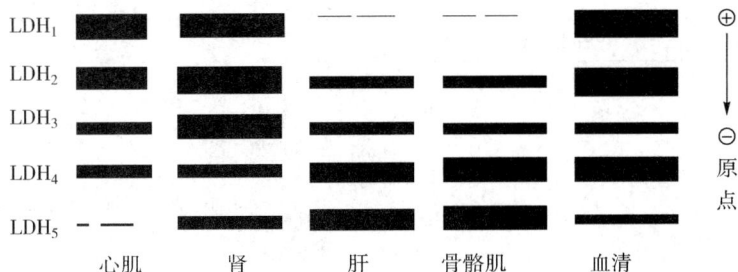

图 3-8　人体某些组织中 LDH 同工酶电泳示意图

临床上 LDH 同工酶还可以作为恶性肿瘤患者诊断的参考指标，研究表明，在急性白血病、恶性淋巴瘤、恶性组织细胞病的发作期，血清 LDH 水平显著升高，而缓解期的 LDH 水平又恢复正常，在复发期又显著升高，因此，血清 LDH 的动态观察，可以作为血液肿瘤患者疗效及预后判断的一项可靠参考指标。

再如肌酸激酶（creatine kinase，CK）同工酶为二聚体酶，有两种亚基：肌型（M 型）和脑型（B 型），脑中含 CK_1（BB 型），心肌中含 CK_2（MB 型），而骨骼肌中含 CK_3（MM 型），其中血清 CK_2 活性的测定对于早期诊断心肌梗死有一定意义。

> **考点提示**
> 同工酶的概念以及 LDH_1 和 LDH_5 主要存在的部位。

第三节　酶的辅因子与维生素

构成酶的辅因子中常含有维生素，维生素是维持机体正常生命活动所必需的营养素，是机体不能自行合成或合成量不能满足需求，必须由食物供给的一类小分子有机化合物。

维生素既不构成机体组织的组成成分，也不是供能物质，然而在调节人体物质代谢和维持正常功能等方面却发挥重要的生理的作用，是人体必需营养素，长期缺乏某种维生素时，机体可发生物质代谢的障碍，导致相应的维生素缺乏病。

引起维生素缺乏的常见原因主要有：①摄入不足，如饮食单一，食物贮存或烹调不当等；②吸收障碍，常见于消化系统疾病，摄入脂肪量较少，影响脂溶性维生素吸收障碍等；③需求增加，如妊娠及哺乳期妇女、儿童和特殊工种的人群；④抗生素使用不合理，如抑制肠道菌群的抗生素过度使用，抑制了肠道正常菌群，从而导致维生素需求增加。

维生素按溶解度不同可分为脂溶性维生素和水溶性维生素。

脂溶性维生素主要有四种，即维生素 A、D、E、K。其为疏水性化合物，溶解于有机溶剂，不溶于水，其随脂质物质吸收，血液中与特异蛋白结合而运输，主要储存在肝，摄入过多可发生蓄积中毒。各种脂溶性维生素的功能和缺乏病如表 3-2 所示。

表 3-2　脂溶性维生素的俗名、活化形式、主要功能和缺乏病

名称	俗名	活化形式	主要功能	缺乏病
维生素 A	视黄醇 抗干眼醇	11-顺视黄醛	由视蛋白和 11-顺视黄醛形成视紫红质（视杆细胞的感光物质） 维持上皮组织结构的完整和健全 促进生长发育和抗肿瘤	夜盲症 眼干燥症

续表

名称	俗名	活化形式	主要功能	缺乏病
维生素D	钙化醇	1,25-二羟维生素D_3	调节钙、磷代谢，使血钙、血磷升高 促进小肠对钙、磷吸收 促进骨盐代谢与骨和牙齿的钙化 促进肾对钙的吸收	手足搐搦症 佝偻病（儿童） 软骨病（成人）
维生素E	生育酚		与动物的生殖功能有关 是体内重要的抗氧化剂	人类未发现缺乏病
维生素K	凝血维生素		促进肝合成凝血因子Ⅱ、Ⅶ、Ⅸ、Ⅹ	出血

知识链接

维生素的发现和命名

公元前3500年前，古埃及人发现了能防治夜盲症的物质，这就是维生素A。1747年，苏格兰医生发现用柠檬可以治疗坏血病，这种物质就是维生素C。1917年，英国的医生发现用鱼肝油可以用来治疗佝偻病，这就是维生素D。随着科学和医学的进步，不断有维生素被发现，直到1912年，波兰科学家丰克，从米糠中提取出可以治疗脚气病的物质，丰克把这种物质叫做"维持生命的营养素"，简称"维他命"（vitamin），也就是维生素，当时他认为里面含有氨基酸（amino acid）成分，所以使用了amine作为词尾；又因属于生命必需的物质，所以使用了拉丁文vita（生命）作为词头，合成出vitamine一词，后为各种维生素用字母编号方便，删去词尾的e变成了vitamin，译成维生素——"维持生命所必需的元素"，既说明了其实际意义，又表达了vitamin一词的构词，同时读音上也有相似点。

随着越来越多的维生素被发现，维生素家族越来越庞大。为了便于记忆，就把它们排列起来称为维生素A、维生素B、维生素C等，并为区分同一维生素的不同功用，把同一族维生素的不同维生素加了下标，如维生素B_1、维生素B_6、维生素B_{12}等，也有根据维生素的功用起别名。比如维生素C可以治疗坏血病，又称抗坏血酸。维生素A因为其对眼睛有好处，又称抗干眼醇、视黄醇等。维生素E因为对生育有好处，又称生育酚等。

一、维生素B_1

水溶性维生素溶于水，易从尿液排出，一般无毒，体内无非功能性的单体存在，主要有B族维生素及维生素C，其中B族维生素主要有维生素B_1、维生素B_2、维生素PP、维生素B_6、泛酸、生物素、叶酸和维生素B_{12}等，其主要功能是作为辅酶参与物质代谢。

维生素B_1由含硫的噻唑环和含氨基的嘧啶环组成，由于分子中含有硫和氨基，故又称为硫胺素，纯品以盐酸盐或硫酸盐存在，其盐酸盐为白色结晶，在紫外光下呈蓝色荧光，可用于维生素B_1的检测。主要存在于种子外皮和胚芽中，麦麸、黄豆和瘦肉等含量最为丰富。

维生素B_1在体内经磷酸化作用生成硫胺素焦磷酸（thiamine pyrophosphate，TPP），TPP是α-酮酸氧化脱羧酶和转酮醇酶的辅酶，在糖代谢中起着极其重要的作用，同时TPP还有抑制胆碱酯酶的作用。

维生素 B_1 缺乏时，糖代谢的中间产物 α-酮酸发生氧化脱羧障碍，机体能量来源受到影响，加上血中丙酮酸堆积的刺激，影响组织细胞的功能，累及神经组织导致末梢神经炎，严重时会影响心脏功能，出现乏力、下肢水肿等表现，这在临床上称为脚气病。TPP 还促进乙酰胆碱的合成，抑制其分解，当维生素 B_1 缺乏时，乙酰胆碱合成减少而分解加速，导致神经传导受影响，表现为消化液分泌减少、食欲不振等。

维生素 B_1 和 TPP 的结构如下：

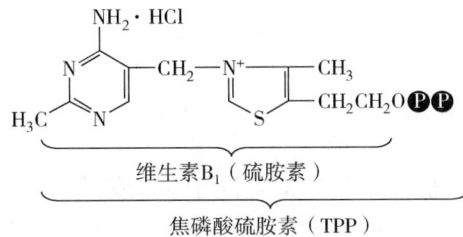

维生素 B_1（硫胺素）

焦磷酸硫胺素（TPP）

二、维生素 B_2

维生素 B_2 是核糖醇与二甲基异咯嗪的缩合物，由于呈黄色，又称为核黄素。其广泛分布在动物性和植物性食物中，以肝、心、肾、蛋黄和豆类中含量最多。

维生素 B_2 进入人体后，与磷酸结合转变成黄素单核苷酸（flavin mononucleotide，FMN），FMN 再与腺苷酸结合黄素腺嘌呤二核苷酸（flavin adenine dinucleotide，FAD）。FMN 和 FAD 作为一些脱氢酶的辅基，其异咯嗪环上的第 1 和第 10 位氮原子上，可以反复地接受和释放氢原子，作为一种递氢体。

成人每日维生素 B_2 的需要量为 $1.2\sim1.5mg$。缺乏的主要原因是膳食供应不足，如蔬菜切碎后浸泡、食用脱水蔬菜或婴儿食用牛奶多次煮沸等均可导致。

维生素 B_2 缺乏时，可引起口角炎、唇炎、阴囊炎、眼睑炎等。在临床上，用光疗法治疗新生儿黄疸时，在破坏皮肤胆红素的同时，维生素 B_2 也被破坏，引起新生儿的维生素 B_2 缺乏病。

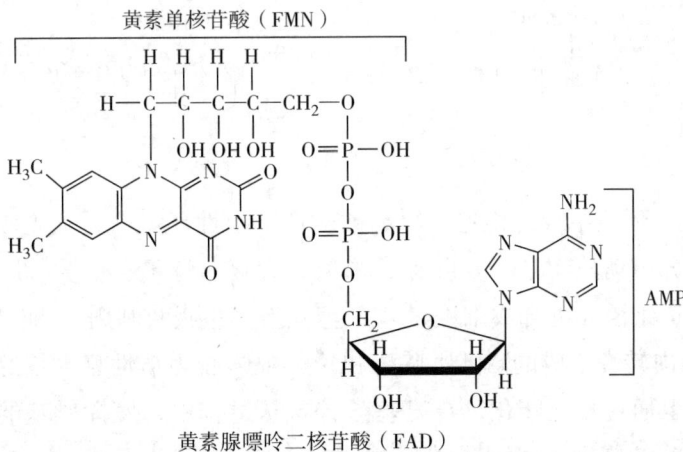

黄素腺嘌呤二核苷酸（FAD）

三、维生素 PP

维生素 PP 又称抗糙皮病维生素，包括烟酸（曾称尼克酸）和烟酰胺（曾称尼克酰胺）。在体内，色氨酸代谢在肝可生成极少量的维生素 PP，烟酸可代谢生成具有生物活性的烟酰胺。

维生素 PP 存在于许多食物中，以花生、酵母和瘦肉等含量丰富。

烟酸和烟酰胺在体内转变生成烟酰胺腺嘌呤二核苷酸（NAD^+）和烟酰胺腺嘌呤二核苷酸磷酸（$NADP^+$），它们是维生素 PP 的活性形式。其分子中的烟酰胺部分也能接受和释放氢而具有可逆的氧化还原特性。NAD^+ 和 $NADP^+$ 是体内多种不需氧脱氢酶的辅酶，在反应中起递氢作用。

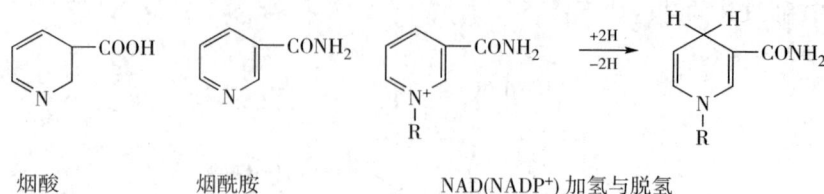

烟酸　　　　　烟酰胺　　　　　NAD($NADP^+$)加氢与脱氢

维生素 PP 缺乏症的典型症状是裸露部位的对称性皮炎、腹泻和痴呆，称为糙皮病。以玉米为主食者，因玉米中维生素 PP 常以不易吸收形式存在，并且色氨酸含量较低，影响烟酸的合成，故玉米为主食者，易缺乏维生素 PP。另外，抗结核药异烟肼的结构与维生素 PP 的结构非常相似，故长期服用异烟肼可引起维生素 PP 的缺乏。

由于烟酸能抑制脂肪的动员，使肝中 VLDL 的合成下降，从而降低血浆三酰甘油，所以烟酸可用于高脂血症的治疗，但大量服用维生素 PP 会引起血管扩张、脸颊潮红、痤疮及胃肠不适等症状。

四、维生素 B_6

维生素 B_6 是吡啶的衍生物，包括吡哆醇、吡哆醛及吡哆胺三种。在体内吡哆醛和吡哆胺可以互变。

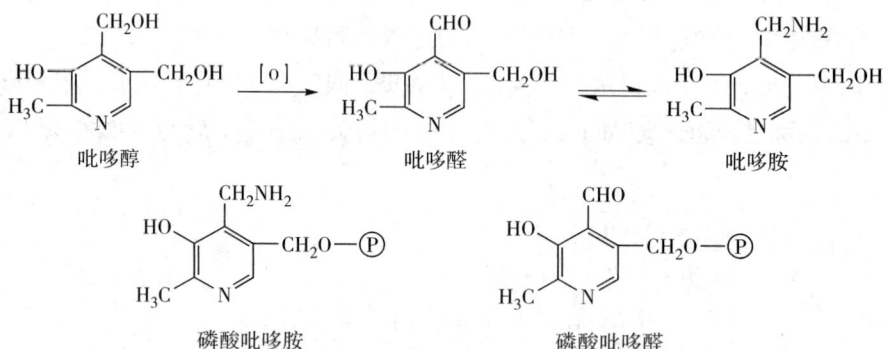

吡哆醇　　　　　　　吡哆醛　　　　　　　吡哆胺

磷酸吡哆胺　　　　　　　磷酸吡哆醛

维生素 B_6 在酸性环境中较为稳定，但易被破坏。中性环境中易被光破坏，高温下可迅速被破坏。其广泛分布动植物中，麦胚芽、米糠、大豆、酵母、蛋黄、肝、鱼中及绿叶蔬菜中含量丰富，肠道细菌亦可合成维生素 B_6，但只有少量吸收利用。

维生素 B_6 在体内转变生成的磷酸吡哆醛和磷酸吡哆胺为活性型，是氨基酸代谢中氨基转移酶的辅酶，两者通过相互转化，在氨基酸转氨基过程中，发挥氨基的作用；磷酸吡哆醛也是氨基酸脱羧酶的辅酶，能促进谷氨酸脱羧生成 γ-氨基丁酸，后者是抑制性神经递质，因此临床上常用维生素 B_6 治疗小儿惊厥及妊娠性呕吐；磷酸吡哆醛还是 δ-氨基-γ-酮戊酸（ALA）合酶、同型半胱氨酸分解代谢酶的辅酶，分别参与血红素的合成及同型半胱氨酸转化为甲硫氨酸的反应。

缺乏维生素 B_6 可产生小细胞低色素性贫血、血清铁含量增高或高同型半胱氨酸血症，近年发现，高同型半胱氨酸是心血管疾病、血栓形成和高血压的危险因子。

人类未发现维生素 B_6 缺乏的典型病例，过量服用维生素 B_6 可引起中毒，表现为周围神经疾病。

抗结核药物异烟肼可与吡哆醛的醛基结合形成腙，从尿排出，从而使吡哆醛失去辅酶作用的同时，引起维生素 B_6 缺乏病。所以，服用异烟肼时，应注意补充维生素 B_6。

五、泛酸

泛酸又称遍多酸，是由 β-丙氨酸与 2,4-二羟基-3,3-二甲基丁酸组成。因广泛存在于动、植物组织而得名。

泛酸是体内辅酶 A（coenzyme A，HSCoA）的组成部分，HSCoA 是酰基转移酶的辅酶，在物质代谢中转移酰基；也是酰基载体蛋白（acyl carrier protein，ACP）的组成，而 HSCoA 和 ACP 是体内 70 多种酶的辅酶，广泛参与糖、脂质和蛋白质代谢及肝生物转化作用。

因泛酸分布极其广泛，肠道细菌亦可合成，故很少出现缺乏病。

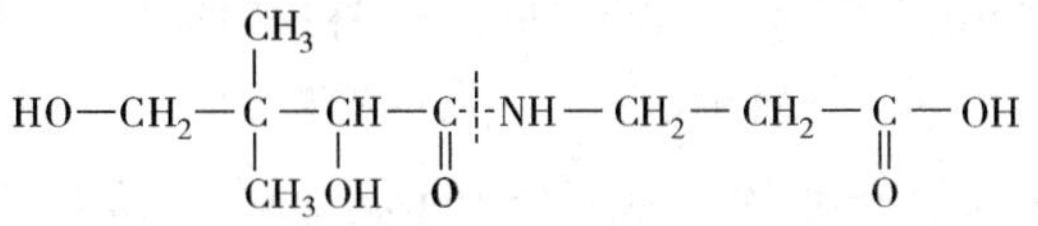

泛酸

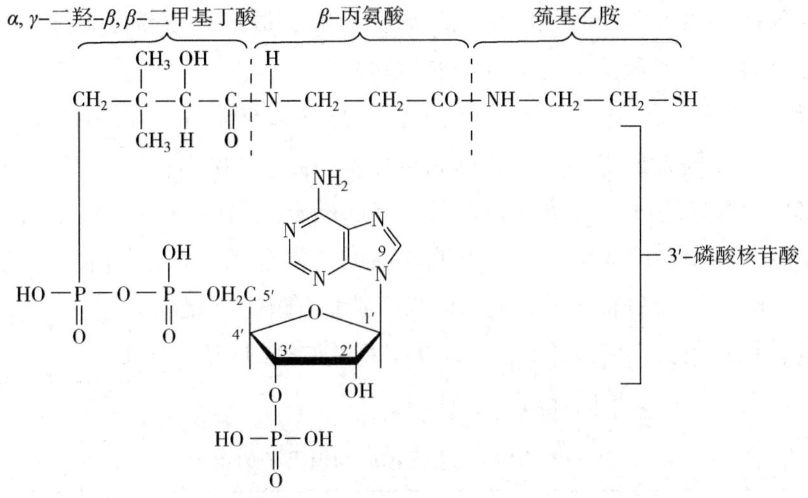

辅酶A

六、叶酸

叶酸（folic acid），由 2-氨基-4-羟基-6-甲基蝶啶、对氨基苯甲酸（p-aminobenzoic acid，PABA）和 L-谷氨酸组成。

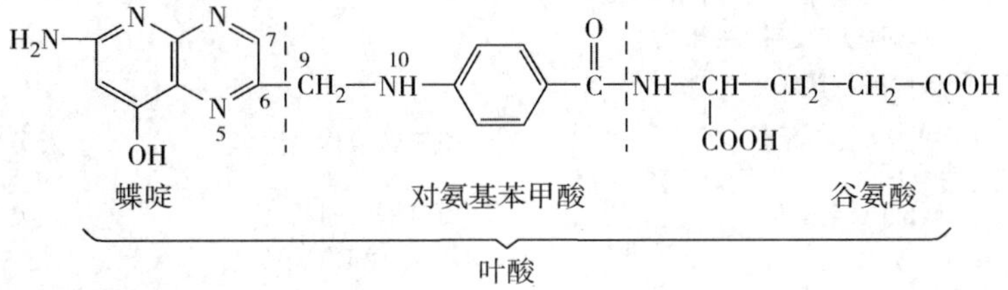

叶酸

叶酸因广泛分布在绿叶植物中而得名，肝、酵母、水果中含量也非常丰富。

叶酸在二氢叶酸还原酶作用下，还原为二氢叶酸，后者进一步还原为 5,6,7,8-FH_4，反应需要 NADPH+H$^+$ 和维生素 C 参与。在体内转变生成的四氢叶酸（tetrahydrofolic acid, FH$_4$），是叶酸的活性形式。FH$_4$ 中的 N^5、N^{10} 是一碳单位的结合位点，所以 FH$_4$ 体内一碳单位转移酶的辅酶，一碳单位在体内参加多种物质的代谢，如嘌呤核苷酸、胸腺嘧啶核苷酸的合成、同型半胱氨酸合成甲硫氨酸等，与白细胞、红细胞的成熟密切相关。

叶酸由于在食物中含量丰富，肠道细菌也能合成，一般不发生缺乏症。孕妇及哺乳期妇女因代谢旺盛，应适当补充叶酸。叶酸还可应用于降低胎儿脊柱裂和神经管缺乏的危险性；口服抗惊厥药能干扰叶酸的吸收及代谢，如长期服用，就应适当补充。

当叶酸缺乏时，体内维生素 B$_{12}$ 合成受到抑制，骨髓幼红细胞 DNA 合成减少，细胞分裂速度降低，细胞体积增大，造成巨幼细胞贫血。

七、维生素 B$_{12}$

维生素 B$_{12}$ 又称钴胺素，含有金属钴，是唯一含金属元素的维生素。维生素 B$_{12}$ 在体内可结合不同的基团而有多种存在形式，如氰钴胺素、羟钴胺素、甲钴胺素，其中甲钴胺素、5′-脱氧腺苷钴胺素是维生素 B$_{12}$ 的活性形式，也是血液中的存在形式，而甲钴胺素是 N^5-甲基四氢叶酸甲基转移酶的辅酶，参与甲硫氨酸合成的甲基转移和叶酸代谢。

维生素 B$_{12}$ 缺乏时，N^5-甲基四氢叶酸的甲基不能转移出去，一方面合成的甲硫氨酸减少，可造成游离的同型半胱氨酸增多，加速动脉粥样硬化、血栓生成和高血压；另一方面，影响游离型四氢叶酸的再生，使一碳单位代谢受影响，最终导致核酸合成障碍，也可导致巨幼细胞贫血（详细内容参见第七章氨基酸代谢）。

5′-脱氧腺苷钴胺素是 L-甲基丙二酰辅酶 A 变位酶的辅酶，该酶催化 L-甲基丙二酰辅酶 A 转变为琥珀酰辅酶 A。维生素 B$_{12}$ 缺乏时，L-甲基丙二酰辅酶 A 大量堆积，而其与脂肪酸合成的中间产物丙二酰辅酶 A 相似，因而竞争性抑制脂肪酸的正常合成，而脂肪酸合成的受阻，可以影响神经髓鞘的转换，造成髓鞘质变性退化，引发进行性髓鞘炎，所以维生素 B$_{12}$ 具有营养神经的作用。

B 族维生素组成的辅因子的比较见表 3-3。

考点提示

维生素 B$_1$、维生素 B$_2$、维生素 PP、维生素 B$_6$、泛酸、叶酸的辅酶形式和作用及其缺乏病。

表 3-3　B 族维生素组成的辅因子的比较

B 族维生素	辅酶形式	主要功能	缺乏病
硫胺素（Vit B$_1$）	硫胺素焦磷酸酯（TPP）	α-酮酸氧化脱羧和酮基转换作用	脚气病眼干燥症
核黄素（Vit B$_2$）	黄素单核苷酸（FMN）黄素腺嘌呤二核苷酸（FAD）	氢原子载体	口角炎、唇炎、阴囊炎、眼睑炎等
烟酸烟酰胺（Vit PP）	烟酰胺腺嘌呤二核苷酸（NAD$^+$）烟酰胺腺嘌呤二核苷酸磷酸（NADP$^+$）	氢原子载体	糙皮病
泛酸	辅酶 A（CoA）	酰基转换作用	人类未发现缺乏症
吡哆醇/吡哆醛/吡哆胺（Vit B$_6$）	磷酸吡哆醛	氨基酸代谢的转氨基和脱羧基	人类未发现缺乏症
叶酸	四氢叶酸	一碳基团载体	巨幼细胞贫血
钴胺素（Vit B$_{12}$）	5′-甲基钴胺素	甲基转移	巨幼细胞贫血

第四节　影响酶促反应速度的因素

酶促反应速度一般用规定的反应条件下，单位时间内底物的消耗量或产物的生成量来表示。酶存在于生物体内，因此酶促反应速度受生物体内很多因素的影响，如酶浓度、底物浓度、pH、温度、抑制剂和激活剂等。

一、底物浓度对酶促反应速度的影响

在酶浓度、pH、温度恒定的前提下，底物浓度（[S]）对反应速度（v）的影响作用呈矩形双曲线（图 3-9）。

当底物浓度很低时，酶的量远远大于底物浓度，故增加底物浓度，反应速度随之迅速增加，两者成正比关系；随着底物浓度的进一步增高，反应速度不再成正比例增加，反应速度增加的幅度不断下降；当底物浓度增加到一定程度时，由于酶的活性中心基本都被底物所占据，说明酶已被底物所饱和，故反应速度趋于恒定，继续增加底物浓度，反应速度也不再增

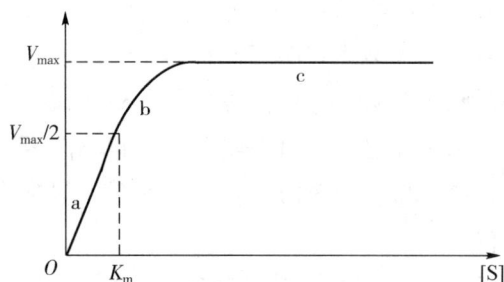

图 3-9　底物浓度对酶促反应速度的影响

加，得到的是零级反应，此时的反应速度称为酶促反应的最大速度（V_{max}），这种三段式曲线，呈矩形双曲线。

（一）米氏方程式

酶促反应速度与底物浓度之间的变化关系，反映了酶-底物复合物的形成以及产物的生成过程。1902 年，Victor Henri 提出酶-底物复合物学说，认为酶促反应过程中，首先酶与底物形成酶-底物复合物（ES），再由 ES 分解成产物和游离的酶。

$$E + S \Longleftrightarrow ES \longrightarrow E + P$$

为了解释酶促反应中底物浓度和反应速度的关系，1913 年，Michaelis 和 Menten 根据中间复合物学说，将 [S] 对 v 的矩形双曲线加以数学推导，得出米-曼方程式，简称米氏方程（Michaelis equation）。

$$v = \frac{V_{max}[S]}{K_m + [S]}$$

式中，V_{max} 指酶促反应的最大速度，[S] 为底物浓度，K_m 是米氏常数（Michaelis constant），v 是在某一底物浓度时相应的反应速度。

当 [S]$\ll K_m$ 时，方程式中分母的 [S] 忽略不计，则 $v = \frac{V_{max}}{K_m}[S]$，即 v 与 [S] 成正比，v 随 [S] 增加而增大 [图 3-10（a）]；当 [S]$\gg K_m$ 时，方程式中分母的 K_m 忽略不计，则 $v = V_{max}$，即反应速度为最大反应速度 [图 3-10（b）]。

（二）K_m 的意义

K_m 值是酶的特征性常数，只与酶的性质、酶所催化的底物和酶促反应条件（如温度、pH、有无抑制剂等）有关，与酶的浓度无关；K_m 值等于酶促反应速度为最大速度一半时的

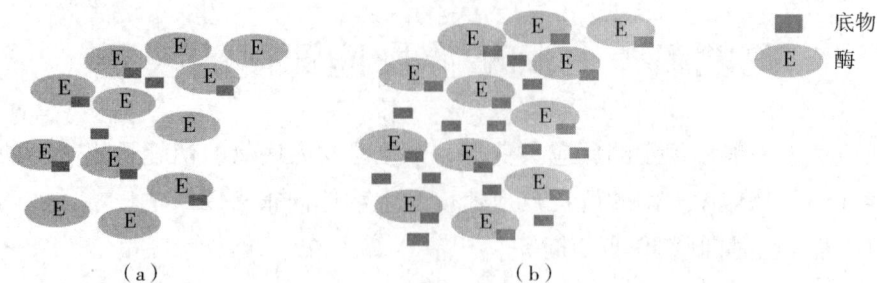

图 3-10　底物和酶浓度的比例对酶促反应速度的影响示意图

(a) $[S] \ll K_m$；(b) $[S] \gg K_m$

底物浓度，即当 $v = 1/2V_{max}$ 时，$K_m = [S]$，其单位为 mol/L；K_m 值可用来表示酶对底物的亲和力，K_m 值愈大，酶与底物的亲和力愈小，K_m 值愈小，酶与底物亲和力愈大；同一种酶与不同底物作用时，K_m 值也不同，K_m 值最小的底物为酶的最适底物或天然底物。

米氏方程只适用于较为简单的酶作用过程，对于比较复杂的酶促反应过程，如多酶体系、多底物、多产物、多中间物等，还不能全面地概括和说明，必须借助于复杂的计算过程。

（三）K_m 值与 V_{max} 的求取

K_m 值与 V_{max} 值可以通过作图法求取，将原来的米氏方程式的两侧各取倒数后得到双倒数方程。

$$v = \frac{V_{max}[S]}{K_m + [S]}$$

$$\frac{1}{v} = \frac{K_m + [S]}{V_{max}[S]}$$

$$\frac{1}{v} = \frac{K_m}{V_{max}} \cdot \frac{1}{[S]} + \frac{1}{V_{max}}$$

这是一个一次函数，该一次函数的横坐标为 $\frac{1}{[S]}$，纵坐标为 $\frac{1}{v}$，直线的斜率为 $\frac{K_m}{V_{max}}$，y 轴上的截距为 $\frac{1}{V_{max}}$，x 轴上的截距为 $-\frac{1}{K_m}$（图 3-11）。对此进行作图，得到双倒数作图法（double reciprocal plot），又称为林-贝（Lineweaver-Burk）作图法。

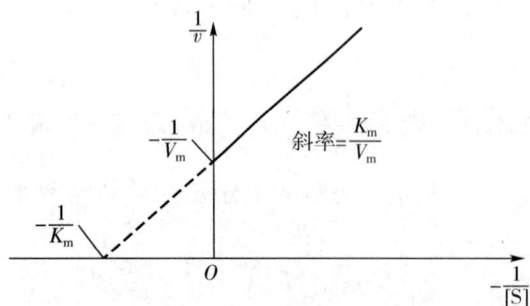

图 3-11　双倒数作图

考点提示

米氏方程式计算酶促反应速度。

二、酶浓度对酶促反应速度的影响

当［S］很大，即［S］≫［E］时，此时底物饱和，酶促反应速度 v 达到极限 V_{max}，［S］对 v 已不产生影响，能够对 v 产生影响的是酶浓度［E］，其关系是 $v=k$［E］，成正比关系，其中 k 是速度常数（图3-12）。

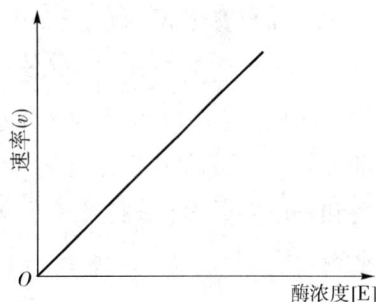

图 3-12　酶浓度对酶促反应速度的影响

三、温度对酶促反应速度的影响

通常化学反应的速度随温度增高而加快，但酶是蛋白质，可随温度的升高而变性，因此温度对酶促反应速度具有双重影响。在温度较低时，反应速度随温度升高而加快，一般来说，温度每升高10℃，反应速度大约增加一倍。但温度超过一定数值后，酶受热变性的因素占优势，反应速度反而随温度上升而减缓，形成倒V形或倒U形曲线。一般来说，在40℃以下时，随温度增高化学反应的速度随之加快，超过60℃以上，大部分酶蛋白开始变性，反应速度因酶变性而降低。因此只有当反应温度适中时，酶才能发挥最大作用，使酶促反应速度最大，该温度称为酶的最适温度（optimum temperature）（图3-13）。人体内大多数酶的最适温度在35～40℃。酶的最适温度不是酶的特征性常数，其与反应时间有关。

图 3-13　温度对酶促反应速度的影响

能在较高温度下生存的生物，其细胞内的最适温度亦较高。1969年从美国黄石国家森林的温泉中分享得到一种能在70～75℃环境中生长的栖热水菌，而用于DNA体外扩增的 *taq*DNA 聚合酶的最适温度为72℃。

酶在低温下活性较低，但没有变性，温度回升后酶的活性又可恢复。菌种、酶制剂等都是通过低温保存的。低温麻醉也是利用酶的这一性质，以减慢组织细胞代谢速度，提高机体对氧和营养物质缺乏的耐受性，有利于进行手术治疗。

四、pH 对酶促反应速度的影响

酶分子中的许多极性基团，在不同pH条件下，解离状态不同，所以环境的pH可以影响酶蛋白特别是活性中心上必需基团的解离程度和催化基团中质子的离子化状态，也可影响底物和辅酶的解离程度，从而影响酶与底物的结合。所以只有在特定的pH条件下，酶、底物和辅酶的解离情况，最适宜于它们互相结合，并发生催化作用，使酶促反应速度达最大值，这种pH值称为酶的最适pH（optimum pH）。

> **考点提示**
> 低温麻醉和高温灭菌的机制。

溶液的pH值高于或低于最适pH时都会使酶的活性降低，远离最适pH值时甚至导致酶的变性失活。因此，测定酶的活性时，应选用适宜的缓冲液，以保持酶活性的相对恒定。酶的最适pH不是酶的特征性常数，可因底物的种类及浓度或所用的缓冲剂不同而稍有改变。

人体内多数酶的最适pH值接近中性，但也有例外，如胃蛋白酶的最适pH约为1.8，肝精氨酸酶最适pH约为9.8（图3-14）。

五、激活剂对酶促反应速度的影响

凡能使酶由无活性变为有活性或者使得酶活性增加的物质，都称为酶的激活剂（activator），其中大部分是离子或简单的有机化合物。如 Mg^{2+} 是多种激酶和合成酶的激活剂，Cl^- 是唾液中 α-淀粉酶的激活剂。

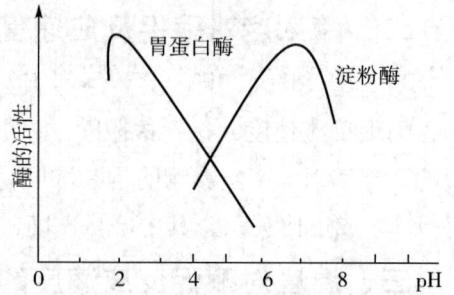

图 3-14 pH 对某些酶活性的影响

六、抑制剂对酶促反应速度的影响

凡能使酶的活性下降或消失而不引起酶蛋白变性的物质称为酶的抑制剂（inhibitor，I），抑制剂可与酶的活性中心或活性中心外的调节部位结合，从而抑制其活性，而使酶变性失活的因素如强酸、强碱等不属于抑制剂，属于酶的钝化剂范畴。抑制剂多与酶活性中心内或外的必需基团结合，从而抑制酶的活性。通常将抑制作用分为可逆性抑制和不可逆性抑制两类。

（一）不可逆性抑制

不可逆性抑制剂，通常以共价键方式与酶的必需基团进行不可逆结合而使酶丧失活性。此类抑制剂不能通过透析或超滤等方法去除。如某些重金属（Pb^{2+}、Cu^{2+}、Hg^{2+}）及 As^{3+} 等，能与酶分子的巯基进行不可逆结合，许多以巯基作为必需基团的酶（巯基酶），会因此而遭受抑制，用二巯基丙醇等含巯基的化合物可使酶复活。

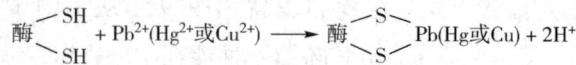

$$酶 \begin{array}{c} -SH \\ -SH \end{array} + Pb^{2+}(Hg^{2+}或Cu^{2+}) \longrightarrow 酶 \begin{array}{c} -S \\ -S \end{array} Pb(Hg或Cu) + 2H^+$$

再如，一种化学毒气——路易士气，也能不可逆抑制巯基酶，从而引起神经系统、皮肤、毛细血管等病变和代谢功能紊乱。

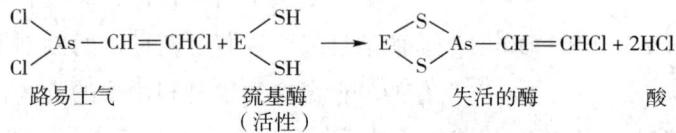

$$\begin{array}{c} Cl \\ Cl \end{array} As-CH=CHCl + E \begin{array}{c} -SH \\ -SH \end{array} \longrightarrow E \begin{array}{c} -S \\ -S \end{array} As-CH=CHCl + 2HCl$$

路易士气　　　　巯基酶　　　　　失活的酶　　　　酸
　　　　　　　　（活性）

二巯基丙醇（british anti-lewisite，BAL）可以解除这类抑制剂对巯基酶的抑制。

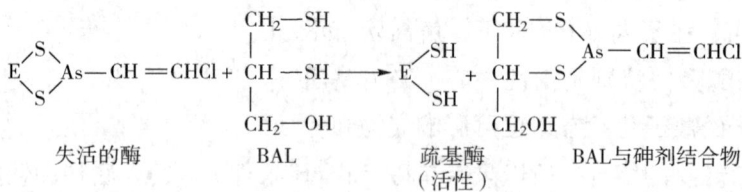

$$E \begin{array}{c} -S \\ -S \end{array} As-CH=CHCl + \begin{array}{c} CH_2-SH \\ CH-SH \\ CH_2-OH \end{array} \longrightarrow E \begin{array}{c} -SH \\ -SH \end{array} + \begin{array}{c} CH_2-S \\ CH-S \\ CH_2OH \end{array} As-CH=CHCl$$

失活的酶　　　　　BAL　　　　　巯基酶　　　　　BAL与砷剂结合物
　　　　　　　　　　　　　　　（活性）

> **考点提示**
> 重金属或有机磷农药中毒的机制及解毒方法。

此外，有机磷杀虫剂能专一作用于胆碱酯酶活性中心丝氨酸残基的羟基（羟基酶），使其磷酰化而不可逆地抑制酶的活性，解磷定等药物可与有机磷杀虫剂结合，使酶和有机磷杀虫剂分离而复活。

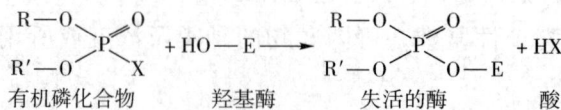

$$\begin{array}{c} R-O \\ R'-O \end{array} P \begin{array}{c} =O \\ X \end{array} + HO-E \longrightarrow \begin{array}{c} R-O \\ R'-O \end{array} P \begin{array}{c} =O \\ O-E \end{array} + HX$$

有机磷化合物　　　羟基酶　　　　失活的酶　　　　酸

扫码"看一看"

（二）可逆性抑制

可逆性抑制剂与酶以非共价键可逆性结合，使酶的活性降低或丧失，用透析、稀释和超滤等物理方法除去抑制剂后，酶的活性能恢复。可逆性抑制作用遵循米氏方程。根据抑制剂在酶分子上结合的位置不同，可分为以下三类。

1. 竞争性抑制　有些抑制剂与酶的底物结构相似，可与底物竞争酶的活性中心，从而阻碍酶与底物结合形成中间产物（图3-15），从而使有活性的酶下降，酶促反应速度减慢，这种抑制称为竞争性抑制（competitive inhibition）。

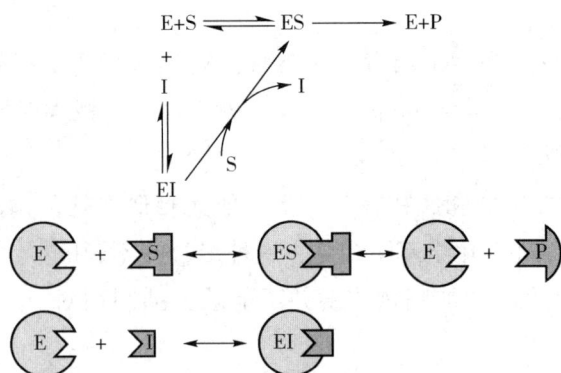

图 3-15　竞争性抑制模式图

竞争性抑制以双倒数作图法，以 $1/v$ 对 $1/[S]$ 作图，得到图3-16。

与无抑制剂相比，竞争抑制剂存在时的直线斜率增大，此时该直线的延长线在 x 轴的截距 $-\dfrac{1}{K_m}$ 增大，即 K_m 增大，也就是酶与底物的亲和力降低；而其与 y 轴的截距 $\dfrac{1}{V_{max}}$ 不变，即 V_{max} 不变。

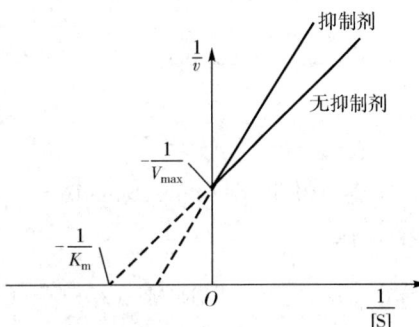

图 3-16　竞争性抑制作用的双倒数作图

由于抑制剂与酶的结合是可逆的，因此，抑制程度取决于抑制剂与底物浓度的相对比例，加大底物浓度，可使抑制作用减弱。

丙二酸与琥珀酸（丁二酸）的结构相似，从而使丙二酸与琥珀酸竞争琥珀酸脱氢酶的活性中心，所以丙二酸是琥珀酸脱氢酶的竞争性抑制剂。

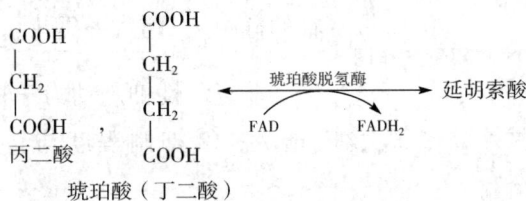

很多药物都是酶的竞争性抑制剂，例如磺胺药物的抑菌机制就属于竞争性抑制作用。对磺胺药敏感的细菌，不能像人类一样利用环境中的叶酸再还原成二氢叶酸（FH_2），而是利用对氨基苯甲酸（PABA）、二氢蝶呤及谷氨酸作为底物，利用菌体内的二氢叶酸合成酶合成二氢叶酸，后者在二氢叶酸还原酶作用下，再还原为四氢叶酸（FH_4），而四氢叶酸是一碳单位的载体，是细菌繁殖时合成核酸所必需的，从而合成核酸。而磺胺药与对氨基苯

甲酸具有类似的结构，从而作为二氢叶酸合成酶的竞争性抑制剂，进而减少菌体内四氢叶酸的合成，使核酸合成出现障碍，导致细菌死亡。

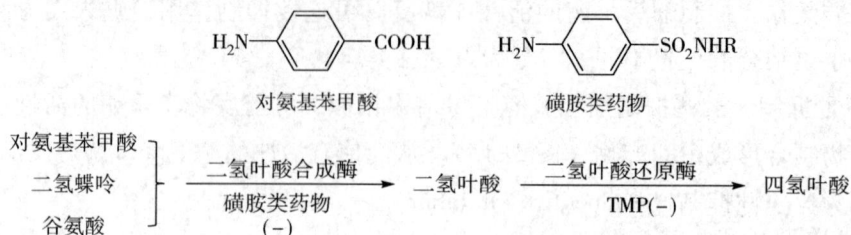

$$H_2N-\!\!\bigcirc\!\!-COOH \qquad H_2N-\!\!\bigcirc\!\!-SO_2NHR$$

对氨基苯甲酸　　　　　　　磺胺类药物

$$\left.\begin{array}{l}\text{对氨基苯甲酸}\\\text{二氢蝶呤}\\\text{谷氨酸}\end{array}\right\}\xrightarrow[\substack{\text{磺胺类药物}\\(-)}]{\text{二氢叶酸合成酶}}\text{二氢叶酸}\xrightarrow[\text{TMP}(-)]{\text{二氢叶酸还原酶}}\text{四氢叶酸}$$

竞争性抑制动力学特点为：①当有 I 存在时，K_m 增大而 V_{max} 不变，故 K_m/V_{max} 也增大；②抑制程度与 [I] 成正比，而与 [S] 成反比，故底物浓度极大时同样可达到最大反应速度，即抑制作用可以解除。

2. 非竞争性抑制　抑制剂和底物在结构上一般无相似之处，抑制剂常与酶活性中心以外的化学基团结合，这种结合并不影响底物和酶的结合(图 3-17)，增加底物浓度并不能减少抑制剂对酶的抑制程度。

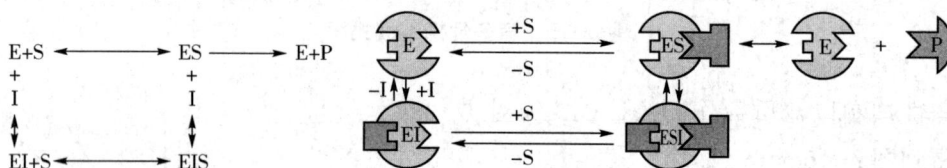

图 3-17　非竞争性抑制模式图

非竞争性抑制（non-competitive inhibition）以双倒数作图法，以 $1/v$ 对 $1/[S]$ 作图，得到图 3-18。

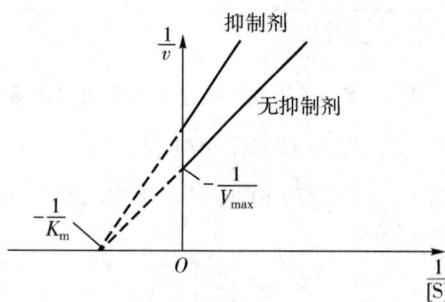

图 3-18　非竞争性抑制作用的双倒数作图

与无抑制剂相比，非竞争抑制剂存在时的直线斜率增大，与无抑制剂时的直线相交于 x 轴，即 $-\dfrac{1}{K_m}$ 不变，即 K_m 不变，也就是酶与底物的亲和力不变，其原因是结合在底物结合部位的活性中心外，所以对酶与底物的亲和力不变；而其与 y 轴的截距 $\dfrac{1}{V_{max}}$ 增大，即 V_{max} 减小。

非竞争性抑制动力学特点为：①当有抑制剂 I 存在时，K_m 不变而 V_{max} 减小，故 K_{max}/V_m 增大；②抑制程度与 [I] 成正比，而与 [S] 无关。

3. 反竞争性抑制　反竞争性抑制剂（uncompetitive inhibition）是由底物诱导产生的，常见于多底物反应中，而在单底物反应中比较少见。

与非竞争性抑制一样，其和底物在结构上一般无相似之处，抑制剂常与酶活性中心以外的化学基团结合，这种结合并不影响底物和酶的结合

（图 3-19），增加底物浓度并不能减少抑制剂对酶的抑制程度。其与非竞争性抑制不同的是，游离的酶并不能与反竞争性抑制剂结合，当酶与底物结合形成酶-底物复合物后，才能与此类抑制剂相结合。因此，反竞争性抑制剂仅与酶-底物复合物结合。

$$E+S \longleftrightarrow ES \longrightarrow E+P$$
$$+$$
$$I \longleftrightarrow ESI$$

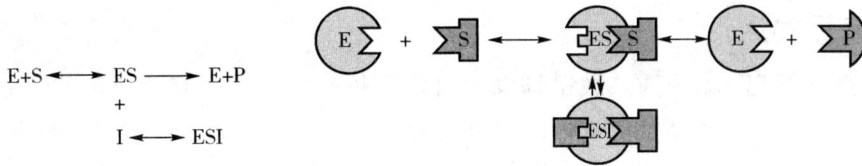

图 3-19　反竞争性抑制模式图

反竞争性抑制以双倒数作图法，即以 $1/v$ 对 $1/[S]$ 作图，得到图 3-20。

反竞争抑制剂存在时与无抑制剂的直线平行，即 $-\dfrac{1}{K_m}$ 减小，即 K_m 减小，其原因为由于 I 与 ES 形成复合物，使 ES 的量下降，增加了酶与底物的亲和力，从而促进底物与酶的结合作用；而其与 y 轴的截距 $\dfrac{1}{V_{max}}$ 增大，即 V_{max} 减小。

现将三种可逆性抑制作用的特点加以比较，见表 3-4。

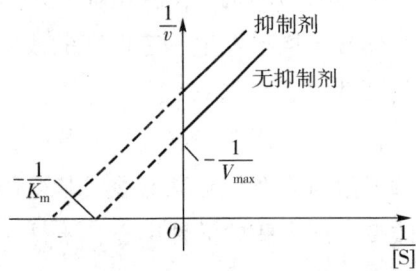

图 3-20　反竞争性抑制作用的双倒数作图

表 3-4　三种可逆性抑制作用的特点比较

作用特征	无抑制剂	竞争性抑制	非竞争性抑制	反竞争性抑制
与 I 结合的组分		E	E、ES	ES
动力学参数				
表观 K_m	K_m	增大	不变	减小
V_{max}	V_{max}	不变	降低	降低
双倒数作图				
x 轴截距	$-1/K_m$	增大	不变	减小
y 轴截距	$1/V_{max}$	不变	增大	增大
斜率	K_m/V_{max}	增大	增大	不变

第五节　酶活性的调节

体内的各种物质代谢过程由一系列不同的酶催化完成，要改变反应速度，并不需要全部酶活性改变，而仅限于某些酶活性的变化，就能达到调节物质代谢的要求。细胞内的酶活性可以进行调节，调节后，有些酶的活性从无到有，也可以从有到无，这样调节物质代谢；亦可通过酶的活性高低或酶含量的变化来调节代谢过程。

人体主要是通过调节关键酶特别是限速酶的活性或含量来完成。关键酶（key enzyme）是催化单向不可逆反应的酶，其不全部是限速酶。限速酶（limiting enzyme）：一系列酶中催化活性最低的酶，均为关键酶。对体内各种代谢途径的调节主要是对关键酶的调节，它们常是第一个酶或是处于分支代谢中的第一个酶。

一、酶原的激活

大多数酶在细胞内合成时，肽链即发生自发的折叠，形成具有特征性的空间结构，形成酶的活性中心，即获得全部酶活性。但有些酶在细胞内合成或初分泌时，没有催化活性，这种无活性状态的酶的前体称为酶原（zymogen）。酶原在特定的环境条件下，转变成有催化活性的酶的过程称为酶原的激活。如胃蛋白酶、胰蛋白酶等，在初分泌时都是以酶原的形式存在，进入消化道后才被激活成相应的酶。

酶原激活的机制主要是在专一酶的催化下，通过水解作用，去除一个或几个特定的肽段，使分子构象发生一定程度的改变，从而形成酶的活性中心。因此，酶原激活实际上是酶的活性中心形成或暴露的过程。

例如，胰蛋白酶原进入小肠后，在 Ca^{2+} 存在下，受肠激酶或胰蛋白酶本身的激活，第6位赖氨酸与第7位异亮氨酸残基之间的肽键被切断，水解掉一个六肽，酶分子空间构象发生改变，产生酶的活性中心，于是胰蛋白酶原变成了有活性的胰蛋白酶（图3-21）。

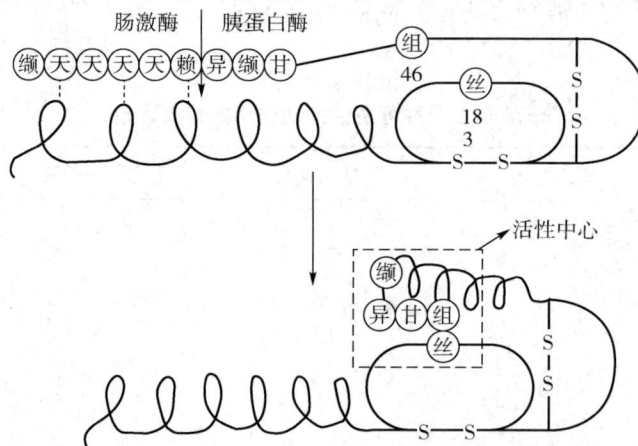

图 3-21 胰蛋白酶原激活示意图

酶原只是在特定的部位、环境和条件下才被激活，表现出酶的活性。其意义在于避免细胞内产生的蛋白酶对细胞进行自身消化，并可使酶在特定的部位和环境中发挥作用，保证体内代谢的正常进行。酶原激活说明了酶的特定的催化作用是以其特定的结构为基础的。

> **考点提示**
> 急性胰腺炎发生的机制、酶原激活的本质及生物学意义。

二、酶活性的快速调节

通过与酶进行可逆的非共价结合，或与酶进行共价结合，从而改变酶的构象，从而达到调节酶的活性的目的，称为酶活性的快速调节，分为别构调节和化学修饰调节两种。

1. 改变酶的构象而调节酶的活性的别构调节 有些酶除了具有结合底物的部位（活性

中心）以外，还有一个或几个其他部位，体内一些代谢物可以与酶分子活性中心外的其他部位非共价可逆结合，使酶发生构象变化并改变其催化活性。此结合部位称为别构部位或调节部位。对酶催化活性的这种调节方式称为别构调节（allostercre gulation）。被别构调节的酶称为别构酶（allosteric enzyme）。导致别构调节的代谢物分子称为别构效应剂。这些酶大多在代谢调节中处于关键地位，对代谢速度、方向和强度的控制具有十分重要的作用，所以又称为调节酶（regulatory enzyme）。

别构酶通常含有多个（偶数）亚基，具有四级结构。与底物结合的催化部位和与别构效应剂结合的调节部位可以在不同的亚基，也可在同一亚基的不同部位。含催化部位的亚基称为催化亚基；含调节部位的亚基称为调节亚基。别构效应剂引起酶的构象变化，影响了 ES 的形成，改变酶的活性，从而改变物质代谢的速度和代谢途径的方向。

因为别构酶分子中常存在多个亚基，如果别构效应剂与其中的一个亚基结合，则引起之间存在协同效应，包括正协同效应和负协同效应。如果别构效应剂与其中一个亚基结合，此亚基的别构效应使相邻亚基也发生别构，并增加此效应，这种效应称为正协同效应；相反，如果后续亚基的别构降低对此效应剂的亲和力，则称为负协同效应。如果效应剂是底物本身，则协同效应的底物与酶促反应速度的曲线呈 S 形，其中正协同效应使 S 形曲线左移，而负协同效应使 S 形曲线右移（图 3-22）。

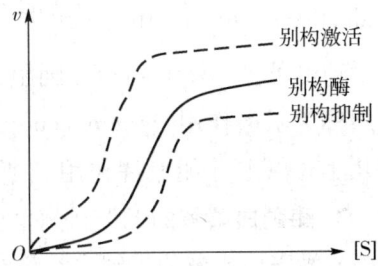

举例：糖酵解途径的关键酶磷酸果糖激酶-1，是一种别构酶。

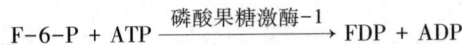

图 3-22 别构酶的 S 形曲线

$$\text{F-6-P} + \text{ATP} \xrightarrow{\text{磷酸果糖激酶-1}} \text{FDP} + \text{ADP}$$

ATP 和柠檬酸是别构抑制剂，防止产物过剩；ADP 和 AMP 是别构激活剂，增加 ATP 生成。

别构调节的特点：①酶活性的改变通过酶分子构象的改变而实现；②酶的别构仅涉及非共价键的变化；③调节酶活性的因素为代谢物；④为一非耗能过程；⑤无放大效应。

2. 与酶共价结合的化学修饰调节 酶蛋白肽链上的一些基团可与某种化学基团发生可逆的共价结合，从而改变酶的活性，以调节代谢途径，这一过程称为酶的化学修饰（chemical modification）或共价修饰。在这一过程中，酶发生无活性（或低活性）与有活性（或高活性）两种形式的互变。这种互变由不同的酶所催化，后者又受激素的调控。

酶的共价修饰包括磷酸化与脱磷酸化、乙酰化与脱乙酰化、甲基化与脱甲基化、腺苷化与脱腺苷化，以及氧化型巯基（—S—S—）与还原型巯基（—SH）的互变等。其中，以磷酸化修饰最为常见（图 3-23），这种化学修饰是通过酶促反应的需要消耗 ATP 完成的，其作用快，效率高，是体内快速调节的另一种重要方式。

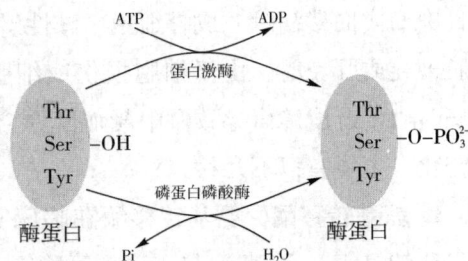

图 3-23 酶的磷酸化与脱磷酸化

共价修饰调节的特点：①酶以两种不同修饰和不同活性的形式存在；②有共价键的变化；③一般为耗能过程，但作用快速，是体内快速调节的另一重要方式；④受其他调节因素（如激素）的影响；⑤存在放大效应；⑥很多关键酶，受别构调节与共价修饰调节双重调控。

三、酶活性的缓慢调节——酶含量的调节

酶在细胞中的含量是在不断合成和降解过程中达到一种动态平衡状态，因此，可通过调节酶的合成和降解的速率，进而调节酶的含量，达到影响酶促反应速率的目的。这种调节过程较慢，故是酶促反应速率的缓慢调节。

1. 酶蛋白合成的诱导和阻遏　某些激素、生长因子、底物、产物及某些药物等可以在转录水平上影响酶蛋白的生物合成，一般在转录水平上能促进酶合成的物质，称之为诱导物（inducer），诱导物诱发酶蛋白合成的作用，称之为诱导作用（induction）；反之，在转录水平上能减少酶蛋白合成的物质，称

> **考点提示**
> 酶的快速调节（别构调节和化学修饰调节）方式。

之为辅阻遏物（repressor），辅阻遏物与无活性的阻遏蛋白结合而影响其基因的转录，这种作用称为阻遏作用（repression）。诱导作用和阻遏作用作用于酶蛋白合成过程中，通常需要几小时以上才能发挥作用，所以这种作用是一种缓慢而持久的调节。

2. 酶蛋白降解的调控　酶是机体组成成分，也在不断自我更新。一旦酶构象受到破坏，便极易被蛋白水解酶识别，并降解成氨基酸。降低或加快酶蛋白的降解速度，从而使细胞酶含量增多或减少，进而调节酶促反应速度。

第六节　酶与医学的关系

一、酶与疾病的发生

有些疾病的发生直接或间接地由于酶的质和量的异常或者活性的异常引起。由于酶的先天性缺乏而导致的代谢缺陷疾病称为代谢缺陷病，如酪氨酸酶缺乏引起白化病。酶活性受到抑制常见于中毒，例如，有机磷农药中毒、重金属盐中毒以及氰化物中毒等。

二、酶与疾病的诊断

酶都是在细胞内合成的，所以体液中的酶都来自于组织细胞，测定血清（或血浆）、尿液等体液中酶活性的改变，可反映某些疾病的发生和发展，有利于临床诊断和预后的判断。如骨肉瘤或佝偻病时，成骨细胞中碱性磷酸酶合成增多，可使血清中碱性磷酸酶活性增高；心肌梗死或肝炎时，由于细胞损伤或细胞膜通透性增高，使血清中氨基转移酶活性增高；肝病时由于合成障碍导致血中凝血酶原含量降低。当肝病变时，可引起血清中很多酶活力的变化，主要有以下几种。

1. 氨基转移酶　氨基转移酶在临床实际中通常包括血清天冬氨酸氨基转移酶（ALT）或谷草转氨酶（SGOT）与血清丙氨酸氨基转移酶（AST）或谷丙转氨酶（SGPT），血清氨基转移酶是急性黄疸型肝炎前期最早出现的异常指标，因为它是肝细胞损伤最敏感的指标

之一。

2. 卵磷脂-胆固醇脂酰转移酶（LCAT） 该酶由肝合成而分泌入血，催化卵磷脂和游离胆固醇之间的转脂酰基作用而生成溶血卵磷脂及胆固醇酯，在肝病时，血清中的酶活力降低。

3. γ-谷氨酰转肽酶（γ-GT） 活动性肝病患者血清中 γ-GT 升高，故 γ-GT 是活动性肝病的诊断指标，原发性或继发性肝癌时，血清 γ-GT 均见升高。

另外，血清酶的测定，也可用于肿瘤的诊断，如半乳糖基转移酶（Gal T）同工酶，该酶有 Ⅰ、Ⅱ 两种同工酶，正常人血清中只有 Gal T-Ⅰ，而癌症患者血清中的 Gal T-Ⅰ 虽仅略高于正常，但可出现 Gal T-Ⅱ，阳性率为 73%～83%。所以 Gal T-Ⅱ 是一个较好的癌症诊断指标。

三、酶与疾病的治疗

酶制品也可在临床上用于疾病的治疗，如糜蛋白酶对蛋白质有分解作用，可用于外科扩创清创；尿激酶可用于治疗血管栓塞；人工合成的巯基嘌呤等药物，通过竞争性抑制作用阻碍肿瘤细胞的异常增长，可起到抑制肿瘤的作用。

知识拓展

酶的发现

人类早就会利用酵母使果汁和粮食转化成酒，该过程叫发酵，酵母制品被称为酵素。后来，法国物理学家德拉图尔利用显微镜观察酵母的形状，发现了酵母的繁殖过程。到 19 世纪 50 年代，法国存放的陈年葡萄酒忽然变酸，使酿酒厂损失惨重。厂主求救法国科学家巴斯德，他用显微镜研究葡萄酒里的酵母细胞，证明了葡萄酒中有多种酵母，而变酸的葡萄酒中多了几种，即多余的酵母如去除，则葡萄酒可放置多年，陈年的葡萄酒也不会变酸和变质。

除了酵母以外，其他有机体内也存在着类似发酵过程的分解反应。例如人和某些动物体的胃肠里就进行着这样的过程。从胃里分泌出来的胃液中，含有某种能加速食物分解的物质。1834 年，德国科学家许旺把氯化汞加到胃液里，沉淀出一种白色粉末，把粉末里的汞化合物除去以后，再把剩下的粉末物质溶解，得到了一种消化液，许旺把这种粉末叫做胃蛋白酶。与此同时，法国化学家又从麦芽提取物中发现了另外一种物质，它能使淀粉转变成糖，这就是淀粉糖化酶。现在，把过去被称为酵素的物质和后来发现的酶都叫做酶。

本章小结

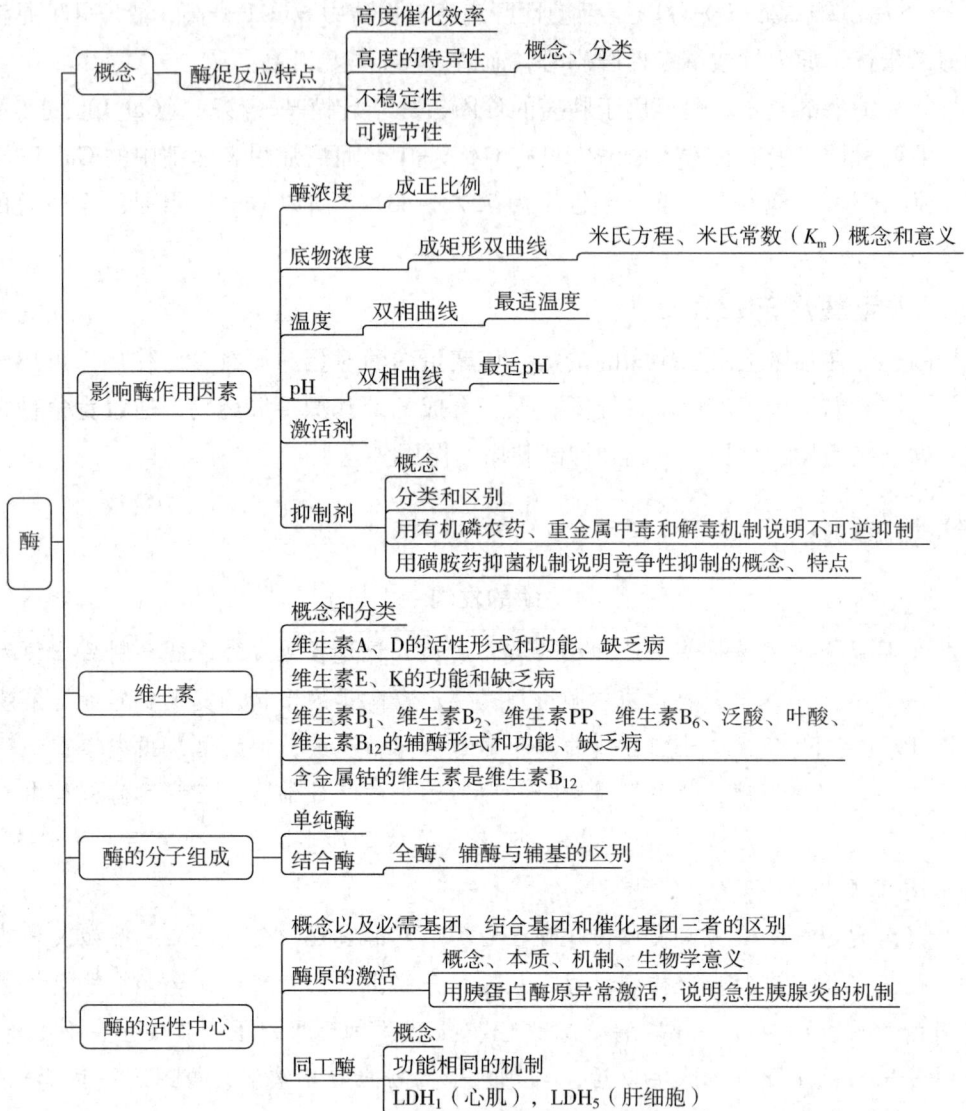

一、选择题

【A1 型题】

1. 下列关于酶的叙述错误的是
   A. 能在细胞外发挥作用
   B. 酶的本质是蛋白质
   C. 不能改变反应的平衡点
   D. 能大大地降低反应的活化能
   E. 可不借助于必需基团发挥作用

2. 酶与无机催化剂反应的不同点

A. 催化活性的可调节性　　　　　B. 反应前后质量不变

C. 催化效率不高　　　　　　　　D. 不改变反应平衡点

E. 只催化热力学上允许的反应

3. 关于体内酶促反应的特点，错误的是（2015 年临床执业助理医师资格考试题）

  A. 只能催化热力学上允许的反应　B. 可大幅降低反应的活化能

  C. 温度对酶促反应没有影响　　　D. 具有可调节性

  E. 具有高催化效率

4. 下列关于酶促反应调节的叙述正确的是（2016 年临床执业助理医师资格考试题）

  A. 底物饱和时，反应速度随酶浓度增加而增加

  B. 反应速度不受酶浓度的影响

  C. 温度越高，反应速度越快

  D. 在最适 pH 下，反应速度不受酶浓度影响

  E. 反应速度不受底物浓度的影响

5. 辅酶与辅基的主要区别是

  A. 化学本质不同　　　　　　　　B. 免疫学性质不同

  C. 与酶蛋白结合的紧密程度不同　D. 理化性质不同

  E. 生物学活性不同

6. 下列为含有 B 族维生素的辅酶，例外的是

  A. 辅酶 A　　　　　　　　　　　B. 四氢叶酸

  C. 细胞色素 b　　　　　　　　　D. 磷酸吡哆醛

  E. 焦磷酸硫胺素

7. 下列存在于肝细胞的同工酶是

  A. LDH_1　　　B. LDH_2　　　C. LDH_3　　　D. LDH_4　　　E. LDH_5

8. 摄入过多容易引起中毒的是

  A. 维生素 B_1　　　　　　　　　B. 维生素 B_2

  C. 维生素 B_{12}　　　　　　　　D. 维生素 D

  E. 维生素 C

9. 维生素 D 缺乏性手足搐搦症是由于

  A. 血清钙升高　　　　　　　　　B. 神经肌肉兴奋性降低

  C. 血钙离子低　　　　　　　　　D. 血镁降低

  E. 血钾降低

10. 米氏常数下列的描述错误的为

  A. 是 $v = 1/2V_m$ 时的底物浓度　B. 与底物浓度无关

  C. 表示酶与底物的亲和力　　　　D. 是酶的特征性常数，所以无单位

  E. 与酶的结构有关

11. 关于酶的正确叙述是

  A. 不能在细胞外发挥作用　　　　B. 大多数酶的化学本质是核酸

  C. 能改变反应的平衡点　　　　　D. 能大大降低反应的活化能

  E. 与底物结合都具有绝对的特异性

12. 某酶现有 4 种底物（S），其 K_m 值如下，该酶的最适底物为

    A. S_1：$K_m = 5 \times 10^{-5}$ B. S_2：$K_m = 1 \times 10^{-5}$

    C. S_3：$K_m = 10 \times 10^{-5}$ D. S_4：$K_m = 0.1 \times 10^{-5}$

    E. S_2：$K_m = 2 \times 10^{-5}$

13. 米氏常数 K_m 是一个用来度量

    A. 酶促反应速度大小的常数

    B. 酶被底物饱和的程度的常数

    C. 酶和底物亲和力的常数

    D. 酶的稳定性的常数

    E. 酶的特异性的常数

14. 大多数脱氢酶的辅酶是

    A. NAD^+ B. $NADP^+$ C. 辅酶 A   D. Cyt c   E. $FADH_2$

15. 竞争性抑制剂与非竞争性抑制剂的主要区别在于

    A. 与底物结构的相似性   B. 化学基团的类型

    C. 分子组成   D. 理化性质

    E. 免疫学活性

16. 磷酸吡哆醛作为辅酶参与的反应是

    A. 磷酸化反应   B. 酰基化反应

    C. 转甲基反应   D. 过氧化反应

    E. 转氨基反应

17. 下列关于竞争性抑制剂的论述哪项是错误的

    A. 抑制剂与酶活性中心结合   B. 抑制剂与酶的结合是可逆的

    C. 抑制剂结构与底物相似   D. 抑制剂与酶非共价键结合

    E. 抑制程度只与抑制剂浓度有关

18. 磺胺药对二氢叶酸合成酶的抑制属于

    A. 不可逆抑制   B. 可逆抑制

    C. 竞争性抑制   D. 非竞争性抑制

    E. 反竞争性抑制

19. 丙二酸对琥珀酸脱氢酶的抑制作用，按抑制类型应属于

    A. 反馈抑制   B. 非竞争性抑制

    C. 竞争性抑制   D. 底物抑制

    E. 不可逆性抑制

20. 有机磷对胆碱酯酶的抑制属于

    A. 不可逆抑制   B. 可逆抑制

    C. 竞争性抑制   D. 非竞争性抑制

    E. 反竞争性抑制

二、思考题

1. 利用活性中心解释急性胰腺炎发生的机制。

2. 有机磷农药中毒和解毒的机制。

3. 磺胺药抑菌的机制。

4. 酶活性调节的方式有哪些？试比较酶的竞争性抑制和非竞争性抑制的一般特点及动力学特点。

5. 列表比较维生素 B_1、维生素 B_2、维生素 PP、维生素 B_6、泛酸、叶酸和维生素 B_{12} 的辅酶形式和功能。

6. 什么是酶原的激活、别构酶、化学修饰调节？

扫码"练一练"

（杨留才）

第四章　糖　代　谢

案例讨论

[案例]　男，55岁，汉族。生活不规律，平时常饮酒、吸烟，喜欢食用肉、动物内脏等高热量饮食，体重一度增至100kg。近三年来，患者感觉自己越来越不耐饥饿，常有乏力、疲惫感，体重下降明显，出现小便量及次数增加、口渴、多饮、多食等症状。经查空腹血糖浓度8.9mmol/L，餐后两小时血糖达到18mmol/L。血胰岛素水平低于正常值下限。诊断为糖尿病。

[讨论]

1. 本病的诊断依据是什么？

2. 结合糖代谢知识，阐述糖尿病出现高血糖的原因。

扫码"学一学"

第一节　概　述

糖是一大类有机化合物，本质是多羟基醛或多羟基酮及其衍生物的总称，是机体不可缺少的营养物质之一。糖在自然界中的含量极其丰富，几乎所有的生物体内均有糖类分布，其中植物中含量最多，占干重的85%~95%。植物中糖类主要以淀粉（starch）和纤维素的形式存在，而动物体内的糖主要是葡萄糖（glucose）和糖原（glycogen），其中葡萄糖是血糖的主要组成成分，糖原是动物体内糖的储存形式。

糖在生命活动中可以提供代谢所需要的碳源和能源，同时也是人体组织器官的主要构成成分之一。

一、糖的生理功能

1. 氧化分解，提供能量　糖是人类食物的主要成分，其最主要的生理功能在于通过一系列的氧化分解反应，提供生命活动所需要的能量。人体所需能量的50%~70%是由糖类提供的。

2. 维持血糖稳定　糖原是葡萄糖在体内的重要储存形式。在能量充足时，糖以糖原的形式储存起来，需要能量时，糖原可以很快分解，释放出葡萄糖，用于维持血糖浓度的相对稳定；同时，人体在饥饿或空腹时，可以将脂质、氨基酸等非糖物质转变为葡萄糖，从而维持血糖的相对恒定。

3. 提供某些物质合成的原料　糖是提供碳源的重要物质。糖代谢的中间产物，可以作为体内某些物质的合成原料，转变成其他含碳化合物，比如脂肪、核苷和一些非必需氨基酸等。

4. 参与构成组织细胞　糖是组成人体组织结构的重要成分。糖类可与蛋白质、脂质等结合，形成糖蛋白、蛋白多糖、糖脂等分子，进一步参与构成某些组织细胞。如糖蛋白参与神经组织的构成，蛋白多糖是结缔组织、软骨组织等的构成成分。另外，糖蛋白和糖脂均参与生物膜的组成，部分还与细胞间信息的传递、细胞的免疫、细胞的识别作用有关。

5. 其他功能　糖可以参与构成多种生物活性物质，如免疫球蛋白、酶、激素、血型物质、凝血因子等。糖的某些代谢产物如葡糖醛酸可参与机体的生物转化作用。另外，糖类也与遗传物质有关，如核糖、脱氧核糖可分别参与 RNA 和 DNA 的组成。

> **考点提示**
> 糖的功能。

二、糖的消化吸收

食物糖类包括植物淀粉和动物糖原，而以植物淀粉为主。人体摄取的淀粉是大分子物质，不能直接通过消化道黏膜吸收，故需要经过唾液和胰液中的淀粉酶消化水解成小分子糖类后方可吸收入血。消化水解后的物质是小分子单糖，主要是葡萄糖，是糖类吸收的主要形式。

食物在口腔中停留时间较短，唾液淀粉酶仅对淀粉进行初步消化，而胃液 pH 较低，可使淀粉酶失活，故淀粉在胃内几乎不消化，因而小肠成为淀粉消化的主要部位。胰腺可分泌胰液进入小肠，内含大量的 α-淀粉酶（α-amylase），可将淀粉水解成麦芽糖（maltose）、麦芽三糖、α-糊精等，再经小肠黏膜细胞内的酶类进一步水解生成葡萄糖、果糖、半乳糖等单糖（表 4-1）。

葡萄糖主要在小肠上段吸收。主要依赖 Na^+ 和特定葡萄糖载体（Na^+-dependent glucose transporter，SGLT）进行耗能的主动吸收，少部分可进行被动扩散入血。

表 4-1　糖的消化和吸收

部位	过程	消化酶类
口腔	淀粉水解成少量的麦芽糖（消化）	α-淀粉酶
胃	几乎不消化糖类	
小肠	淀粉水解成麦芽糖、麦芽三糖、α-糊精等，再进一步水解成葡萄糖、果糖等单糖（消化）	α-淀粉酶、胰淀粉酶等
小肠	葡萄糖通过主动转运和扩散进入血液（吸收）	

糖的分类

糖在自然界中分布很广，可以分为多种类型。按照化学组成的不同，糖可以分为单糖、寡糖、多糖和结合糖四种类型。单糖是糖的最小单位，不能再水解成其他糖类，常见的有葡萄糖、果糖、核糖等；寡糖是由2~10个单糖分子组成的糖类，常见的有蔗糖、麦芽糖等，它们可以水解成单糖；多糖是由10个以上单糖分子组成的糖类，主要包括糖原、淀粉、纤维素等，其彻底水解后的成分也是单糖；结合糖是指糖类和蛋白质或脂质结合而成的产物，主要有糖脂、糖蛋白、蛋白多糖等。

三、糖代谢的概况

糖代谢主要指的是葡萄糖在体内的一系列复杂的化学变化反应。在不同的组织细胞中，在不同的反应条件下，其代谢途径有所不同。糖的代谢可分为合成代谢和分解代谢两大类，主要包括六条糖代谢途径，即糖原合成、糖原分解、无氧氧化、有氧氧化、戊糖磷酸途径、糖异生等。（图4-1）

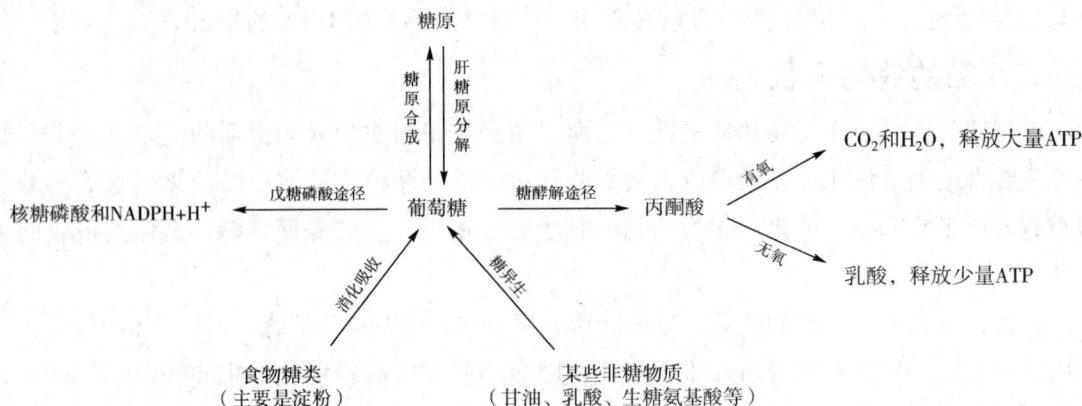

图4-1　糖代谢概况

第二节　糖的分解代谢

糖在机体不同组织细胞内可进行不同形式的分解，生成不同的产物，发挥不同的生理功能。根据反应条件和反应途径的不同，葡萄糖在体内的分解代谢主要有三条：糖的无氧氧化（anaerobic oxidation）、糖的有氧氧化（aerobic oxidation）和戊糖磷酸途径（pentose phosphate pathway）。

考点提示

糖的分解代谢途径。

一、糖的无氧氧化

（一）糖的无氧氧化概念

葡萄糖或糖原在无氧或缺氧的情况下分解成乳酸（lactate）并释放少量能量的过程。该过程氧化不彻底，终产物是乳酸。因为其主要过程和酵母菌代谢糖类生醇发酵的过程类似，故又名糖酵解（glycolysis）。

扫码"学一学"

（二）糖的无氧氧化反应部位

糖的无氧氧化途径主要在细胞质中进行，可发生于全身各组织细胞，肌肉组织和红细胞中该代谢较为活跃。

（三）糖的无氧氧化反应过程

糖的无氧氧化的反应过程大体分为两个阶段：第一阶段是由葡萄糖分解成丙酮酸（pyruvate）的过程，称之为糖酵解途径（glycolytic pathway）；第二阶段是丙酮酸还原成乳酸的过程。（图4-2）

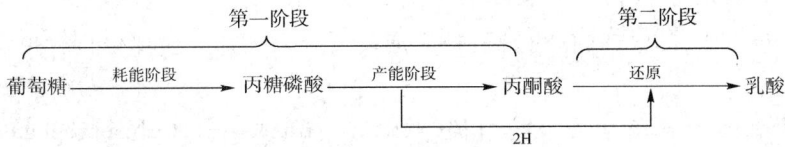

图4-2　糖的无氧氧化的反应阶段

1. 葡萄糖生成丙酮酸（糖酵解途径） 该阶段分为耗能和产能两个阶段。耗能阶段由1分子葡萄糖转变成2分子丙糖磷酸（1分子六碳糖裂解成2分子三碳糖），是利用ATP的阶段；产能阶段由丙糖磷酸经过一系列反应生成丙酮酸，是产生ATP的阶段。产能阶段产生的能量要大于耗能阶段消耗的能量，故整个糖酵解途径总体是产能的。

（1）葡萄糖磷酸化为葡糖-6-磷酸（glucose-6-phosphate，G-6-P）葡萄糖在己糖激酶（肝中是葡萄糖激酶）的催化作用下，ATP提供能量和磷酸基，Mg^{2+}作为激活剂，生成葡糖-6-磷酸。该反应是无氧氧化的第一步磷酸化反应，消耗1分子ATP，同时也是限速步骤，反应不可逆。己糖激酶（hexokinase，HK）是无氧氧化的第一个关键酶（key enzyme）。

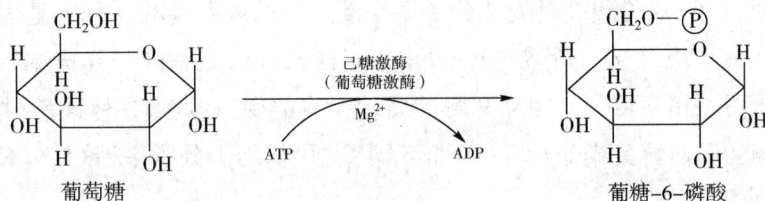

（2）葡糖-6-磷酸异构为果糖-6-磷酸（fructose-6-phosphate，F-6-P）磷酸己糖异构酶催化作用下完成，需要Mg^{2+}参与。此反应为醛糖和酮糖异构体之间的互变反应，反应可逆。

知识链接

己糖激酶

己糖激酶可以催化多种己糖转变成相应的己糖磷酸，如葡萄糖生成葡糖-6-磷酸。该酶有四种同工酶，分别为己糖激酶Ⅰ、Ⅱ、Ⅲ、Ⅳ。Ⅰ、Ⅱ、Ⅲ型己糖激酶主要存在于肝外组织中，对葡萄糖的亲和力较高，在葡萄糖浓度较低时仍能发挥作用。例如脑组织中的己糖激酶可在糖供应不足时最大限度地利用葡萄糖。Ⅳ型己糖激酶即葡萄糖激酶（glucokinase，GK），主要存在于肝，只能催化葡萄糖的磷酸化，并且该酶对葡萄糖的亲和力低，只有在体内葡萄糖浓度较高时才能充分发挥催化作用。

（3）果糖-6-磷酸磷酸化为果糖-1,6-双磷酸（fructose-1,6-bisphosphate，F-1,6-BP）果糖-6-磷酸在磷酸果糖激酶-1（phosphofructokinase，PFK-1）的催化作用下，同时需要ATP和Mg^{2+}参与，生成果糖-1,6-双磷酸〔又称果糖-1,6-二磷酸（fructose-1,6-diphosphate）〕。此反应是无氧氧化的第二步磷酸化反应，消耗1分子ATP。该步骤为反应的第二个限速步骤，反应不可逆。磷酸果糖激酶-1是无氧氧化的第二个关键酶，也是整个代谢最主要的限速酶。

（4）果糖-1,6-双磷酸裂解成2分子的丙糖磷酸 醛缩酶（aldolase）催化作用下，6个碳原子的果糖-1,6-双磷酸裂解成2分子3个碳原子的丙糖磷酸，分别是磷酸二羟丙酮和3-磷酸甘油醛，该反应可逆。磷酸二羟丙酮和3-磷酸甘油醛是同分异构体，两者可在磷酸丙糖异构酶的作用下相互转变。因糖酵解的后续反应需要持续消耗3-磷酸甘油醛，故生成的磷酸二羟丙酮会迅速转变成3-磷酸甘油醛，因此可认为1分子果糖-1,6-双磷酸裂解成2分子3-磷酸甘油醛。

上述四步反应为耗能阶段，通过该阶段，1分子葡萄糖消耗2分子ATP，生成2分子3-磷酸甘油醛，故后续步骤均为2分子物质参与反应。

（5）3-磷酸甘油醛氧化为1,3-双磷酸甘油酸（1,3-bisphosphoglycerate，1,3-BPG）反应由3-磷酸甘油醛脱氢酶催化，NAD^+接受脱下的一对氢原子，生成$NADH+H^+$，反应是可逆的。产物1,3-双磷酸甘油酸分子中含有高能磷酸键，属于高能化合物。

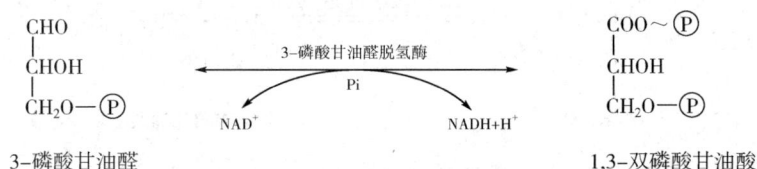

$$\begin{array}{c}\text{CHO}\\|\\\text{CHOH}\\|\\\text{CH}_2\text{O}-\text{P}\end{array} \quad \underset{\text{Pi}}{\overset{\text{3-磷酸甘油醛脱氢酶}}{\rightleftharpoons}} \quad \begin{array}{c}\text{COO}\sim\text{P}\\|\\\text{CHOH}\\|\\\text{CH}_2\text{O}-\text{P}\end{array}$$

NAD⁺ → NADH+H⁺

3-磷酸甘油醛 　　　　　　　　　　　1,3-双磷酸甘油酸

（6）1,3-双磷酸甘油酸脱磷酸生成3-磷酸甘油酸　1,3-双磷酸甘油酸在磷酸甘油酸激酶的催化作用下脱去磷酸基，生成3-磷酸甘油酸，反应可逆。糖酵解反应中，1,3-双磷酸甘油酸将高能磷酸键转移给ADP，生成ATP，由于此步反应有2分子1,3-双磷酸甘油酸参与，故实际产生2分子ATP。像这种底物分子直接将高能键转移给ADP，生成ATP的反应，称为底物水平磷酸化（substrate phosphorylation）。底物水平磷酸化不需要氧参与，是机体产生ATP的次要方式（还有一种称之为氧化磷酸化的方式，详见生物氧化章）。

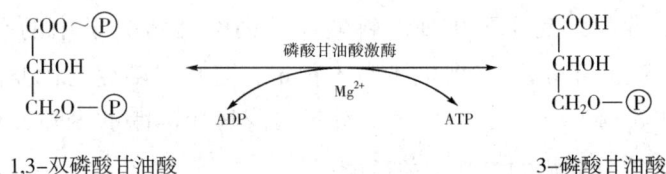

$$\begin{array}{c}\text{COO}\sim\text{P}\\|\\\text{CHOH}\\|\\\text{CH}_2\text{O}-\text{P}\end{array} \quad \underset{\text{Mg}^{2+}}{\overset{\text{磷酸甘油酸激酶}}{\rightleftharpoons}} \quad \begin{array}{c}\text{COOH}\\|\\\text{CHOH}\\|\\\text{CH}_2\text{O}-\text{P}\end{array}$$

ADP → ATP

1,3-双磷酸甘油酸 　　　　　　　　　　　3-磷酸甘油酸

知识拓展

2,3-双磷酸甘油酸支路与血红蛋白运氧

在红细胞中，1,3-双磷酸甘油酸除了生成3-磷酸甘油酸外，还可以在磷酸甘油酸变位酶的催化下生成2,3-双磷酸甘油酸（2,3-bisphosphoglycerate，2,3-BPG），2,3-双磷酸甘油酸在2,3-双磷酸甘油酸磷酸酶的催化下生成3-磷酸甘油酸，这条代谢途径称为2,3-双磷酸甘油酸支路。因2,3-双磷酸甘油酸可以结合血红蛋白，并稳定其脱氧状态，所以该代谢对于血红蛋白运氧具有重要作用。例如，高原地区氧气稀薄，在这种环境下，红细胞内的2,3-双磷酸甘油酸浓度会相应增加，促使氧合血红蛋白转变成氧离血红蛋白并释放出氧，保证了组织中的氧容量。所以，高原地区的居民更能耐受低氧的环境。很多运动员进行高原体能训练，一方面是由于空气稀薄，呼吸会加深加快，可以增加运动员的肺活量，另一方面，低氧环境可增加红细胞中2,3-双磷酸甘油酸的水平，有利于组织获取氧气，从而增加耐力。

（7）3-磷酸甘油酸转变为2-磷酸甘油酸　3-磷酸甘油酸在磷酸甘油酸变位酶催化作用下转变为2-磷酸甘油酸，反应可逆。

$$
\begin{array}{c}
\text{COOH} \\
| \\
\text{HCOH} \\
| \\
\text{CH}_2\text{O}——\text{P}
\end{array}
\quad \xrightleftharpoons[\text{磷酸甘油酸变位酶}]{}\quad
\begin{array}{c}
\text{COOH} \\
| \\
\text{HC}——\text{O}——\text{P} \\
| \\
\text{CH}_2\text{OH}
\end{array}
$$

3-磷酸甘油酸   2-磷酸甘油酸

（8）**2-磷酸甘油酸脱水生成磷酸烯醇丙酮酸（phosphoenolpyruvate，PEP）** 由烯醇化酶催化，2-磷酸甘油酸脱去1分子水生成磷酸烯醇丙酮酸，反应可逆。此步反应可引起分子内部能量重排，生成的磷酸烯醇丙酮酸是高能化合物。

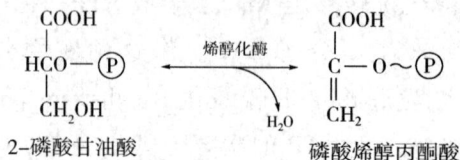

$$
\begin{array}{c}
\text{COOH} \\
| \\
\text{HCO}——\text{P} \\
| \\
\text{CH}_2\text{OH}
\end{array}
\quad \xrightarrow[\text{H}_2\text{O}]{\text{烯醇化酶}}\quad
\begin{array}{c}
\text{COOH} \\
| \\
\text{C}——\text{O}\sim\text{P} \\
\| \\
\text{CH}_2
\end{array}
$$

2-磷酸甘油酸   磷酸烯醇丙酮酸

（9）**磷酸烯醇丙酮酸转变成丙酮酸** 该反应受丙酮酸激酶（pyruvatekinase，PK）的催化，需要 Mg^{2+} 和 K^+ 参与，反应不可逆。磷酸烯醇丙酮酸将分子中的高能磷酸键转移给 ADP，生成 ATP 和烯醇丙酮酸，烯醇丙酮酸不稳定，可自发转变为丙酮酸。本步反应是无氧氧化中第二次底物水平磷酸化，由于是2分子磷酸烯醇丙酮酸参与，故实际生成2分子ATP。丙酮酸激酶是无氧氧化的第三个关键酶。

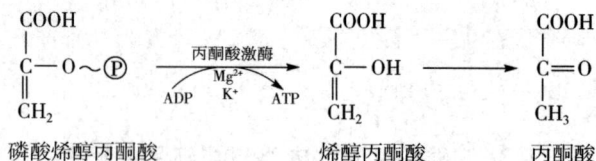

$$
\begin{array}{c}
\text{COOH} \\
| \\
\text{C}——\text{O}\sim\text{P} \\
\| \\
\text{CH}_2
\end{array}
\quad \xrightarrow[\text{ADP}\quad\text{K}^+\quad\text{ATP}]{\text{丙酮酸激酶}\quad \text{Mg}^{2+}}\quad
\begin{array}{c}
\text{COOH} \\
| \\
\text{C}——\text{OH} \\
\| \\
\text{CH}_2
\end{array}
\quad \longrightarrow\quad
\begin{array}{c}
\text{COOH} \\
| \\
\text{C}==\text{O} \\
| \\
\text{CH}_3
\end{array}
$$

磷酸烯醇丙酮酸   烯醇丙酮酸   丙酮酸

上述第五至第九步反应为无氧氧化的产能阶段。1分子3-磷酸甘油醛通过两次底物水平磷酸化，产生2分子ATP，但由于1分子葡萄糖生成2分子3-磷酸甘油醛，所以本阶段实际产生了4分子ATP。

2. 丙酮酸还原成乳酸 由乳酸脱氢酶催化，丙酮酸加氢还原成乳酸。此步反应所需的氢原子由上述反应3-磷酸甘油醛脱氢生成的 $NADH+H^+$ 提供。在缺氧的情况下，这对氢用于还原丙酮酸生成乳酸，而不能进入线粒体氧化，使得 $NADH+H^+$ 转化为 NAD^+，NAD^+ 可继续接受3-磷酸甘油醛脱下的氢，保证糖酵解过程能持续进行。该步反应是可逆的。

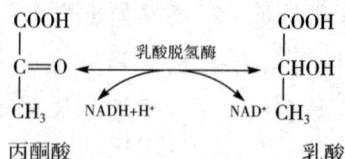

$$
\begin{array}{c}
\text{COOH} \\
| \\
\text{C}==\text{O} \\
| \\
\text{CH}_3
\end{array}
\quad \xrightleftharpoons[\text{NADH+H}^+\quad\text{NAD}^+]{\text{乳酸脱氢酶}}\quad
\begin{array}{c}
\text{COOH} \\
| \\
\text{CHOH} \\
| \\
\text{CH}_3
\end{array}
$$

丙酮酸   乳酸

糖酵解反应的全过程见图4-3。

（四）糖酵解的生理意义

糖酵解是在无氧的条件下发生的，1分子葡萄糖通过此种代谢过程净产生2分子ATP（表4-2）。该反应氧化不彻底，产生能量较少，但却能迅速提供能量，是机体缺氧时补充能量的一种有效方式。

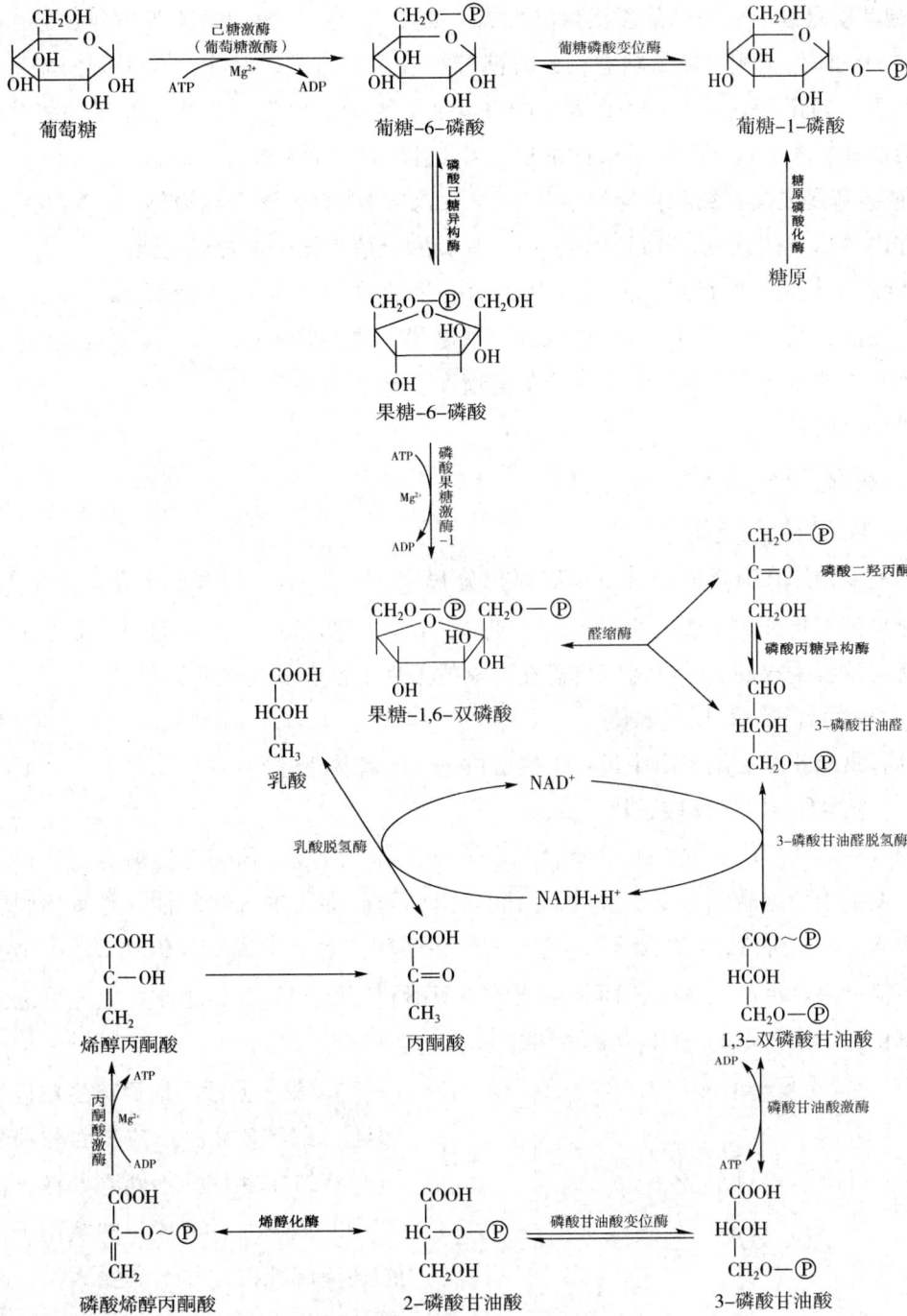

图 4-3 糖酵解反应全过程

表 4-2 糖酵解中 ATP 的生成

反　应	生成 ATP 数目
葡萄糖 → 葡糖-6-磷酸	-1
果糖-6-磷酸 → 果糖-1,6-双磷酸	-1
2×（1,3-双磷酸甘油酸 → 3-磷酸甘油酸）	2×1 *
2×（磷酸烯醇丙酮酸 → 烯醇丙酮酸）	2×1
净生成	2

注：*1分子葡萄糖可生成2分子1,3-双磷酸甘油酸，故此步反应后均×2。

1. 糖酵解是缺氧时机体的重要供能方式 如在剧烈运动时，骨骼肌强烈收缩，细胞耗氧量增加，机体处于相对缺氧状态，此时糖酵解过程加速，以补充运动所需的能量。某些病理状态下，如呼吸障碍、循环衰竭、严重贫血、大量失血等，机体亦处于缺氧状态，糖酵解也会加速，长时间可导致乳酸的堆积，有发生酸中毒的可能。

2. 糖酵解是成熟红细胞供能的主要方式 成熟的红细胞没有线粒体，不能发生包括有氧氧化在内的这些依赖线粒体的产能反应，故其完全依赖糖酵解提供能量。

3. 供氧充足时某些组织依然需要糖酵解提供能量 机体少数代谢比较活跃的组织，如睾丸、白细胞、视网膜、肾髓质、皮肤等，因其耗能量较大，在氧气供应充足的情况下依然需要糖酵解来提供部分能量。

> **考点提示**
> 糖酵解的概念、部位、关键酶、耗能、产能步骤及其生理意义。

二、糖的有氧氧化

（一）糖的有氧氧化概念

葡萄糖或糖原在有氧的条件下彻底氧化分解成 CO_2 和 H_2O 并释放出大量能量的过程。有氧氧化是糖氧化分解供能的主要方式，机体大部分细胞都通过这条途径来获取能量。肌肉等进行糖酵解生成的乳酸，最终仍需在有氧的条件下彻底氧化成 CO_2 和 H_2O。

（二）糖的有氧氧化反应部位

糖的有氧氧化先在细胞质中进行，然后再进入线粒体中进行。

（三）糖的有氧氧化反应过程

糖的有氧氧化反应过程大致可分为三个阶段。第一阶段，葡萄糖经糖酵解途径分解为丙酮酸，发生于细胞质中；第二阶段，丙酮酸由细胞质穿梭进入线粒体，并氧化脱羧生成乙酰辅酶 A；第三阶段，乙酰辅酶 A 进入三羧酸循环彻底氧化成 CO_2 和 H_2O。整个有氧氧化过程不仅可以直接产生 ATP，而且生成的 $NADH+H^+$ 和 $FADH_2$ 等还原物质还可进入呼吸链彻底氧化，产生大量的 ATP。（图4-4）

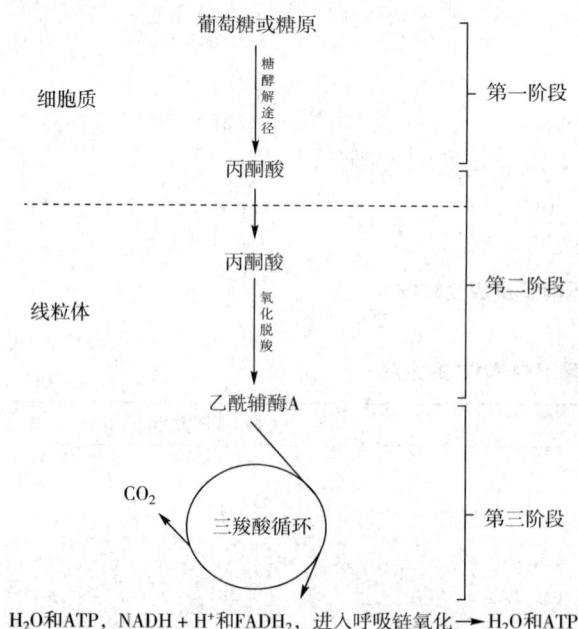

图 4-4　糖的有氧氧化的反应阶段

1. 第一阶段：葡萄糖生成丙酮酸 发生在细胞质中，反应步骤与糖酵解反应过程基本相同。不同之处在于，糖酵解中3-磷酸甘油醛脱下的氢用于将丙酮酸还原成乳酸，并不产生 ATP，而有氧氧化中3-磷酸甘油醛脱下的氢要穿梭进入线粒体（不同的部位有不同的穿梭方式，详见生物氧化章），进入相应的呼吸链，生成 ATP。

2. 第二阶段：丙酮酸进入线粒体氧化脱羧生成乙酰辅酶 A 1分子葡萄糖在胞质中可生成 2 分子丙酮酸，丙酮酸经线粒体内膜上的特异载体转运到线粒体内，然后在丙酮酸脱氢酶复合物（pyruvate dehydrogenase complex）的催化作用下发生氧化脱羧反应，并与辅酶 A 结合生成乙酰辅酶 A，后者含有高能键，属于高能化合物。该反应不可逆，总反应式如下：

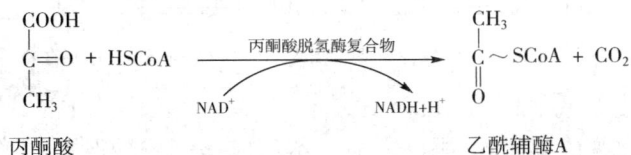

$$\begin{matrix} \text{COOH} \\ | \\ \text{C=O} \\ | \\ \text{CH}_3 \end{matrix} + \text{HSCoA} \xrightarrow[\text{NAD}^+ \quad\quad \text{NADH+H}^+]{\text{丙酮酸脱氢酶复合物}} \begin{matrix} \text{CH}_3 \\ | \\ \text{C} \sim \text{SCoA} \\ \| \\ \text{O} \end{matrix} + \text{CO}_2$$

丙酮酸　　　　　　　　　　　　　　　　　　　　　　　　　乙酰辅酶A

丙酮酸脱氢酶复合物是糖有氧氧化的第一个关键酶，该酶复合物包括三种酶和五种辅因子（表4-3）。三个酶为丙酮酸脱氢酶、二氢硫辛酸转乙酰酶、二氢硫辛酸脱氢酶。五种辅因子包括 TPP、硫辛酸、FAD、NAD$^+$ 及辅酶 A，它们分子中含有不同维生素。当体内相关维生素缺乏时，有可能影响到丙酮酸脱氢酶复合物的活性，进而使糖代谢受到影响。例如 TPP 是维生素 B_1 的活性形式，而 FAD 中含有维生素 B_2，当人体缺乏这些维生素时，体内丙酮酸的氧化脱羧过程受阻，致使丙酮酸、乳酸在神经末梢堆积，引起多发性周围神经炎。

表 4-3　丙酮酸脱氢酶复合物的组成

酶	辅因子	所含维生素
丙酮酸脱氢酶	TPP	维生素 B_1
二氢硫辛酸转乙酰酶	硫辛酸、辅酶 A	硫辛酸、泛酸
二氢硫辛酸脱氢酶	FAD、NAD$^+$	维生素 B_2、维生素 PP

在第二阶段，2 分子丙酮酸可生成乙酰辅酶 A、CO_2 和 NADH+H$^+$ 各 2 分子，乙酰辅酶 A 可进入三羧酸循环彻底氧化，而 NADH+H$^+$ 可直接进入呼吸链进行氧化磷酸化反应。

3. 第三阶段：乙酰辅酶 A 彻底氧化成 CO$_2$ 和 H$_2$O——三羧酸循环　该阶段反应发生在线粒体。三羧酸循环（tricarboxylic acid cycle，TAC）是指从乙酰辅酶 A 和草酰乙酸缩合成柠檬酸（又称枸橼酸）开始，经过四次脱氢和两次脱羧，又重新生成草酰乙酸的过程。反应过程是 Hans Adolf Krebs 最早提出的，该过程由含有三个羧基的柠檬酸作为起始物，所以又称为 Krebs 循环或柠檬酸循环。

（1）三羧酸循环的过程

1）柠檬酸的生成　乙酰辅酶 A 与草酰乙酸在柠檬酸合酶（citrate synthase）的作用下缩合成柠檬酸。反应所需能量来自于乙酰辅酶 A 中的高能硫酯键，反应过程不可逆。柠檬酸合酶是三羧酸循环的第一个关键酶，亦可认为是有氧氧化的第二个关键酶。

> **考点提示**
> 三羧酸循环的概念、部位、能量变化。

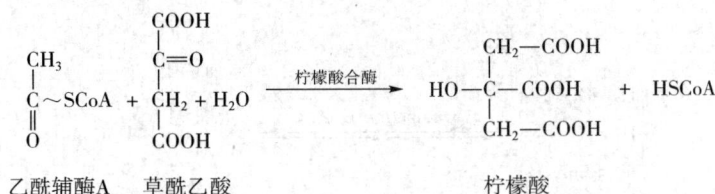

$$\begin{matrix} \text{CH}_3 \\ | \\ \text{C} \sim \text{SCoA} \\ \| \\ \text{O} \end{matrix} + \begin{matrix} \text{COOH} \\ | \\ \text{C=O} \\ | \\ \text{CH}_2 \\ | \\ \text{COOH} \end{matrix} + \text{H}_2\text{O} \xrightarrow{\text{柠檬酸合酶}} \begin{matrix} \text{CH}_2\text{—COOH} \\ | \\ \text{HO—C—COOH} \\ | \\ \text{CH}_2\text{—COOH} \end{matrix} + \text{HSCoA}$$

乙酰辅酶A　草酰乙酸　　　　　　　　　　　柠檬酸

2）柠檬酸异构为异柠檬酸　柠檬酸在顺乌头酸酶的作用下先脱水再加水，经过顺乌头酸的中间产物，转变成异柠檬酸。柠檬酸和异柠檬酸是同分异构体，两者可以互相转变，

生物化学

反应可逆。

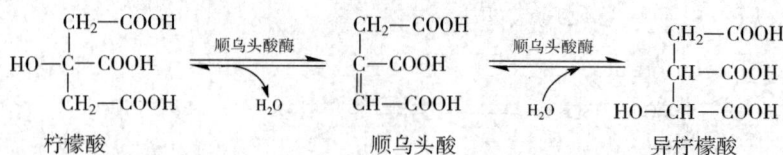

柠檬酸　　　　　　　　　　顺乌头酸　　　　　　　　　异柠檬酸

3）异柠檬酸氧化脱羧生成 α-酮戊二酸　本反应是三羧酸循环的第一次氧化脱羧，也是糖有氧氧化的第二次氧化脱羧。异柠檬酸受到异柠檬酸脱氢酶（isocitrate dehydrogenase）催化，氧化脱羧生成 α-酮戊二酸。脱下的氢由 NAD^+ 接受，生成 $NADH+H^+$ 进入呼吸链氧化，脱羧产生 CO_2。反应不可逆，异柠檬酸脱氢酶是三羧酸循环的第二个关键酶，也是有氧氧化的第三个关键酶。

异柠檬酸脱氢酶催化活性最低，是三羧酸循环的最主要限速酶。

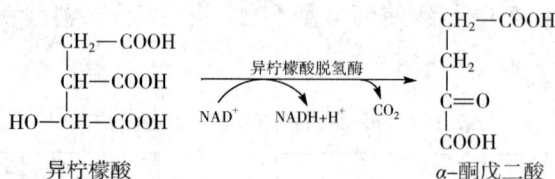

异柠檬酸　　　　　　　　　　　　　　　　α-酮戊二酸

4）α-酮戊二酸氧化脱羧生成琥珀酰辅酶 A（succinyl CoA）　本反应是三羧酸循环的第二次氧化脱羧，也是糖有氧氧化的第三次氧化脱羧。在 α-酮戊二酸脱氢酶复合物（α-ketoglutatrate dehydrogenase complex）作用下，α-酮戊二酸氧化脱羧生成琥珀酰辅酶 A。脱下的氢依然由 NAD^+ 接受，生成 $NADH+H^+$ 进入呼吸链氧化，脱羧产生 CO_2。α-酮戊二酸脱氢酶复合物和丙酮酸脱氢酶复合物极为相似，也是由多个酶和辅因子组成，催化生成的琥珀酰辅酶 A 含有高能硫酯键。反应不可逆，α-酮戊二酸脱氢酶复合物是三羧酸循环的第三个关键酶，也是有氧氧化的第四个关键酶。

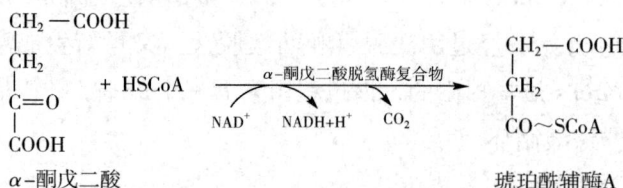

α-酮戊二酸　　　　　　　　　　　　　　　　　琥珀酰辅酶A

5）琥珀酰辅酶 A 生成琥珀酸　在琥珀酰辅酶 A 合成酶催化下，含有高能硫酯键的琥珀酰辅酶 A 发生底物水平磷酸化，将能量转移给 GDP，生成 GTP（能量角度来说相当于生成了 ATP）。这是三羧酸循环过程中唯一的一次底物水平磷酸化，该反应和另外两次底物水平磷酸化的不同之处在于，是由高能硫酯键提供能量，另外直接产生的是 GTP 而不是 ATP。反应是可逆的。

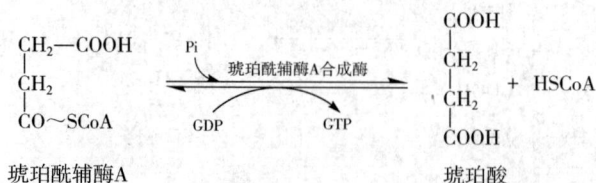

琥珀酰辅酶A　　　　　　　　　　　　　　琥珀酸

6）琥珀酸脱氢生成延胡索酸　在琥珀酸脱氢酶催化下，琥珀酸脱氢交给 FAD，生成延胡索酸，同时生成的 $FADH_2$ 可进入呼吸链氧化。反应可逆。

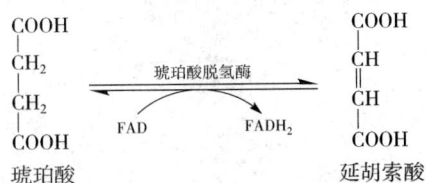

延胡索酸　　琥珀酸脱氢酶　　延胡索酸

7）延胡索酸加水生成苹果酸　延胡索酸酶催化加水反应，由延胡索酸生成苹果酸。反应可逆。

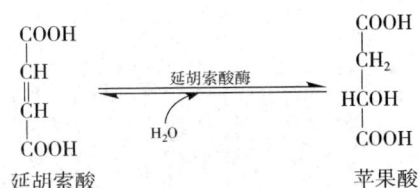

延胡索酸　　延胡索酸酶　　苹果酸

8）苹果酸脱氢生成草酰乙酸　反应由苹果酸脱氢酶催化，苹果酸脱去氢生成草酰乙酸，脱氢交给辅酶 NAD^+ 生成 $NADH+H^+$，进入呼吸链氧化产能。反应是可逆的。

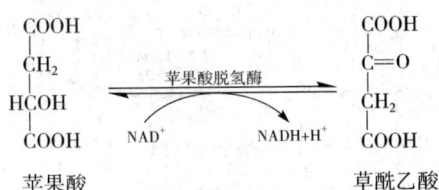

苹果酸　　苹果酸脱氢酶　　草酰乙酸

三羧酸循环全过程见图 4-5。

（2）三羧酸循环的特点

1）三羧酸循环是机体主要的产能途径　1 分子乙酰辅酶 A 和草酰乙酸缩合，经过三羧酸循环，发生了四次脱氢和两次脱羧以及一次底物水平磷酸化。四次脱氢有三次是交给 NAD^+，进入 NADH 呼吸链，产生 7.5 分子 ATP（2.5×3），一次交给 FAD，进入 $FADH_2$ 呼吸链，产生 1.5 分子 ATP，如此通过氧化磷酸化共产生了 9 分子 ATP。底物水平磷酸化可直接产生 1 分子 GTP，相当于 1 分子 ATP。故 1 分子乙酰辅酶 A 经过三羧酸循环共生成 10 分子 ATP。两次脱羧生成 2 分子 CO_2，是体内 CO_2 的主要来源。

2）三羧酸循环是单向反应体系　循环中共有三个关键酶，即柠檬酸合酶、异柠檬酸脱氢酶、α-酮戊二酸脱氢酶复合物。它们催化的反应不可逆，所以整个循环是单向反应体系。异柠檬酸脱氢酶活性最低，是最主要的限速酶。

3）三羧酸循环必须有氧参加　三羧酸循环是糖有氧氧化的重要组成部分，其后续反应为氧化磷酸化，故必须在有氧的情况下发生。

4）三羧酸循环中间产物的转变　三羧酸循环的中间产物会向其他物质转变，故循环需要回补。由于草酰乙酸是三羧酸循环的重要启动物质，直接影响整个循环的反应速度，所以丙酮酸羧化为草酰乙酸是最重要的回补反应（anaplerotic reaction）。

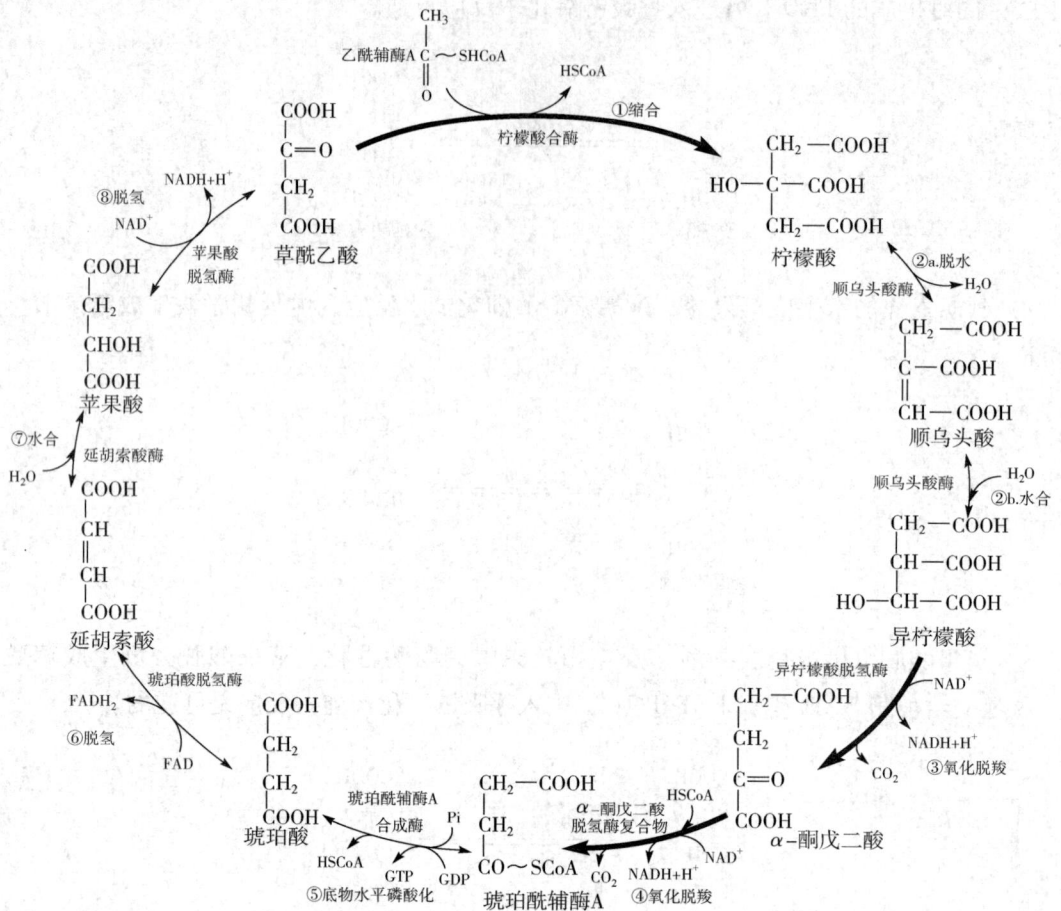

图 4-5 三羧酸循环

知识链接

回补反应

生物体内发生的代谢反应不是孤立的，而是通过共同的中间产物或代谢途径联系在一起，很多时候不同的代谢可以相互补充。三羧酸循环中的一些中间产物就可以跳出循环，转变成其他物质。比如 α-酮戊二酸可以得到氨基，转变成谷氨酸；琥珀酰辅酶 A 可以作为原料之一参与血红素的合成等。这些物质跳出三羧酸循环后，为维持循环强度，机体需要不断补充其消耗的中间物质。所有这些用于补充三羧酸循环中间产物的反应统称为回补反应。

（3）三羧酸循环的生理意义

1）三羧酸循环是体内营养物质彻底氧化分解的共同通路　乙酰辅酶 A 可来自于糖、脂肪、蛋白质等多种营养物质的代谢分解，在氧气充足的条件下，这些乙酰辅酶 A 即可进入三羧酸循环彻底氧化。故三羧酸循环是这些营养物质代谢的共同通路。

2）三羧酸循环是体内物质代谢联系的枢纽　三羧酸循环的许多中间产物可与其他多种代谢途径相沟通，如某些氨基酸可转变成三羧酸循环的中间产物然后异生为糖；三羧酸循环中的一些酮酸也可转变成氨基酸等。

3）三羧酸循环可为氧化磷酸化提供还原当量 三羧酸循环本身过程可通过底物水平磷酸化产生 GTP，但三羧酸循环中产生的 NADH+H$^+$ 和 FADH$_2$ 可进入呼吸链氧化，产生大量的 ATP。

4）三羧酸循环为其他物质的合成提供原料 三羧酸循环是一个开放的系统，其中间产物可通过其他途径生成其他物质。如脂肪酸、氨基酸、胆固醇等的合成就需要三羧酸循环协助提供前体物质。

（四）糖的有氧氧化的生理意义

糖的有氧氧化是机体获取能量的主要方式。1 分子葡萄糖通过有氧氧化可以净生成 30 或 32 分子 ATP（表 4-4）。氧供应充足时，氧化过程脱下的氢都经过线粒体呼吸链的传递，最终与氧结合生成水，所释放的能量经氧化磷酸化的偶联生成 ATP，也有少量的 ATP 是通过底物水平磷酸化过程生成的。在生理情况下，人体活动所需能量主要来自糖的有氧氧化，它是体内最主要的供能途径。

表 4-4 糖的有氧氧化中 ATP 的生成

反 应	生成 ATP 数目
葡萄糖 → 葡糖-6-磷酸	−1
果糖-6-磷酸 → 果糖 1,6-双磷酸	−1
2×（3-磷酸甘油醛 → 1,3-双磷酸甘油酸）	2×2.5（1.5）*
2×（1,3-双磷酸甘油酸 → 3-磷酸甘油酸）	2×1
2×（磷酸烯醇丙酮酸 → 烯醇丙酮酸）	2×1
2×（丙酮酸 → 乙酰辅酶 A）	2×2.5
2×（异柠檬酸 → α-酮戊二酸）	2×2.5
2×（α-酮戊二酸 → 琥珀酰辅酶 A）	2×2.5
2×（琥珀酰辅酶 A → 琥珀酸）	2×1
2×（琥珀酸 → 延胡索酸）	2×1.5
2×（苹果酸 → 草酰乙酸）	2×2.5
净生成	30 或 32

注：*1分子葡萄糖可生成2分子3-磷酸甘油醛，故此步反应后均×2；另外，根据 NADH+H$^+$ 进入线粒体穿梭方式的不同，本步反应可产生 2×2.5 或 2×1.5 分子的 ATP（详见生物氧化章）。

糖的无氧氧化和有氧氧化的异同点比较见表 4-5。

表 4-5 糖的无氧氧化和有氧氧化异同点比较

比较点	糖无氧氧化	糖有氧氧化
反应条件	氧气不足	氧气充足
反应部位	细胞质	细胞质和线粒体
关键酶	己糖激酶（或葡萄糖激酶，肝）、磷酸果糖激酶-1、丙酮酸激酶	丙酮酸脱氢酶复合物、柠檬酸合酶、异柠檬酸脱氢酶、α-酮戊二酸脱氢酶复合物
终产物	乳酸	H$_2$O 和 CO$_2$
能量	1mol 葡萄糖净生成 2mol ATP	1mol 葡萄糖净生成 30 或 32mol ATP
ATP 生成方式	底物水平磷酸化	底物水平磷酸化和氧化磷酸化，以氧化磷酸化为主
生理意义	缺氧时迅速供能，某些组织依赖糖酵解供能	是机体获得能量的主要方式

三、戊糖磷酸途径

糖不仅可以通过无氧氧化和有氧氧化产生能量，在一些代谢活跃的组织中还可以产生重要的生理活性物质核糖-5-磷酸和 NADPH，这种途径称为戊糖磷酸途径。

（一）戊糖磷酸途径的反应部位

戊糖磷酸途径主要发生在肝、脂肪组织、红细胞、肾上腺皮质、性腺等组织中。催化此代谢的酶存在于细胞质。

（二）戊糖磷酸途径的反应过程

戊糖磷酸途径的全过程可分为两个阶段：第一阶段是氧化反应阶段，生成戊糖磷酸、NADPH 及 CO_2；第二阶段是基团转移反应阶段，包括一系列的酮基和醛基的转移。

1. 氧化反应阶段 葡糖-6-磷酸在葡糖-6-磷酸脱氢酶的催化下脱氢生成葡糖酸-6-磷酸，后者在葡糖酸-6-磷酸脱氢酶作用下再次脱氢并自发脱羧而转变为核酮糖-5-磷酸。以上两个脱氢酶的辅酶均为 $NADP^+$，故脱氢可生成 NADPH+H$^+$。生成的核酮糖-5-磷酸可转变为同分异构体核糖-5-磷酸或木酮糖-5-磷酸。在第一阶段，葡糖-6-磷酸生成核糖-5-磷酸的过程中，同时生成 2 分子 NADPH 及 1 分子 CO_2。葡糖-6-磷酸脱氢酶是戊糖磷酸途径的限速酶，受体内 NADPH+H$^+$ 含量的影响。

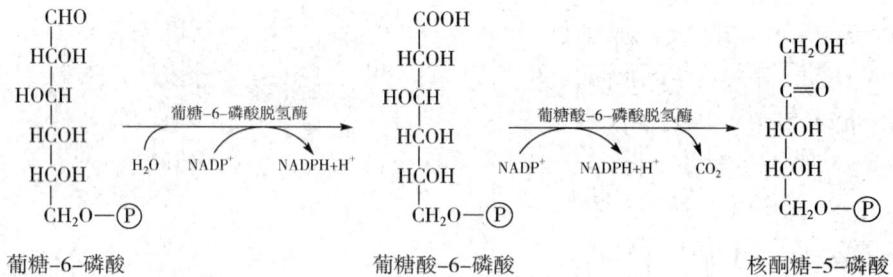

葡糖-6-磷酸　　　　　　　葡糖酸-6-磷酸　　　　　　　核酮糖-5-磷酸

2. 基团转移反应阶段 核酮糖-5-磷酸经过一系列转酮基和转醛基的反应，通过丁糖磷酸、戊糖磷酸、庚糖磷酸等中间产物，最后生成果糖-6-磷酸和 3-磷酸甘油醛进入糖酵解进一步分解（图4-6）。

第一阶段中生成的核糖磷酸用于合成核苷酸，而 NADPH 可作为许多化合物合成的供氢体。但细胞中合成代谢消耗的 NADPH 远比核糖需要量大，因此，葡萄糖经此途径生成了多余的核糖。第二阶段反应的意义就在于通过一系列基团转移反应，将核糖转变成果糖-6-磷酸和 3-磷酸甘油醛而进入糖酵解途径，因此戊糖磷酸途径也称为戊糖磷酸旁路。该反应阶段可逆。

（三）戊糖磷酸途径的生理意义

戊糖磷酸途径不是糖的供能途径，但其产生的核糖-5-磷酸和 NADPH 却具有重要的生理活性。

1. 生成核糖-5-磷酸 戊糖磷酸途径是体内生成核糖-5-磷酸的唯一途径。核酸和核苷酸的生成需要核糖，而体内的核糖主要由葡萄糖通过戊糖磷酸途径生成，同时核酸又是蛋白质合成（翻译）不可缺少的物质，因此，代谢旺盛的组织、损伤后修复再生的组织中，戊糖磷酸途径往往进行得比较活跃。

2. 生成 NADPH，作为供氢体参与多种代谢反应 与 NADH+H$^+$ 和 FADH$_2$ 不同，NADPH+H$^+$ 携带的氢不能通过呼吸链氧化产能，而是参与多种代谢反应，发挥不同的生理功能。

（1）NADPH 作为供氢体，参与多种物质的合成反应。如它可参与体内胆固醇、脂肪酸

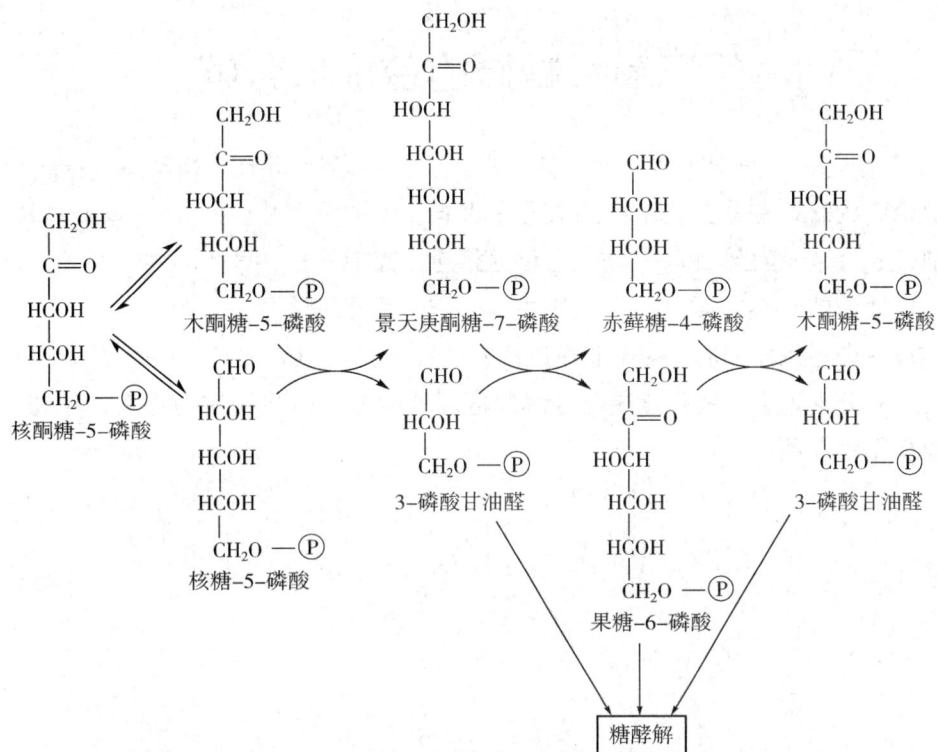

图 4-6 糖的基团转移反应

等物质的合成。

（2）NADPH 参与体内羟化反应。有些羟化反应与生物合成有关，有些羟化反应则与生物转化有关（见第十一章肝的生物化学章）。

（3）NADPH 参与中性粒细胞和巨噬细胞的杀菌作用。

（4）NADPH 是谷胱甘肽还原酶的辅酶。这一点对于维持细胞中还原型谷胱甘肽（GSH）的正常含量有重要作用。GSH 具有还原性，其功能基团是分子中的巯基，可对抗氧化剂，保护体内含巯基的蛋白质和酶类。

> **考点提示**
>
> 戊糖磷酸途径的部位、关键酶及其生理意义。

知识拓展

蚕 豆 病

红细胞膜上含有巯基酶类，能维持红细胞的正常代谢及形态结构的完整性。遗传性葡糖-6-磷酸脱氢酶缺陷患者，其戊糖磷酸途径不能正常进行，因而 NADPH 缺乏，谷胱甘肽还原酶受到影响，GSH 生成减少，故患者红细胞膜易被氧化剂破坏而发生溶血，此病通常在食用蚕豆后诱发，故又称"蚕豆病"。

蚕豆病起病较急，大多在进食新鲜蚕豆后数天内发生溶血，最短者甚至只有数小时即可发病。潜伏期的长短与症状的轻重无关。发病时，患者易疲劳，自感身体不适，常有发热、畏寒、头痛、恶心、呕吐、腹痛等症状。重症患者出现面色苍白、脉搏细速、血压下降、神志迟钝、烦躁不安等表现，甚至出现全身器官的衰竭。本病发病症状一般持续数天至一周的时间，如果不及时纠正贫血、缺氧和电解质平衡失调，可以致死。

第三节　糖原的合成与分解

糖原（glycogen）是动物体内糖的储存形式，是由若干葡萄糖单位聚合而成的具有分支状结构的大分子多糖。糖原分子中，葡萄糖通过 α-1,4-糖苷键和 α-1,6-糖苷键相连，其中 α-1,4-糖苷键组成糖原的直链，而分支点处则由 α-1,6-糖苷键连接。糖原分子有一个还原性末端和多个非还原性末端（分支），糖原的合成和分解都是从非还原端开始的，故分支越多，糖原合成与分解的速度就越快。而淀粉作为重要的植物多糖，分支较糖原少得多（图4-7）。

考点提示

糖原的结构。

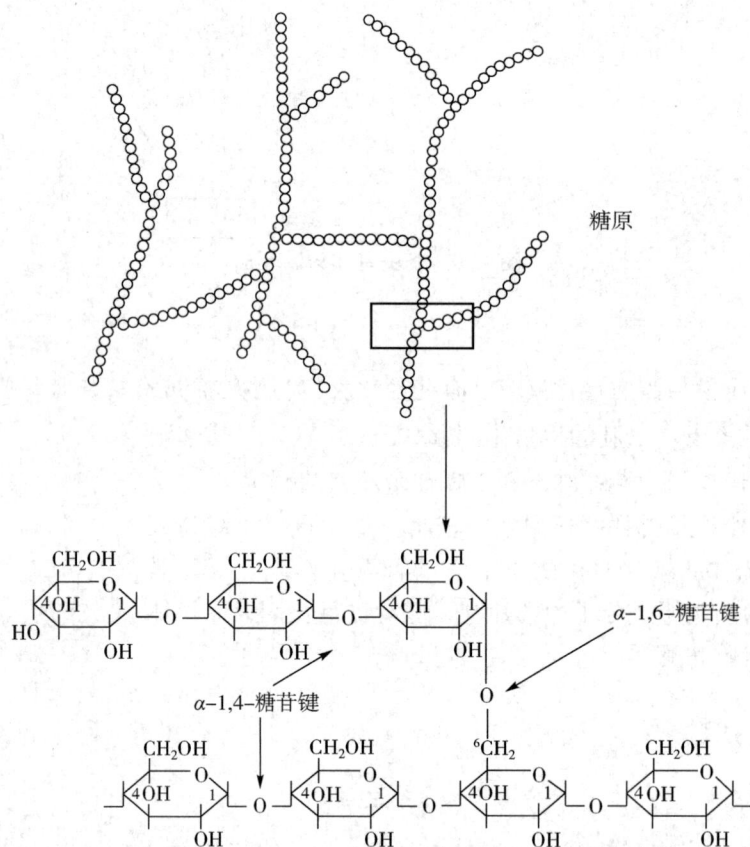

图4-7　糖原结构示意图

机体摄入的糖类除了直接利用外，大部分可转变成脂肪，只有一小部分以糖原形式储存。当机体需要葡萄糖时，糖原可以迅速被动用以供急需，而脂肪则不能。

肝和肌肉是贮存糖原的主要器官，其中的糖原分别叫做肝糖原和肌糖原。这两种糖原结构相似，但作用有所不同。肌糖原约占糖原总量的 2/3，肌肉收缩时提供能量，而肝糖原约占 1/3 糖的来源，这对于一些依赖葡萄糖作为能量来源的组织，如脑、红细胞等具有重要意义。

一、糖原的合成代谢

（一）糖原的合成代谢概念

由单糖（主要是葡萄糖）合成糖原的过程称为糖原合成。糖原合成是动物细胞储存能量的一种方式。

（二）糖原的合成代谢反应部位

糖原合成过程在肝、肌肉等组织细胞的胞质中进行。

（三）糖原的合成代谢反应过程

1. 葡萄糖生成葡糖-6-磷酸 葡萄糖在己糖激酶（肝中是葡萄糖激酶）催化作用下发生磷酸化反应，生成葡糖-6-磷酸。反应消耗 ATP，不可逆。此步反应与糖酵解的第一步反应相同。

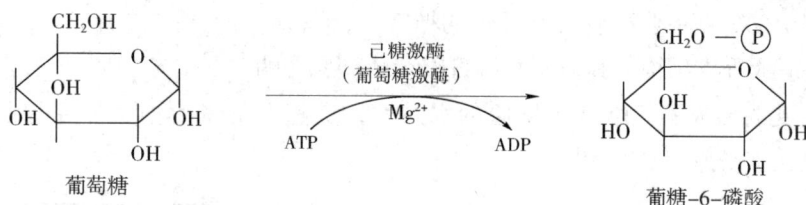

2. 葡糖-6-磷酸转变成葡糖-1-磷酸 在葡糖磷酸变位酶作用下，磷酸基发生转移。反应可逆。

3. 尿苷二磷酸葡糖的生成 在尿苷二磷酸葡萄糖焦磷酸化酶作用下，葡糖-1-磷酸与 UTP 反应，生成尿苷二磷酸葡糖（uridine diphosphate glucose，UDPG）和焦磷酸。该反应可逆，但由于焦磷酸可受到焦磷酸酶的水解，从而利于反应向糖原合成的方向进行。生成的 UDPG 又名"活性葡萄糖"，是体内合成糖原的葡萄糖供体。

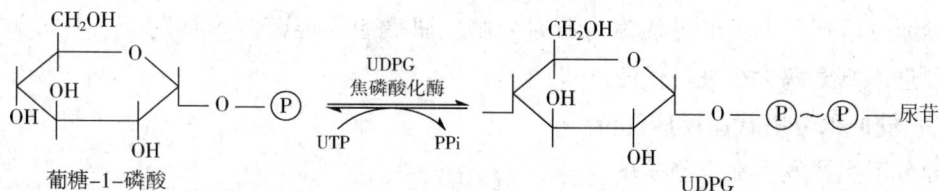

4. 糖原的生成 在糖原合酶（glycogen synthase）作用下，UDPG 中的葡萄糖单位转移至细胞内原有的糖原引物（primer）上，并以 $\alpha-1,4$-糖苷键相连。糖原引物至少含有 4 个葡糖残基作为糖原合成时葡萄糖单位的接受体。每进行一轮反应，糖原引物上便增加一个葡萄糖单位，从而使糖原分子的直链不断延长。糖原合酶是糖原合成的关键酶。

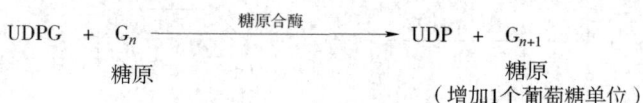

$$\text{UDPG} + \underset{\text{糖原}}{G_n} \xrightarrow{\text{糖原合酶}} \text{UDP} + \underset{\substack{\text{糖原}\\(\text{增加1个葡萄糖单位})}}{G_{n+1}}$$

糖原引物

引物是指在聚合反应中作为底物并引发产生聚合产物的分子。糖原引物的主要成分为糖原蛋白（glycogenin），其分子中的酪氨酸残基发生糖基化，形成至少4个葡萄糖残基的寡糖链，该寡糖链可作为糖原合成时葡萄糖单位的接受体。在此糖链的基础上，葡萄糖单位不断聚合，最终形成分子量更大的糖原。

5. 糖原分支的形成 糖原合酶只能催化 α-1,4-糖苷键的形成，因此糖原合酶只能延长直链，而不能形成分支。当糖链长度达到 12~18 个葡萄糖单位时，分支酶（branching enzyme）可将一段糖链（6~7 个葡萄糖单位）转移到邻近的糖链上，以 α-1,6-糖苷键相连接，形成分支结构，其非还原端可继续由糖原合酶催化延长。分支的形成不仅增加了糖原的水溶性，更重要的是可增加非还原端的数目，以便必要时可以快速分解（图 4-8）。

> **考点提示**
> 糖原合成的能量消耗形式、活性葡萄糖形式、限速酶。

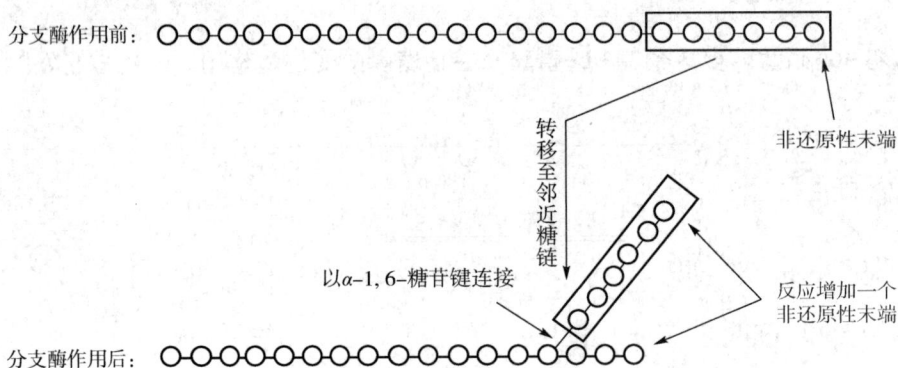

分支酶作用前：

转移至邻近糖链

非还原性末端

以 α-1,6-糖苷键连接

反应增加一个非还原性末端

分支酶作用后：

图 4-8 分支酶的作用

二、糖原的分解代谢

（一）糖原的分解代谢概念

肝糖原分解成葡萄糖的过程称为糖原分解。肌糖原不能分解为葡萄糖，其分解的中间产物主要进入糖酵解途径进行代谢。

（二）糖原的分解代谢反应部位

糖原分解主要发生在细胞质中。

（三）糖原的分解代谢反应过程

1. 糖原分解成葡糖-1-磷酸 反应从糖原分子的非还原端开始，由糖原磷酸化酶催化 α-1,4-糖苷键断裂，逐个分解出葡萄糖单位并生成葡糖-1-磷酸。糖原磷酸化酶（glycogen phosphorylase）是糖原分解的关键酶。

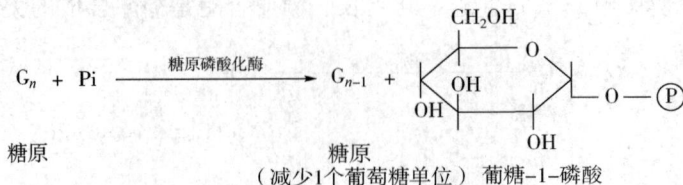

$$G_n + Pi \xrightarrow{\text{糖原磷酸化酶}} G_{n-1} +$$

糖原　　　　　　　　　糖原　　　　　葡糖-1-磷酸
（减少1个葡萄糖单位）

2. 葡糖-1-磷酸转变成葡糖-6-磷酸 葡糖-1-磷酸在葡糖磷酸变位酶作用下生成葡糖-6-磷酸，本步反应是糖原合成第二步的逆反应。

葡糖-1-磷酸　　　　葡糖磷酸变位酶　　　　葡糖-6-磷酸

3. 葡糖-6-磷酸脱磷酸生成葡萄糖 葡糖-6-磷酸在葡糖-6-磷酸酶作用下生成葡萄糖。葡糖-6-磷酸酶主要存在于肝、肾等组织，肌肉组织中缺乏，因此肝糖原可直接分解补充血糖，而肌糖原不能直接分解为葡萄糖，主要以葡糖-6-磷酸的形式循糖酵解或有氧氧化途径进行代谢，为肌肉收缩提供能量。

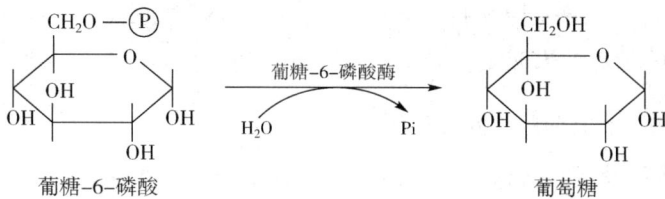

葡糖-6-磷酸　　　　葡糖-6-磷酸酶　　　　葡萄糖

4. 糖原分支的水解 由于糖原磷酸化酶只能分解 α-1,4-糖苷键，所以只能缩短直链，而不能去掉分支。这时糖原继续分解就需要脱支酶（debranching enzyme）的参与。当糖原分子直链上的葡萄糖基被逐个水解至离分支点约 4 个葡萄糖基时，磷酸化酶对 α-1,4-糖苷键不再起作用，此时脱支酶参与进来，将糖原上 4 个葡聚糖分支链上的 3 个葡萄糖基转移到邻近的糖链末端上并以 α-1,4-糖苷键相连（4α-葡聚糖基转移酶活性），结果可使附近直链延长 3 个葡萄糖单位，继续受磷酸化酶作用。原糖链上剩下的单个葡萄糖单位是以 α-1,6-糖苷键与糖链形成分支的，其可被脱支酶水解（α-1,6-糖苷酶活性），生成游离葡萄糖（图 4-9）。

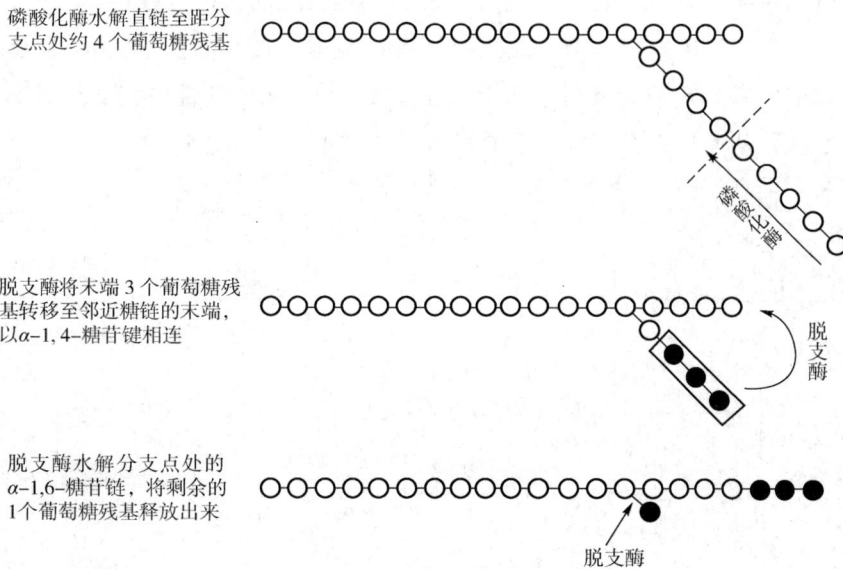

磷酸化酶水解直链至距分支点处约 4 个葡萄糖残基

脱支酶将末端 3 个葡萄糖残基转移至邻近糖链的末端，以 α-1,4-糖苷键相连

脱支酶水解分支点处的 α-1,6-糖苷链，将剩余的 1 个葡萄糖残基释放出来

脱支酶

图 4-9　脱支酶的作用

糖原合成与分解的整体过程如下（图 4-10）。

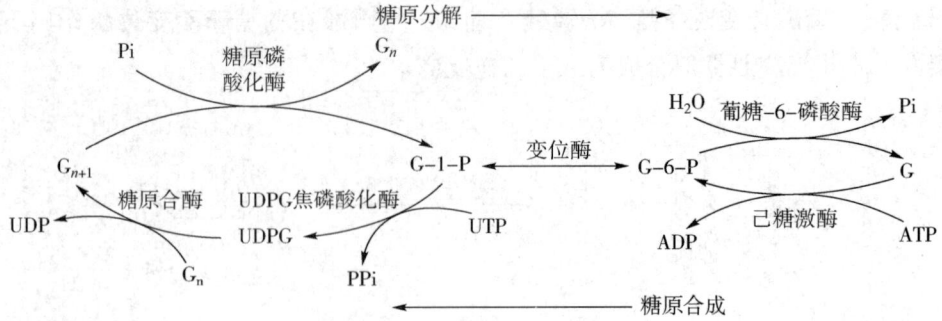

图 4-10 糖原的合成与分解

糖原是葡萄糖在体内的高效储能形式。当糖供应丰富时，如饱食状态，充足的葡萄糖会在肝和肌肉中合成糖原来储存；当糖供应不足或能量缺乏时，肝糖原直接分解为葡萄糖。所以糖原代谢对于维持血糖浓度的恒定有重要意义。

> **考点提示**
> 糖原分解的限速酶、部位和肌肉中糖原不能补充血糖的原因。

三、糖原合成和分解代谢的调节

糖原合成和糖原分解的关键酶分别是糖原合酶和糖原磷酸化酶，它们均有有活性和无活性两种形式，并且均受到共价修饰调节和别构调节的双重作用，其中以共价修饰调节为主。

1. 共价修饰调节 糖原合酶和糖原磷酸化酶所受到的共价修饰调节，最主要是磷酸化与脱磷酸化调节。两者经磷酸化调节后活性改变是不同的，糖原合酶活性降低而磷酸化酶活性增强；脱磷酸化调节后，活性改变较前相反。

机体在某些因素影响下，比如血糖降低、应激反应、剧烈运动等，肾上腺素和胰高血糖素分泌增加，两者结合细胞膜上的特异性受体，触发 G 蛋白介导的细胞转导系统（详见第十章细胞信息传递），生成 cAMP 增加，进而激活蛋白激酶 A。蛋白激酶 A 可促使糖原合酶和糖原磷酸化酶发生磷酸化调节，结果有活性的糖原合酶 a 转变为无活性的糖原合酶 b，而无活性的磷酸化酶 b 转变为有活性的磷酸化酶 a。两个酶的活性改变促使了糖原合成抑制而糖原分解增强，从而使血糖增加。脱磷酸化调节则相反。（图 4-11）

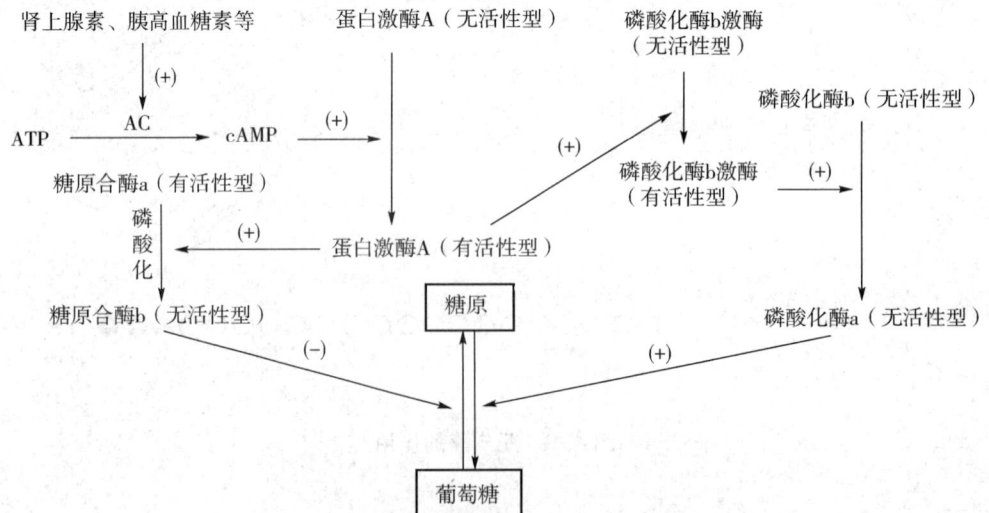

图 4-11 糖原合成与分解的共价修饰调节

2. 别构调节 糖原合酶和糖原磷酸化酶都是别构酶，可受到代谢物的别构调节。如葡萄糖-6-磷酸是糖原合酶的别构激活剂，AMP 是糖原磷酸化酶的别构激活剂，ATP 是糖原磷酸化酶的别构抑制剂等。如饱食状态下，摄入的葡萄糖较多，生成葡糖-6-磷酸增多，后者激活糖原合酶，从而促进糖原的合成。机体缺少能量时，AMP 增多而 ATP 减少，激活糖原磷酸化酶，促进糖原分解补充血糖。

第四节 糖 异 生

机体储存的糖原是有限的，一般可以维持血糖十几个小时，但事实上发现，即使禁食 24 小时，血糖浓度仍保持在正常范围，其原因是在长期饥饿时，机体可以将生糖氨基酸、甘油、有机酸等非糖物质转变为葡萄糖或糖原，以维持血糖浓度的相对恒定。

一、糖异生途径

1. 糖异生概念 由非糖物质转变成葡萄糖或糖原的过程称为糖异生（gluconeogenesis）。这些非糖物质主要包括有机酸（如丙酮酸、乳酸、三羧酸循环中间产物的羧酸）、甘油、生糖氨基酸等。

2. 糖异生反应部位 肝是糖异生的主要器官，其次是肾。肾在正常情况下糖异生能力只有肝的 1/10，长期饥饿时可大大增强。

二、乳酸和甘油的糖异生途径

甘油和乳酸是糖异生的重要原料，它们的糖异生途径有所不同。甘油糖异生主要发生在肝、肾等器官的细胞质中，而乳酸糖异生发生于细胞质和线粒体。

（一）乳酸的糖异生途径

由于乳酸是葡萄糖无氧氧化的产物，所以其进行糖异生转变成葡萄糖的反应基本是无氧氧化的逆过程，这两个途径的多数反应是共有的、可逆的。但需要指出的是，糖酵解途径中有三步限速酶催化的称之为"能障"的不可逆反应，在糖异生途径中必须由另外的反应和酶代替，从而绕过这些"能障"，催化这些过程的酶也是糖异生过程的关键酶。共有反应不再赘述，三步不可逆反应步骤如下。

1. 丙酮酸转变成磷酸烯醇丙酮酸（丙酮酸羧化支路） 丙酮酸需要在丙酮酸羧化酶和磷酸烯醇丙酮酸羧化激酶催化下转变成磷酸烯醇丙酮酸，此反应绕过了糖酵解中磷酸烯醇丙酮酸生成丙酮酸这一步。该反应分两步完成：首先由丙酮酸羧化酶催化丙酮酸转变为草酰乙酸，反应需要 ATP 提供能量，丙酮酸羧化酶是糖异生的第一个关键酶，其辅酶是生物素；然后草酰乙酸在磷酸烯醇丙酮酸羧化激酶催化下生成磷酸烯醇丙酮酸，反应需要 GTP，磷酸烯醇丙酮酸羧化激酶是糖异生的第二个关键酶。由于丙酮酸羧化酶主要存在于线粒体，而磷酸烯醇丙酮酸羧化激酶主要存在于细胞质，所以胞质中的丙酮酸必须先进入线粒体羧化成草酰乙酸，然后再转出线粒体脱羧成磷酸烯醇丙酮酸，此过程称为丙酮酸羧化支路（pyruvate carboxylation shun）。克服此"能障"需消耗 1 分子 ATP 和 1 分子 GTP，相当于 2 分子 ATP 的能量。（图 4-12）

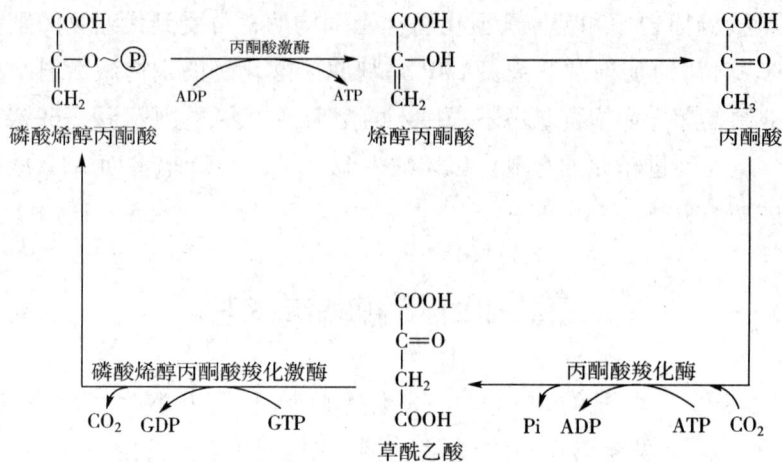

图 4-12　丙酮酸羧化支路

2. 果糖-1,6-双磷酸转变为果糖-6-磷酸　该反应由果糖-1,6-双磷酸酶催化，完成糖酵解途径中磷酸果糖激酶-1催化反应的逆过程，果糖-1,6-双磷酸酶是糖异生的第三个关键酶。

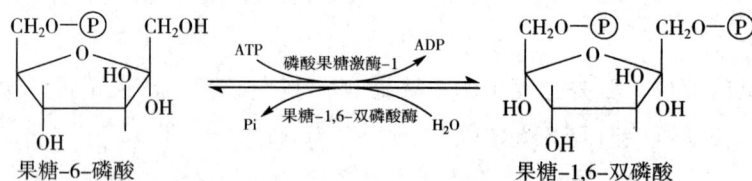

3. 葡糖-6-磷酸水解为葡萄糖　该反应由葡糖-6-磷酸酶催化，完成糖酵解途径中己糖激酶催化反应的逆过程，葡糖-6-磷酸酶是糖异生的第四个关键酶。

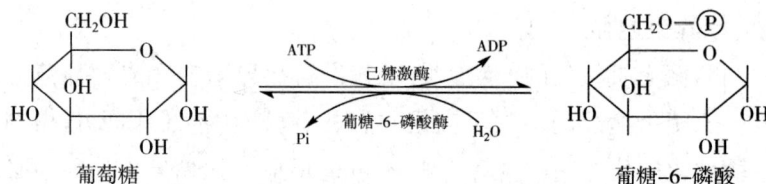

乳酸和丙酮酸均为三碳化合物，而葡萄糖为六碳化合物，所以要2分子乳酸或丙酮酸才能发生糖异生作用，生成1分子葡萄糖，同时消耗6分子ATP。

糖酵解途径和乳酸糖异生途径如图4-13所示。

（二）甘油的糖异生途径

1. 甘油磷酸化作用生成 α-磷酸甘油　甘油在甘油激酶作用下，ATP提供磷酸基，生成 α-磷酸甘油。

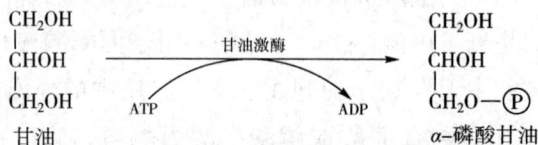

2. α-磷酸甘油脱氢生成磷酸二羟丙酮　α-磷酸甘油脱氢酶在细胞质中的辅酶是 NAD^+，可接受脱下的氢生成 $NADH+H^+$。

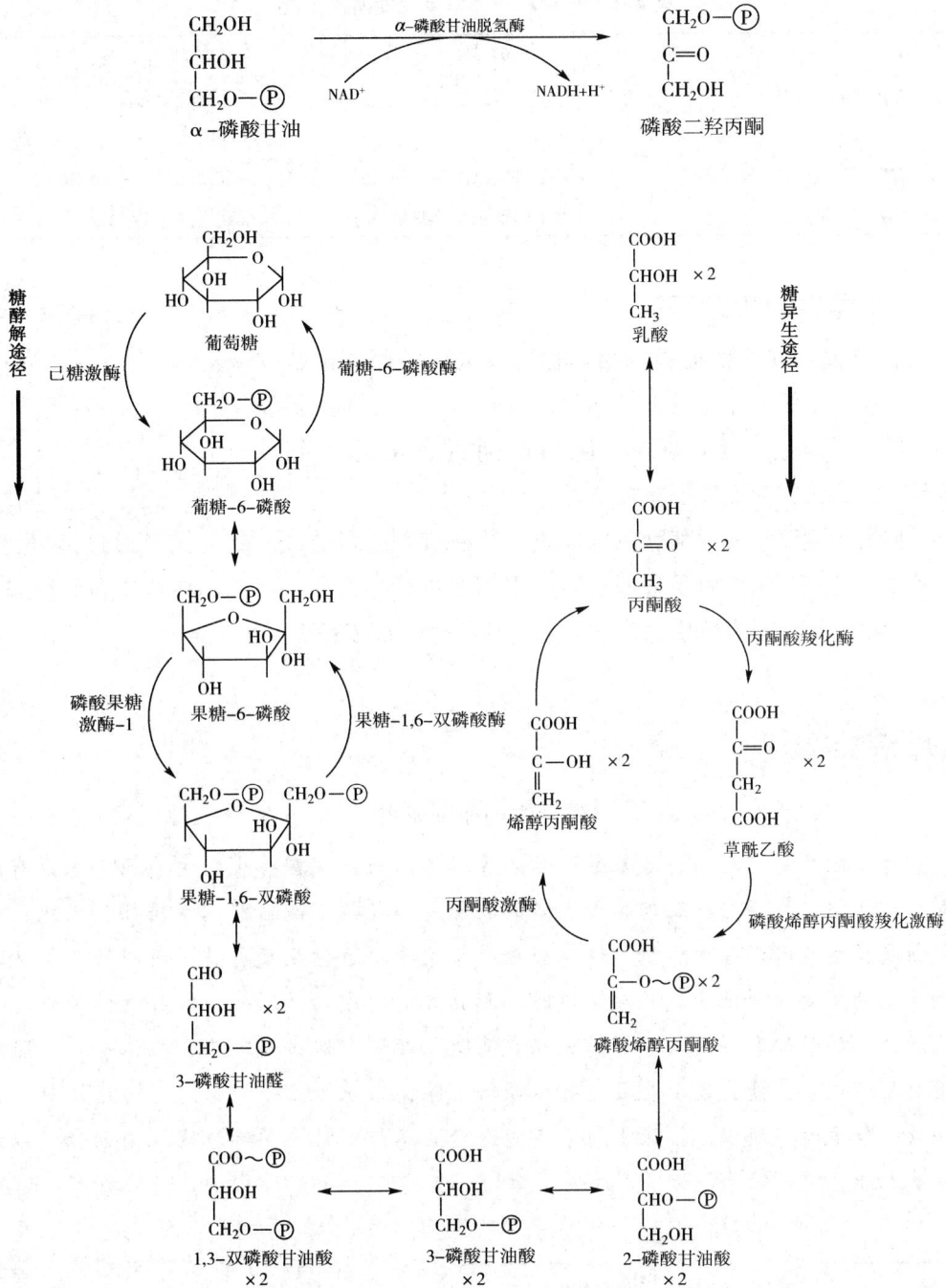

图 4-13 糖酵解途径和乳酸糖异生途径

由于甘油为三碳化合物，而葡萄糖为六碳化合物，所以要 2 分子甘油产生 2 分子磷酸二羟丙酮才能进行后续反应。

3. 2 分子磷酸二羟丙酮最终合成 1 分子葡萄糖 反应和乳酸糖异生后半段反应相同。

2 分子甘油发生糖异生，生成 1 分子葡萄糖，同时消耗 2 分子 ATP。

糖酵解与糖异生的关键酶比较见表 4-6。

表 4-6　糖酵解与糖异生关键酶的比较

过程	糖酵解	糖异生
丙酮酸→磷酸烯醇丙酮酸	丙酮酸激酶	丙酮酸羧化酶 磷酸烯醇丙酮酸羧化激酶
果糖-6-磷酸→果糖-1,6-双磷酸	磷酸果糖激酶	果糖-1,6-双磷酸酶
葡糖-6-磷酸→葡萄糖	葡萄糖激酶或己糖激酶	葡糖-6-磷酸酶

三、糖异生的生理意义

考点提示
糖异生的概念、部位、关键酶及其生理意义。

1. 维持空腹或饥饿时血糖的相对恒定　人体糖原储备是有限的,在空腹或饥饿时,尤其在肝糖原消耗殆尽后,机体主要依赖一些非糖物质异生成葡萄糖,以维持血糖水平的恒定。因此,糖异生是空腹或饥饿时血糖的重要来源。

由于脑组织主要依赖葡萄糖供应能量;成熟红细胞没有线粒体,完全通过糖酵解获得能量;骨髓、神经等组织由于代谢活跃,也需要进行糖酵解。所以,机体在饥饿状态时也需消耗一定量的糖,以维持生命活动,此时这些糖全部依赖糖异生生成。

知 识 链 接

糖异生的原料来源

糖异生的原料有乳酸、氨基酸、甘油等,不同状态下糖异生的主要原料来源有所不同。机体运动增强时,肌肉生成大量的乳酸,而乳酸不能在肌内直接异生成糖,可以经血液转运至肝后异生成糖。这部分糖异生主要与运动强度有关,所以乳酸是运动后糖异生的主要原料来源。而在饥饿时,脂肪和蛋白质动员增强,糖异生的原料主要为脂肪分解的甘油和蛋白质分解的生糖氨基酸。在长期饥饿情况下,机体储存的脂肪和蛋白质不仅要产能,还要生成糖异生原料来维持血糖浓度,势必造成过度消耗,甚至导致生命危险。所以,临床上对于不能进食的患者,常采用静脉输入葡萄糖,以维持其基本能量需要。

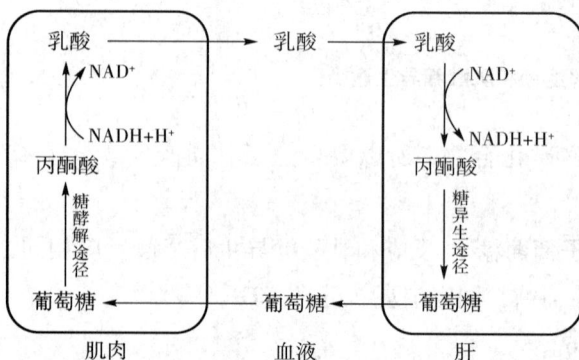

图 4-14　乳酸循环

2. 有利于乳酸的再利用　乳酸是糖异生的重要原料之一。在剧烈运动或缺氧时,肌肉中产生大量乳酸,其中大部分可经血液运输到肝,在肝中通过糖异生作用转变成糖原或葡萄糖,后者即可补充血糖。血糖可再被肌肉利用,如此形成乳酸循环(lactic acid cycle),又称为 Cori's 循环(图 4-14)。乳酸循环有利于乳酸的再利用,有助于防止乳酸堆积而导致的酸中毒。

3. 补充肝糖原 糖异生的产物既包括葡萄糖又包括糖原，所以它是肝补充或恢复糖原的重要途径。实验证明，机体摄入的葡萄糖、生糖氨基酸等相当一部分会转变为丙酮酸、乳酸等三碳化合物，然后再异生成糖原。合成糖原的这条途径称为三碳途径或间接途径，而葡萄糖经 UDPG 途径合成糖原称为直接途径。

4. 协助氨基酸代谢 在长期饥饿时，组织蛋白质大量分解，血中的氨基酸包括生糖氨基酸升高，糖异生作用十分活跃，这时氨基酸是糖异生的主要原料来源，因此糖异生也是氨基酸代谢的重要途径之一。

5. 有利于维持酸碱平衡 长期饥饿时，肾糖异生作用会大大增强，这点有利于维持酸碱平衡。饥饿时机体产生的酸性物质增多，H^+ 可激活肾小管上皮细胞中的磷酸烯醇丙酮酸羧化激酶，使糖异生作用增强。肾中的 α-酮戊二酸大量进行糖异生，从而含量降低，促使谷氨酸和谷氨酰胺脱氨基进行补充，同时产生的氨则可与原尿中的 H^+ 结合，生成 NH_4^+ 排出，有利于缓解酸中毒。

四、糖异生的调节

糖异生和糖酵解是两条方向相反的代谢途径，机体在调节时有一定的规律：当糖供应充足时，往往会激活糖酵解的相关酶类而抑制糖异生的酶类；反之，当糖供应匮乏时，往往会抑制糖酵解的酶类而激活糖异生的酶类。而这种调节是通过影响关键酶的活性来实现的。糖异生的限速酶主要有四个：丙酮酸羧化酶、磷酸烯醇丙酮酸羧化激酶、果糖-1,6-双磷酸酶和葡糖-6-磷酸酶，糖异生的调节就通过改变这四种酶的活性来实现。

（一）代谢物的调节

1. ATP、AMP、ADP 的调节作用 ATP 可以别构激活丙酮酸羧化酶和果糖-1,6-双磷酸酶，同时又别构抑制磷酸果糖激酶-1 和丙酮酸激酶，即 ATP 可以激活糖异生而抑制糖酵解，而 AMP、ADP 的作用与之相反。所以，当细胞内 ATP 含量增多或 AMP、ADP 含量下降时，会促进糖异生的进行，同时抑制糖的分解过程。

2. 乙酰辅酶 A 的调节作用 乙酰辅酶 A 是丙酮酸脱氢酶复合物的别构抑制剂，同时是丙酮酸羧化酶的别构激活剂，所以它可以影响丙酮酸代谢的方向。当体内脂肪酸氧化分解增强时，产生大量的乙酰辅酶 A，其抑制丙酮酸脱氢酶复合物，使丙酮酸大量蓄积，为糖异生提供原料；同时又可激活丙酮酸羧化酶，加速丙酮酸羧化成草酰乙酸，糖异生作用增强；此外，乙酰辅酶 A 还可以与草酰乙酸缩合生成柠檬酸，由线粒体进入细胞质后，可以抑制磷酸果糖激酶-1，激活果糖-1,6-双磷酸酶，从而促进糖异生的进行。

3. 糖异生原料浓度的调节作用 糖异生的原料增加时，比如血浆中甘油、乳酸和一些生糖氨基酸浓度高时，糖异生作用会相应增强。例如在饥饿状态下，脂肪动员增加，组织蛋白质分解也加强，血浆中的甘油和氨基酸增高。或者在激烈运动时，由于糖酵解的加速，血中乳酸含量剧增，这些改变都可促进糖异生作用。

（二）激素的调节

激素对糖异生作用的调节，主要是通过调节糖异生途径中几个关键酶的活性以及调节糖异生的原料供应这两方面来实现的。参与调节作用的主要激素有胰高血糖素、肾上腺素、肾上腺糖皮质激素及胰岛素等，其中前三种激素可促进糖异生的发生，而胰岛素可抑制糖异生。

1. 胰高血糖素、肾上腺素、肾上腺糖皮质激素可促进糖异生 作用主要通过三个方面实现：①可诱导糖异生过程4个关键酶活性；②促进脂动员，加强脂肪酸氧化生成乙酰辅酶A，促进糖异生；③肾上腺糖皮质激素促进肝外蛋白质分解，提供糖异生所需原料。

2. 胰岛素可抑制糖异生 胰岛素的作用与前面几种激素相反，它诱导糖酵解关键酶的活性，促进组织利用葡萄糖，并且减少脂肪动员，抑制糖异生作用。

六大糖代谢示意图汇总如下（图4-15）：

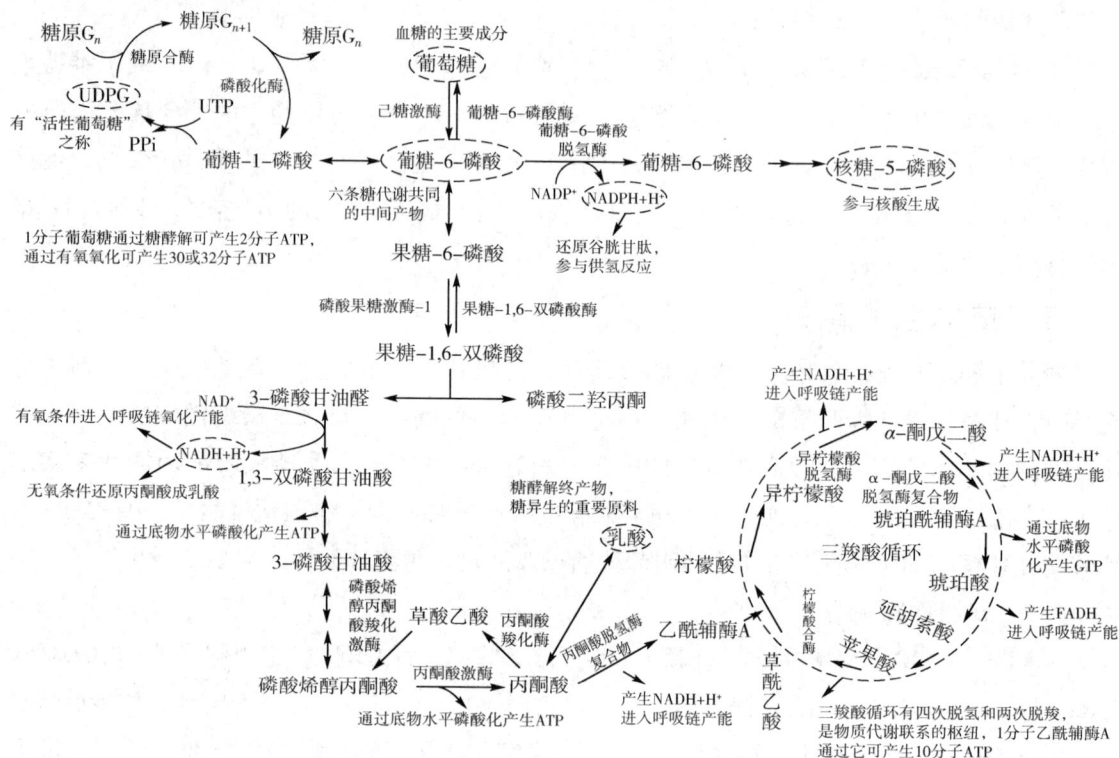

图4-15　糖代谢

第五节　血　糖

一、血糖的来源与去路

血糖（blood glucose）主要是指血液中的葡萄糖。正常情况下，血糖含量比较恒定，仅在较小的范围内波动。正常人空腹静脉血糖含量为3.89~6.11mmol/L（葡萄糖氧化酶法），这是机体对血糖的来源和去路进行精细调节的结果。血糖含量的测定是临床中反映体内糖代谢状况的一项重要指标。

（一）血糖的来源

1. 食物中糖的消化吸收 食物中的糖经消化吸收，进入血液。这是血糖的主要来源。

2. 肝糖原分解 空腹时机体血糖浓度下降，肝糖原可大量分解，生成葡萄糖入血，一般可维持8~12小时。肝糖原分解是空腹时血糖的重要来源。

3. 糖异生 长期饥饿时，储备的肝糖原已不足以维持血糖的恒定，此时糖异生作用增强。通过这种作用，大量的非糖物质转变成葡萄糖以补充血糖。

（二）血糖的去路

1. 氧化分解，提供能量　糖在体内发生氧化分解作用，这是血糖的主要去路。

2. 合成糖原　当机体糖供应充足时，葡萄糖可在肝和肌肉中合成糖原储存。

3. 转变成其他物质　血糖可转变成脂肪、某些非必需氨基酸等，也可以转变成其他糖类或其衍生物。

4. 随尿排出　当血糖浓度高于 8.89～10.0mmol/L（此血糖值称为肾糖阈）时，超过肾小管的最大重吸收能力，则糖就会从尿液中排出，出现糖尿现象。尿排糖是血糖的非正常去路。

血糖的来源和去路见图 4-16。

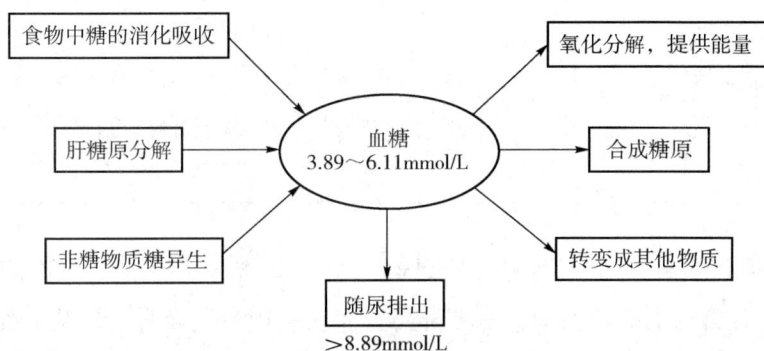

图 4-16　血糖的来源和去路

知识拓展

糖耐量试验

　　糖耐量试验是临床上诊断患者有无糖代谢异常的常用方法，其中口服葡萄糖耐量试验是经常采用的糖耐量试验，可以判断胰岛 B 细胞的功能和机体对血糖的调节能力，并用于诊断糖尿病。被试者清晨空腹静脉采血，测定血糖浓度，然后一次服用 100g 葡萄糖，服糖后的 0.5、1、2、3 小时各测血糖一次。以测定血糖的时间为横坐标（按空腹测定时的横坐标为 0），血糖浓度为纵坐标，绘制糖耐量曲线。正常人服糖后 0.5～1 小时达到高峰，然后逐渐降低，一般在 2 小时左右恢复正常值。糖尿病患者空腹血糖高于正常值，服糖后血糖浓度急剧升高，2 小时后仍可高于正常。正常人空腹静脉血糖浓度为 3.89～6.11mmol/L，餐后 2 小时应恢复至空腹血糖水平，若空腹血糖高于 7.0mmol/L，和/或餐后 2 小时血糖高于 11.1mmol/L 应怀疑有糖尿病的可能。

二、血糖浓度的调节

　　血糖浓度要维持相对恒定，其来源和去路就要保持一个动态的平衡，而这种平衡的维持需要通过多种因素的调节来实现，包括肝的调节、激素的调节、神经的调节等。

　　1. 肝对血糖的调节　肝是调节血糖浓度的最主要器官，其调节作用主要通过调节肝糖原的合成与分解、糖异生等途径的强弱来实现。比如，餐后血糖会出现升高，此时肝糖原合成增加，使血糖浓度下降；空腹时相反，肝糖原分解增强用于维持血糖水平；在长期饥饿或禁食时，肝中糖异生作用增强，也可以维持血糖的恒定。

2. 激素对血糖的调节　调节血糖的激素可分为两类：一类是降低血糖的激素，只有胰岛素一种；另一类是升高血糖的激素，包括肾上腺素、胰高血糖素、糖皮质激素、生长激素等。这两类激素相互协调、相互制约，共同调节血糖的正常水平（表4-7）。

表4-7　激素对血糖的调节

降低血糖的激素		升高血糖的激素	
胰岛素	促进葡萄糖进入肌肉、脂肪等组织细胞	胰高血糖素	促进肝糖原分解，抑制糖原合成促进糖异生
	促进糖原合成	肾上腺素	促进脂肪动员，间接升高血糖
	促进糖的有氧氧化		促进肝糖原分解
	促进糖转变成脂肪	糖皮质激素	促进糖异生
	抑制糖原分解		促进肝外组织蛋白分解为氨基酸
	抑制糖异生		促进糖异生

3. 神经对血糖的调节　糖代谢还受到神经的整体调节。血糖浓度较低时，会促使机体交感神经兴奋，分泌肾上腺素增加，血糖升高。而迷走神经兴奋时，血糖浓度降低。

三、高血糖与低血糖

当血糖的调节出现问题，血糖不能维持在正常水平，即糖代谢异常。

考点提示
血糖的概念、来源和去路及其激素调节。

1. 高血糖　空腹血糖浓度高于7.1mmol/L称为高血糖。如果血糖浓度高于肾糖阈时则会出现糖尿。引起高血糖的原因有两个方面：一是生理性高血糖，如情绪激动时交感神经兴奋，使肾上腺素等升高血糖的激素分泌增加，血糖浓度上升（情感性高血糖）。又如一次进食或静脉输入大量的葡萄糖，血糖急剧增高（饮食性高血糖）等。这些情况下，被测者空腹血糖都是正常的。二是病理性高血糖，如升高血糖的激素的分泌亢进或胰岛素分泌障碍均可导致高血糖，甚至出现糖尿。其中，由于胰岛素分泌障碍所引起的高血糖和糖尿称为糖尿病。另外，某些慢性肾炎、肾病综合征时，肾对糖的重吸收能力下降也可出现糖尿，但血糖一般正常，称为肾性糖尿。

知识链接

糖尿病

糖尿病是一组以高血糖为特征的代谢性疾病。患者由于胰岛素分泌障碍或其生物作用发挥受阻，或两者兼有引起。糖尿病时，机体糖代谢紊乱，组织细胞利用血糖的能力下降，糖原合成减弱而分解加强，糖异生增强。这些代谢的变化导致高血糖和糖尿的出现，患者表现出多食、多饮、多尿、体重减少的"三多一少"症状。糖尿病时长期存在的高血糖，可导致各种组织，特别是眼、肾、心脏、血管、神经的慢性损害、功能障碍。

2. 低血糖　空腹血糖浓度低于3.0mmol/L时称为低血糖。出现低血糖的常见病因包括：①胰岛 B 细胞功能亢进，如胰岛肿瘤时，分泌的胰岛素增多；②严重的肝病时，肝不能及时调节血糖；③内分泌异常，如垂体功能低下、肾上腺皮质功能低下时，分泌的升糖激素减少；④饥饿或不能进食时，糖的来源不足；⑤空腹大量饮酒。

葡萄糖是脑细胞的主要能量来源，因此低血糖影响脑的正常功能。当血糖水平过低时，人体会出现头晕、倦怠无力、心悸、出冷汗、手颤等症状，严重时可出现低血糖性休克，如果不及时给患者静脉补充葡萄糖，可导致死亡。所以在临床和护理工作中，要根据患者的上述表现，及时发现和处理。

知识拓展

空腹饮酒为什么易导致低血糖

空腹大量饮酒时，乙醇在肝中氧化，使 NAD^+ 过多地转变成 $NADH+H^+$，进而促进丙酮酸还原成乳酸，使乳酸增多。该反应导致糖异生作用受阻，减少了血糖的来源，易导致低血糖的出现。

本章小结

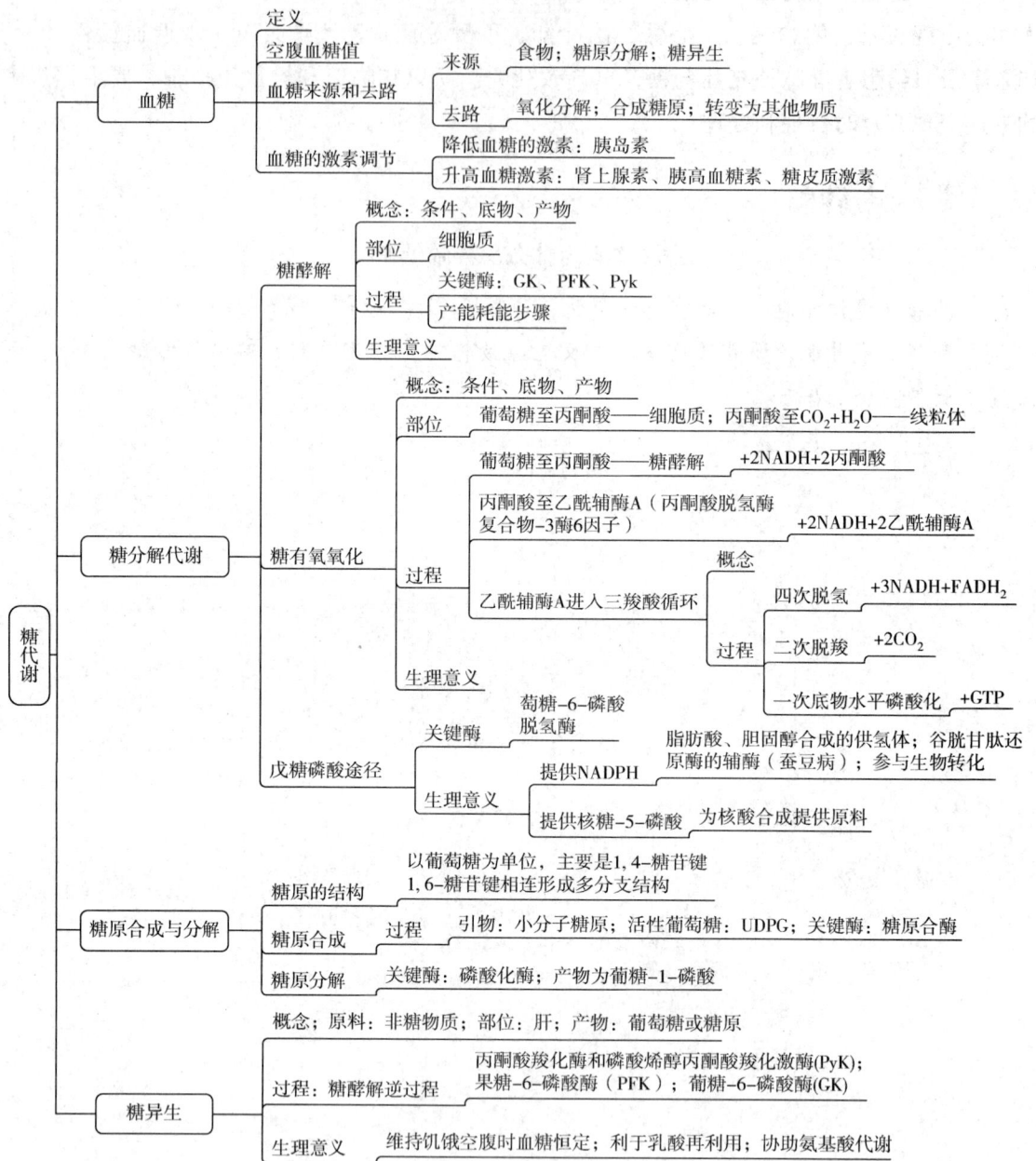

习 | 题

一、单选题

【A1 型题】

1. 关于糖酵解的叙述错误的是

    A. 是体内葡萄糖氧化分解的主要途径

B. 全过程在细胞质中进行

C. 该途径中有 ATP 生成步骤

D. 是由葡萄糖生成乳酸的过程

E. 只有无氧条件下葡萄糖氧化才有此过程

2. 关于糖酵解的关键酶正确的是

    A. 磷酸果糖激酶-1   B. 果糖二磷酸酶-1

    C. 磷酸甘油酸激酶   D. 丙酮酸羧化酶

    E. 果糖二磷酸酶-2

3. 糖酵解过程中哪种物质提供～Ⓟ使 ADP 生成 ATP

    A. 1,6-果糖-双磷酸   B. 3-磷酸甘油醛

    C. 2,3-双磷酸甘油酸   D. 磷酸烯醇丙酮酸

    E. 2-磷酸甘油酸

4. 调节糖酵解途径流量最重要的酶是

    A. 己糖激酶   B. 磷酸果糖激酶-1

    C. 磷酸甘油酸激酶   D. 丙酮酸激酶

    E. 葡萄糖激酶

5. 1 分子葡萄糖经糖酵解生成乳酸时净生成 ATP 的分子数是

    A. 1   B. 2   C. 3   D. 4   E. 5

6. 糖原分子的一个葡萄糖残基酵解成乳酸时净生成 ATP 的分子数是

    A. 1   B. 2   C. 3   D. 4   E. 5

7. 1 分子葡萄糖通过有氧氧化和糖酵解净产生 ATP 分子数之比最接近于

    A. 2   B. 4   C. 6   D. 16   E. 36

8. 成熟红细胞仅靠糖酵解提供能量是因为

    A. 无氧   B. 无 TPP   C. 无辅酶 A   D. 无线粒体   E. 无微粒体

9. 下述哪个化合物中含有高能磷酸键

    A. 1,6-果糖-双磷酸   B. 葡糖-6-磷酸

    C. 1,3-双磷酸甘油酸   D. 3-磷酸甘油酸

    E. 果糖-6-磷酸

10. 糖酵解中，不可逆反应是

    A. 3-磷酸甘油醛脱氢酶催化的反应

    B. 磷酸甘油酸激酶催化的反应

    C. 醛缩酶催化的反应

    D. 烯醇化酶催化的反应

    E. 丙酮酸激酶催化的反应

11. 关于糖的有氧氧化的叙述，错误的是

    A. 是细胞获能的主要方式   B. 有氧氧化可抑制糖酵解

    C. 终产物是 CO_2 和 H_2O D. 在胞质和线粒体进行

    E. 只通过氧化磷酸化提供能量

12. 下列哪一种不是丙酮酸脱氢酶复合物的辅酶

    A. TPP   B. FAD   C. NAD^+ D. 硫辛酸   E. 生物素

13. 1mol 丙酮酸彻底氧化可产生的 ATP 数为
   A. 2   B. 4   C. 8   D. 12   E. 12.5

14. 三羧酸循环中底物水平磷酸化的反应是
   A. 柠檬酸──→异柠檬酸   B. 异柠檬酸──→α-酮戊二酸
   C. α-酮戊二酸──→琥珀酸   D. 琥珀酸──→延胡索酸
   E. 延胡索酸──→草酰乙酸

15. 三羧酸循环中草酰乙酸的补充主要来自于
   A. 丙酮酸羧化后产生   B. C 和 O 直接化合产生
   C. 乙酰辅酶 A 缩合后产生   D. 苹果酸加氢产生
   E. 脂肪酸转氨基后产生

16. 三羧酸循环中底物水平磷酸化产生的高能化合物是
   A. GTP   B. ATP   C. TTP   D. UTP   E. CTP

17. 丙酮酸脱氢酶复合物存在于细胞的
   A. 细胞质   B. 线粒体   C. 微粒体   D. 核糖体   E. 溶酶体

18. 关于三羧酸循环的叙述错误的是
   A. 每次循环消耗一个乙酰基
   B. 每次循环有 4 次脱氢，2 次脱羧
   C. 每次循环有 2 次底物水平磷酸化
   D. 每次循环生成 10 分子 ATP
   E. 提供生物合成的前体

19. 戊糖磷酸途径主要是
   A. 生成 NADPH，供合成代谢的需要
   B. 葡萄糖氧化供能的途径
   C. 饥饿时增强
   D. 体内 CO_2 生成的主要来源
   E. 生成的 NADPH 可直接进入电子传递链

20. 由于红细胞中还原型谷胱甘肽不足，而易引起贫血是缺乏
   A. 葡萄糖激酶   B. 葡糖-6-磷酸酶
   C. 葡糖-6-磷酸脱氢酶   D. 磷酸果糖激酶
   E. 果糖二磷酸酶

二、思考题

1. 血糖的来源和去路。

2. 戊糖磷酸途径的生理意义。

3. 糖酵解的生理意义。

4. 3-磷酸甘油醛脱下的氢，在有氧和无氧条件下如何进一步氧化？其终产物分别是什么？各生成多少 ATP？

5. 何谓糖异生作用？能转变为糖的非糖物质有哪些？甘油进行糖异生的反应过程。

扫码"练一练"

（韩　冰　杨林娴）

第五章　生物氧化

扫码"看一看"

学习目标

1. **掌握**　生物氧化、氧化磷酸化作用的概念，偶联部位及影响因素。

2. **熟悉**　ATP 的生理功用、呼吸链的主要组成成分及电子传递顺序，线粒体外 NADH 转运进入线粒体的机制。

3. **了解**　氧化磷酸化的机制。

4. 能用生物化学的理论知识解释临床常见疾病如甲状腺功能亢进症、CO 中毒机制。

5. 通过氧化磷酸化的影响因素来解释发热，并培养学生理论联系实际的能力。

案例讨论

[案例] 赵某，两岁，因反复发热 3 天入院，3 天前因受凉后发热，用退热药治疗后退热，无咳嗽咳痰，无皮肤感染。经体验和血液检验，为扁桃体感染。

[讨论] 病毒性感染引起反复发热的机制是什么？

第一节　概　述

生物体内的氧化，有脱氢、加氧和失电子三种类型，通常的脱氢反应有三羧酸循环或其他的代谢途径，其脱氢的成对氢原子含有两个质子和两个电子存在于 NADH+H$^+$ 或 FADH$_2$ 中，其是生物氧化中的氢原子载体，其通过一系列的酶促反应，将其中的两个电子传递给氧原子，使其形成氧活化，再与两个氢质子结合形成水，同时释放出大量的能量，使 ADP 转变为 ATP，供机体生命活动所需。

生物体的重要特征之一是新陈代谢，新陈代谢包括物质代谢和能量代谢。在生物体内物质的氧化分解称为生物氧化（biological oxidation）。生物氧化主要是指营养物质（糖、脂肪、蛋白质）在生物体内彻底氧化生成 CO_2 和 H_2O，并释放能量的过程。生物氧化与细胞利用 O_2 和生成 CO_2 有关，故又称为细胞呼吸或组织呼吸。

生物氧化在细胞的线粒体内及线粒体外均可进行，但氧化过程不同，线粒体内的氧化伴有 ATP 的生成，而在线粒体外如内质网、微粒体、过氧化物酶体等部位进行时，不伴有 ATP 的生成，主要和代谢物或药物、毒物的生物转化有关。

生物氧化涉及糖、脂肪、蛋白质三大营养物质在生物体内转化为 CO_2 和 H_2O 的过程，三者在体内的分解经历的途径不同，但也有共同规律，其过程大致可分为三个阶段（图 5-1）。

（1）大分子的多糖、蛋白质、脂肪分解为各自的基本组成成分或基本组成单位，该过程称为消化。

（2）三大物质的小分子经各自不同途径转化为同一种成分，即乙酰辅酶 A。

（3）乙酰辅酶 A 在线粒体内经氧化磷酸化和三羧酸循环彻底分解为 CO_2 和 H_2O，是糖、脂肪、蛋白质彻底分解的共同途径，也是生成 ATP 所需能量的主要来源。

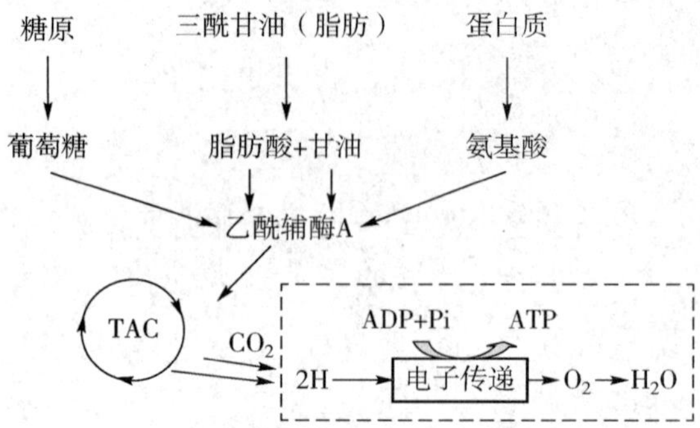

图 5-1 糖、脂肪、蛋白质分解代谢的一般过程

一、生物氧化的特点

生物氧化和体外氧化相比，虽然氧化时所消耗的氧量、终产物（CO_2 和 H_2O）及释放的能量均相同，但两者所进行的方式却大不一样（表 5-1）。与物质在体外氧化过程相比，生物氧化反应有以下特点：

（1）生物氧化过程是在细胞内温和的环境中（在体温及近于中性 pH 条件下），由酶催化逐步进行的过程；

（2）CO_2 的产生方式为有机酸脱羧，H_2O 的产生是由底物脱氢经电子传递过程最后与氧结合而生成；

（3）生物氧化时逐步释放能量，且释放的能量绝大部分以化学能的方式储存在高能磷酸化合物中；

（4）生物氧化的速率受体内多种因素的调节。

> **考点提示**
>
> 生物氧化的概念及特点。

表 5-1 生物氧化与体外氧化的不同点

	体内氧化	体外氧化
反应条件	温和	剧烈
反应过程	分步反应	一步反应
产物生成	间接生成	直接生成
能量释放	逐步释放	一步释放
能量形式	热能、ATP	热能、光能

二、体内物质生物氧化的方式

物质氧化的方式，在体内的生物氧化，与在体外的氧化方式，没有本质区别。生物氧化的方式有加氧、脱氢和失电子反应。

1. 加氧反应 底物分子中直接加入氧原子或氧分子，如醛氧化成酸。

$$RCHO + \frac{1}{2}O_2 \longrightarrow RCOOH$$

醛　　　　　酸

2. 脱氢反应 从底物分子上脱下一对氢原子，如乳酸氧化成丙酮酸。

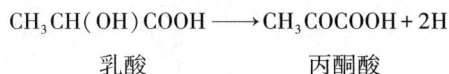

$$CH_3CH(OH)COOH \longrightarrow CH_3COCOOH + 2H$$

乳酸　　　　　　　丙酮酸

3. 失电子反应 原子或离子在反应中失去电子，其正价数升高，如细胞色素中 Fe^{2+} 的氧化。

$$Fe^{2+} \longrightarrow Fe^{3+} + e$$

第二节　ATP 与能量代谢

糖、脂肪、蛋白质等物质在细胞内进行生物氧化释放的能量，必须转化成 ATP 的形式被利用，ATP 是机体所需能量的直接供给者，也是能量的贮存、转移形式。

一、ATP 的作用

生物体内能量的贮存、转移和利用都以 ATP 为中心进行，ATP 几乎是细胞能够直接利用的唯一能源，水解时释放的能量可直接供给各种生命活动，如肌肉收缩、腺体分泌、离子平衡、神经传导、合成代谢、维持体温等。

二、ATP 的生成

食物中的糖、脂肪及蛋白质是人体的主要能源物质，能量蕴藏在它们的分子结构中，在生物氧化过程中逐步释放出来，一部分以热能的形式维持体温或散失于环境中；一部分以高能磷酸键（～Ⓟ）的形式转移和贮存于某些高能磷酸化合物（ATP）中，以供机体利用。

一般将化学键水解可释放超过 20.93kJ/mol 能量的化学键称为高能键，常用"～"符号表示。常见的高能键是高能磷酸酯键（～Ⓟ），其次还有硫酯键（CO～S）、氮磷键（N～Ⓟ）等。含有高能键的化合物称为高能化合物。高能化合物在水解反应中释放的能量高于 20.93kJ/mol。

体内 ATP 是由 ADP 接受高能磷酸基（～Ⓟ）生成的，这个过程称为 ADP 的磷酸化，简称磷酸化。ATP 的生成方式有两种，即氧化磷酸化和底物水平磷酸化，前者是生成 ATP 的主要方式，约占体内总能量的95%。

1. 氧化磷酸化 代谢物脱下的氢，通过呼吸链传递给氧生成水的过程，释放的能量，使 ADP 磷酸化生成 ATP，这种将物质的氧化（放能反应）与 ADP 的磷酸化（吸能反应）相偶联的作用，称为氧化磷酸化（oxidative phosphorylation）（图 5-2）。

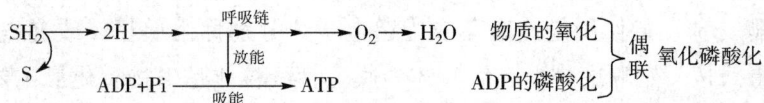

图 5-2　氧化磷酸化作用示意图

2. 底物水平磷酸化 代谢物分子中的高能键在酶的作用下，直接转移给 ADP 生成 ATP 的方式，称为底物水平磷酸化（substrate level phosphorylation）。如糖酵解途径和三羧酸循环中，可通过底物水平磷酸化生成 ATP。

生物化学

$$1,3\text{-双磷酸甘油酸} + ADP \xrightarrow{\text{磷酸甘油酸激酶}} 3\text{-磷酸甘油酸} + ATP$$

$$\text{磷酸烯醇丙酮酸} + ADP \xrightarrow{\text{丙酮酸激酶}} \text{烯醇丙酮酸} + ATP$$

$$\text{琥珀酰辅酶 A} + Pi + GDP \xrightarrow{\text{琥珀酸硫激酶}} \text{琥珀酸} + HSCoA + GTP$$

$$GTP + ADP \rightleftharpoons GDP + ATP$$

三、ATP 循环

ADP 通过底物水平磷酸化和氧化磷酸化生成 ATP、ATP 水解生成 ADP 和 Pi 并放出能量供机体需要。ADP 与 ATP 相互转变形成循环过程，反映了体内能量的释放与贮存的关系。

> **考点提示**
> ATP 的生成方式，氧化磷酸化和底物水平磷酸化的概念。

四、高能键的转移和贮存

体内最主要的高能化合物是 ATP，物质氧化释放的能量贮存在 ATP 分子中，当 ATP 分解生成 ADP 时，再将这些能量释放出来用于生命活动过程，ATP 是生命活动的直接供能物质。尽管某些代谢过程需要其他核苷三磷酸提供能量，如糖原合成需要 UTP、蛋白质合成需要 GTP、磷脂合成需要 CTP，但这些高能化合物分子中的高能磷酸键均来自于 ATP。

ATP 在体内不稳定，在肌酸激酶（CK）的催化下，ATP 分子中的高能磷酸键转移给肌酸，生成磷酸肌酸（creatine phosphate，CP），作为体内能量的贮存形式。当机体 ATP 消耗增加而致 ADP 增多时，磷酸肌酸则将～Ⓟ转移给 ADP 生成 ATP，由 ATP 提供生命活动所需的能量。

> **考点提示**
> ATP 的储存形式。

由此可见，生物体内的能量储存和利用都以 ATP 为中心。

第三节 呼 吸 链

氧化磷酸化过程中，代谢物脱下的成对氢原子（2H），通过多种酶和辅酶（基）构成的连锁反应体系逐步传递给 O_2 生成 H_2O，此传递体系称为呼吸链（respiratory chain）。呼吸链中的酶和辅酶（基）的作用是传递氢或传递电子，分别称为递氢体或递电子体，它们大多以复合体的形式按一定顺序排列在线粒体内膜上，线粒体是生物氧化最主要的场所。

$$SH_2 \xrightarrow{} 2H \xrightarrow{\text{递氢（电子）体}} \cdots \xrightarrow{} O_2 \xrightarrow{} H_2O$$

一、呼吸链的组成

1. 烟酰胺脱氢酶类 烟酰胺脱氢酶类（nicotinamine dehydrogenas，NAD^+），以 NAD^+ 和 $NADP^+$ 为辅酶。这类酶催化脱氢时，烟酰胺

> **考点提示**
> 呼吸链的概念。

（维生素 PP）的吡啶环接受一个氢原子和一个电子后，吡啶环的氮原子就由原来的三价变成四价，而 H^+ 则游离于介质中，NAD^+ 或 $NADP^+$（氧化型）变为 $NADH+H^+$ 或 $NADPH+H^+$（还原型），该反应可逆。

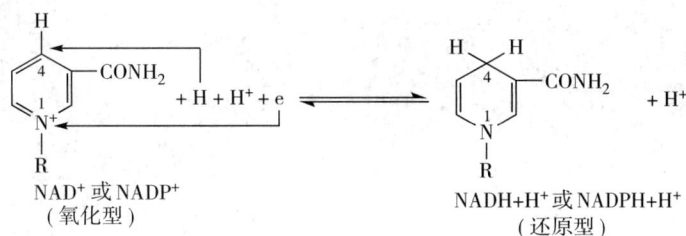

在糖代谢过程中，许多底物脱氢是由以 NAD^+ 或 $NADP^+$ 为辅酶的脱氢酶催化的，如异柠檬酸脱氢酶、丙酮酸脱氢酶等。

2. 黄素脱氢酶类 黄素脱氢酶类（flavin dehydrogenases）以 FMN 或 FAD 作为辅基。催化底物脱氢时，FMN 或 FAD 的维生素 B_2 部分的异咯嗪环上第 1 位及第 10 位两个氮原子能反复地进行加氢和脱氢反应，因此 FMN、FAD 同 NAD^+、$NADP^+$ 的作用相同，也是递氢体。

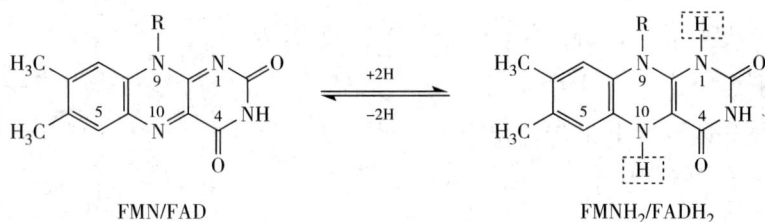

3. 辅酶 Q 类 辅酶 Q（coenzyme Q，CoQ）是广泛存在于生物界的一种脂溶性醌类化合物，故又名泛醌。CoQ 中含有对苯醌结构，因此当底物脱氢后，氧化型 CoQ 的对苯醌结构可接受 2H 生成还原型 CoQ（写作 $CoQH_2$ 或 QH_2），反应是可逆的，CoQ 起递氢体作用。

4. 铁硫蛋白类 铁硫簇（Fe-S）是铁硫蛋白（Fe-S，酶）中辅基，含有等量铁原子和硫原子，其中铁原子可进行 $Fe^{2+} \rightarrow Fe^{3+}+e$ 反应传递电子。铁硫蛋白（iron-sulfur protein）分子中含有 2 个活泼的硫原子和 2 个铁原子，故称为铁硫中心。Fe-S 中的铁原子能可逆地进行得失电子的反应，一次传递一个电子，因而 Fe-S 的功能是单电子传递体，由于 S^{2-} 很不稳定，故 Fe-S 在呼吸链中不能单独存在，通常与细胞色素与黄素蛋白结合存在于呼吸链中。（图 5-3）

5. 细胞色素类 细胞色素（cytochromes，Cyt）是一类以铁卟啉为辅基，催化电子传递的酶类。铁卟啉中的铁原子可逆地进行得失电子的反应，1 分子 Cyt 一次传递 1 个电子，故它们的功能是单电子传递体。

细胞色素类均有特殊吸收光谱，根据吸收光谱将其分为 Cyt a、Cyt b、Cyt c 三类，每一

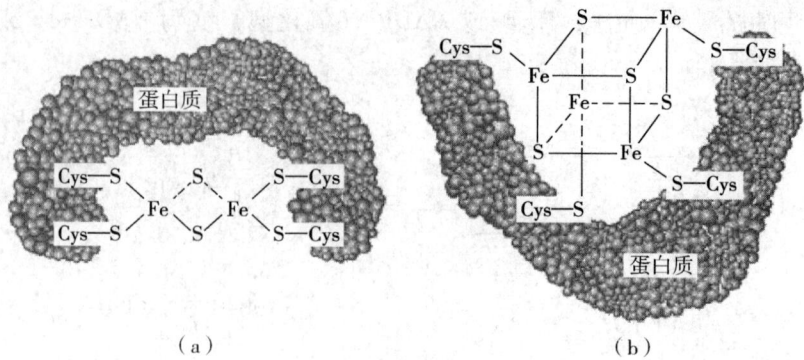

图 5-3 铁硫蛋白的结构

(a) Fe_2S_2；(b) Fe_4S_4

类中又因其最大吸收峰的微小差异再分为亚类。参与呼吸链的 Cyt 是：Cyt b、Cyt c_1、Cyt c、Cyt a、Cyt a_3。CoQ 脱下的电子经 Cyt 亚类按 Cyt b→Cyt c_1→Cyt c→Cyt aa_3 的顺序传递，最后由 Cyt aa_3 将电子交给 O_2，使 O_2 激活生成氧负离子（O^{2-}）。

以上 5 种成分以 4 种电子传递蛋白复合体及 2 种游离的组分镶嵌于线粒体的内膜（图 5-4）。复合体Ⅰ即 NADH-CoQ 还原酶，含有黄素蛋白（辅基为 FMN）和铁硫蛋白（Fe-S），其功能是将 NADH 所脱下的氢经 FMN、FAD 等传递给辅酶 Q（CoQ），复合体Ⅰ传递顺序为：NADH→FMN→FeS→ CoQ；复合体Ⅱ为琥珀酸-CoQ 还原酶，含黄素蛋白（辅基为 FAD）、FeS、Cyt b_{560}，功能是将电子从琥珀酸传递给辅酶 Q（CoQ），复合体Ⅱ传递顺序为：琥珀酸→$FADH_2$→FeS→CoQ；复合体Ⅲ为辅酶 Q-细胞色素 c 还原酶，由 cyt b、cyt c_1 和 FeS 组成，其功能是将从泛醌传递给细胞色素 c，可将从 CoQ 传递给 Cyt c；Cyt a 和 Cyt a_3 组成复合体Ⅳ，虽两者结构和功能不同，但紧密结合，难以分离，故称 Cyt aa_3。Cyt aa_3 的功能是将电子从 Cyt c 传递给 O_2，使得 O_2 成为 O^{2-}，故 Cyt aa_3 又称细胞色素氧化酶。

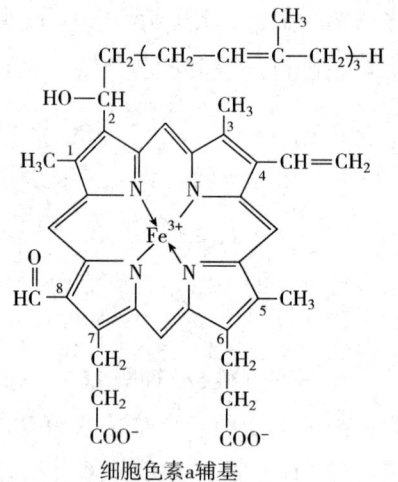

细胞色素a辅基

考点提示

呼吸链的组成及各组分的作用。

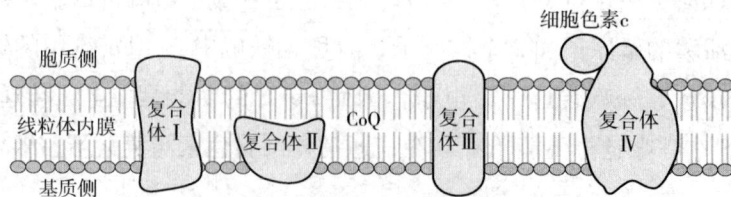

图 5-4 呼吸链各复合体在线粒体内膜中的位置

二、两条呼吸链中电子传递体的排列顺序

线粒体内重要的呼吸链有两条：NADH 氧化呼吸链和 $FADH_2$（琥珀酸）氧化呼吸链。

1. NADH 氧化呼吸链　NADH 氧化呼吸链由复合体Ⅰ、CoQ、复合体Ⅲ、Cyt c、复合体Ⅳ组成。生物氧化中以 NAD^+ 为辅酶的脱氢酶，催化代谢物脱下的氢由 NAD^+ 接受生成 $NADH+H^+$，然后进入 NADH 氧化呼吸链，$NADH+H^+$ 脱下的 2H 经复合体Ⅰ传递至 CoQ 生成 $CoQH_2$；$CoQH_2$ 脱去 2H 时，将两个氢分解成 $2H^+$ 和 2e，$2H^+$ 留于介质中，2e 再经复合体Ⅲ传递至 Cyt c；最后由复合体Ⅳ将 2e 交给 O_2，使氧激活成 O^{2-}，O^{2-} 与介质中的 $2H^+$ 结合成 H_2O。体内大多数代谢物脱下的氢经 NADH 氧化呼吸链生成水。

2. $FADH_2$（琥珀酸）氧化呼吸链　$FADH_2$（琥珀酸）氧化呼吸链由复合体Ⅱ、CoQ、复合体Ⅲ、Cyt c、复合体Ⅳ组成。生物氧化中以 FAD 为辅基的脱氢酶，催化代谢物脱下的氢由辅基 FAD 接受，经复合体Ⅱ传递至 CoQ 生成 $CoQH_2$，再往下的传递两条呼吸链中电子传递体的排列顺序见图 5-5。

> **考点提示**
> 呼吸链的类型。

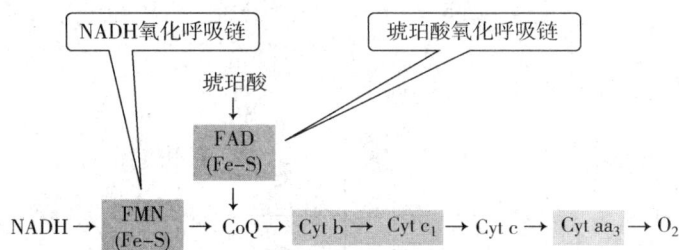

图 5-5　两条呼吸链中电子传递体的排列顺序

两条呼吸链开始脱氢及氢的传递过程不同，但从 CoQ 开始两条呼吸链经过的路径一致，所以通常将 CoQ 作为两条呼吸链的"交汇点"。（图 5-6）

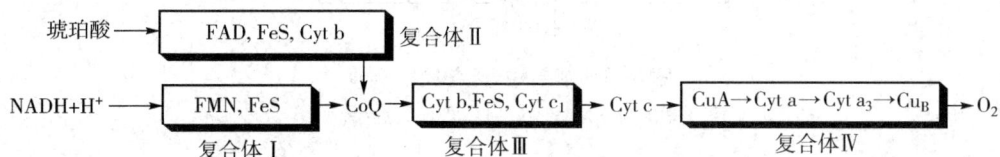

图 5-6　两条呼吸链"交汇点"

三、胞质中 NADH 的氧化

线粒体内生成的 NADH 可直接参加氧化磷酸化过程，但在胞质中生成的 NADH 不能自由透过线粒体内膜，故线粒体外 NADH 所携带的氢，必须通过某种转运机制，才能进入线粒体，然后再经呼吸链进行氧化磷酸化过程。

转运机制主要有：α-磷酸甘油穿梭和苹果酸-天冬氨酸穿梭两种。

1. α-磷酸甘油穿梭作用　在脑和骨骼肌中，胞质中的 NADH 主要经过 α-磷酸甘油穿梭作用进入线粒体（图 5-7）。

在胞质中，线粒体外的 NADH 在 α-磷酸甘油脱氢酶催化下，使磷酸二羟丙酮还原成 α-磷酸甘油，后者通过线粒体外膜，再经位于线粒体内膜近胞质侧的磷酸甘油脱氢酶催化下氧化生成磷酸二羟丙酮和 $FADH_2$。磷酸二羟丙酮可穿出线粒体外膜至胞质，继续进行穿梭，而 $FADH_2$ 则进入琥珀酸氧化呼吸链，生成 1.5 分子 ATP。

2. 苹果酸-天冬氨酸穿梭作用　在肝和心肌中，胞质中的 NADH 主要经过苹果酸-天冬

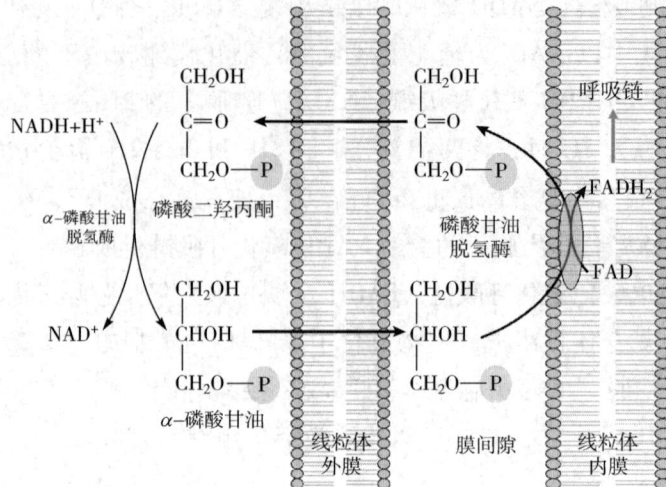

图 5-7　α-磷酸甘油穿梭

氨酸穿梭进入线粒体（图 5-8）。

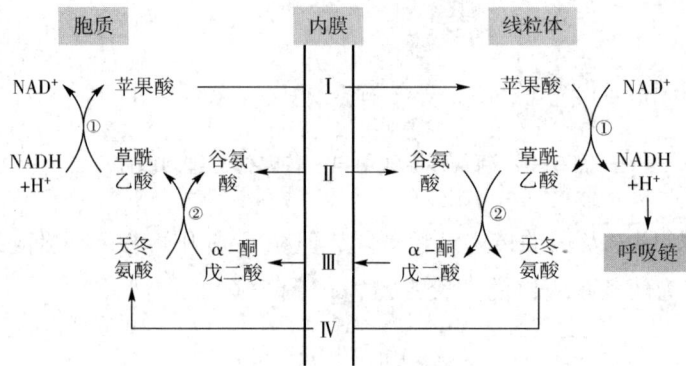

图 5-8　苹果酸-天冬氨酸穿梭
①苹果酸脱氢酶；②天冬氨酸氨基转移酶

胞质中的 NADH 在苹果酸脱氢酶的作用下，使草酰乙酸还原成苹果酸，后者通过线粒体内膜上的 α-酮戊二酸载体进入线粒体，又在线粒体内苹果酸脱氢酶的作用下重新生成草酰乙酸和 NADH。NADH 进入 NADH 氧化呼吸链，生成 2.5 分子 ATP，线粒体内生成的草酰乙酸经天冬氨酸氨基转移酶的作用生成天冬氨酸，后者转运出线粒体再转变成草酰乙酸，继续进行穿梭。

考点提示
胞质中 NADH 的氧化。

四、氧化磷酸化偶联部位

确定氧化磷酸化偶联部位通常有 P/O 值测定和氧化还原电位计算两种方法。

1. P/O 值测定　P/O 值指在氧化磷酸化过程中消耗 1mol 氧原子所消耗的无机磷的摩尔数，或者说消耗 1mol 氧所生成的 ATP 的摩尔数。P/O 值实质上指的是呼吸过程中磷酸化的效率。

测定 P/O 值的方法通常是在一密闭的容器中加入氧化的底物、ADP、Pi、氧饱和的缓冲液，再加入线粒体抑制剂时，就会有氧化磷酸化过程的进行。反应终了时测定 O_2 消耗量（可用氧电极法）和 Pi 消耗量（或 ATP 生成量）就可以计算出 P/O 值。

考点提示

氧化磷酸化偶联部位。

在反应系统中加入不同的底物，可测得各自的 P/O 值，结合我们所了解的呼吸链的传递顺序，从而可以分析出大致的偶联部位：第一个偶联部位在 NADH 到 CoQ 之间，第二个偶联部位在 Cyt b 到 Cyt c 之间，第三个偶联部位在 Cyt aa$_3$ 到 O_2 之间。FADH$_2$ 氧化呼吸链仅有后两个偶联部位（图 5-9）。

NADH 和 FADH$_2$ 经呼吸链氧化产生的 ATP 数无法从化学反应式直接推出，是用一定的方法测量、计算得到的。2H 经 NADH 氧化呼吸链可生成 2.5 个 ATP 分子，经 FADH$_2$ 呼吸链可生成 1.5 个 ATP 分子。

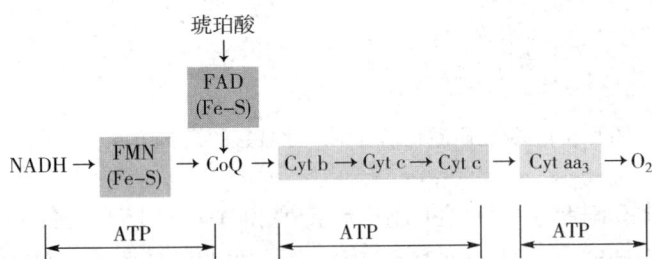

图 5-9　氧化磷酸化和偶联部位示意图

2. 根据氧化还原电位计算　电子传递释放的能量是否能满足 ATP 合成的需要，通过测定，发现 1mol ATP 水解生成 ADP 与 Pi 所释放的能量为 30.55kJ（7.3kcal），凡氧化过程中释放的能量大于 30.55 kJ 的部位，均有可能生成 1mol ATP，就是说可能存在有一个偶联部位。但这种计算的基础是反应处在热力学平衡状态，温度为 25℃，pH 为 7.0，反应底物和产物的浓度均为 1mol，这种条件在体内是不存在的，因此这一计算结果只能供参考，因此 P/O 值测定方法仍为主要的方法。

五、影响氧化磷酸化的因素

1. ［ADP］/［ATP］的调节作用　氧化磷酸化的速度主要受［ADP］/［ATP］的调节。当机体利用 ATP 增多时，导致 ADP 浓度增高，［ADP］/［ATP］值升高，ADP 转入线粒体增多，促使氧化磷酸化速度加快；反之，氧化磷酸化速度则减慢。此调节作用可使体内 ATP 的生成速度适应生理需要，这对机体合理地利用能源，避免能源的浪费，具有重要意义。

2. 甲状腺激素的影响　甲状腺激素可诱导细胞膜上 Na$^+$,K$^+$-ATP 酶生成，使 ATP 分解为 ADP 的速度加快，导致［ADP］/［ATP］值升高，促使氧化磷酸化速度加快，ATP 的生成也增多。由于 ATP 周转率加快，代谢物氧化增多，结果耗氧量和产热量都增加。因此，甲状腺功能亢进患者常表现为基础代谢率高，喜冷怕热，易出汗。

3. 抑制剂的作用　抑制剂根据其作用部位不同，可分为三类：电子传递抑制剂、氧化磷酸化抑制剂和解偶联剂。

（1）呼吸链抑制剂　呼吸链抑制剂能选择性阻断呼吸链中某些部位的电子传递（图 5-10）。如粉蝶霉素 A、鱼藤酮、异戊巴比妥等阻断复合体 I 中 Fe-S 的电子传递；抗霉素 A 抑制复合体 III 中 Cyt b 与 Cyt c_1 之间的电子传递；CN^-（氰化物）、CO、N_3^-（叠氮化物）抑制细胞色素氧化酶（Cyt aa_3）与 O_2 之间的电子传递。由于抑制剂阻断了呼吸链中电子传递，导致细胞内呼吸停止，引起死亡。桃仁、白果等含有一定量的氰化物，食入过量时可引起中毒死亡。

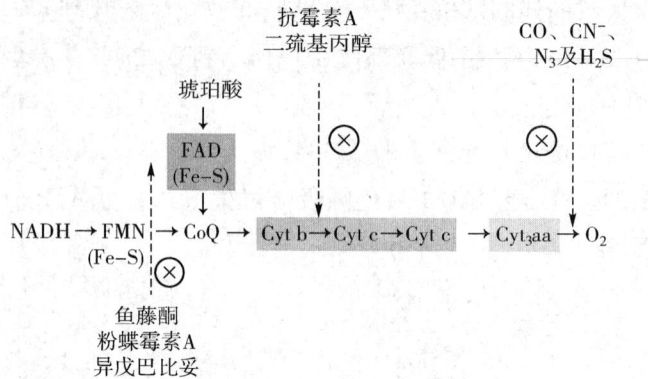

图 5-10　氧化磷酸化抑制剂对呼吸链的抑制作用示意图

（2）氧化磷酸化抑制剂　可同时抑制电子传递和 ADP 磷酸化。如寡霉素可阻断质子通道回流，抑制 ATP 合酶活性，从而抑制 ATP 生成；H^+ 在线粒体内膜外积累，影响呼吸链质子泵的功能，从而抑制电子传递。

（3）解偶联剂　可解除物质氧化与 ADP 磷酸化的偶联作用的物质称为解偶联剂。解偶联剂不阻断氢和电子在呼吸链中的传递，而是抑制 ADP 磷酸化生成 ATP，常见的解偶联剂是 2,4-二硝基苯酚，结果是物质氧化释放的能量不能贮存到 ATP 分子中，而是以热能散发，致使体温升高，因此临床上常见发热的患者，精神萎靡。

> **考点提示**
>
> 氧化磷酸化的影响因素。

知识拓展

SOD

生物体内除了线粒体氧化体系，还有非线粒体氧化体系，其中比较重要的是超氧化物歧化酶（superoxide dismutase，SOD）。1938 年 Marn 等人首次从牛红细胞中分离得到超氧化物歧化酶，从此算起，人们对 SOD 的研究已有七十多年的历史。1969 年 McCord 等重新发现这种蛋白质，并且发现了它们的生物活性，弄清了它催化过氧阴离子发生歧化反应的性质，所以正式将其命名为超氧化物歧化酶。SOD 被视为生命科学中最具神奇魔力的酶，人体内的垃圾清道夫。SOD 是氧自由基的自然天敌，全球 118 位科学家发表联合声明：自由基是百病之源，SOD 是健康之本。

SOD 具有特殊的生理活性，是生物体内清除自由基的首要物质。SOD 在生物体内的水平高低意味着衰老与死亡的直观指标；现已证实，由氧自由基引发的疾病多达 60 多种。它可对抗与阻断因氧自由基对细胞造成的损害，并及时修复受损细胞，复原因自由基造成的对细胞伤害。由于现代生活压力、环境污染、各种辐射和超量运动都会造成氧自由基大量形成；因此，生物抗氧化机制中 SOD 的地位越来越重要！超氧化物歧化酶（SOD）已在世界范围内开发，代价昂贵。SOD 是我国批准的具有抗衰老、调节免疫、调节血脂、抗辐射、美容功能的物质之一。

　　SOD 可添加在化妆品中，具有抗氧化、抗腐蚀的优良性能。以 SOD 为主要成分的产品风靡世界，引发了化妆品历史上的一场革命，使人类永葆青春美丽梦想成真。

本章小结

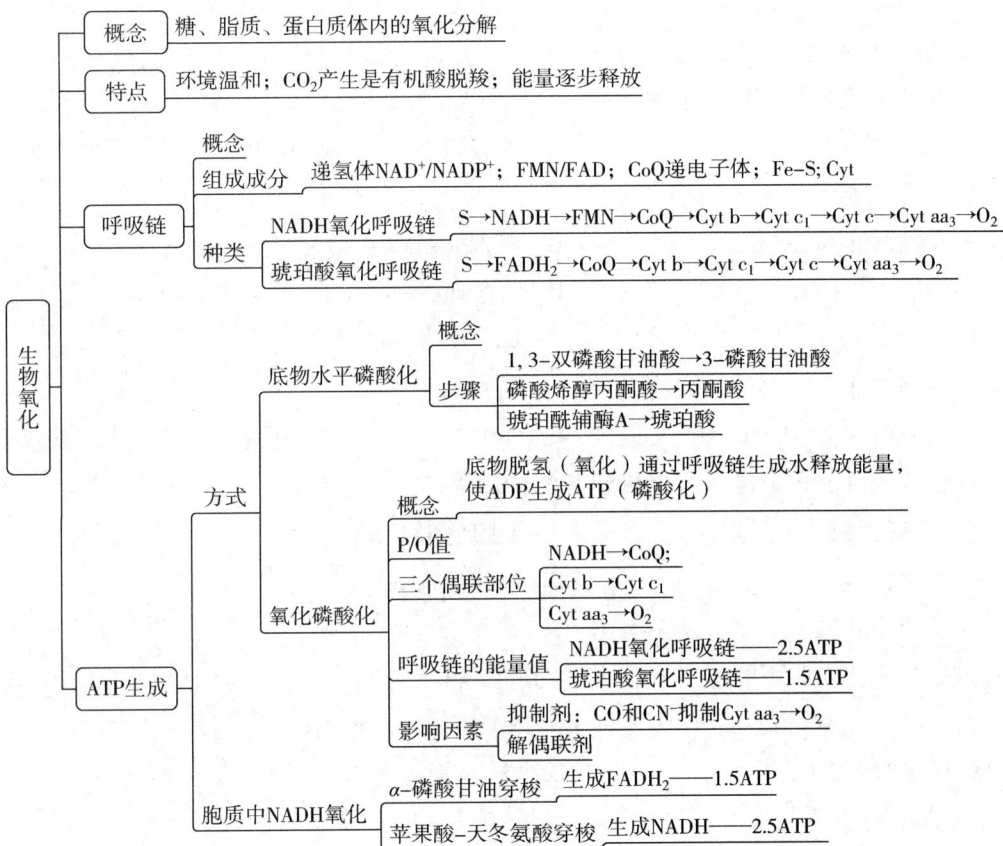

一、选择题

【A1 型题】

1. 生物氧化的特点不包括

　　A. 能量逐步释放　　　　　　B. 有酶催化

　　C. 常温常压下进行　　　　　D. 能量全部以热能形式释放

　　E. 可产生 ATP

2. 关于生物氧化时能量的释放，错误的是

    A. 生物氧化过程中总能量变化与反应途径无关

    B. 生物氧化是机体生成 ATP 的主要方式

    C. 线粒体是生物氧化和产能的主要部位

    D. 只能通过氧化磷酸化生成 ATP

    E. 生物氧化释放的部分能量用于 ADP 的磷酸化

3. 生物氧化 CO_2 的产生是

    A. 呼吸链的氧化还原过程中产生

    B. 有机酸脱羧

    C. 糖原的合成

    D. 碳原子被氧原子氧化

    E. 以上都不是

4. 人体活动主要的直接供能物质是

    A. 葡萄糖   B. 脂肪酸   C. 磷酸肌酸   D. GTP   E. ATP

5. 脑和肌肉能量的主要储存形式是

    A. 磷酸烯醇丙酮酸   B. 磷脂酰肌醇

    C. 肌酸   D. 磷酸肌酸

    E. 以上均不是

6. 不参与组成呼吸链的化合物是

    A. CoQ   B. FAD   C. Cyt b   D. 肉碱   E. 铁硫蛋白

7. 呼吸链中既能传导电子又能传递氢的传递体是

    A. 铁硫蛋白   B. 细胞色素 b

    C. 细胞色素 c   D. 细胞色素 a_3

    E. 以上都不是

8. 丙酮酸氧化时脱下的氢进入呼吸链的部位是

    A. CoQ   B. NADH-CoQ 还原酶

    C. $CoQH_2$-Cyt c   D. Cyt c 氧化酶

    E. 以上都不是

9. 下列代谢物脱下的 2H，不能经过 NADH 呼吸链氧化的是

    A. 苹果酸   B. 异柠檬酸

    C. 琥珀酸   D. 丙酮酸

    E. α-酮戊二酸

10. 呼吸链中属于脂溶性成分的是

    A. FMN   B. NAD^+ C. 铁硫蛋白   D. 细胞色素 c   E. 辅酶 Q

11. 各种细胞色素在呼吸链中传递电子的顺序是

    A. Cyt a→Cyt a_3→Cyt b→Cyt c_1→$1/2O_2$

    B. Cyt b→Cyt c_1→Cyt c→Cyt aa_3→$1/2O_2$

    C. Cyt a_1→Cyt b→Cyt c→Cyt a→Cyt a_3→$1/2O_2$

  D. Cyt a→Cyt a_3→Cyt b→Cyt c_1→Cyt a_3→1/2O_2

  E. Cyt c→Cyt c_1→Cyt b→Cyt aa_3→1/2O_2

12. 下列关于呼吸链的叙述哪项是错误的

  A. 复合体Ⅲ和Ⅳ为两条呼吸链共有

  B. 可抑制 Cyt aa_3 阻断电子传递

  C. 递氢体只递氢，不传递电子

  D. Cyt aa_3 结合较紧密

  E. ATP 的产生主要为氧化磷酸化

13. 参与呼吸链传递电子的金属离子是

  A. 镁离子　　　　　　　　　B. 铁离子

  C. 钼离子　　　　　　　　　D. 钴离子

  E. 以上均是

14. 符合高能磷酸键叙述的是

  A. 含高能键的化合物都含有高能磷酸键

  B. 有高能磷酸键变化的反应都是不可逆的

  C. 体内高能磷酸键产生主要是氧化磷酸化方式

  D. 体内的高能磷酸键主要是 NTP 形式

  E. 体内的高能磷酸键仅存在 ATP

15. 细胞色素有

  A. 胆红素　　B. 铁卟啉　　　C. 血红素　　　D. FAD　　　E. NAD^+

16. 属于底物水平磷酸化的反应是

  A. 1,3-双磷酸甘油酸──→3-磷酸甘油酸

  B. 苹果酸──→草酰乙酸

  C. 丙酮酸──→乙酰辅酶 A

  D. 琥珀酸──→延胡索酸

  E. 异柠檬酸──→α-酮戊二酸

17. 在呼吸链中能将电子传递给氧的传递体是

  A. 铁硫蛋白　　　　　　　　B. 细胞色素 b

  C. 细胞色素 c　　　　　　　D. 细胞色素 a_3

  E. 细胞色素 c_1

18. 携带胞质中的 NADH 进入线粒体的是

  A. 肉碱　　　　　　　　　　B. 苹果酸

  C. 草酰乙酸　　　　　　　　D. α-酮戊二酸

  E. 天冬氨酸

19. 苹果酸-天冬氨酸穿梭的意义是

  A. 将草酰乙酸带入线粒体内彻底氧化

  B. 维持线粒体内外有机酸的平衡

  C. 为三羧酸循环提供足够的草酰乙酸

D. 将 NADH+H$^+$上的 H 带入线粒体

E. 将乙酰辅酶 A 转移出线粒体

20. 阻断 Cyt aa$_3$→O$_2$的电子传递的物质不包括

A. CN$^-$　　　　B. H$_2$S　　　　C. CO　　　　D. 阿米妥

E. 以上都不是

二、思考题

1. 什么是呼吸链的概念、组成成分和种类及其传递顺序？

2. 氧化磷酸化的概念和影响因素。

3. 胞质中 NADH 氧化的过程及其生成的 ATP 数。

（李　红　杨留才）

扫码"练一练"

第六章 脂质代谢

案例讨论

[案例] 患者女性，58岁，糖尿病8年昏迷3小时入院，发育良好，T 36.5，P135次/分钟，R 25次/分钟，BP 95/60mmHg。空腹血糖9.28mmol/L，诊断为"糖尿病、糖尿病酮症酸中毒"入院。

[讨论]
1. 糖尿病的诊断依据是什么？
2. 脂肪酸如何转变为酮体的？
3. 糖尿病酮症酸中毒如何产生的？

第一节 概 述

脂质（lipids）是脂肪（fat）和类脂（lipoid）的总称，它们一般难溶于水，易溶于有机溶剂。

脂肪是由1分子甘油被3分子脂肪酸酯化所形成的化合物，又称三酰甘油（triacylglycerol，TAG）或甘油三酯（triglyceride，TG），其结构式如下。

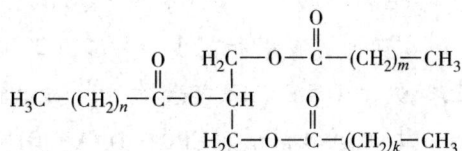

$$H_3C-(CH_2)_n-C(=O)-O-CH \begin{cases} H_2C-O-C(=O)-(CH_2)_m-CH_3 \\ \\ H_2C-O-C(=O)-(CH_2)_k-CH_3 \end{cases}$$

三酰甘油

脂肪在人体内受膳食、运动、营养、疾病等因素影响变动幅度大，且具有储存能量功能，被称为可变脂或储脂。

类脂又称固定脂或基本脂，包括磷脂（phospholipid，PL）、胆固醇（cholesterol，Ch）、胆固醇酯（cholesterol ester，CE）和糖脂（glycolipid，GL）等。

一、脂肪的消化、吸收、分布和生理功能

1. 脂肪的消化、吸收　食物中的脂质主要为脂肪，其消化主要在小肠上段进行。肝分泌的胆汁及胰腺分泌的胰液均汇集于此。胆汁中的胆汁酸盐能将脂质物质乳化并分散为细小的微团，利于消化酶的作用。胰液中的胰脂肪酶在辅脂肪酶帮助下，催化脂肪水解生成1分子单酰甘油和2分子脂肪酸。

脂肪消化产物在十二指肠下段及空肠上段被吸收。中链脂肪酸（6~10C）及短链脂肪酸（2~4C）构成的三酰甘油，经胆汁酸盐乳化后即可被吸收至肠黏膜细胞，然后在脂肪酶的作用下，水解为脂肪酸及甘油，经门静脉进入血液循环。单酰甘油、长链脂肪酸（12~26C）被吸收入肠黏膜细胞后，在细胞内再合成三酰甘油，与载脂蛋白结合以乳糜微粒（CM）形式经淋巴进入血液循环。

2. 脂肪的分布和生理功能　脂肪分布于人体的皮下、大网膜、肠系膜及一些脏器外周等处的脂肪组织，血浆中也有脂肪。脂肪主要有以下功能。

（1）储能和供能　这是脂肪的主要功能，脂肪分解产能多，1g脂肪彻底氧化产生38kJ能量，而1g蛋白质或糖类氧化只产生17kJ能量。脂肪也是人体储存能量的重要形式，脂肪组织贮存大量脂肪，当机体需要时，可进行脂肪动员，为机体供能。脂肪是人体在饥饿或禁食条件下的主要供能物质。

（2）提供必需脂肪酸　食物中的脂肪能为人体提供必需脂肪酸。植物油中的亚油酸、亚麻酸和花生四烯酸等多不饱和脂肪酸，人体不能合成或合成量不足，必须从食物脂肪中获取，称为必需脂肪酸（essential fatty acid，EFA）。必需脂肪酸对维持机体正常生命活动具有重要作用，例如花生四烯酸的衍生物前列腺素、血栓素及白三烯均是人体重要生理活性物质。

除此之外，脂肪还有促进脂溶性维生素吸收、保温、保护内脏器官等功能。

知识链接

脂　肪　酸

脂肪酸分子式可写成RCOOH，其中R为烃基。根据是否含有双键分为饱和脂肪酸与不饱和脂肪酸两大类。生物体内脂肪酸多为含有偶数碳原子的直链一元羧酸，最常见的为软脂酸（16碳饱和脂肪酸）和硬脂酸（18碳饱和脂肪酸）。不饱和脂肪酸包括单不饱和脂肪酸及多不饱和脂肪酸。多不饱和脂肪酸含两个以上双键。亚油酸（18碳二烯酸）、亚麻酸（18碳三烯酸）和花生四烯酸（20碳四烯酸）、EPA（20碳五烯酸）、DPA（22碳五烯酸）、DHA（22碳六烯酸，脑黄金）为多不饱和脂肪酸，可来自植物油或深海鱼油。其中α-亚麻酸、EPA、DPA、DHA为ω-3不饱和脂肪酸。

二、类脂的消化、吸收、分布和生理功能

1. 类脂的消化、吸收　类脂在食物中含量较少，其中的胆固醇酯在胆固醇酯酶作用下生成游离的胆固醇及脂肪酸；磷脂在磷脂酶作用下生成溶血磷脂和脂肪酸。胆固醇及溶血磷脂被吸收入肠黏膜细胞后，在细胞内再合成磷脂和胆固醇酯，并与三酰甘油及载脂蛋白

结合形成乳糜微粒（chylomieron，CM），经淋巴进入血液循环，这是血脂的来源之一。

2. 类脂的分布和生理功能　类脂占体重的 5%，分布于全身各处生物膜，神经系统含量较多。

考点提示
　脂肪和类脂的生理功能。

磷脂的主要功能是构成生物膜，磷脂中的磷脂酰肌醇还可作为第二信使参与细胞信号转导过程。胆固醇既参与生物膜的构成，对细胞膜的流动性起重要作用，也能在人体内转变为胆汁酸、类固醇激素、维生素 D_3 等多种重要的生理活性物质。

第二节　三酰甘油的分解代谢

一、脂肪动员

储存在脂肪细胞中的脂肪被脂肪酶逐步水解，生成甘油和游离脂肪酸经血液循环运输到其他组织被氧化利用的过程，称为脂肪动员（fat mobilization）。

水解三酰甘油的酶称为脂肪酶，包括三酰甘油脂肪酶（又称甘油三酯脂肪酶）、二酰甘油脂肪酶（又称甘油二酯脂肪酶）、单酰甘油脂肪酶（又称甘油一酯脂肪酶），以上三种酶逐步水解脂肪生成二酰甘油（又称甘油二酯）、单酰甘油（又称甘油一酯）、甘油和脂肪酸。脂肪动员的过程即 1 分子脂肪最终水解生成 1 分子甘油和 3 分子脂肪酸。甘油直接进入血液循环，脂肪酸在血浆中与清蛋白结合运输，两者均随血液循环转运至组织氧化利用。

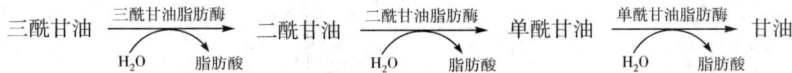

三酰甘油 $\xrightarrow[\text{H}_2\text{O} \quad \text{脂肪酸}]{\text{三酰甘油脂肪酶}}$ 二酰甘油 $\xrightarrow[\text{H}_2\text{O} \quad \text{脂肪酸}]{\text{二酰甘油脂肪酶}}$ 单酰甘油 $\xrightarrow[\text{H}_2\text{O} \quad \text{脂肪酸}]{\text{单酰甘油脂肪酶}}$ 甘油

三酰甘油脂肪酶是脂肪动员的关键酶，此酶受多种激素的调控，被称为激素敏感三酰甘油脂肪酶（hormone-sensitive triglyceride lipase，HSL）。肾上腺素、去甲肾上腺素、胰高血糖素、促肾上腺皮质激素（ACTH）等能激活脂肪组织中三酰甘油脂肪酶，促进脂肪动员，被称为脂解激素。胰岛素、前列腺素 E_2 能对抗脂解激素的作用，抑制脂肪动员，被称为抗脂解激素。

考点提示
　脂肪动员的限速酶及其激素调节。

二、甘油的代谢

脂肪水解产生的甘油由血液运输至肝、肾、肠等组织利用。甘油在甘油激酶催化下转变为 α-磷酸甘油，继续由 α-磷酸甘油脱氢酶的催化生成磷酸二羟丙酮后，既可沿糖异生途径转变为糖，也可循糖代谢途径分解。脂肪细胞及骨骼肌细胞缺乏甘油激酶，不能利用甘油。

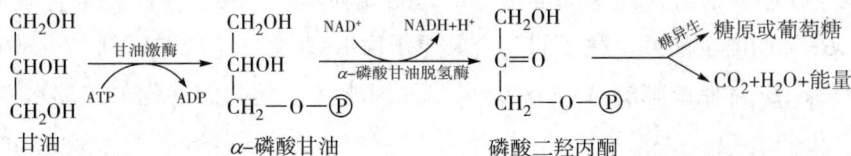

$$\underset{\text{甘油}}{\begin{array}{c}\text{CH}_2\text{OH}\\|\\\text{CHOH}\\|\\\text{CH}_2\text{OH}\end{array}} \xrightarrow[\text{ATP} \quad \text{ADP}]{\text{甘油激酶}} \underset{\alpha\text{-磷酸甘油}}{\begin{array}{c}\text{CH}_2\text{OH}\\|\\\text{CHOH}\\|\\\text{CH}_2\text{—O—}\textcircled{P}\end{array}} \xrightarrow[\text{NADH+H}^+]{\text{NAD}^+ \quad \alpha\text{-磷酸甘油脱氢酶}} \underset{\text{磷酸二羟丙酮}}{\begin{array}{c}\text{CH}_2\text{OH}\\|\\\text{C}=\text{O}\\|\\\text{CH}_2\text{—O—}\textcircled{P}\end{array}} \xrightarrow{\text{糖异生}} \begin{array}{l}\text{糖原或葡萄糖}\\\text{CO}_2+\text{H}_2\text{O}+\text{能量}\end{array}$$

三、脂肪酸的 β 氧化

游离脂肪酸与清蛋白结合后，主要随血液循环运送至心、肝、骨骼肌等处被利用。大脑及红细胞不能氧化脂肪酸。在 O_2 供给充足的条件下，脂肪酸在体内彻底氧化分解成 CO_2 和 H_2O 并产生大量 ATP 供机体利用。脂肪酸氧化的方式有多种，以 β 氧化为主，现以偶数碳饱和脂肪酸为例介绍脂肪酸的 β 氧化。

（一）脂肪酸的活化——脂酰辅酶 A 的生成

脂肪酸的活化在胞质中进行。心、肝、骨骼肌等细胞的内质网和线粒体外膜上均含有脂酰辅酶 A 合成酶，在 ATP、HSCoA、Mg^{2+} 存在的条件下，催化脂肪酸生成脂酰辅酶 A，这是脂肪酸的活性形式。上述反应由 ATP 供能，产生 AMP 和焦磷酸（PPi），实际消耗了 2 个高能磷酸键。

$$CH_3(CH_2)_nCOOH \ + \ HSCoA \xrightarrow[\text{生物素}]{\text{脂酰辅酶A合成酶}} CH_3(CH_2)_nCO\sim SCoA$$
$$\text{脂肪酸} \qquad\qquad ATP+HCO_3^-+H^+ \qquad AMP+PPi \qquad \text{脂酰辅酶A}$$

（二）脂酰辅酶 A 进入线粒体

催化脂肪酸氧化的酶系存在于线粒体基质内，活化的脂酰辅酶 A 必须进入线粒体内才能氧化分解。肉碱脂酰转移酶Ⅰ（CATⅠ）催化长链脂酰辅酶 A 与肉碱合成脂酰肉碱进入线粒体内、外膜的膜间腔，然后脂酰肉碱在肉碱-脂酰肉碱转位酶作用下转运至线粒体基质中，最后由位于线粒体内膜内侧面的肉碱脂酰转移酶Ⅱ（CATⅡ）催化，脂酰肉碱与 HSCoA 重新合成脂酰辅酶 A 和并释放肉碱，肉碱由转位酶转运至膜间腔重复利用（图 6-1）。

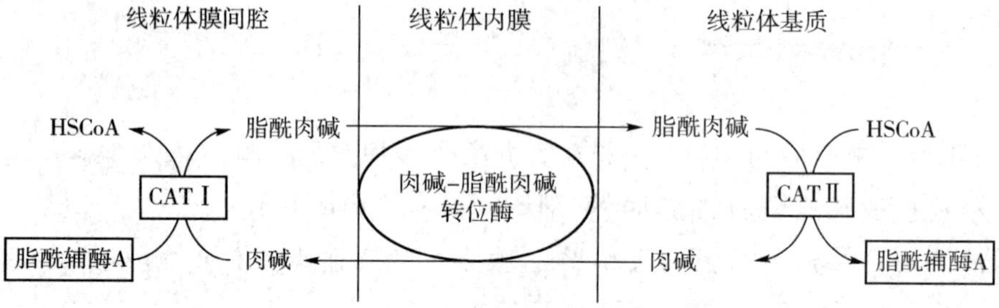

图 6-1　脂酰辅酶 A 进入线粒体

脂酰辅酶 A 进入线粒体是脂肪酸 β 氧化的限速步骤，肉碱脂酰转移酶Ⅰ是脂肪酸 β 氧化的限速酶。

（三）脂肪酸 β 氧化的过程

脂酰辅酶 A 在脂肪酸 β 氧化多酶体系的催化下，从脂酰基的 β 碳原子开始，经过脱氢、加水、再脱氢及硫解四步连续反应，生成 1 分子乙酰辅酶 A 以及 1 分子比原来少 2 个碳原子的脂酰辅酶 A。

1. 脱氢　在脂酰辅酶 A 脱氢酶的催化下，脂酰辅酶 A 的 α、β 碳原子各脱下一个氢原子，生成 α,β-烯脂酰辅酶 A，脱下的 2 个氢原子由 FAD 接受生成 $FADH_2$。

2. 加水　α,β-烯脂酰辅酶 A 在 α,β-烯脂酰辅酶 A 水化酶的催化下，加水生成 β-羟脂酰辅酶 A。

3. 再脱氢　在 β-羟脂酰辅酶 A 脱氢酶的催化下，β-羟脂酰辅酶 A 脱下 2 个氢原子生成 β-酮脂酰辅酶 A，脱下的氢原子由 NAD^+ 接受，生成 $NADH+H^+$。

4. 硫解 在 β-酮脂酰辅酶 A 硫解酶的催化下，β-酮脂酰辅酶 A 碳链断裂，生成 1 分子乙酰辅酶 A 和 1 分子少 2 个碳原子的脂酰辅酶 A。

以上四步反应反复进行，偶数碳饱和脂肪酸可全部转变成乙酰辅酶 A（图 6-2）。

考点提示

脂肪酸氧化的步骤、能量变化；脂肪酸 β 氧化的概念和步骤。

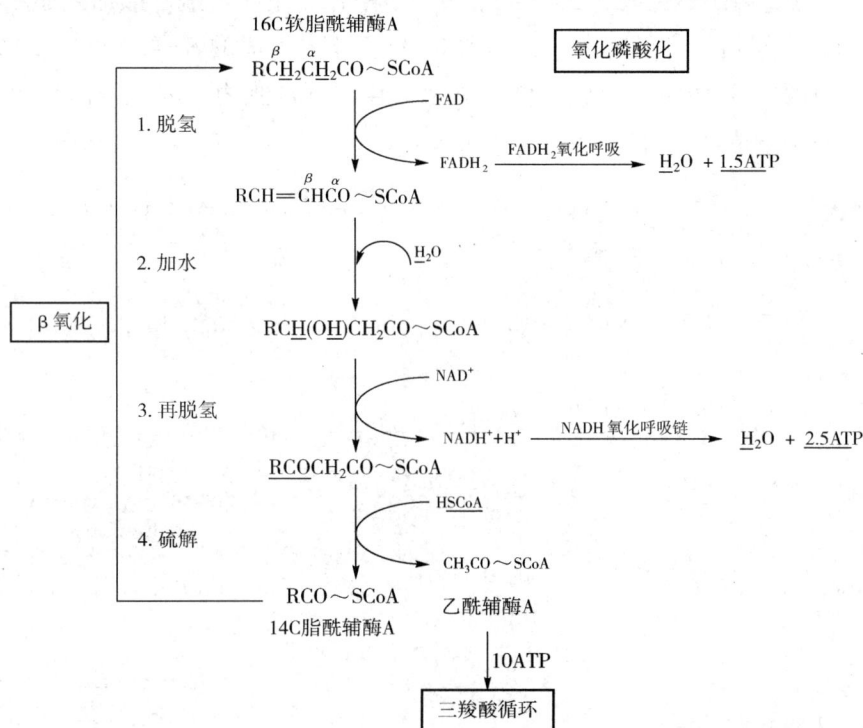

图 6-2 软脂酰辅酶 A 的 β 氧化过程

（四）乙酰辅酶 A 和 NADH+H⁺及 FADH₂ 的氧化

考点提示

脂肪酸氧化经历的 β 氧化次数及净产生 ATP 数目。

在线粒体内，β 氧化产生的乙酰辅酶 A 进入三羧酸循环彻底氧化分解，生成 CO_2、H_2O 和 ATP。NADH+H⁺及 FADH₂ 分别进入相应呼吸链氧化并产生 ATP。

脂肪酸氧化分解能为人体提供大量能量。以 16 碳的软脂酸为例，活化后生成的软脂酰辅酶 A，经过 7 次 β 氧化，生成 7 分子 FADH₂、7 分子 NADH+H⁺以及 8 分子乙酰辅酶 A，它们分别进入三羧酸循环和 FADH₂ 及 NADH 氧化呼吸链，共生成 ATP 的数目为：$(7×1.5)+(7×2.5)+(8×10)=108$ 分子，减去脂肪酸活化消耗的 2 个高能键，净生成 106 分子 ATP。

四、酮体的生成和利用

乙酰乙酸、β-羟丁酸和丙酮三种物质合称为酮体（ketone body）。

（一）酮体的生成

肝细胞线粒体内脂肪酸 β 氧化酶体系的活性高，生成的较多的乙酰辅酶 A，主要在肝内合成了酮体。

1. 乙酰乙酰辅酶 A 的生成 两分子乙酰辅酶 A 在乙酰乙酰辅酶 A 硫解酶的催化下生成

乙酰乙酰辅酶A，后者也可来自脂肪酸β氧化最后四碳阶段。

2. 羟甲基戊二酸单酰辅酶A（HMG-CoA）的生成 在 HMG-CoA 合酶的催化下，乙酰乙酰辅酶 A 与 1 分子乙酰辅酶 A 缩合生成 HMG-CoA。

3. 乙酰乙酸的生成 在 HMG-CoA 裂解酶作用下，HMG-CoA 裂解生成乙酰乙酸和乙酰辅酶 A。

4. β-羟丁酸及丙酮的生成 在 β-羟丁酸脱氢酶作用下，乙酰乙酸加氢还原成 β-羟丁酸。少量乙酰乙酸可自发脱羧生成丙酮（图 6-3）。体内生成的 β-羟丁酸数量最多，其次是乙酰乙酸，丙酮只是微量。合成酮体的酶系只存在肝细胞内，因此酮体只能由肝合成。HMG-CoA 合酶是酮体合成的限速酶。

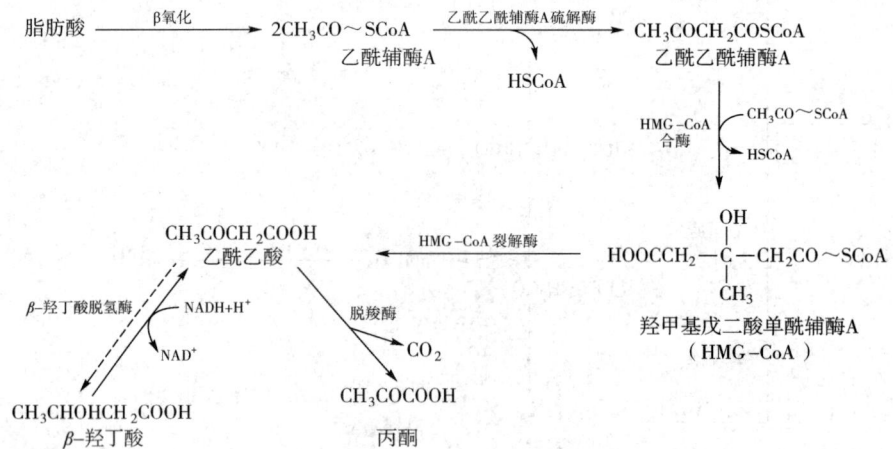

图 6-3 酮体的合成过程

（二）酮体的利用

肝虽能合成酮体，但氧化酮体的酶活性很低。肝外组织，如心、肾、脑及骨骼肌的线粒体内，氧化利用酮体的酶类活性很高，能将酮体再转变成乙酰辅酶 A 氧化利用。因此酮体代谢具有"肝内生酮肝外用"的特点。

在心、肾、脑及骨骼肌的线粒体内有琥珀酰辅酶 A 转硫酶，心、肾及脑的线粒体内有乙酰乙酸硫激酶，它们均催化乙酰乙酸活化生成乙酰乙酰辅酶 A，后者在乙酰乙酰辅酶 A 硫解酶作用下，转变为 2 分子乙酰辅酶 A，进入三羧酸循环氧化分解（图 6-4）。

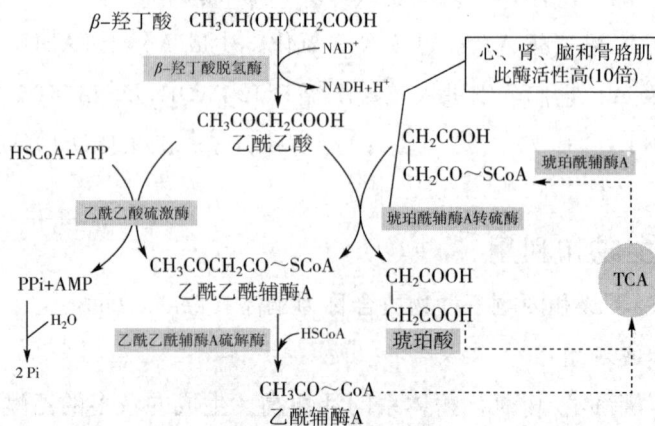

图 6-4 酮体的利用过程

β-羟丁酸在β-羟丁酸脱氢酶的催化下，脱氢生成乙酰乙酸氧化分解。部分丙酮则在一系列酶催化下转变成丙酮酸或乳酸。丙酮可随尿排出，或经呼吸道呼出。丙酮呈烂苹果味，因此严重糖尿病患者呼吸中常有"烂苹果"的味道。

（三）酮体代谢的生理意义

酮体的生成和利用对人体具有重要生理意义。

（1）酮体是脂肪酸在肝内正常代谢的中间产物，也是肝输出能源物质的重要形式。酮体分子小，易溶于水，易于透过血-脑屏障及肌肉毛细血管壁，因而成为肌肉组织和脑组织的重要能源。

（2）在糖供应不足或糖利用障碍（如严重糖尿病）时，酮体可代替葡萄糖，成为脑组织的主要能源。正常情况下，脑组织主要依赖葡萄糖作为能源，但饥饿时间过长或严重糖尿病时，脑组织主要依赖酮体供能。

正常人血中酮体含量甚微。但在饥饿、高脂低糖膳食及患糖尿病时，脂肪动员增强，脂肪酸大量分解，致使酮体生成量增加。若生成的酮体超出肝外组织的利用能力，会导致血中酮体升高，称为酮血症；尿中出现酮体称为酮尿症。由于乙酰乙酸、β-羟丁酸都是酸性的，血中含量过高会导致血液的 pH 下降，产生酮症酸中毒。

> **考点提示**
>
> 酮体的概念、代谢特点和生理意义；长期饥饿时，脑组织的主要能源。

第三节 三酰甘油的合成代谢

人体许多组织都能合成三酰甘油，肝、脂肪组织是合成三酰甘油的主要部位，其中以肝的合成能力最强。除此之外，小肠黏膜也可以合成大量的三酰甘油。

三酰甘油的合成需要α-磷酸甘油和活化的脂肪酸作为原料。

一、α-磷酸甘油的合成

α-磷酸甘油是甘油的活化形式，主要有两个来源：①食物中的甘油吸收进入体内后，在甘油激酶催化下生成α-磷酸甘油；②糖代谢的中间产物磷酸二羟丙酮，在α-磷酸甘油脱氢酶的催化下氧化生成α-磷酸甘油，这是α-磷酸甘油的主要来源。

二、脂肪酸的生物合成

肝、肾、脑、肺、乳腺及脂肪组织等均能合成脂肪酸，其中以肝的合成能力最强。

（一）脂肪酸合成的原料乙酰辅酶 A 来自糖或氨基酸代谢

脂肪酸合成的主要原料是乙酰辅酶 A，还需要 NADPH 和 ATP 参与。乙酰辅酶 A 主要来自葡萄糖的有氧氧化，也可由某些氨基酸分解产生；NADPH 来自葡萄糖的戊糖磷酸途径；ATP 可来自糖的分解代谢。因此，葡萄糖很容易转变为脂肪酸。

（二）乙酰辅酶 A 通过柠檬酸-丙酮酸循环转运至胞质

细胞内的乙酰辅酶 A 全部在线粒体中产生，而软脂酸合成的多酶体系存在于细胞质中，因此线粒体内的乙酰辅酶 A 必须进入细胞质才能合成脂肪酸。乙酰辅酶 A 不能自由通过线粒体内膜，需要经柠檬酸-丙酮酸循环才能将乙酰辅酶 A 转移到细胞质中。

在线粒体内，由柠檬酸合酶催化，乙酰辅酶 A 与草酰乙酸缩合形成成柠檬酸；柠檬酸

通过线粒体内膜上的载体转运至细胞质；在胞质中，柠檬酸由柠檬酸裂解酶催化下重新生成乙酰辅酶A和草酰乙酸。乙酰辅酶A可用于脂肪酸合成，草酰乙酸转变为苹果酸或继续转变为丙酮酸后，再进入线粒体循环使用，这一过程称为柠檬酸-丙酮酸循环（图6-5）。

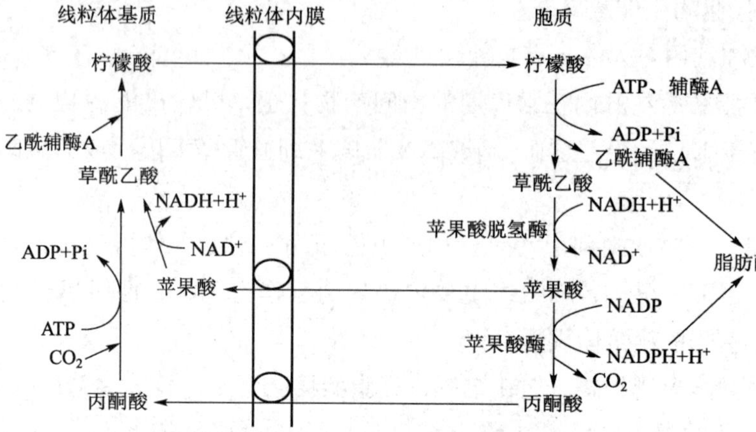

图6-5　柠檬酸-丙酮酸循环

（三）软脂酸在胞质中的合成

细胞质中存在合成软脂酸的多酶体系，故软脂酸的合成在细胞质中进行。

1. 乙酰辅酶A羧化生成丙二酸单酰辅酶A　在乙酰辅酶A羧化酶催化下，乙酰辅酶A羧化生成丙二酸单酰辅酶A，ATP提供能量。

$$CH_3(CH_2)_nCOOH + HSCoA \xrightarrow[\substack{生物素 \\ ATP+HCO_3^-+H^+ \quad AMP+PPi}]{脂酰辅酶A合成酶} CH_3(CH_2)_nCO\sim SCoA$$
脂肪酸　　　　　　　　　　　　　　　　　　　　　　　　　　脂酰辅酶A

乙酰辅酶A羧化酶存在于胞质中，是软脂酸合成的限速酶，其辅酶为生物素，Mn^{2+}为激活剂。此酶活性受体内物质代谢和膳食成分的调节和影响。

2. 软脂酸在软脂酸合成酶系催化下合成　7分子丙二酸单酰辅酶A与1分子乙酰辅酶A在软脂酸合成酶系的催化下合成软脂酸，氢由NADPH提供。

> **考点提示**
> 脂肪酸合成的限速酶、步骤。

软脂酸合成时碳链的延长过程是一循环反应过程。每次循环包括四步反应：缩合、还原、脱水、再还原。每经过一次循环反应，碳链延长两个碳原子。7次循环后即可生成16碳的软脂酸。

人体内的软脂酸合成酶系是由一条多肽链构成的多功能酶，有7种酶的活性，围绕一个酰基载体蛋白（ACP）共有8个结构域。软脂酸合成的总反应式如下。

$$CH_3CO\sim SCoA + 7HOOCCH_2CO\sim SCoA + 14NADPH + 14H^+ \xrightarrow{软脂酸合成酶系}$$
乙酰辅酶A　　　　　　丙二酸单酰辅酶A

$$CH_3(CH_2)_{14}COOH + 14NADP^+ + 7CO_2 + 8HSCoA + 6H_2O$$
软脂酸

（四）碳链的延长、缩短在内质网和线粒体完成

脂肪酸合成酶系催化生成的是16碳的软脂酸，碳链长短不同的脂肪酸需要对软脂酸进行加工后才能获得。脂肪酸碳链的缩短在线粒体中经β氧化完成；脂肪酸碳链的延长可在内质网和线粒体中经脂肪酸延长酶体系催化完成。

脂肪酸从头合成与 β 氧化的区别见表 6-1。

表 6-1　脂肪酸从头合成与 β 氧化的区别

区别方面	脂肪酸从头合成	β 氧化
细胞中发生部位	细胞质	线粒体
酰基载体	ACP—SH	HSCoA
二碳片段的加入与裂解方式	丙二酰 ACP	乙酰辅酶 A
电子供体或受体	NADPH	FAD、NAD$^+$
酶系	七种酶和一个蛋白质组成复合物	四种酶
原料转运方式	柠檬酸转运系统	肉碱穿梭系统
羟脂酰化合物的中间构型	D 型	L 型
对二氧化碳和柠檬酸的需求	要求	不要求
能量变化	消耗 7 个 ATP 和 14NADPH	产生 106 个 ATP

三、三酰甘油主要合成部位

在肝和脂肪细胞内质网中，由 α-磷酸甘油脂酰转移酶催化，α-磷酸甘油加上 2 分子脂酰辅酶 A 生成磷脂酸。后者在磷脂酸磷酸酶的作用下，水解脱去磷酸生成二酰甘油，最后在脂酰转移酶催化下，再加上 1 分子脂酰辅酶 A，即生成三酰甘油。

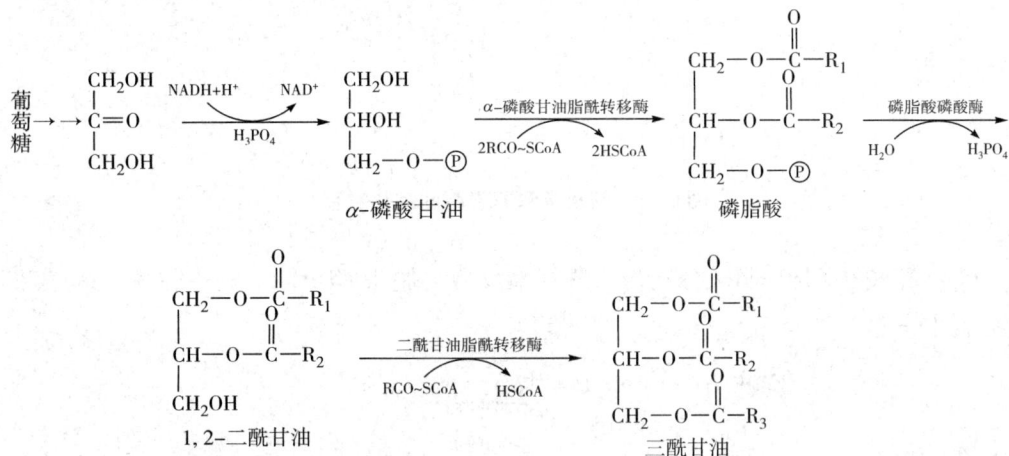

第四节　磷脂的代谢

含有磷酸的脂质称为磷脂。由甘油酯化产生的磷脂称甘油磷脂，由鞘氨醇构成的磷脂则称鞘磷脂。磷脂是脂质中极性最大的一类化合物，兼有疏水和亲水结构，可同时与极性和非极性物质结合，所以是构成生物膜和脂蛋白的重要成分。

甘油磷脂是体内含量最多的一类磷脂，包括磷脂酰胆碱（卵磷脂）、磷脂酰乙醇胺（脑磷脂）、磷脂酰丝氨酸、磷脂酰肌醇和双磷脂酰甘油（心磷脂）等。

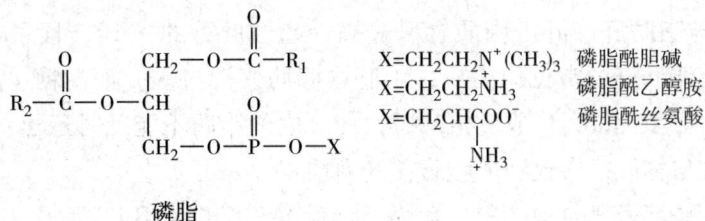

磷脂

一、甘油磷脂的生物合成

甘油磷脂中以卵磷脂和脑磷脂最为重要。

1. 甘油磷脂的合成部位 全身各组织细胞的内质网均含有甘油磷脂合成酶系，以肝、肾、小肠等活性最高。

2. 甘油磷脂的合成原料 卵磷脂和脑磷脂合成的原料来自糖、脂质及氨基酸代谢，包括二酰甘油、胆碱、乙醇胺和丝氨酸等，并需要 ATP、CTP 提供能量。叶酸和维生素 B_{12} 虽然不是直接原料，但通过甲硫氨酸循环参与 SAM 的生成，间接参与磷脂合成。

3. 甘油磷脂合成的基本过程 丝氨酸脱羧生成乙醇胺，乙醇胺从 S-腺苷甲硫氨酸得到 3 个甲基生成胆碱，这是胆碱的来源之一。除此之外，胆碱也可来自食物。

乙醇胺和胆碱分别由 ATP 提供磷酸基磷酸化，生成磷酸乙醇胺和磷酸胆碱，然后两者分别再与 CTP 作用，生成 CDP-乙醇胺和 CDP-胆碱，它们分别是脑磷脂和卵磷脂合成时的活性供体（图 6-6）。

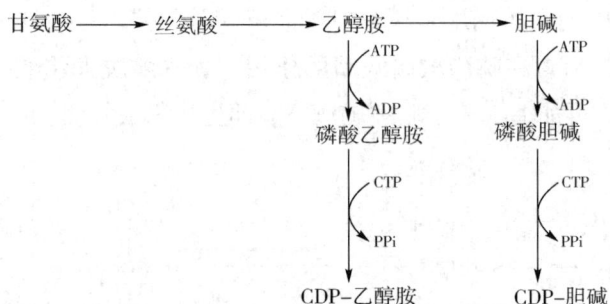

图 6-6 脑磷脂和卵磷脂的活化过程

CDP-乙醇胺和 CDP-胆碱分别与二酰甘油反应，脱去 CDP，生成磷脂酰乙醇胺和磷脂酰胆碱（图 6-7）。

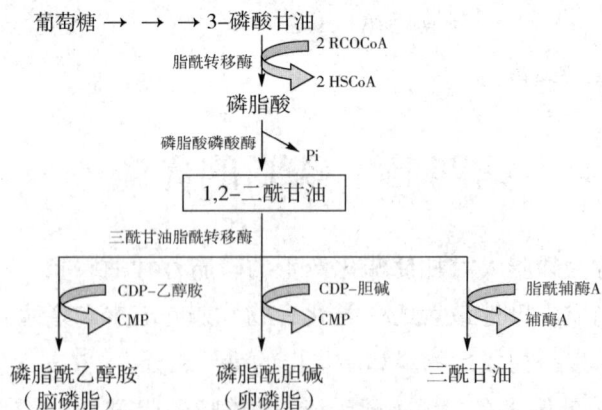

图 6-7 脑磷脂和卵磷脂的形成

4. 磷脂合成与脂肪肝 肝内脂质含量过高，超过肝重的 1/10，且主要是三酰甘油堆积，称为脂肪肝。脂肪肝的常见原因有：①肝内脂肪来源过多，如高糖、高脂饮食；②肝内磷脂合成不足，导致 VLDL 形成发生障碍，使肝内的脂肪不能及时运出；③肝功能障碍，影响 VLDL 的合成与释放，导致肝内脂肪在肝内堆积。

临床上常采用磷脂及其合成原料、辅因子（叶酸和维生素 B_{12}）治疗脂肪肝，是协助肝内脂肪向肝外组织转运。

二、甘油磷脂的降解

生物体内存在多种磷脂酶，如磷脂酶 A_1、A_2、C、D 等，它们分别作用于甘油磷脂的各酯键，生成不同的水解产物（图6-8）。磷脂酶 A_2 催化甘油磷脂 2 位酯键水解，生成溶血磷脂 1，磷脂酶 A_1 催化的水解产物为溶血磷脂 2。溶血磷脂是较强的表面活性剂，能破坏细胞膜，引起溶血或细胞坏死。某些蛇毒中含有磷脂酶 A_1，因此蛇毒进入体内时表现出溶血症状；磷脂酶 A_2 以酶原形式存在于胰腺中，急性胰腺炎的发病机制与胰腺磷脂酶 A_2 意外激活有关。

> **考点提示**
> 甘油磷脂生物合成的原料、消耗的高能化合物及其降解的酶。

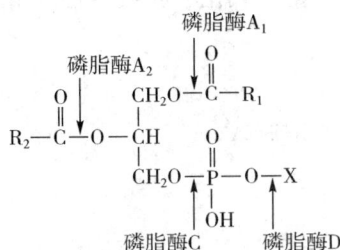

图6-8　各种磷脂酶的作用部位

第五节　胆固醇的代谢

胆固醇是环戊烷多氢菲的衍生物。胆固醇在体内以游离胆固醇和胆固醇酯两种形式存在，总量约为 140g，主要分布于肾上腺、性腺及脑和神经组织，其次为肝、肾、肠、皮肤以及脂肪组织，肌肉组织含量较少。

人体内的胆固醇来源于两方面：外源性和内源性。外源性胆固醇是指从食物摄取的胆固醇，主要来自动物性食品，如肝、脑、肉类以及蛋黄、奶油等。内源性胆固醇是指在体内合成的胆固醇，正常成人 50% 以上的胆固醇来自机体自身合成。

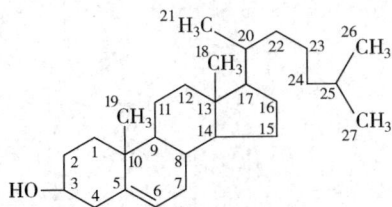

胆固醇

一、胆固醇的合成

除成人脑组织和成熟的红细胞外，人体各组织几乎都能合成胆固醇，其中 70%~80% 在肝内合成，10% 左右在小肠合成。人体每天合成胆固醇的总量约为 1g 左右。

（一）胆固醇合成的原料

乙酰辅酶 A 是合成胆固醇的基本原料，另外还需要大量的 $NADPH+H^+$ 及 ATP。每合成 1 分子胆固醇需要 18 分子乙酰辅酶 A，16 分子 $NADPH+H^+$ 及 36 分子 ATP。

生物化学

（二）胆固醇合成的过程

胆固醇的合成过程非常复杂，约有30多步酶促反应，可分为三个阶段，主要在细胞的胞质及内质网中进行。

1. 甲羟戊酸的合成　线粒体内的乙酰辅酶A经"柠檬酸-丙酮酸循环"转运至胞质。在胞质中，2分子乙酰辅酶A缩合成乙酰乙酰辅酶A，然后再与1分子乙酰辅酶A缩合生成羟甲基戊二酸单酰辅酶A（HMG-CoA）。HMG-CoA在内质网HMG-CoA还原酶催化下，由NADPH供氢，还原生成甲羟戊酸（MVA）。HMG-CoA还原酶是胆固醇合成的限速酶。

2. 鲨烯的合成　甲羟戊酸经磷酸化、脱羧及脱羟基等反应生成5碳焦磷酸化合物，再经多次缩合生成30碳多烯烃化合物——鲨烯。

3. 胆固醇的生成　鲨烯再经环化、氧化、脱羧及还原等反应，最终生成含有27个碳原子的胆固醇（图6-9）。

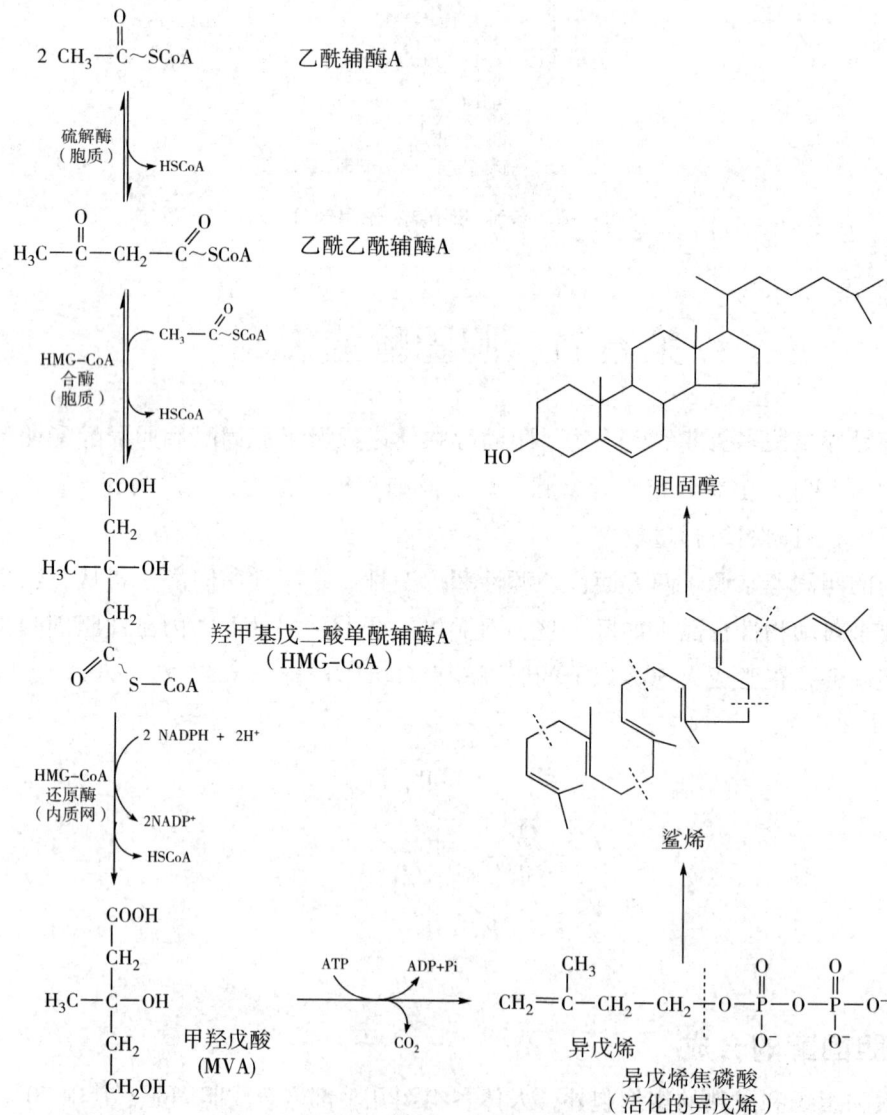

图6-9　胆固醇合成过程

二、胆固醇合成的调节

HMG-CoA还原酶是胆固醇合成的限速酶，各种因素对胆固醇合成的影响和调节，主要

116

是通过调节 HMG-CoA 还原酶活性来实现的。

1. 饥饿与饱食　饥饿与禁食使 HMG-CoA 还原酶活性降低，可抑制肝内胆固醇合成；同时饥饿与禁食时乙酰辅酶 A、NADPH+H⁺、ATP 不足也是胆固醇合成下降的重要原因。高糖、高脂膳食会使 HMG-CoA 还原酶活性增强，胆固醇合成增多。

2. 激素　胰岛素能使 HMG-CoA 还原酶合成增多，从而增加胆固醇合成；胰高血糖素及皮质醇等能抑制并降低此酶活性，从而减少胆固醇合成；甲状腺激素既能促进胆固醇的合成，又能促进胆固醇向胆汁酸的转化，且后一作用较强，因而甲状腺功能亢进患者血清胆固醇含量下降。

3. 胆固醇的负反馈调节　食物及人体合成的胆固醇均可作为产物对 HMG-CoA 还原酶具有反馈抑制作用，使胆固醇合成减少。但这种反馈调节仅存在于肝细胞内，小肠黏膜细胞内的胆固醇合成不受此影响。

4. 药物　目前公认最有效降脂药他汀类药物如洛伐他汀和辛伐他汀、阿托伐他汀等，能竞争性地抑制 HMG-CoA 还原酶，减少体内胆固醇的合成。降脂药考来烯胺则通过抑制胆汁酸的重吸收，使更多的胆固醇转变为胆汁酸而起到降血脂的作用。

三、胆固醇在体内的转化与排泄

（一）胆固醇的酯化

细胞内和血浆中的胆固醇都可以酯化为胆固醇酯。细胞内胆固醇在脂酰辅酶 A-胆固醇脂酰转移酶（ACAT）的催化下，接受脂酰辅酶 A 的脂酰基生成胆固醇酯。

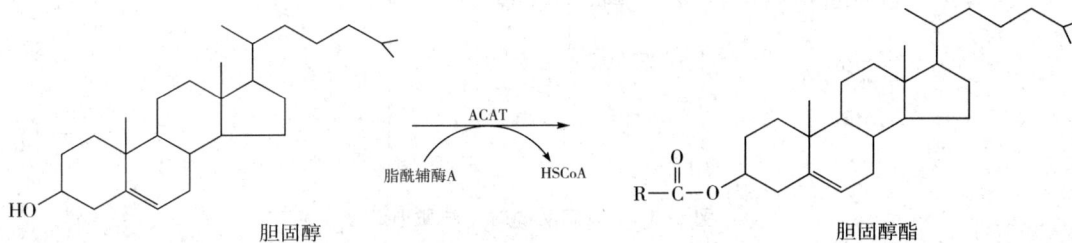

血浆脂蛋白中的胆固醇，在卵磷脂-胆固醇脂酰转移酶（LCAT）催化下，接受卵磷脂分子上的脂酰基生成胆固醇酯。

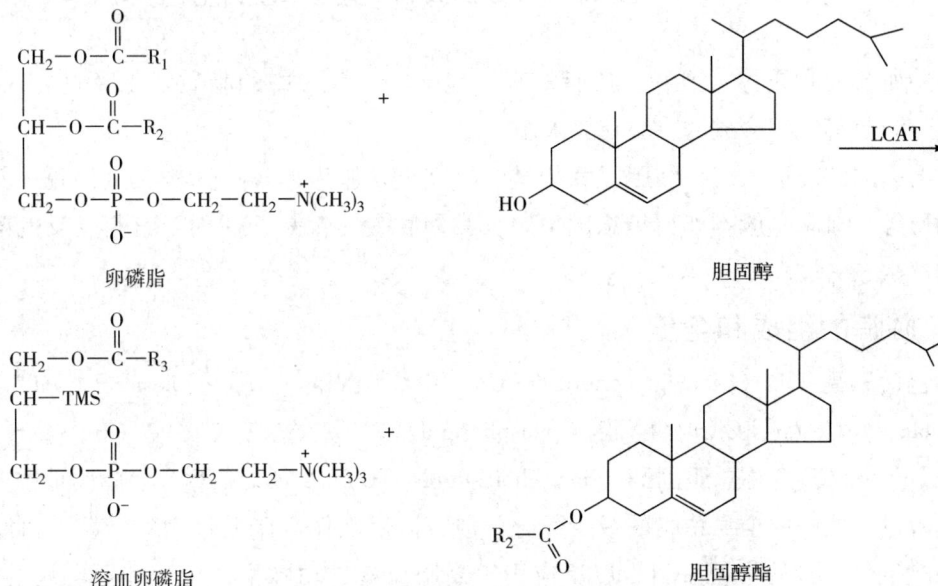

LCAT 是肝细胞合成后分泌至血液中发挥作用的酶，当肝实质细胞受损时，血液中 LCAT 活性降低，从而引起血浆胆固醇酯含量下降。

（二）胆固醇的转化与排泄

胆固醇不能为机体提供能量，但可以在体内转化成多种重要的生理活性物质。

1. 在肝中胆固醇转变成胆汁酸 胆固醇在肝细胞内经过一系列反应可转化为胆汁酸（bile acid，BA），这是胆固醇在体内代谢的主要去路，也是机体清除胆固醇的主要方式。正常人每天合成 1~1.5g 胆固醇，其中约 2/5 在肝中转变为胆汁酸，随胆汁排入肠道。

2. 转变为类固醇激素 以胆固醇为原料合成多种类固醇激素。在肾上腺皮质合成醛固酮、皮质醇及少量性激素；在睾丸合成雄激素睾酮；在卵巢和黄体合成雌激素雌二醇和孕酮等。

3. 在皮肤转变为维生素 D_3 皮肤细胞内的胆固醇可脱氢氧化生成 7-脱氢胆固醇，再经紫外线照射转变为维生素 D_3。

> **考点提示**
> 胆固醇的来源、去路及其生物合成的原料、限速酶。

4. 在肠道转变为粪固醇随粪便排出 在体内，还有一部分胆固醇可以直接随胆汁排泄入肠道，经肠菌作用还原为粪固醇，随粪便排出。

胆固醇的转化与排泄见图 6-10。

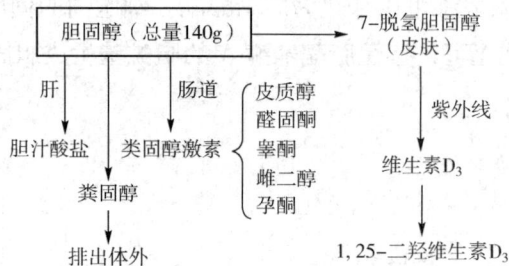

图 6-10 胆固醇的转化与排泄

第六节 血脂与血浆脂蛋白的代谢

血浆中所含的脂质称为血脂。血脂的来源包括：①食物中的脂质消化吸收进入血液；②体内肝、脂肪等组织合成的脂肪释放入血。

血脂的去路：①进入组织细胞，氧化供能；②进入脂库储存；③构成生物膜；④转变成其他物质等。血脂一般不如血糖浓度恒定，常因膳食、年龄、性别、职业以及代谢等因素的影响产生较大波动。

一、血脂的组成和含量

血脂包括三酰甘油（triacylglyceride，TAG）、游离胆固醇（free cholesterol，FC）、胆固醇酯（cholesterol ester，CE）、磷脂（phospholipid，PL）、游离脂肪酸（free fatty acid，FFA）等。FC 和 CE 合称总胆固醇（total cholesterol，TC）。TAG 和 TC 是血脂中最主要的成分。血脂含量虽然只占全身总脂的极少部分，但可以反映体内脂质代谢的情况。血脂含量测定是临床生化检验的常规项目，广泛应用于高脂血症、动脉粥样硬化和冠心病的诊断。

正常成人空腹 12~14 小时血脂组成及含量见表 6-2。

表 6-2　正常人空腹血脂组成及正常参考值

组成	血浆含量		空腹时主要来源
	mg/dl	mmol/L	
三酰甘油	10~150	0.11~1.69	肝
磷脂	150~250	48.44~80.73	肝
总胆固醇	150~250	2.59~6.47	肝
胆固醇酯	70~200	1.81~5.17	肝
游离胆固醇	40~70	1.03~1.81	肝
游离脂肪酸	5~20	0.5~0.7	脂肪组织

二、血浆脂蛋白的分类、组成及结构

血脂不溶于水，常以蛋白质作为运输载体。FFA 以清蛋白为载体单独运输，1 分子清蛋白可结合 10 分子游离脂肪酸。血浆中其他脂质物质（TAG、FC、CE、PL 等）等与载脂蛋白（apolipoprotein，Apo）结合后形成血浆脂蛋白（lipoprotein）运输。

载脂蛋白是血浆脂蛋白中的蛋白质部分，迄今为止，从人类血浆中分离出来的 Apo 已有 20 多种，主要分为 Apo A、Apo B、Apo C、Apo D、Apo E 等五类，其中 Apo A 又分为 A Ⅰ、A Ⅱ、A Ⅳ；Apo B 又分为 Apo B100、Apo B48；Apo C 又分为 Apo C Ⅰ、Apo C Ⅱ、Apo C Ⅲ。不同血浆脂蛋白中载脂蛋白的种类及含量均有较大的差异。载脂蛋白不仅是脂质的载体，还具有稳定脂蛋白结构、激活某些与脂蛋白代谢相关的酶、参与脂蛋白受体的识别等方面的功能。

（一）血浆脂蛋白的分类

根据各类血浆脂蛋白含蛋白质及脂质的量不同，用电泳法或超速离心法可将其分离。

1. 电泳法　采用琼脂糖凝胶电泳可将血浆脂蛋白分为四大类，从正极→负极依次为：α-脂蛋白（α-LP）、前 β-脂蛋白（preβ-LP）、β-脂蛋白（β-LP）和乳糜微粒（chylomicron，CM）（图 6-11）。

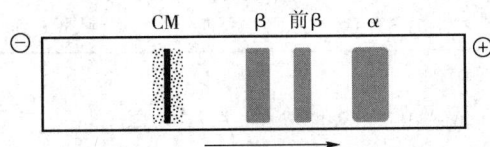

图 6-11　血浆脂蛋白电泳图谱

2. 超速离心法　又称密度法。利用脂蛋白密度不同，在一定浓度的盐溶液中进行超速离心时沉降或漂浮的速度不同，可将血浆脂蛋白分为四类，密度从高到低依次为：高密度脂蛋白（high density lipoprotein，HDL）、低密度脂蛋白（low density lipoprotein，LDL）、极低密度脂蛋白（very low density lipoprotein，VLDL）和乳糜微粒（CM）。这四类脂蛋白分别对应于电泳分类法的 α-脂蛋白、β-脂蛋白、前 β-脂蛋白和乳糜微粒。除上述四类脂蛋白外，还有中密度脂蛋白（intermediate density lipoprotein，IDL），IDL 是 VLDL 在血浆向 LDL 转变时的中间代谢物，密度介于 VLDL 和 LDL 之间（图 6-12）。

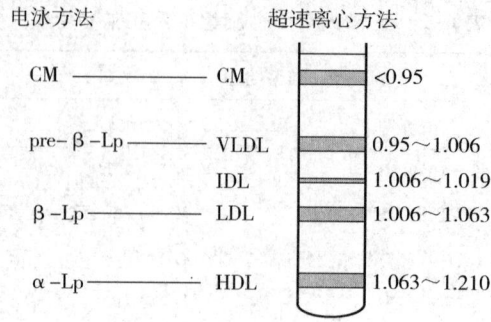

图 6-12　密度法分离血浆脂蛋白图

（二）血浆脂蛋白的组成和结构

1. 血浆脂蛋白的组成　各类血浆脂蛋白均由三酰甘油（TAG）、游离胆固醇（FC）、胆固醇酯（CE）、磷脂（PL）和载脂蛋白构成，但不同的血浆脂蛋白各组分所占比例差别很大（表6-3）。

表 6-3　血浆脂蛋白的组成及功能

分类	超速离心法	CM	VLDL	LDL	HDL
	电泳法	CM	前β-脂蛋白	β-脂蛋白	α-脂蛋白
组成（%）	蛋白质	0.5~2	5~10	20~25	50
	脂质	98~99	90~95	75~80	50
	三酰甘油	80~95	50~70	10	5
	磷脂	5~7	15	20	25
	总胆固醇	1~4	15~19	45~50	20
	游离胆固醇	1~2	5~7	8	5
	胆固醇酯	3	10~12	40~42	15~17
主要载脂蛋白		A，B48，C	B100，C，E	B100	A，D
功能		转运外源性脂肪	转运内源性脂肪	转运胆固醇（从肝内到肝外组织）	逆向转运胆固醇（从肝外组织到肝内）

2. 血浆脂蛋白的结构　成熟的血浆脂蛋白大致呈球形，疏水性的 TAG 及 CE 常集中分布于球的内部构成内核，载脂蛋白、PL 及 FC 常以单层分子分布于脂蛋白表层，它们所带的极性基团暴露在脂蛋白的外表面，亲水性强，便于其在血液中的运输（图6-13）。

三、血浆脂蛋白的代谢

1. 乳糜微粒的代谢　CM 是由小肠黏膜细胞吸收食物中脂质后形成的脂蛋白，经淋巴入血，是运输外源性三酰甘油的主要形式。正常人 CM 在血浆中半衰期为5~15 分钟，因此空腹血浆中测不到 CM。

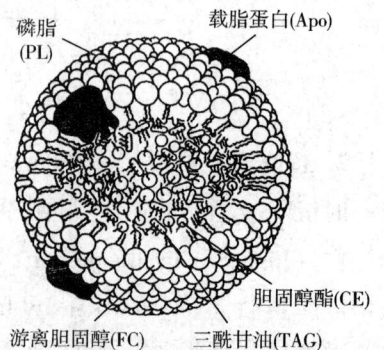

图 6-13　血浆脂蛋白结构

小肠黏膜细胞将三酰甘油以及磷脂、胆固醇与 Apo B48、Apo A I 、Apo A II 、Apo A IV 结合生成新生的 CM，经淋巴管进入血循环。血中新生的 CM 从 HDL 分子中获得 Apo C 及 Apo E 形成成熟的 CM。肝外组织的毛细血管内皮细胞表面的脂蛋白脂肪酶（lipoprotein lipase，LPL）水解 CM 中的三酰甘油，产生的脂肪酸可供肝外组织摄取利用，同时 CM 表面 的 Apo A I 、Apo A II 、Apo A IV、Apo C 连同磷脂及游离胆固醇转移到 HDL 颗粒上；CM 颗 粒逐渐变小，最后转变成为富含胆固醇酯、Apo B48 及 Apo E 的 CM 残粒，与肝细胞膜 Apo E 受体结合，被肝细胞摄取代谢（图 6-14）。

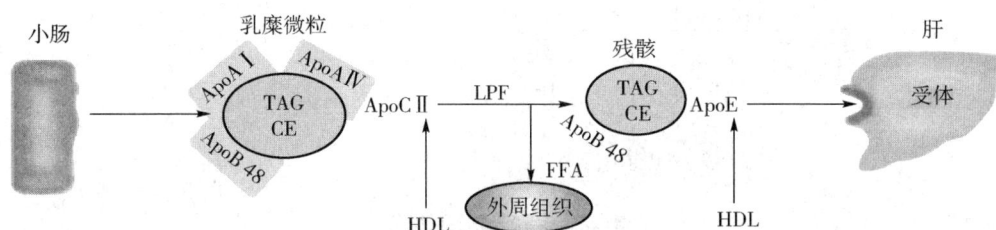

图 6-14　乳糜微粒的代谢

> **知识拓展**
>
> **脂蛋白受体**
>
> 脂蛋白受体是一类位于细胞膜上的糖蛋白，能特异性识别脂蛋白配体，从而介导 细胞对脂蛋白的摄取与代谢。目前已知的有 LDL 受体、VLDL 受体和清道夫受体。 LDL 受体广泛存在于肝、动脉壁平滑肌细胞、肾上腺皮质细胞和血管内皮细胞、淋巴 细胞、单核细胞和巨噬细胞等，在 ApoB100 存在时可结合 LDL；在 ApoE 存在时，既 可结合 LDL，也可结合 VLDL 或其残粒，对细胞摄取胆固醇进入细胞内代谢具有重要 意义。VLDL 受体对含 ApoE 的脂蛋白有较高亲和力，广泛分布于心肌、骨骼肌、脂 肪组织等细胞，VLDL 受体在脂肪组织中多见，可能与肥胖成因有关。清道夫受体广 泛分布于胎盘、肝、脾等单核-巨噬细胞系统，推测与巨噬细胞泡沫化及动脉壁粥样 斑块的进一步形成有关。

2. 极低密度脂蛋白的代谢　肝细胞合成的三酰甘油、磷脂及胆固醇主要以 VLDL 的形 式，经血循环转运至全身其他组织，VLDL 是内源性三酰甘油的运输形式。

肝细胞合成的三酰甘油，加上 Apo B100、Apo E 以及磷脂、胆固醇等生成 VLDL，小 肠黏膜细胞亦可合成少量的 VLDL。VLDL 可直接分泌入血，从 HDL 获得 ApoC，并激活 肝外组织毛细血管内皮细胞表面的 LPL（同新生的 CM 一样）。活化的 LPL 使 VLDL 逐步 水解，VLDL 颗粒逐渐变小，同时 VLDL 表面的 ApoC、磷脂以及游离胆固醇与 HDL 的胆 固醇酯发生交换，转变成中间密度脂蛋白（IDL）。IDL 一部分被肝细胞摄取代谢，其余 进一步被 LPL 水解，同时 ApoE 转移到 HDL（仅剩下 ApoB100），转变成 LDL （图 6-15）。

3. 低密度脂蛋白的代谢　LDL 由 VLDL 在血浆中转变而来，是正常成人空腹血浆中的 主要脂蛋白，约占血浆脂蛋白总量的 2/3。LDL 含胆固醇最多，其功能是将胆固醇从肝细胞 转运至肝外组织。

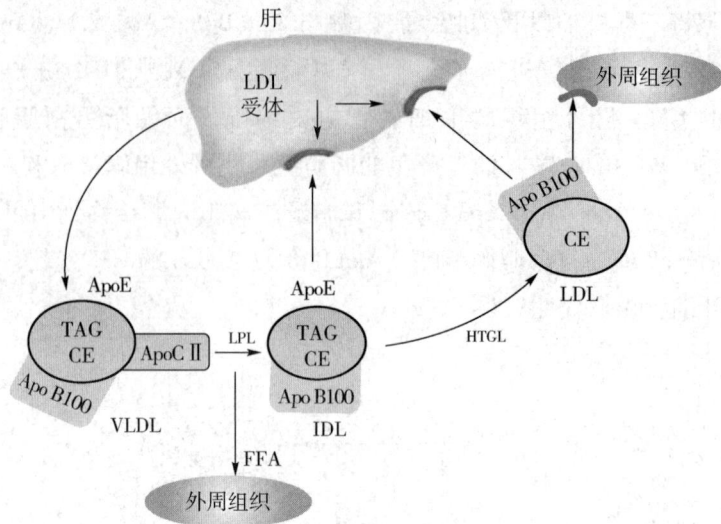

图 6-15　VLDL 的代谢

　　血浆 LDL 可以通过 LDL 受体途径被全身组织细胞摄取、利用。LDL 受体广泛分布于全身各组织的细胞表面，LDL 与 LDL 受体结合后通过胞吞进入细胞，被溶酶体中的酶水解，载脂蛋白被水解为氨基酸，胆固醇酯被水解为游离胆固醇和脂肪酸（图 6-16）。游离胆固醇可用于构成细胞膜，类固醇激素的合成，还可反馈抑制细胞内胆固醇的合成。血浆 LDL 增多者易发生动脉粥样硬化。

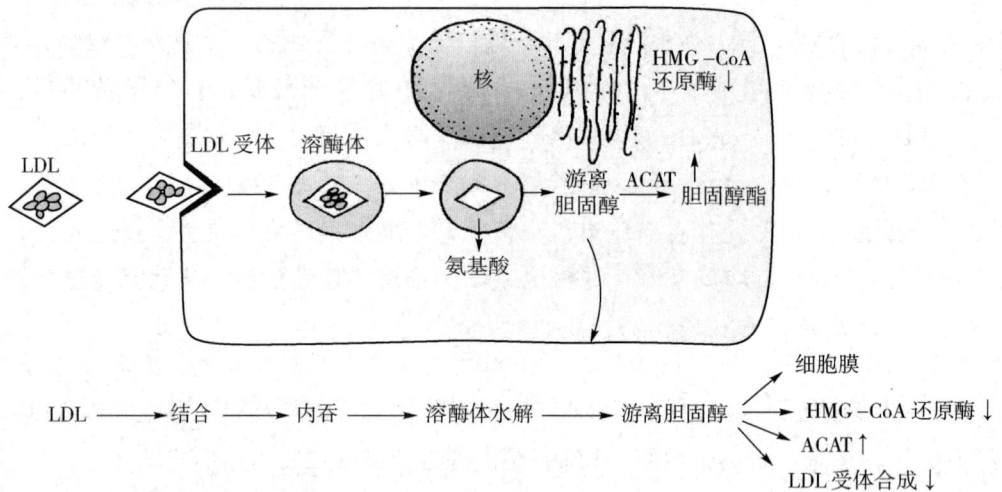

图 6-16　LDL 的代谢

　　4. 高密度脂蛋白的代谢　HDL 主要由肝细胞合成，小肠亦可合成。正常人空腹血浆中 HDL 含量约占脂蛋白总量的 1/3，HDL 的作用是将外周组织的胆固醇转运到肝细胞内进行代谢。

　　新生 HDL 为磷脂双脂质层圆盘状结构。圆盘状 HDL 分子中的 ApoA Ⅰ激活血浆卵磷脂胆固醇脂酰转移酶（LCAT），LCAT 使 HDL 分子表面的卵磷脂与游离胆固醇生成溶血卵磷脂和胆固醇酯，胆固醇酯转移到 HDL 双脂质层内部，形成内核。在 LCAT 反复作用下，酯化胆固醇进入 HDL 内核逐渐增多，最终转变成为成熟的 HDL。成熟的 HDL 被肝细胞摄取，在肝细胞内降解（图 6-17）。

这个过程与 LDL 将肝细胞合成的胆固醇转运到外周组织，供外周组织利用的过程正好相反，故称为胆固醇的逆向转运（reverse cholesterol transport，RCT）。通过此途径，将外周组织中的胆固醇转运到肝细胞内代谢并排出体外，可防止胆固醇在体内堆积，所以 HDL 有抗动脉粥样硬化的作用。

考点提示

血脂和血浆脂蛋白的概念，血浆脂蛋白的分类、组成和功能。

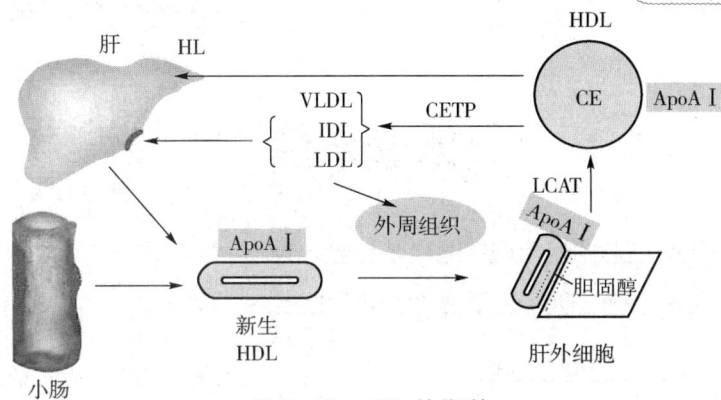

图 6-17　HDL 的代谢

四、高脂血症

血浆中 TAG、TC 单方面含量升高或两者均升高称为高脂血症，血浆中一种或几种脂蛋白浓度升高称为高脂蛋白血症，高脂血症一定是高脂蛋白血症。

按照临床表现形式不同，1970 年世界卫生组织分型法将高脂（蛋白）血脂症分为五型六类，分类及各类特征见表 6-4。

表 6-4　高脂血症及高脂蛋白血症分型

分型	血脂变化	脂蛋白变化
I	TAG ↑↑↑　TC ↑	CM ↑↑
IIa	TC ↑↑	LDL ↑
IIb	TC ↑↑ TAG ↑↑	VLDL ↑ LDL ↑
III	TC ↑↑ TAG ↑↑	IDL ↑（电泳出现宽 β 带）
IV	TAG ↑↑	VLDL ↑
V	TAG ↑↑↑　TAC ↑	VLDL ↑ CM ↑

高脂血症可以分为原发性高脂血症和继发性高脂血症两大类。原发性高脂血症是指原因不明或遗传缺陷所造成的高脂血症。例如，参与脂蛋白代谢的关键酶 LPL 基因缺陷造成 CM 清除障碍的 I 型高脂蛋白血症；LDL 受体缺陷造成的家族性高胆固醇血症等。继发性高脂血症是继发于其他疾病，如糖尿病、甲状腺功能减退、肾病综合征、胆石症等，也多见于肥胖、酗酒及肝病患者。

知识拓展

动脉粥样硬化

动脉粥样硬化（atherosclerosis，AS）是指动脉内膜的脂质、血液成分的沉积，平滑肌细胞及胶原纤维增生，伴有坏死及钙化等不同程度病变的一类慢性进行性病理过程。高脂血症、高血压、吸烟是促进 AS 发病的三大主要危险因素。血中 LDL-C 增高并被氧化是 AS 发生的前提条件，尤其是 LDL-C 的亚组分中的小而密 LDL（small dense LDL，SD-LDL）是动脉粥样硬化发生的强危险因素。血中 HDL 具有对抗 AS 的功能，与 AS 性心脑血管的发病率呈负相关。而 HDL-C 含量测定是反映血中 HDL 水平高低的重要指标。

本章小结

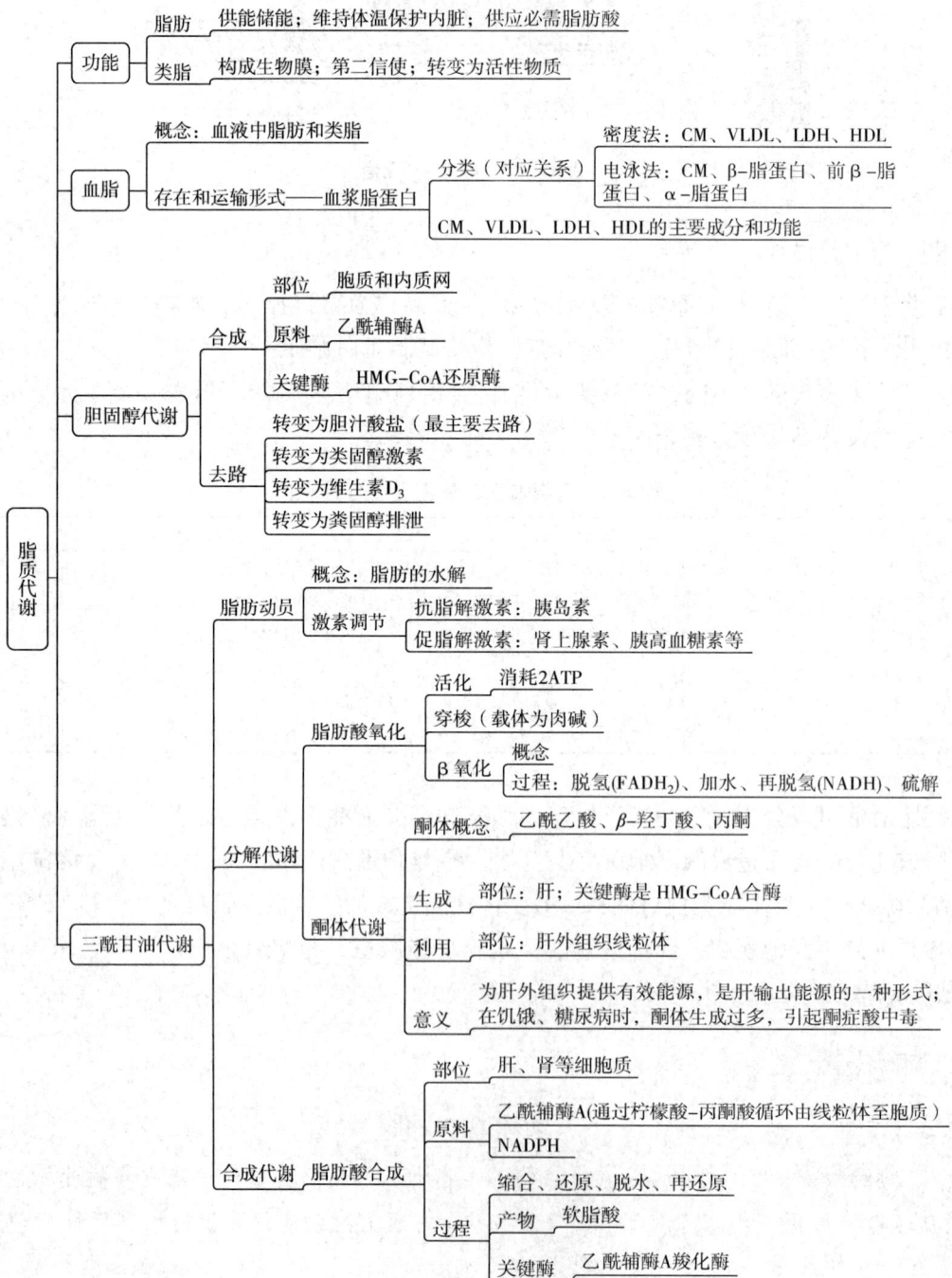

习题

一、选择题

【A1 型题】

1. 脂肪酸 β 氧化的部位是
    A. 胞质　　　　B. 线粒体　　　　C. 细胞核　　　　D. 内质网　　　　E. 高尔基体

2. 下列激素能促进脂肪分解，例外的是
    A. 肾上腺素　　　　　　　　B. 胰岛素
    C. 胰高血糖素　　　　　　　D. 促肾上腺皮质激素
    E. 去甲肾上腺素

3. 脂肪酸 β 氧化四步连续的反应依次为
    A. 加氢、脱水、再加氢、硫解　　B. 脱氢、加水、再脱氢、硫解
    C. 脱水、加氢、再加氢、硫解　　D. 硫解、加水、脱氢、再脱氢
    E. 加水、硫解、脱氢、再脱氢

4. 激素敏感脂肪酶是指
    A. 三酰甘油脂肪酶　　　　　B. 二酰甘油脂肪酶
    C. 单酰甘油脂肪酶　　　　　D. 脂酰肉碱转移酶
    E. HMG-CoA 合酶

5. 脂肪脂肪酸 β 氧化的限速酶是
    A. 三酰甘油脂肪酶　　　　　B. 乙酰辅酶 A 羧化酶
    C. 脂酰肉碱转移酶 I　　　　D. 脂酰肉碱转移酶 II
    E. 脂酰辅酶 A 合成酶

6. 体内合成减少会导致脂肪肝的是
    A. 磷脂　　　　　　　　　　B. 胆固醇
    C. 胆固醇酯　　　　　　　　D. 三酰甘油
    E. 脂肪酸

7. 胆固醇合成的限速酶是
    A. 三酰甘油脂肪酶　　　　　B. 乙酰辅酶 A 羧化酶
    C. HMG-CoA 还原酶　　　　D. HMG-CoA 合酶
    E. 脂酰辅酶 A 合成酶

8. 与清蛋白结合而运输的是
    A. 磷脂　　　　　　　　　　B. 胆固醇
    C. 游离脂肪酸　　　　　　　D. 三酰甘油
    E. 二酰甘油

9. 将胆固醇由肝外组织转运至肝内代谢的是
    A. CM　　　　B. LDL　　　　C. IDL　　　　D. HDL　　　　E. VLDL

10. 电泳法分离血浆脂蛋白，从正极至负极依次为

A. CM、LDL、HDL、VLDL   B. LDL、CM、HDL、VLDL

C. HDL、CM、LDL、VLDL   D. HDL、VLDL、LDL、CM

E. HDL、LDL、CM、VLDL

11. 必需脂肪酸不包括

A. 软脂酸   B. 亚油酸

C. 亚麻酸   D. 花生四烯酸

E. 以上都不是

12. 下列过程主要在肝内进行，例外的是

A. 胆固醇合成   B. 磷脂合成

C. 酮体合成   D. 酮体利用

E. 三羧酸循环

13. 下列不属于胆固醇去路的是

A. 合成胆汁酸   B. 氧化供能

C. 转变为维生素 D_3 D. 转变为肾上腺皮质激素

E. 转变为粪固醇

14. 转运内源性脂肪的是

A. CM   B. LDL   C. HDL   D. VLDL   E. IDL

15. 不能以乙酰辅酶 A 为原料合成的是

A. 糖   B. 脂肪酸

C. 酮体   D. 胆固醇

E. 以上都不是

16. 严重饥饿时大脑组织的能量主要来源于

A. 糖的有氧氧化   B. 脂肪酸氧化

C. 氨基酸氧化   D. 酮体氧化

E. 蛋白质分解

17. 正常人空腹血中主要的脂蛋白是

A. CM   B. VLDL   C. LDL   D. HDL   E. IDL

18. 乙酰辅酶 A 用于合成脂肪酸时，需要由线粒体转运至胞质的途径是

A. 三羧酸循环   B. α-磷酸甘油穿梭

C. 苹果酸穿梭   D. 柠檬酸-丙酮酸循环

E. 葡萄糖-丙氨酸循环

19. 脂肪酸 β 氧化、酮体生成、利用和胆固醇合成的共同中间产物是

A. 乙酰辅酶 A   B. 乙酰乙酰辅酶 A

C. HMG-CoA   D. 乙酰乙酸

E. β-羟丁酸

20. 体内胆固醇和脂肪酸合成所需的氢来自

A. NADH+H^+ B. NADPH+H^+

C. $FMNH_2$ D. $FADH_2$

E. 所有底物脱下的氢

二、思考题

1. 1mol 硬脂酸在氧供应充足时，彻底氧化成 CO_2 和 H_2O 可以净生成多少摩尔 ATP？

2. 严重糖尿病患者易出现酮症酸中毒，解释其生化机制。

3. 胆固醇的来源和去路。

4. 血浆脂蛋白的分类、组成及功能。

5. 高胆固醇患者为何限制高糖、高脂肪饮食？

6. 临床上用磷脂及叶酸和维生素 B_{12} 治疗脂肪肝的依据是什么？

7. 乙酰辅酶 A 在体内的来源与去路。

8. 降脂药考来烯胺和他汀类药物的作用机制分别是什么？

9. 酮体合成的原料、部位、关键酶、代谢特点及生理意义。

扫码"练一练"

（晁相蓉）

第七章 氨基酸代谢

📖 **学习目标**

1. **掌握** 蛋白质的生理功能；营养必需氨基酸的概念；蛋白质的营养互补作用；氨基酸脱氨基作用的类型与要点；体内氨的来源、去路及血氨的转运形式；尿素合成部位、原料来源及主要过程；α-酮酸的代谢去路；一碳单位的概念及生理功能；氨基酸的脱羧基作用；苯丙氨酸和酪氨酸的代谢要点。

2. **熟悉** 氮平衡的概念及类型；食物蛋白质生理需要量；蛋白质的腐败作用。

3. **了解** 蛋白质的消化吸收；含硫氨基酸的代谢要点。

4. 学会运用肠道氨吸收的特点，解释临床上对高氨血症患者采用弱酸性透析液做结肠透析治疗原则。

5. 具有利用氨基酸代谢相关知识分析发生肝昏迷的生化机制的能力。

📪 **案例讨论**

[案例] 男性，40岁，有严重的肝硬化病史、消化道出血病史。临床表现：恶心、呕吐、食欲不振，定时、定向力障碍，扑翼样震颤阳性，烦躁、谵语、嗜睡。血氨 $180\mu mol/L$，ALT：186U/L。

[讨论]

1. 患者可能患什么疾病？

2. 为什么肝功能障碍可引起血氨升高？

3. 为什么临床上对高氨血症患者采用弱酸性透析液做结肠透析？

4. 临床上高氨血症的患者为何要限制饮食中蛋白质的摄入量？

第一节 概 述

蛋白质是一切生命的物质基础，体内蛋白质具有多方面的功能：①最重要的生理功能是维持组织细胞的生长、更新、修补；②蛋白质还参与体内多种重要的生理活动，例如催化（酶）、免疫（抗原及抗体）、运动（肌肉）、物质转运（载体）、凝血（凝血系统）等过程；③蛋白质可作为能源物质氧化供能，每克蛋白质在体内氧化分解可释放17.19kJ（4.1kCal）的能量，人体每日18%能量由蛋白质提供。因此提供足够食物蛋白质对正常代谢和各种生命活动的进行是十分重要的。

📖 **考点提示**

蛋白质的生理功能。

第二节　蛋白质的消化吸收、营养与腐败作用

一、蛋白质的需要量

（一）氮平衡

氮平衡（nitrogen balance）是指每日氮的摄入量（食物中的蛋白质）与排出量（粪便和尿液）之间的关系。由于蛋白质的平均含氮量约为 16%，食物中的含氮物质绝大部分是蛋白质，因此氮平衡的测定可以反映体内蛋白质代谢的概况。氮平衡分三种类型。

1. 氮总平衡　摄入氮 = 排出氮（常见于正常成人），反映体内蛋白质代谢"收支"平衡。

2. 氮正平衡　摄入氮 > 排出氮（常见于儿童、孕妇、恢复期患者），反映体内蛋白质代谢"收"大于"支"，部分结余用于合成体内蛋白质。

> **考点提示**
> 晚期癌症患者的氮平衡。

3. 氮负平衡　摄入氮 < 排出氮（常见于饥饿、严重烧伤、出血、消耗性疾病患者），反映体内蛋白质代谢"入不敷出"，摄取量不足以补充体内的消耗。

（二）蛋白质的生理需要量

氮平衡的实验表明，在不进食蛋白质的情况下，正常成人每天至少要分解 20g 蛋白质。鉴于食物蛋白质与人体蛋白质组成上的差异，不可能全部被吸收利用。因此，成人每日蛋白质最低生理需要量为 30～50g。为维持长期的氮总平衡，我国营养学会推荐成人每日蛋白质需要量为 80g。

二、蛋白质的营养价值

1. 营养必需氨基酸　营养必需氨基酸（essential amino acid）是指体内需要而又不能自身合成，必须由食物供给的氨基酸，对于正常成人共有 8 种：异亮氨酸、甲硫氨酸、缬氨酸、亮氨酸、色氨酸、苯丙氨酸、苏氨酸和赖氨酸。其余 12 种氨基酸体内可以合成，称为营养非必需氨基酸。对于生长发育期儿童，组氨酸和精氨酸虽能在体内合成，但合成量不能满足生长发育的需要，因此这两种氨基酸也归为儿童的营养必需氨基酸。

> **考点提示**
> 营养必需氨基酸的概念及种类。

2. 决定食物蛋白质营养价值的因素　食物蛋白质的消化吸收是体内氨基酸的主要来源。在营养方面，不仅要注意膳食蛋白质的量，还必须注意蛋白质的质。由于各种蛋白质所含氨基酸的种类和数量不同，它们的质也不同。决定食物蛋白质营养价值的因素是食物蛋白质在体内的利用率，包括营养必需氨基酸的数量、种类、量质比。通常，含有必需氨基酸种类多和数量足的蛋白质，其营养价值高，反之营养价值低。动物蛋白质中必需氨基酸的种类和比例更接近人体需求且含量较高，故营养价值高。

3. 蛋白质的营养互补作用　如果将营养价值较低的蛋白质混合食用，其必需氨基酸可以互相补充而提高营养价值，这种作用称为蛋白质的营养互补作用。例如，谷类蛋白质含赖氨酸较少而含色氨酸较多，豆类蛋白质含赖氨酸较多而含色氨酸较少，这两种蛋白质单独食用营养价值都不高，但若将它们按一定比例混

> **考点提示**
> 决定营养价值的因素，蛋白质营养互补作用的概念。

扫码"看一看"

合食用，则可以提高其营养价值。某些疾病情况下，为保证必需氨基酸的需要，可进行混合氨基酸输液。

三、蛋白质的消化吸收

蛋白质是具有高度种属特异性和抗原性的高分子化合物，不易被吸收，若未经消化而直接进入体内，常会引起过敏与毒性反应。食物蛋白质在消化道内由一组消化酶水解成氨基酸，通过一个耗能的主动吸收过程进入肠黏膜细胞，进一步通过血液循环向组织转运。

（一）蛋白质的消化

1. 在胃中的消化 食物蛋白质消化始于胃。首先，在胃酸的作用下，胃蛋白酶原被激活成胃蛋白酶，胃蛋白酶还具有自身激活作用，可大量产生有活性的胃蛋白酶，胃蛋白酶的最适 pH 为 1.5~2.5，对蛋白质肽键的作用特异性较差，主要水解由芳香族氨基酸、甲硫氨酸和亮氨酸所形成的肽键，产物主要为多肽及少量氨基酸。此外，胃蛋白酶还有凝乳作用，乳汁中的酪蛋白与 Ca^{2+} 形成乳凝块，延长在胃中的停留时间，有利于消化。

2. 在小肠中的消化 小肠是蛋白质消化的主要部位。胰酶是小肠消化蛋白质的主要酶，最适 pH 为 7.0 左右，包括内肽酶和外肽酶。内肽酶水解蛋白质肽链内部的一些肽键，如胰蛋白酶、糜蛋白酶、弹性蛋白酶。外肽酶自肽链的末段开始，每次水解一个氨基酸残基，如羧肽酶（A、B）、氨肽酶。胰酶水解的产物主要为小肽和氨基酸。此外，小肠黏膜细胞对蛋白质的消化作用，主要是寡肽酶的作用，例如氨肽酶及二肽酶等，最终产物为氨基酸。

（二）蛋白质消化产物的吸收

蛋白质的消化产物有氨基酸、寡肽、二肽，它们是通过耗能的主动转运机制被吸收的，主要有转运蛋白吸收和 γ-谷氨酰循环吸收两种方式。吸收的部位主要在小肠。

四、蛋白质的腐败

未被消化的蛋白质及未被吸收的氨基酸，在大肠下段被大肠杆菌分解，此分解作用称为蛋白质的腐败（putrefaction）。蛋白质的腐败是细菌本身的代谢过程，以无氧分解为主。腐败的产物大多有害，如胺、氨、苯酚、吲哚、硫化氢等；也可产生少量的脂肪酸及维生素等可被机体利用的物质。

1. 胺类的生成 氨基酸通过肠道细菌的脱羧基作用，生成相应的胺类，如组氨酸、赖氨酸、酪氨酸和苯丙氨酸脱羧基分别生成组胺、尸胺、酪胺和苯乙胺。其中，组胺与尸胺可降低血压，酪胺可升高血压。进入体内的酪胺和苯乙胺若未经肝内分解而进入脑组织，分别羟化成 β-羟酪胺和苯乙醇胺，两者结构与神经递质（如儿茶酚胺）相似，可取代正常神经递质，从而影响脑功能，称为假神经递质。若大量生成可导致大脑功能障碍，发生深度抑制而昏迷，临床上称为肝性脑病。这可能是肝性脑病发生的机制之一。

2. 氨的生成 肠道中氨的生成有两种方式：一是未被吸收的氨基酸在肠道细菌的脱氨基作用下生成；二是渗入肠道的尿素被肠道细菌的尿素酶水解产生。肠道氨的吸收受肠道 pH 影响，NH_3 较 NH_4^+ 更容易被肠道吸收。若降低肠道 pH，NH_3 转变为 NH_4^+，以铵盐形式排出，可减少氨的吸收，这是酸性灌肠的依据。

> **考点提示**
> 假神经递质。

正常情况下，上述有害物质大部分随粪便排出，只有小部分被吸收，经肝的代谢转变而解毒，故不会发生中毒现象。

第三节　氨基酸的一般代谢

　　食物蛋白质经消化吸收的氨基酸（外源性氨基酸）与体内组织蛋白质降解产生的氨基酸及体内合成的非必需氨基酸（内源性氨基酸）混在一起，分布于体内各处参与代谢，所有这些氨基酸称为氨基酸代谢库（metabolic pool）。代谢库中氨基酸主要来源是食物蛋白质，最主要的去路是合成组织蛋白质，还可以通过脱氨基、脱羧基等作用进行分解代谢。通常体内氨基酸的来源和去路处于动态平衡，以适应生理需要（图7-1）。

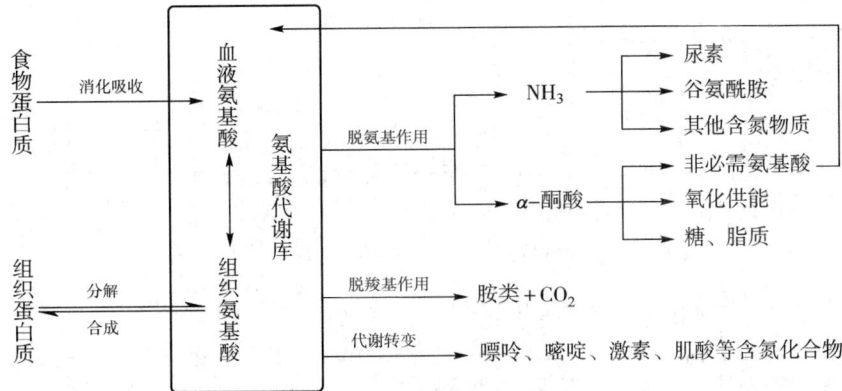

图7-1　体内氨基酸的来源与去路

一、氨基酸的脱氨基作用

　　氨基酸脱去 α-氨基生成相应 α-酮酸的过程称为脱氨基作用。它是氨基酸分解代谢的主要途径，在人体大多数组织细胞内均可进行。氨基酸可通过转氨基、氧化脱氨基、联合脱氨基等多种方式脱去氨基，其中联合脱氨基作用最为重要。

（一）转氨基作用

1. 转氨基反应　　在氨基转移酶的作用下，某一氨基酸去掉 α-氨基生成相应的 α-酮酸，而另一种 α-酮酸得到此氨基生成相应的氨基酸的过程称为转氨基作用。该反应过程只发生氨基转移，不产生游离 NH_3。

　　反应式为：

$$\begin{array}{c} R_1 \\ | \\ CH-NH_2 \\ | \\ COOH \end{array} + \begin{array}{c} R_2 \\ | \\ C=O \\ | \\ COOH \end{array} \underset{\text{氨基转移酶}}{\rightleftharpoons} \begin{array}{c} R_1 \\ | \\ C=O \\ | \\ COOH \end{array} + \begin{array}{c} R_2 \\ | \\ CH-NH_2 \\ | \\ COOH \end{array}$$

　　转氨基反应完全是可逆的，因此转氨基作用既是氨基酸的分解代谢过程，也是体内非必需氨基酸合成的重要途径。大多数氨基酸可参与转氨基作用，但赖氨酸、苏氨酸、脯氨酸、羟脯氨酸除外。

2. 氨基转移酶　　简称转氨酶，广泛分布于体内各组织中，其辅酶是维生素 B_6 的活性形式磷酸吡哆醛，起着传递氨基的作用（图7-2）。氨基转移酶的专一性强，不同氨基酸与 α-酮酸之间的转氨基作用只能由专一的氨基转移酶催化。在各种氨基转移酶中，以 L-谷氨酸和 α-酮酸的氨基转移酶最为重要。

生物化学

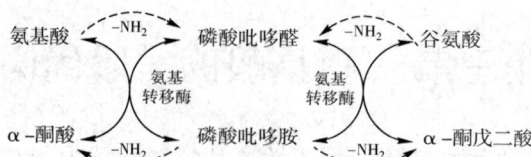

图 7-2 转氨基作用机制

例如，谷丙转氨酶（glutamate pyruvate transaminase，GPT）又称丙氨酸氨基转移酶（alanine aminotransaminase，ALT）和谷草转氨酶（glutamate-oxaloacetate transaminase，GOT）又称天冬氨酸氨基转移酶（aspartate aminotransaminase，AST）活性较强，它们催化的反应如下：

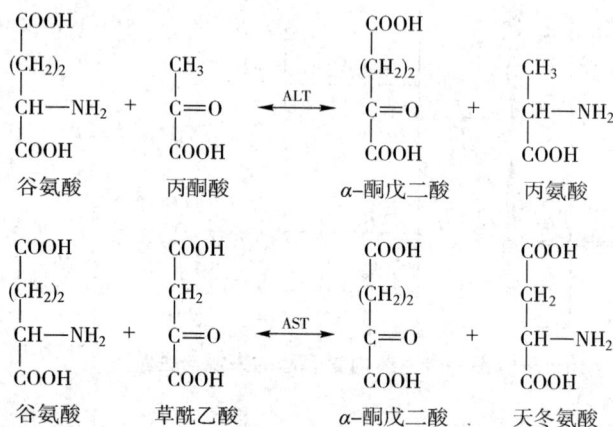

ALT、AST 在体内分布广泛，但各组织中的含量不等，以肝、肾、心肌与骨骼肌含量丰富（表 7-1）。正常情况下，氨基转移酶主要存在于组织细胞内，血清中酶的活性很低，只有当组织受损、细胞膜破裂时，氨基转移酶才会大量释放入血，使血中酶活性明显升高。血清氨基转移酶的活性，在临床上可作为疾病诊断和预后的指标之一。

表 7-1　正常成人各组织及血清中 ALT 与 AST 活性（单位/每克湿组织）

组织	ALT	AST	组织	ALT	AST
心	7100	156000	胰腺	2000	28000
肝	44000	142000	脾	1200	14000
骨骼肌	4800	99000	肺	700	10000
肾	19000	91000	血清	16	20

（二）氧化脱氨基作用

在酶的催化下，氨基酸氧化脱氢、水解脱氨基，生成 α-酮酸和 NH_3 的过程称为氧化脱氨基。体内催化氨基酸氧化脱氨基的酶有多种，但大多活性不强、分布不广，其中 L-谷氨酸脱氢酶最为重要。此酶是以 NAD^+ 或 $NADP^+$ 为辅酶的不需氧脱氢酶，广泛存在于肝、肾、脑等组织中且活性较强，在骨骼肌和心肌中活性很低。谷氨酸脱氢酶是一种别构酶，GTP 和 ATP 为其抑制剂，GDP 和 ADP 为其激活剂；同时此酶具有立体异构特异性，只能催化 L-谷氨酸氧化脱氨，生成 α-酮戊二酸和 NH_3。

考点提示
　　两种重要的氨基转移酶及辅酶。

· 132 ·

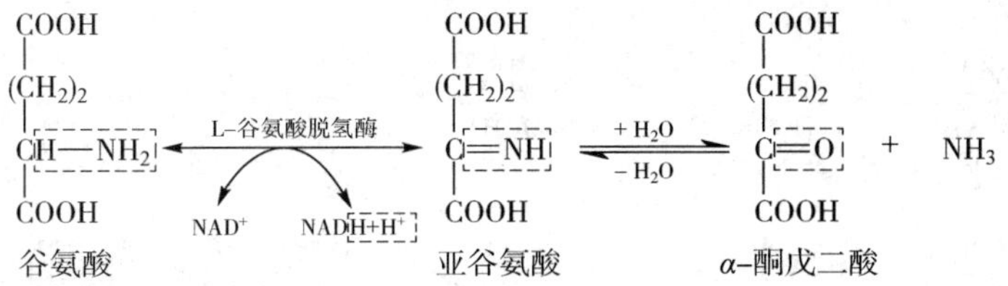

以上反应是可逆的，当谷氨酸浓度高时，有利于其氧化脱氨。此酶虽不能催化其他氨基酸的脱氨，但可与氨基转移酶联合作用，在氨基酸的分解和合成中都起着重要作用。

（三）联合脱氨基作用

两种脱氨基方式的联合作用，使氨基酸脱下 α-氨基生成 α-酮酸和 NH_3 的过程，称为联合脱氨基作用。它是机体内氨基酸脱氨基的主要方式，包括两种类型。

1. 转氨基偶联氧化脱氨基作用　转氨基作用与谷氨酸氧化脱氨基作用的结合被称作转氨脱氨作用。此种方式既是氨基酸脱氨基的主要方式，也是体内合成非必需氨基酸的主要方式。氨基转移酶在体内广泛存在，而 L-谷氨酸脱氢酶在肝、肾等组织中活性较强，因此这种类型的联合脱氨主要在肝、肾和脑组织进行（图7-3）。

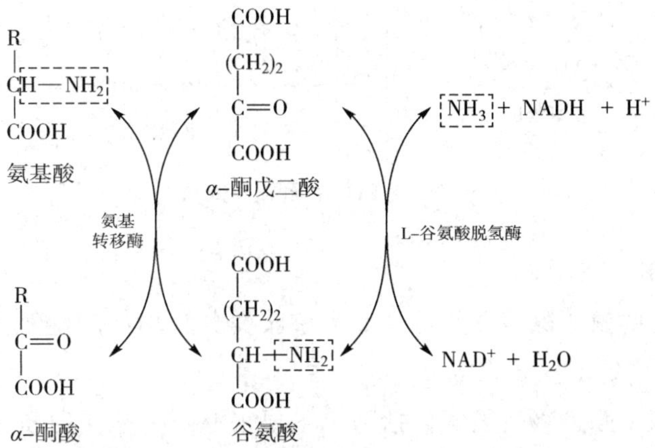

图7-3　转氨基偶联氧化脱氨的联合脱氨基作用

2. 嘌呤核苷酸循环　在心肌、骨骼肌组织中，L-谷氨酸脱氢酶活性低，难以进行上述方式的联合脱氨基过程。因此，在肌肉组织中还存在另一种活性较高的联合脱氨基过程，称为嘌呤核苷酸循环（图7-4）。此过程是在氨基转移酶及腺苷酸脱氨酶等多种酶的联合作用下进行的，它是肌肉组织中多种氨基酸脱氨基的主要途径，也把氨基酸代谢与核苷酸代谢联系起来。

考点提示
联合脱氨基作用与嘌呤核苷酸循环。

二、氨的代谢

体内代谢产生的氨及消化道吸收的氨进入血液，形成血氨。氨是机体正常代谢的产物，但具有毒性，脑组织对氨尤为敏感，当血氨浓度升高，可引起中枢神经系统功能紊乱。体内的氨主要在肝合成尿素而解毒，使血氨的来源和去路保持动态平衡（图7-5），因此，正常人血氨水平很低，一般在 $47\sim65\mu mol/L$。

扫码"看一看"

生物化学

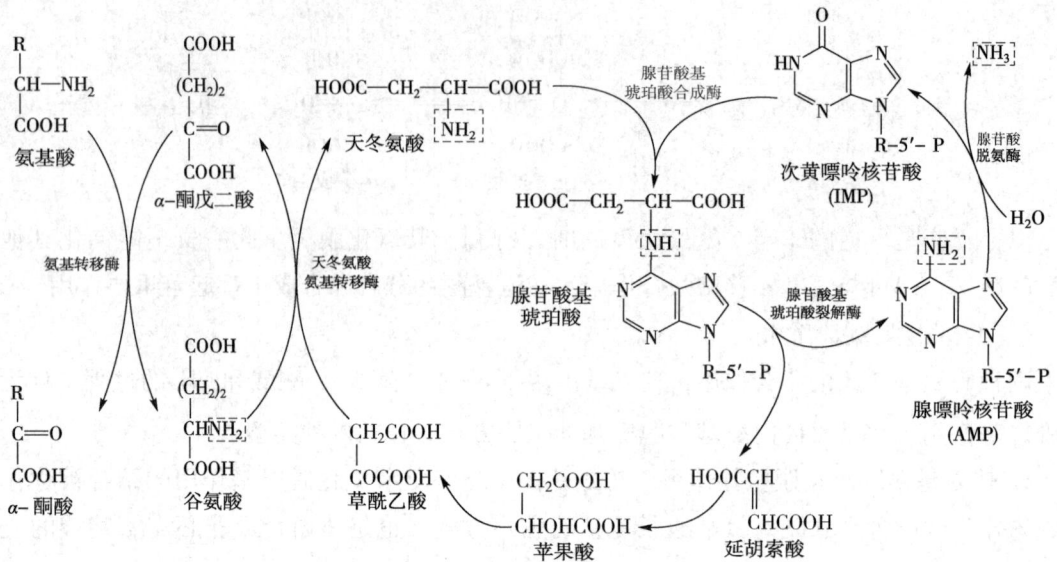

图 7-4　嘌呤核苷酸循环

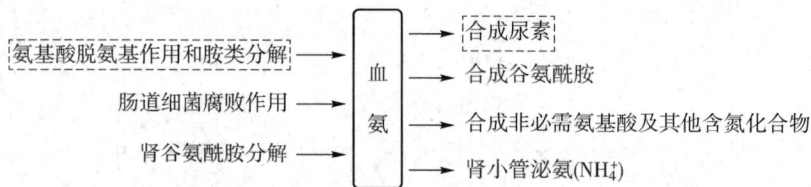

图 7-5　血氨的来源和去路

（一）血氨的来源

1. 分解代谢产生的氨　氨基酸脱氨基作用和胺类分解均可产生氨。其中，氨基酸脱氨基作用产生的氨是体内氨的主要来源。

2. 肠道吸收的氨　肠道吸收的氨包括两个主要来源：一是蛋白质和氨基酸在肠道细菌作用下产生的氨；二是尿素经肠道细菌尿素酶水解产生的氨。NH_3 比 NH_4^+ 易透过细胞膜而被吸收。在肠道 pH 较低时，NH_3 与 H^+ 形成 NH_4^+ 不易被吸收；若肠道 pH 偏高时，NH_3 的吸收增强，故临床上对高血氨的患者采用酸性透析液做结肠透析，而不用碱性肥皂水灌肠，就是为了减少 NH_3 的吸收。

3. 肾小管上皮细胞分泌的氨　主要来自谷氨酰胺的水解，是由肾远曲小管上皮细胞中谷氨酰胺酶催化而生成，此酶分布在肾、肝及小肠等组织，但在肾小管上皮细胞中活性最高。在酸性尿时（尿液的 pH 低），肾小管上皮细胞分泌的 NH_3 与 H^+ 形成 NH_4^+，随尿排出。当碱性尿时（尿液 pH 高），NH_3 可被重吸收进入血液，使血氨浓度升高，因此在临床上对肝硬化腹水的患者不宜使用碱性利尿药，以防止血氨升高。

（二）氨的转运

氨在血液中是以丙氨酸及谷氨酰胺这两种无毒的形式转运。

1. 丙氨酸-葡萄糖循环（骨骼肌→肝）　肌肉组织中丙酮酸通过转氨基作用生成丙氨

考点提示

高血氨患者不能用碱性肥皂水灌肠的原因；肝硬化腹水的患者需用弱酸性利尿药的原因。

· 134 ·

酸，经血液循环转运到肝。在肝中，丙氨酸经转氨基作用生成丙酮酸，再经糖异生作用生成葡萄糖。葡萄糖通过血液循环转运到肌肉组织中，经糖酵解产生丙酮酸，后者再接受氨基生成丙氨酸。这一循环途径称为"丙氨酸-葡萄糖循环"（alanine-glucose cycle）（图 7-6）。其生理意义在于：肌肉中氨以无毒的丙氨酸形式运输到肝，肝为肌肉提供葡萄糖。

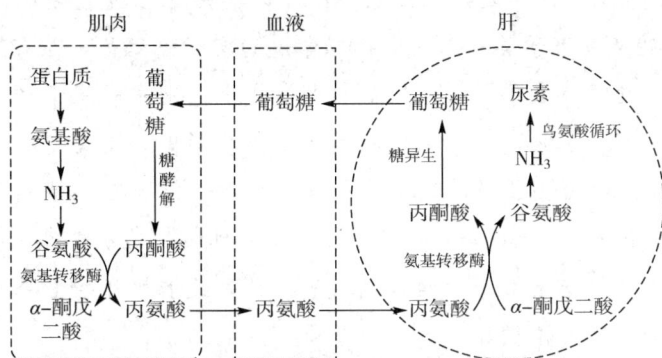

图 7-6　丙氨酸-葡萄糖循环

2. 谷氨酰胺的运氨作用（脑和肌肉→肝或肾）　脑和肌肉中的氨与谷氨酸在谷氨酰胺合成酶的催化下生成谷氨酰胺，并由血液运输至肝或肾，再经谷氨酰胺酶水解成谷氨酸和氨（图 7-7）。谷氨酰胺的合成与分解是由不同酶催化的单向不可逆反应。谷氨酰胺是氨的解毒产物，也是氨的储存及运输形式。临床上治疗氨中毒时，常口服或静脉滴注谷氨酸钠盐，以降低血氨浓度。

> **考点提示**
> 氨的转运形式及组织定位。

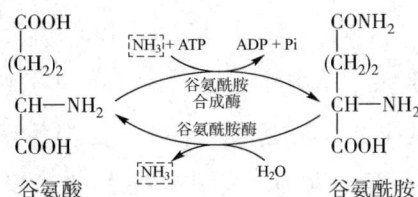

图 7-7　谷氨酰胺的运氨作用

（三）氨的去路

1. 合成尿素　正常人体内 80% ~ 90% 的氨是通过肝细胞的鸟氨酸循环途径合成尿素而解毒的，这是血氨的主要去路。动物实验与临床观察充分证明，肝是合成尿素的最主要器官，而肾是排出尿素的最主要器官。

尿素生成的过程称为鸟氨酸循环（orinithine cycle），又称尿素循环（urea cycle）或 Krebs-Henseleit 循环。具体过程包括以下 5 步反应。

（1）NH_3、CO_2 和 ATP 缩合生成氨甲酰磷酸　反应在肝细胞线粒体中进行，由氨甲酰磷酸合成酶 I（carbamoyl phosphate synthetase，CPS I）催化，N-乙酰谷氨酸为其别构激活剂，此反应不可逆，消耗 2 分子 ATP。

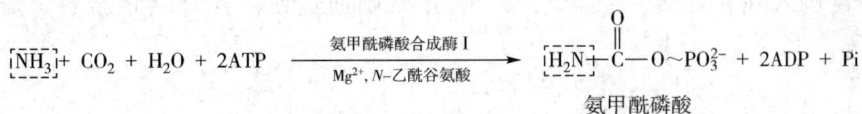

$$\boxed{NH_3} + CO_2 + H_2O + 2ATP \xrightarrow[\text{Mg}^{2+},\ N\text{-乙酰谷氨酸}]{\text{氨甲酰磷酸合成酶 I}} \boxed{H_2N}{-}\overset{\displaystyle O}{\overset{\|}{C}}{-}O\sim PO_3^{2-} + 2ADP + Pi$$

氨甲酰磷酸

扫码"看一看"

生物化学

知识链接

Krebs 与鸟氨酸循环学说

1932 年，德国学者 Hans Krebs 和 Kurt Henseleit 首次提出了鸟氨酸循环学说，这是最早发现的代谢循环，5 年之后，Hans Krebs 又提出了三羧酸循环，并因此获得了 1953 年诺贝尔生理学或医学奖。鸟氨酸循环学说的实验根据是：在有氧条件下，将大鼠肝的薄切片与铵盐保温数小时后，铵盐的含量减少，而同时尿素增多。另外，在肝切片中分别加入不同化合物，观察它们对尿素生成的影响。发现鸟氨酸、瓜氨酸或精氨酸都能加速尿素的合成。根据这三种氨基酸的结构，推断它们彼此相关。经进一步研究，Hans Krebs 和 Kurt Henseleit 提出了这一循环机制：鸟氨酸先与氨及 CO_2 结合生成瓜氨酸；瓜氨酸再接受 1 分子氨生成精氨酸；精氨酸水解产生 1 分子尿素和新的鸟氨酸，鸟氨酸又进入下一轮循环。

（2）氨甲酰磷酸与鸟氨酸反应生成瓜氨酸　反应由鸟氨酸氨甲酰转移酶（ornithine carbamoyl transferase，OCT）催化，OCT 常与 CPS I 构成复合体。反应在线粒体中进行，瓜氨酸生成后进入胞质。

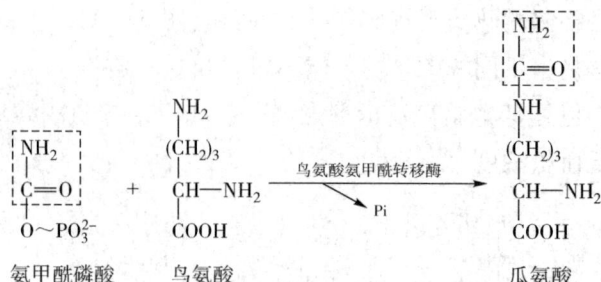

（3）瓜氨酸与天冬氨酸反应生成精氨基琥珀酸（习惯称精氨酸代琥珀酸）　反应在胞质中进行，瓜氨酸穿过线粒体膜进入胞质中，由精氨基琥珀酸合成酶催化，获得尿素分子中的第二个氮原子，此反应由 ATP 供能，是尿素生成过程的限速步骤。

（4）精氨基琥珀酸裂解生成精氨酸和延胡索酸　反应在胞质中进行，由精氨基琥珀酸裂解酶催化。

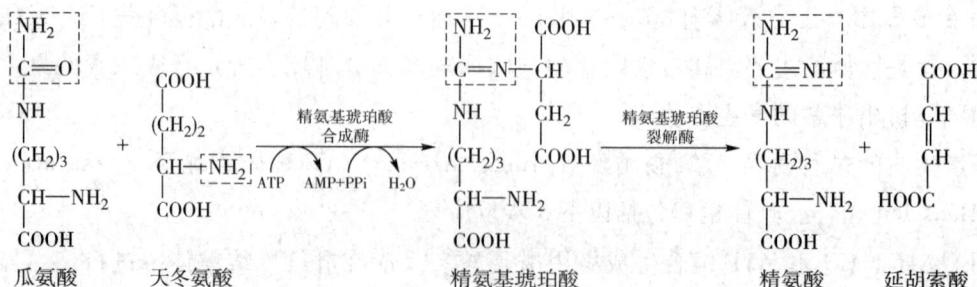

（5）精氨酸水解释放尿素并再生成鸟氨酸　反应在胞质中进行，由精氨酸酶催化，生成的鸟氨酸再进入线粒体参与下一轮循环。尿素则通过血液循环转运至肾，随尿液排出体外。

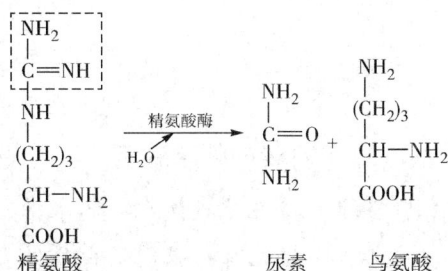

从尿素合成的过程（图7-8）来看，合成尿素的两个氮原子，一个来自于游离氨，另一个来自天冬氨酸，两个氮源都是直接或间接来源于多种氨基酸。每合成1分子尿素需要消耗3分子ATP（4个高能磷酸键），机体可以通过尿素的合成过程，及时将 NH_3 进行解毒与排泄。

考点提示
　　鸟氨酸循环的组织细胞定位、关键酶、尿素中 N 的来源、能量消耗；高血氨与氨中毒。

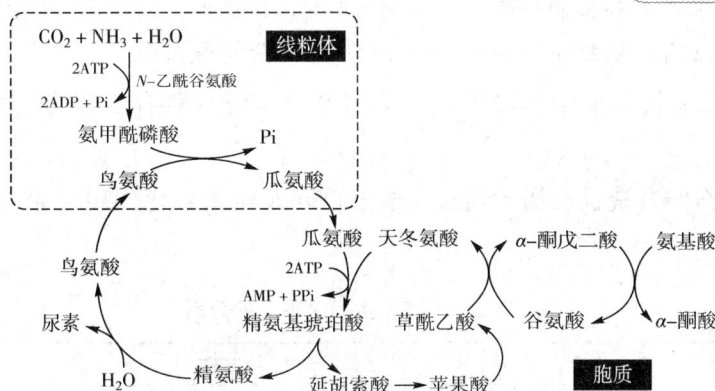

图7-8　鸟氨酸循环

2. 合成谷氨酰胺和肾小管泌氨　在脑和肌肉等组织中，有毒氨与谷氨酸反应生成无毒谷氨酰胺。因此，合成的谷氨酰胺不仅可作为蛋白质生物合成的原料，也可视为氨在体内的存储、运输和解毒的形式。在肾小管上皮细胞中通过谷氨酰胺酶的作用水解成氨和谷氨酸，前者由尿排出，后者被肾小管上皮细胞重吸收而进一步利用。

考点提示
　　血氨的来源和去路。

3. 合成非必需氨基酸和其他含氮化合物　氨可使 α-酮戊二酸氨基化生成谷氨酸；谷氨酸与其他 α-酮酸通过转氨基作用，生成相应的非必需氨基酸。此外，氨还参与嘌呤、嘧啶等含氮物质的合成。

（四）高氨血症与氨中毒

正常生理情况下，血氨的来源与去路保持动态平衡，血氨浓度处于较低的水平。肝是合成尿素解氨毒的重要器官，是维持这种平衡的关键。当肝功能严重损伤或尿素合成相关酶的遗传缺陷时，尿素合成发生障碍，血氨浓度升高，称为高氨血症。高氨血症时可引起脑功能障碍，称氨中毒。

一般认为，氨进入脑组织可与 α-酮戊二酸结合生成谷氨酸，谷氨酸进一步结合氨生成谷氨酰胺。因此，脑中氨的增加可以使脑细胞中的 α-酮戊二酸含量减少，导致三羧酸循环过程减弱，从而使脑组织中 ATP 生成减少，引起大脑功能障碍，严重时可发生昏迷，这就是肝昏迷氨中毒学说的基础。

肝昏迷的临床治疗

临床上治疗血氨升高性肝昏迷的措施是减少血氨的来源，增加血氨的去路。首先减少血氨的来源，与之相适应的护理措施有：限制蛋白质饮食和其他含氮药物；给予肠道抗生素；给予酸性液体灌肠等。其次增加血氨去路，可以给予谷氨酸钠，使之与氨结合为谷氨酰胺等。

三、α-酮酸的代谢

氨基酸脱氨基后生成的 α-酮酸主要有三条代谢去路。

1. 生成营养非必需氨基酸 体内一些营养非必需氨基酸可通过相应的 α-酮酸的氨基化而生成。

> **考点提示**
> α-酮酸的去路。

2. 转变成糖及脂质化合物 在体内可以转变成糖的氨基酸称为生糖氨基酸，能转变成酮体者称为生酮氨基酸，两者兼有者称为生糖兼生酮氨基酸（表7-2）。

3. 彻底氧化分解并提供能量 通过三羧酸循环及生物氧化作用彻底分解为 CO_2、H_2O 并释放能量。

表7-2 生糖及生酮氨基酸的分类

类别	氨基酸
生糖氨基酸	甘氨酸、丙氨酸、丝氨酸、缬氨酸、半胱氨酸、甲硫氨酸、脯氨酸、组氨酸、精氨酸、谷氨酸、天冬氨酸、谷氨酰胺、天冬酰胺
生酮氨基酸	亮氨酸、赖氨酸
生糖兼生酮氨基酸	异亮氨酸、苯丙氨酸、酪氨酸、色氨酸、苏氨酸

第四节 氨基酸的特殊代谢

氨基酸除了进行一般的脱氨基作用外，有些氨基酸还有其特殊的代谢途径，并具有重要的生理意义。

一、氨基酸的脱羧基作用

氨基酸在氨基酸脱羧酶催化下脱去羧基生成 CO_2 和胺的过程称为氨基酸脱羧基作用（decarboxylation），脱羧酶的辅酶是磷酸吡哆醛（维生素 B_6 的辅酶形式之一），氨基酸脱羧生成的胺，在胺氧化酶催化下氧化成醛，醛进一步氧化成酸，与糖和脂肪的代谢相衔接，避免胺类在体内蓄积。因此，胺在体内的含量不高，但具有重要的生理活性。

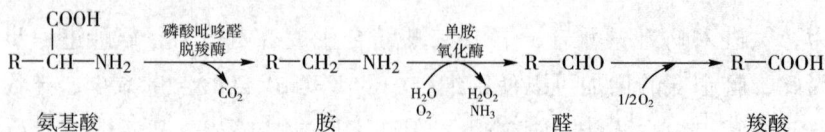

$$\underset{\text{氨基酸}}{R-\underset{|}{\overset{\overset{COOH}{|}}{CH}}-NH_2} \xrightarrow[\underset{CO_2}{}]{\overset{磷酸吡哆醛}{脱羧酶}} \underset{\text{胺}}{R-CH_2-NH_2} \xrightarrow[\underset{O_2 \quad NH_3}{H_2O \quad H_2O_2}]{单胺氧化酶} \underset{\text{醛}}{R-CHO} \xrightarrow[1/2O_2]{} \underset{\text{羧酸}}{R-COOH}$$

1. 谷氨酸脱羧生成 γ-氨基丁酸 此反应由谷氨酸脱羧酶催化，此酶在脑、肾组织中活性较高。γ-氨基丁酸是抑制性神经递质，对中枢神经有抑制作用。临床上常配合服用维生素 B_6 治疗妊娠呕吐及小儿抽搐等，原因是维生素 B_6 参与构成脱羧酶的辅酶，加强脱羧基反应，使体内的 GABA 浓度增高。

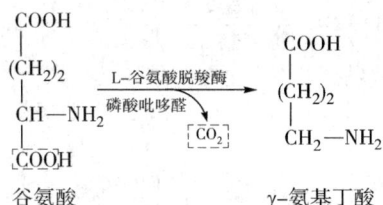

谷氨酸   γ-氨基丁酸

2. 组氨酸脱羧生成组胺 由组氨酸脱羧酶催化生成。组胺（histamine）主要由肥大细胞产生并贮存，在乳腺、肺、肝、肌肉及胃黏膜中含量较高。组胺是一种强烈的血管扩张剂，可增加毛细血管的通透性，引起血压下降和局部水肿，故组胺的释放与过敏反应症状有关。组胺还可以刺激胃蛋白酶和胃酸的分泌，所以常被用作胃分泌功能的研究。

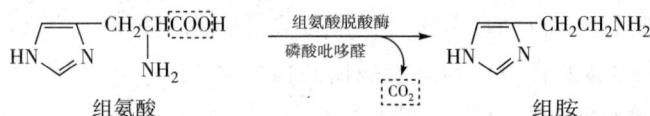

组氨酸   组胺

3. 色氨酸经 5-羟色氨酸生成 5-羟色胺 色氨酸通过色氨酸羟化酶的羟化及脱羧酶脱羧基生成 5-羟色胺（5-hydroxytrptamine，5-HT）。5-HT 在脑内作为神经递质起抑制作用；在外周组织（如小肠、乳腺细胞）有收缩血管的作用。

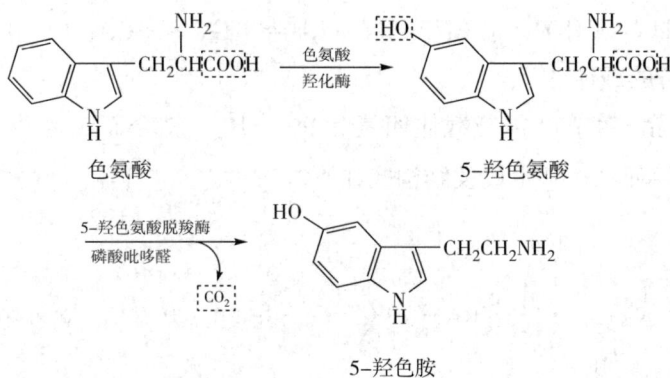

色氨酸   5-羟色氨酸

5-羟色胺

4. 半胱氨酸经磺基丙氨酸生成牛磺酸 半胱氨酸通过氧化及脱羧基生成牛磺酸。牛磺酸是结合型胆汁酸的组成成分之一。

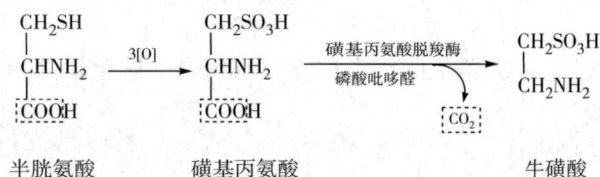

半胱氨酸   磺基丙氨酸   牛磺酸

5. 某些氨基酸脱羧生成多胺类物质 鸟氨酸和 S-腺苷甲硫氨酸通过脱羧基等反应可生成精脒和精胺，因它们含多个氨基，统称为多胺（polyamines）（图 7-9）。鸟氨酸脱羧酶是多胺合成限速酶。

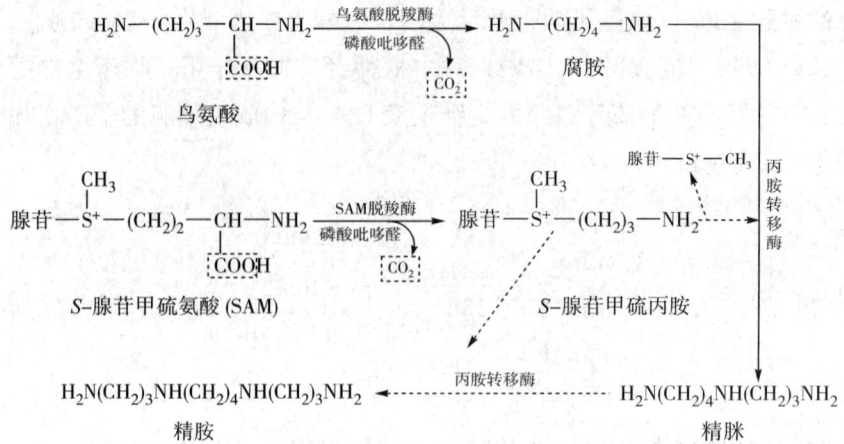

图 7-9 多胺的生成

多胺是调节细胞生长的重要物质，可以促进细胞增殖。凡生长旺盛的组织，如胚胎、再生肝、生长激素作用的细胞及肿瘤组织等，鸟氨酸脱羧酶活性均较强，多胺含量也较高。临床上将测定肿瘤患者血、尿中多胺的含量作为观察病情的指标之一。

扫码"看一看"

考点提示

几种氨基酸脱羧基的产物。

二、一碳单位的代谢

（一）一碳单位的概念及种类

某些氨基酸在分解代谢过程中产生的含有一个碳原子的基团，称为一碳单位（one carbon unit）。体内重要的一碳单位有：甲基（—CH_3）、亚甲基（—CH_2—）、次甲基（—CH=）、甲酰基（—CHO）、亚氨甲基（—CH=NH）等。CO、CO_2 不属于一碳单位。

（二）一碳单位的载体

一碳单位不能游离存在，需与载体四氢叶酸（FH_4）结合而转运并参与代谢。哺乳动物的 FH_4 由叶酸还原而来，其生成及结构式如下。

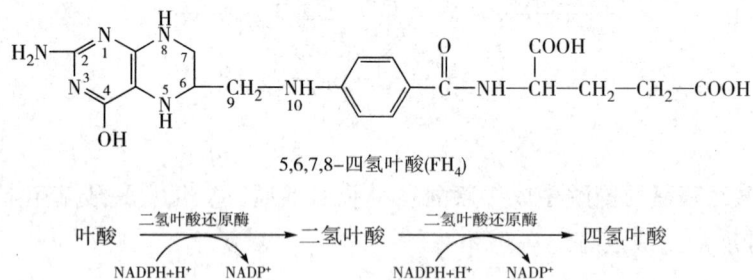

5,6,7,8-四氢叶酸(FH_4)

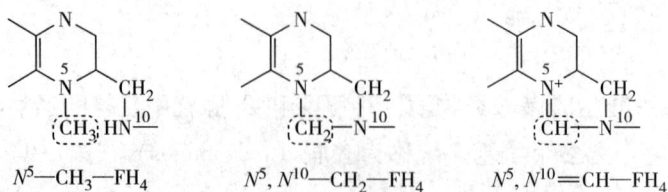

FH_4 分子的 N^5 与 N^{10} 是一碳单位的结合位点，其携带一碳单位的形式如下：

N^5—CH_3—FH_4 N^5,N^{10}—CH_2—FH_4 N^5,N^{10}=CH—FH_4

$$N^{10}—CHO—FH_4 \qquad N^5—CH{=}NH—FH_4$$

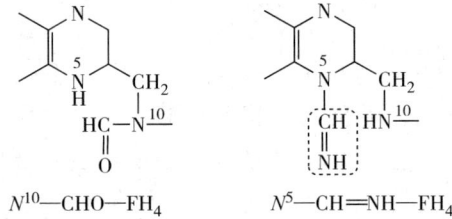

（三）一碳单位的来源及相互转变

一碳单位主要来源于丝氨酸、甘氨酸、组氨酸和色氨酸的分解代谢，需经过复杂的酶促代谢过程。

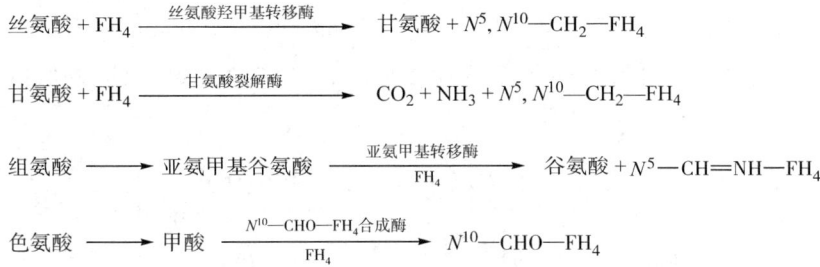

$$丝氨酸 + FH_4 \xrightarrow{\text{丝氨酸羟甲基转移酶}} 甘氨酸 + N^5,N^{10}—CH_2—FH_4$$

$$甘氨酸 + FH_4 \xrightarrow{\text{甘氨酸裂解酶}} CO_2 + NH_3 + N^5,N^{10}—CH_2—FH_4$$

$$组氨酸 \longrightarrow 亚氨甲基谷氨酸 \xrightarrow[FH_4]{\text{亚氨甲基转移酶}} 谷氨酸 + N^5—CH{=}NH—FH_4$$

$$色氨酸 \longrightarrow 甲酸 \xrightarrow[FH_4]{N^{10}—CHO—FH_4合成酶} N^{10}—CHO—FH_4$$

各种不同形式一碳单位中碳原子的氧化状态不同，在适当条件下，它们可以通过氧化还原反应而彼此转变。但是在这些反应中，N^5-甲基四氢叶酸的生成基本是不可逆的。因此，$N^5—CH_3—FH_4$在细胞内含量较高，是体内一碳单位的主要存在形式（图7-10）。

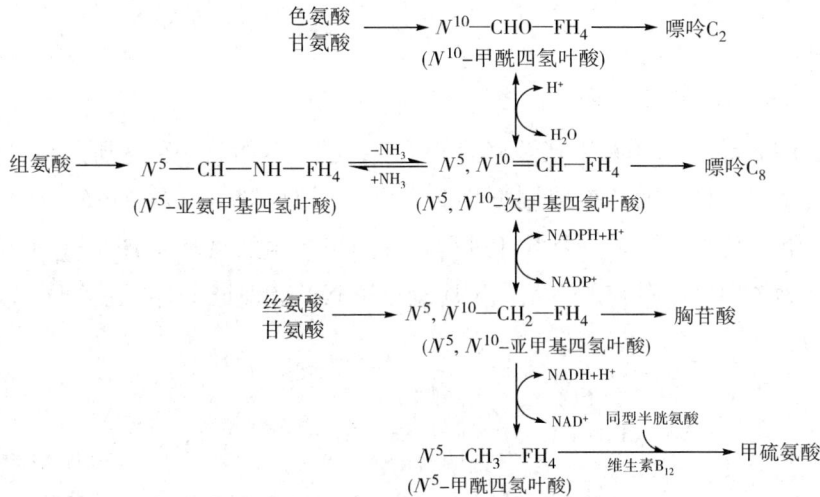

图 7-10　一碳单位的来源去路及相互转变

（四）一碳单位的生理功能

1. 主要功能是参与嘌呤、嘧啶的合成　在核酸生物合成中有重要作用，与细胞的生长、增殖及个体发育密切相关。一碳单位代谢的障碍，可直接影响造血细胞 DNA 的合成，引起巨幼细胞贫血。

2. 把氨基酸代谢和核酸代谢联系起来　一碳单位来源于氨基酸的分解代谢，主要参与核苷酸的合成代谢，一碳单位代谢与核酸代谢关系密切。因此一碳单位的代谢过程也成为一些药物的靶点。例如，磺胺药及某抗癌药（甲氨蝶呤等）正是通过干扰细菌及癌细胞的叶酸、四氢叶酸合成，进而影响核酸合成而发挥药理作用的。

三、含硫氨基酸的代谢

含硫氨基酸包括甲硫氨酸、半胱氨酸和胱氨酸。三者代谢是相互联系的，甲硫氨酸是营养必需氨基酸，体内不能合成，但它可以转变为半胱氨酸和胱氨酸，半胱氨酸和胱氨酸可以相互转变。

（一）甲硫氨酸代谢

1. 甲硫氨酸转甲基作用 甲硫氨酸分子中含有—S—CH_3，通过转甲基反应可生成多种生理活性物质，如肾上腺素、肉碱、胆碱及肌酸等。首先，甲硫氨酸需在腺苷转移酶的催化下与 ATP 作用生成活泼的 S-腺苷甲硫氨酸（S-adenosyl methionine，SAM）也称活性甲基，是甲基的直接供体，再参与转甲基反应。据统计，体内有 50 余种物质的合成需 SAM 提供甲基。

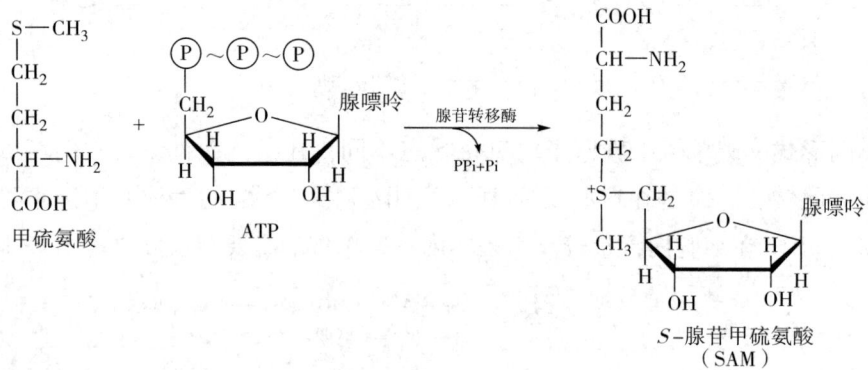

2. 甲硫氨酸循环 SAM 在甲基转移酶催化下，转甲基给另一种物质，自身转变成 S-腺苷同型半胱氨酸，再脱去腺苷生成同型半胱氨酸。同型半胱氨酸接受 N^5—CH_3—FH_4 的甲基，重新生成甲硫氨酸，形成一个循环过程，称为甲硫氨酸循环（图 7-11）。其生理意义在于：①SAM 为体内广泛存在的甲基化反应提供甲基；②促进 FH_4 再生。

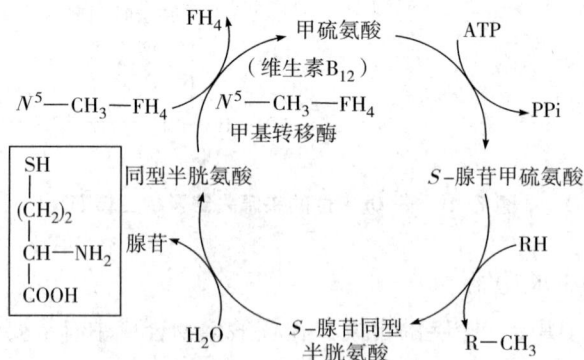

图 7-11 甲硫氨酸循环

N^5—CH_3—FH_4 甲基转移酶（辅酶为甲基维生素 B_{12}）催化的 N^5—CH_3—FH_4 转甲基反应，是目前发现的体内唯一能利用 N^5—CH_3—FH_4 的反应，N^5—CH_3—FH_4 可看成是体内甲基的间接供体。维生素 B_{12} 缺乏时，N^5—CH_3—FH_4 不能转移甲基，使组织中游离的 FH_4 含量减少，不能重新利用它来转运其他一碳单位，导致核酸合成障碍，影响细胞分裂。因此，

维生素 B_{12} 不足时可以产生巨幼细胞贫血。

3. 参与肌酸的合成 肌酸以甘氨酸为骨架，由精氨酸提供脒基，SAM 提供甲基而合成。肝是合成肌酸的主要器官。磷酸肌酸是能量储存、利用的重要化合物。

（二）半胱氨酸代谢

1. 半胱氨酸与胱氨酸的互变 半胱氨酸含有巯基（—SH），胱氨酸含有二硫键（—S—S—），两者可以互变。二硫键对于维持蛋白质空间构象的稳定性具有重要作用。

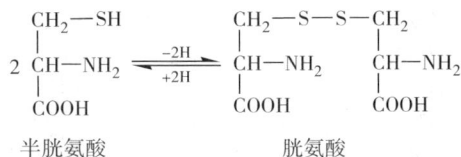

$$2 \begin{array}{c} CH_2-SH \\ | \\ CH-NH_2 \\ | \\ COOH \end{array} \quad \underset{+2H}{\overset{-2H}{\rightleftharpoons}} \quad \begin{array}{c} CH_2-S-S-CH_2 \\ | \qquad\qquad | \\ CH-NH_2 \quad CH-NH_2 \\ | \qquad\qquad | \\ COOH \qquad\quad COOH \end{array}$$

半胱氨酸　　　　　　　　　胱氨酸

2. 参与谷胱甘肽的合成 谷胱甘肽（GSH）是由谷氨酸的 γ-羧基与半胱氨酸、甘氨酸合成的三肽，其活性基团是半胱氨酸残基上的巯基，是体内重要的含巯基的化合物。

3. 生成活性硫酸根 半胱氨酸可以氧化脱氨基生成丙酮酸、NH_3 和 H_2S。后者可以进一步氧化，生成硫酸。一部分硫酸以无机盐形式随尿液排出体外，另一部分则与 ATP 反应，生成 3′-磷酸腺苷-5′-磷酰硫酸（3′-phosphor-adenosine-5′-phosphosulfate，PAPS）。PAPS 为活性硫酸根，是体内硫酸基的供体。如用于合成硫酸软骨素、硫酸角质素和肝素等多糖；类固醇激素形成硫酸酯而被灭活等。

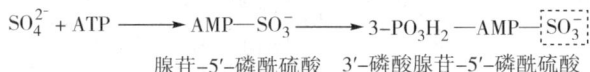

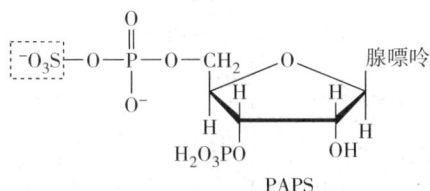

$$SO_4^{2-} + ATP \longrightarrow AMP-SO_3^- \longrightarrow 3-PO_3H_2-AMP-\boxed{SO_3^-}$$
　　　　　　　腺苷-5′-磷酰硫酸　　3′-磷酸腺苷-5′-磷酰硫酸

PAPS

> **考点提示**
> 甲硫氨酸循环的意义，SAM 和 PAPS 的来源、名称及作用。

四、芳香族氨基酸的代谢

芳香族氨基酸包括苯丙氨酸、酪氨酸和色氨酸。酪氨酸可通过苯丙氨酸羟化产生。

（一）苯丙氨酸和酪氨酸代谢

1. 苯丙氨酸羟化生成酪氨酸 正常情况下，苯丙氨酸主要由苯丙氨酸羟化酶催化生成酪氨酸而进一步代谢，此反应为苯丙氨酸的主要代谢途径。当体内苯丙氨酸羟化酶缺陷，苯丙氨酸不能正常转变为酪氨酸时，苯丙氨酸经转氨基作用生成苯丙酮酸、苯乙酸等（图7-12），并从尿中排出，这种遗传代谢病称为苯丙酮尿症（phenylketonuria，PKU）。苯丙酮酸的堆积对中枢神经系统有毒性，故患儿的智力发育障碍。此病的防治宜早期发现并适当控制膳食中苯丙氨酸的含量。

2. 酪氨酸转变成儿茶酚胺 酪氨酸经羟化生成 3,4-二羟苯丙氨酸（多巴），进一步脱羧转变为多巴胺（dopamine，DA）。多巴胺是大脑神经递质，帕金森病（Parkinson disease）患者多巴胺生成减少，易出现震颤性麻痹。在肾上腺髓质中，多巴胺的 β 碳原子羟化，生成去甲肾上腺素，后者由 S-腺苷甲硫氨酸提供甲基转变为肾上腺素。多巴胺、去甲肾上腺素、肾上腺素统称为儿茶酚胺。

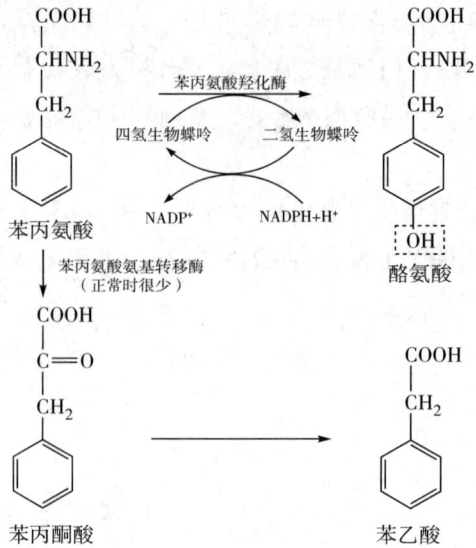

图 7-12 苯丙氨酸的代谢

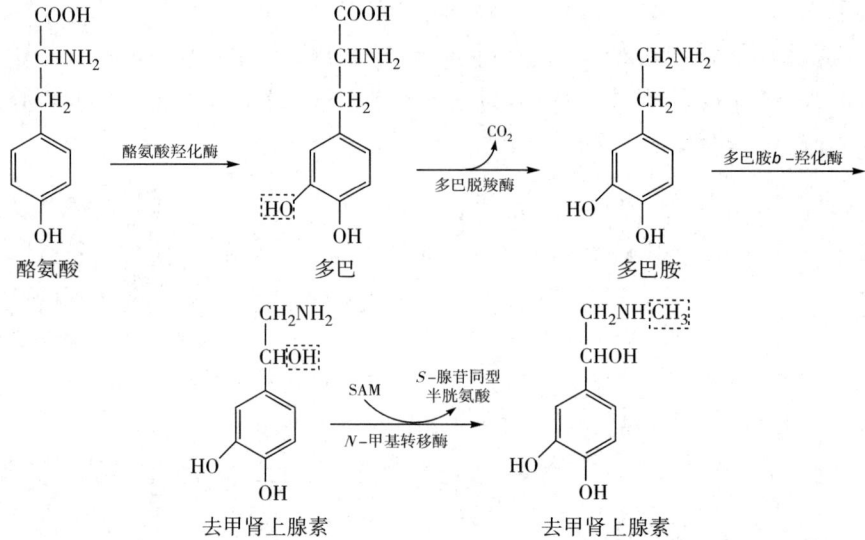

3. 酪氨酸转变为黑色素 在黑色素细胞中，酪氨酸经酪氨酸酶羟化生成多巴，多巴经氧化脱羧转变为吲哚醌，后者再逐步聚合为黑色素。人体缺乏酪氨酸酶，黑色素合成障碍，皮肤、毛发等发白，称为白化病（albinism）。

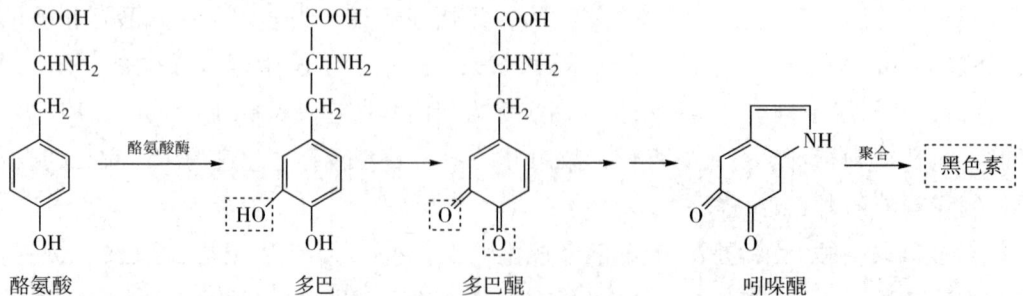

4. 酪氨酸的分解代谢 酪氨酸先经转氨基作用，然后氧化脱羧生成尿黑酸，进一步转变为乙酰乙酸及延胡索酸，所以苯丙氨酸和酪氨酸都是生糖兼生酮氨基酸。体内代谢尿黑酸的酶先天缺陷时，尿黑酸分解受阻，可出现尿黑酸尿症。从尿中排出的尿黑酸在碱性条

件下易被氧化成醌类化合物，进一步生成黑色化合物，故此类患者尿液加碱放置时迅速变黑，患者的骨及组织亦有广泛的黑色物沉积。

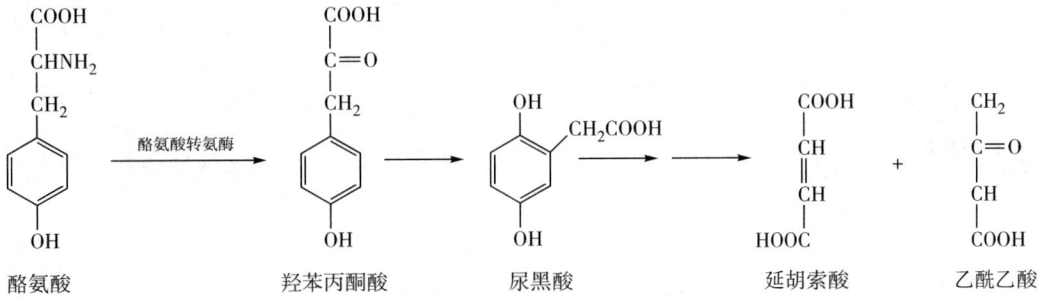

酪氨酸 → 羟苯丙酮酸 → 尿黑酸 → 延胡索酸 + 乙酰乙酸

（二）色氨酸代谢

色氨酸除生成5-羟色胺外，色氨酸在肝中经色氨酸加氧酶作用，生成一碳单位。色氨酸分解可产生丙酮酸与乙酰乙酰辅酶A，所以色氨酸是生糖兼生酮氨基酸。此外，色氨酸分解还可产生烟酸（维生素PP的一种），这是体内合成维生素的特例，但其合成量甚少，不能满足机体的需要。

考点提示

苯丙氨酸和酪氨酸相关的遗传代谢病；黑色素及儿茶酚胺的来源。

本章小结

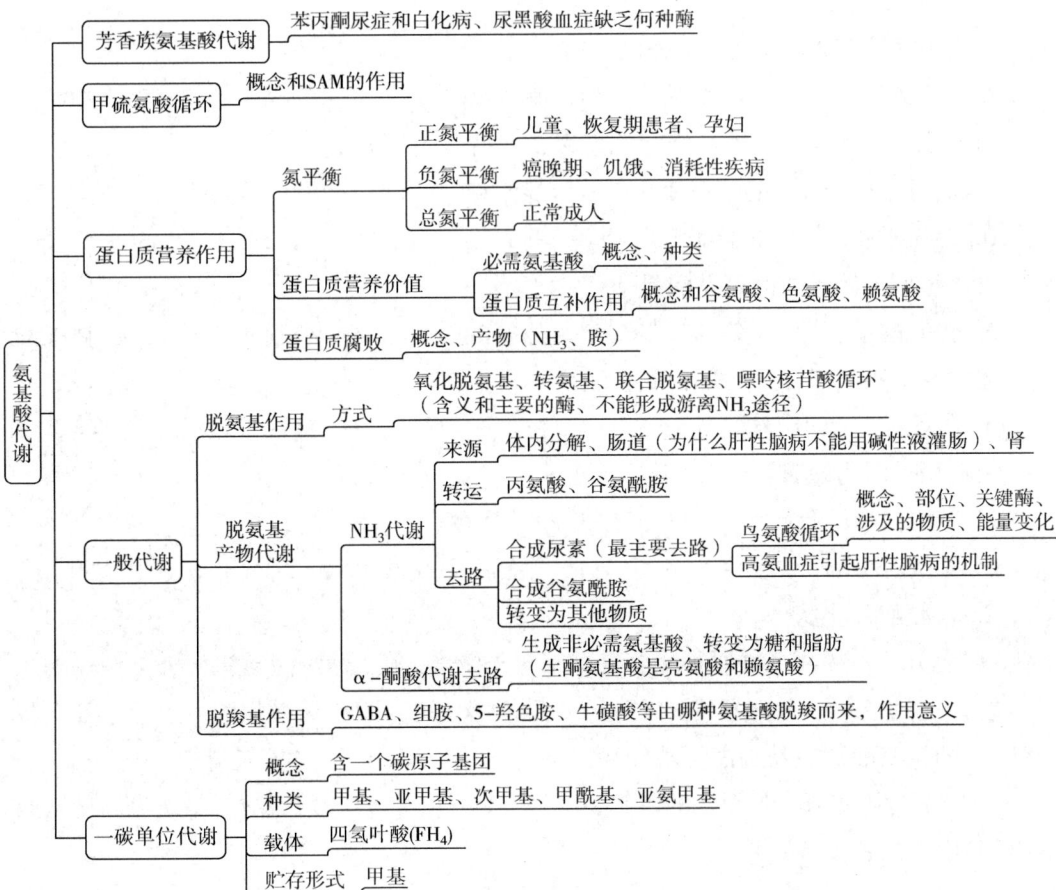

习 题

一、选择题

【A1 型题】

1. 体内一碳单位的运载体（2012 年临床执业助理医师资格考试题）

    A. 叶酸   B. 维生素 B_{12} C. 四氢叶酸   D. 二氢叶酸   E. 生物素

2. 典型苯丙酮尿症的发病原因（2013 年临床执业助理医师资格考试题）

    A. 酪氨酸氨基转移酶缺乏   B. 苯丙氨酸氨基转移酶缺乏

    C. 苯丙氨酸羟化酶缺乏   D. 酪氨酸羟化酶缺乏

    E. 二氢生物蝶呤还原酶缺乏

3. 谷类食物和豆类食物互补的氨基酸是（2014 年临床执业助理医师资格考试题）

    A. 赖氨酸和酪氨酸   B. 赖氨酸和丙氨酸

    C. 赖氨酸和甘氨酸   D. 赖氨酸和谷氨酸

    E. 赖氨酸和色氨酸

4. 磷酸吡哆醛作为辅酶参与的反应是（2015 年临床执业助理医师资格考试题）

    A. 磷酸化反应   B. 酰基化反应

    C. 转甲基反应   D. 过氧化反应

    E. 转氨基反应

5. 下列不属于营养必需氨基酸的是

    A. 甲硫氨酸   B. 苯丙氨酸   C. 赖氨酸   D. 色氨酸   E. 酪氨酸

6. 营养充足的儿童、孕妇和恢复期患者常保持

    A. 负氮平衡   B. 正氮平衡   C. 氮平衡

    D. 总氮平衡   E. 以上都不是

7. 可产生假神经递质的氨基酸是

    A. 赖氨酸   B. 色氨酸   C. 酪氨酸   D. 组氨酸   E. 精氨酸

8. 体内肾上腺素来自下列哪种氨基酸

    A. 丙氨酸   B. 丝氨酸   C. 酪氨酸   D. 赖氨酸   E. 组氨酸

9. 白化病是因为缺乏

    A. 苯丙氨酸羟化酶   B. 酪氨酸酶

    C. 氨基转移酶   D. 尿黑酸氧化酶

    E. 色氨酸羟化酶

10. 尿素分子中的两个氮原子一个直接来自于游离的氨，另一个氮原子直接来自于

    A. 鸟氨酸   B. 精氨酸   C. 瓜氨酸   D. 天冬氨酸   E. 甘氨酸

11. 下列氨基酸哪些是必需氨基酸

    A. 谷氨酸   B. 苯丙氨酸   C. 酪氨酸   D. 丝氨酸   E. 鸟氨酸

12. 脑中氨的主要去路是

    A. 扩散入血   B. 合成尿素

    C. 合成嘌呤   D. 合成氨基酸

    E. 合成谷氨酰胺

13. 尿素产生的机制

    A. 丙氨酸-葡萄糖循环   B. 柠檬酸-丙酮酸循环

    C. 三羧酸循环   D. 鸟氨酸循环

    E. 乳酸循环

14. 将肌肉中的氨以无毒形式运至肝

    A. 丙氨酸-葡萄糖循环   B. 柠檬酸-丙酮酸循环

    C. 三羧酸循环   D. 鸟氨酸循环

    E. 乳酸循环

15. 肌肉组织中脱氨基的主要方式是

    A. 转氨基作用   B. 联合脱氨基作用

    C. L-谷氨酸氧化脱氨基   D. 嘌呤核苷酸循环

    E. 丙氨酸-葡萄糖循环

16. 体内硫酸根的主要来源是

    A. 甲硫氨酸   B. 胱氨酸

    C. 半胱氨酸   D. 同型半胱氨酸

    E. 缬氨酸

17. S-腺苷甲硫氨酸（SAM）的主要作用为

    A. 合成四氢叶酸   B. 合成甲硫氨酸

    C. 提供活性甲基   D. 合成同型半胱氨酸

    E. 提供一碳单位

18. 体内最广泛存在，活性最高的氨基转移酶是将氨基转移给

    A. 丙酮酸   B. 谷氨酸

    C. α-酮戊二酸   D. 草酰乙酸

    E. 甘氨酸

19. 下列氨基酸中哪一种不能提供一碳单位

    A. 甘氨酸   B. 丝氨酸   C. 组氨酸   D. 色氨酸   E. 酪氨酸

20. 牛磺酸是由下列哪种氨基酸代谢而来

    A. 甲硫氨酸   B. 半胱氨酸   C. 苏氨酸   D. 甘氨酸   E. 谷氨酸

二、思考题

1. 体内氨的来源和去路。

2. 对高血氨患者为什么不能采用碱性肥皂水灌肠，而采用弱酸性透析液做结肠透析。

3. 尿素合成的部位、原料、限速酶以及 ATP 消耗。

4. 一碳单位的类型、载体及生理功能。

5. 从氨基酸代谢角度分析肝昏迷的生化机制。

扫码"练一练"

第七章

（张媛英）

· 147 ·

第八章 核酸的结构、功能与核苷酸代谢

学习目标

1. **掌握** 核酸的基本成分、组成单位、核苷酸间的连接方式；DNA、RNA 的结构特点；核酸的紫外吸收、DNA 的变性及复性；核苷酸从头合成途径的原料、关键酶及特点；核苷酸的重要分解产物。
2. **熟悉** 核酸分子杂交与基因诊断及痛风发病机制和治疗原则。
3. **了解** 核苷酸补救合成途径的概念及生理意义。
4. 学会运用嘌呤核苷酸的分解代谢过程，解释痛风的发病机制及治疗原则。
5. 具有利用核苷酸代谢相关知识分析自毁性综合征及痛风症发病原因的能力。

案例讨论

[案例] 某男，40 岁，两年来因全身关节疼痛伴低热反复就诊，均被诊断为"风湿性关节炎"。经抗风湿和激素治疗后，疼痛现象稍有好转。两个月前，因疼痛加剧，经抗风湿治疗效果不明显前来就诊。

查体：体温 37.5℃，双足第一跖趾关节肿胀，左侧较明显。局部皮肤有脱屑和瘙痒现象，双侧耳郭触及绿豆大的结节数个，白细胞 $9.5×10^9$ [参考值：$(4~10)×10^9$]

[讨论]

1. 患者的诊断可能是什么？需做哪些进一步检查确诊？
2. 尿酸是如何产生与排泄的？
3. 痛风的治疗原则是什么？
4. 抗痛风药物的作用机制是什么？

第一节 概 述

核酸（nucleic acid）属于生物大分子，是 1868 年由瑞士科学家米歇尔（F. Miescher）从脓细胞分离出细胞核，用碱抽提再加入酸而得到的一种含氮和磷特别丰富的沉淀物质，当时曾称它为核素，后发现其呈酸性，改称为核酸。

知识链接

核酸的发现

核酸的发现已有 100 多年的历史，但人们对它真正有所认识不过近 60 年的事。自 1868 年瑞士化学家米歇尔首先从脓细胞分离出来后，1872 年又从鲑鱼的精子细胞

核中，发现了大量类似的酸性物质，随后有人在多种组织细胞中也发现了这类物质的存在。由于这类物质都是从细胞核中提取出来的，且都具有酸性，因此称为核酸。经过多年后，才有人从动物组织和酵母细胞分离出含蛋白质的核酸。

20 世纪 20 年代，德国生理学家科塞尔（A. Kossel）首先研究了核酸的分子结构。他将核酸水解，发现它由糖、磷酸、有机碱三种物质构成。其中有机碱又包括四种成分，他按其结构的不同，分别命名为胸腺嘧啶（C）、胞嘧啶（T）、腺嘌呤（A）、鸟嘌呤（G）。1929 年，科赛尔的学生俄裔美国化学家列文（P. A. Levene）发现核酸里的糖比普通糖少一个 C 原子，他把核酸中的这种糖称为核糖，并确定了核酸有两种，一种是脱氧核糖核酸（DNA），另一种是核糖核酸（RNA）。

但上述重大发现在当时却没有引起人们的注意。直到 1967 年，人们才真正认识到生命的遗传基础就是核酸，并破译了全部的 DNA 密码。

核酸的基本组成单位是核苷酸（nucleotide），由碱基、戊糖和磷酸三部分组成。各种生物都含有两类核酸，即脱氧核糖核酸（deoxyribonucleic acid，DNA）和核糖核酸（ribonucleic acid，RNA），但病毒例外，一种病毒只含有 DNA 或 RNA，因此病毒分为 DNA 病毒和 RNA 病毒。

DNA 是遗传的物质基础，绝大部分存在于细胞核染色体中，线粒体和植物叶绿体含有少量的环状 DNA，原核生物含质粒环状 DNA。RNA 主要存在于细胞质中，参与遗传信息的传递和表达，RNA 也可以作为某些病毒遗传信息的载体。RNA 功能广泛，在已阐明的几类 RNA 中，信使 RNA（messenger RNA，mRNA）可把遗传信息由 DNA 带给核糖体，从而指导蛋白质的合成；转运 RNA（transfer RNA，tRNA）在蛋白质合成过程中起到转运氨基酸的作用；核糖体 RNA（ribosomal RNA，rRNA）是核糖体的组成成分，核糖体是蛋白质合成的场所。核酸具有复杂而多样的结构，在生命活动过程中发挥着重要的功能。

第二节　核酸的化学组成

核酸由 C、H、O、N、P 等元素组成，一般不含元素 S，其中元素 P 的含量在各种核酸中相对恒定，平均为 9%～11%。因此，可通过测定核酸中磷的含量来计算生物组织中所含核酸的量。

核酸经酸、碱或酶水解后，可得到其基本组成单位核苷酸，核苷酸进一步水解，可水解为核苷和磷酸，核苷再进一步水解，可水解为碱基和戊糖，因此核酸水解后其终产物有三种基本成分，即碱基、戊糖和磷酸（图 8-1）。

图 8-1　核酸水解

一、碱基

核酸中的碱基为含氮杂环化合物，包括嘌呤（purine）碱基和嘧啶（pyrimidine）碱基两大类。嘌呤类碱基包括腺嘌呤（adenine，A）和鸟嘌呤（guanine，G）。嘧啶类碱基包括胞嘧啶（cytosine，C）、胸腺嘧啶（thymine，T）和尿嘧啶（uracil，U）。DNA 分子中所含的碱基有 A、T、G、C 四种，RNA 分子中所含的碱基有 A、U、G、C 四种。因此，胸腺嘧啶（T）只存在于 DNA 中，而尿嘧啶（U）只存在于 RNA 中。

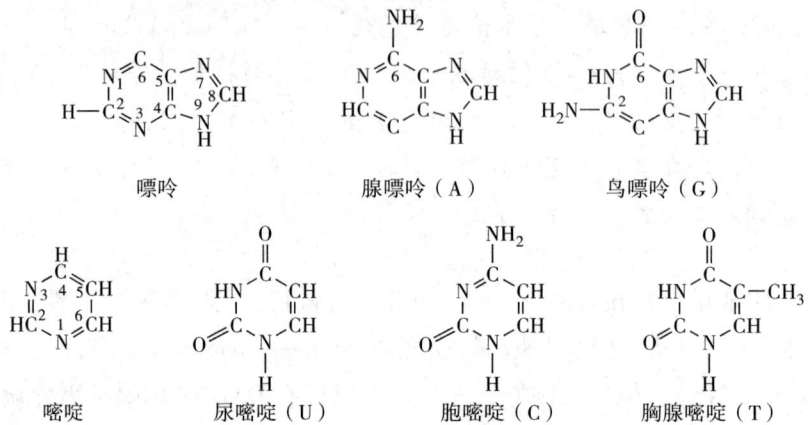

嘌呤　　　　　　　腺嘌呤（A）　　　　　鸟嘌呤（G）

嘧啶　　　　尿嘧啶（U）　　　　胞嘧啶（C）　　　　胸腺嘧啶（T）

此外，核酸分子中除含有以上五种碱基外，某些核酸中还有一些含量较少的碱基，称为稀有碱基。稀有碱基种类极多，是常见碱基的衍生物，在转运 RNA（tRNA）中含有较多的稀有碱基，如假尿嘧啶、次黄嘌呤、二氢尿嘧啶、5-甲基尿嘧啶等。

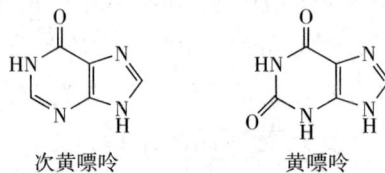

次黄嘌呤　　　　　　　黄嘌呤

嘌呤和嘧啶结构中都具有共轭双键，对波长 260nm 左右的紫外光有较强的吸收，这一特性被用于核酸、核苷酸、核苷和碱基的定性及定量分析。

二、戊糖

组成核酸的戊糖有两种。即 DNA 分子中的 β-D-2′-脱氧核糖和 RNA 分子中的 β-D-核糖，两者的区别仅在于戊糖第 2 位碳原子上是否含氧，即 DNA 中特征性戊糖是脱氧核糖，而 RNA 中则是核糖。由于 DNA 和 RNA 彻底水解后，部分碱基是相同的，磷酸也是相同的，因此区分两类核酸最主要的依据是戊糖不同。

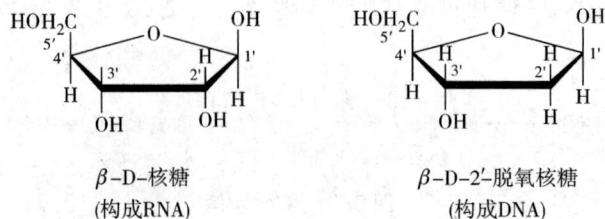

β-D-核糖
（构成RNA）

β-D-2′-脱氧核糖
（构成DNA）

三、核苷

碱基和戊糖通过糖苷键相连所形成的化合物称为核苷。嘌呤 N_9 或嘧啶 N_1 与核糖 $C_{1'}$ 羟基通过 β-N-糖苷键相连形成核苷，核糖与碱基所形成的化合物称为核糖核苷，简称核苷；脱氧核糖与碱基所形成的化合物称为脱氧核糖核苷，简称脱氧核苷。核苷的命名是在核苷的前面加上碱基的名称，如核糖与腺嘌呤相连形成腺嘌呤核苷（简称腺苷），再如脱氧核糖与胸腺嘧啶相连形成脱氧胸腺嘧啶核苷（简称脱氧胸苷）。核酸中的碱基和戊糖，一共可以生成以下 8 种核苷，分别为腺苷、脱氧腺苷、鸟苷、脱氧鸟苷、胞苷、脱氧胞苷、胸苷和尿苷。

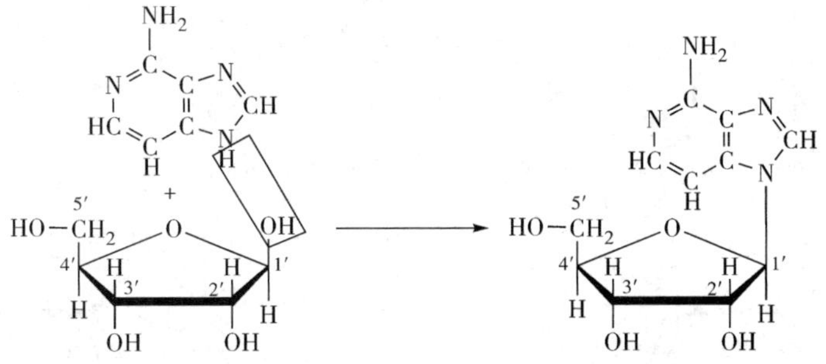

腺嘌呤核苷 脱氧腺嘌呤核苷

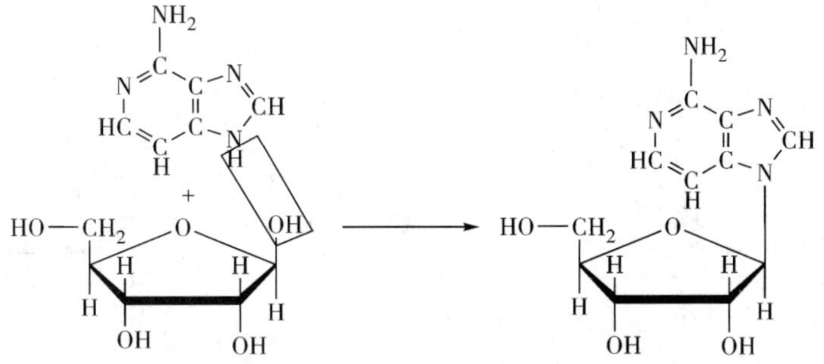

胸腺嘧啶核苷 脱氧胸腺嘧啶核苷

四、核苷酸

核苷酸是核酸的基本组成单位。核苷或脱氧核苷中戊糖 $C_{5'}$ 上的自由羟基与磷酸基通过磷酯键相连，形成核苷酸或脱氧核苷酸（deoxynucleotide）。因此，DNA 的基本组成单位是脱氧核糖核苷酸，RNA 的基本组成单位是核糖核苷酸。

在核酸分子中，根据与戊糖连接的磷酸基团数目不同，核苷酸可分为核苷一磷酸（nucleoside 5′-monophosphate，NMP）、核苷二磷酸（nucleoside 5′-diphosphate，NDP）和核苷三磷酸（nucleoside 5′-triphosphate，NTP），脱氧核苷酸在前面加小写"d"。

1. 核苷一磷酸　即由一个磷酸、一个戊糖和一个碱基构成的核苷酸。由于戊糖的不同，核苷一磷酸分为核糖核苷一磷酸（NMP）和脱氧核糖核苷一磷酸（dNMP）。

2. 多核苷酸　含有多个磷酸的核苷酸统称为多核苷酸，包括含有 2 个磷酸基团的核苷二磷酸（NDP 和 dNDP）和有 3 个磷酸基团的核苷三磷酸（NTP 和 dNTP）。核苷二磷酸和核苷三磷酸都是高能化合物，腺苷三磷酸（ATP）是体内一切生命活动能量的直接来源，其他多核苷酸在体内也发挥着重要的作用。

3. 环核苷酸　核苷酸除构成核酸以外，在体内还具有许多重要的生理功能。如 ATP 是体内能量的直接来源和利用形式，在代谢过程中发挥着重要的作用，GTP、UTP 及 CTP 在体内也能为机体提供能量；ATP、GTP、UTP、CTP 等可激活许多化合物生成物质代谢上的活性物质，如 UDP-葡萄糖（UDPG）、CDP-二酰甘油、S-腺苷甲硫氨酸（SAM）和 3′-磷酸腺苷-5′-磷酰硫酸（PAPS）等；许多辅酶成分中含有核苷酸，如腺苷酸是 NAD$^+$、FAD、辅酶 A 等的组成成分；某些核苷酸及其衍生物是重要的调节因子，如环腺苷酸（cyclic AMP，cAMP）和环鸟苷酸（cyclic GMP，cGMP）是细胞内信号转导过程中重要的信息分子。

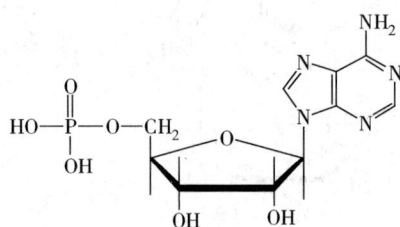

腺苷酸
（AMP）

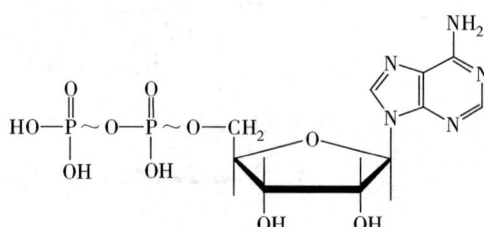

腺苷二磷酸
（ADP）

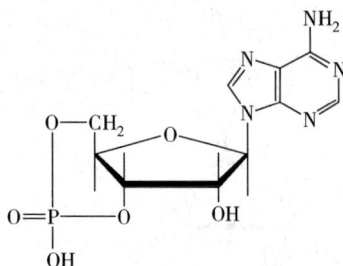

3′,5′-环腺苷酸
（cAMP）

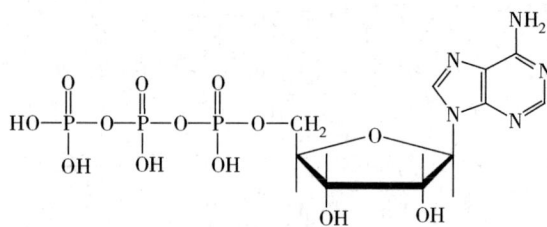

腺苷三磷酸
（ATP）

五、核酸中核苷酸的连接方式

核酸分子是由许多单核苷酸通过 3′,5′-磷酸二酯键（由一个核苷酸的 3′-羟基与下一个核苷酸的 5′-磷酸基团脱水缩合所形成）连接而成的。核酸分子所形成的长链状结构称为多核苷酸链。在多核苷酸链中，具有游离磷酸的一端称为 5′-磷酸末端（简称 5′端）；具有游离 3′-羟基的一端称为 3′-羟基末端（简称 3′端），多核苷酸链书写或阅读的方向，都是由 5′端至 3′端（图 8-2）。

考点提示

核酸的基本组成成分、两类核酸的主要区分依据及核酸中核苷酸的连接方式。

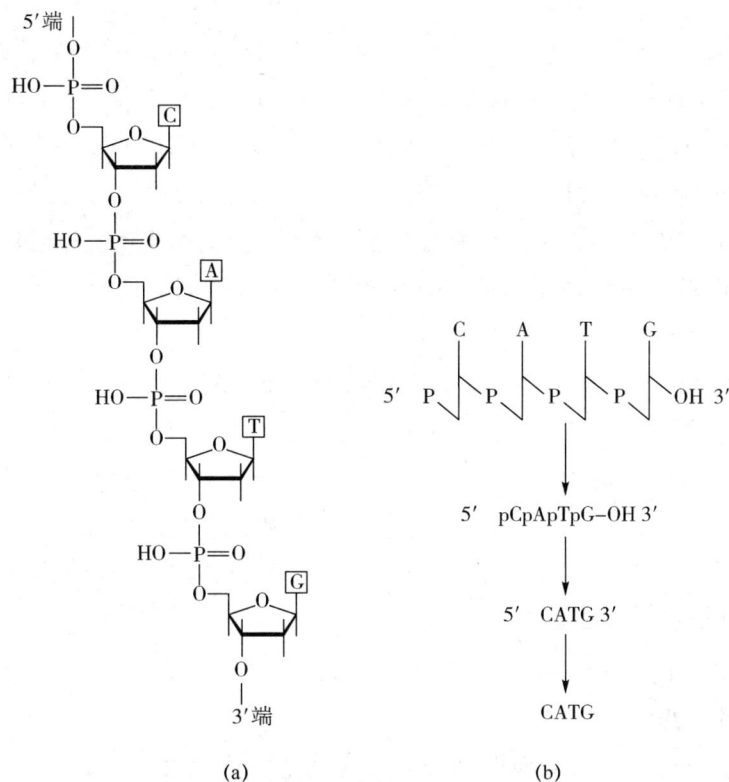

图 8-2　核苷酸的连接方式及书写方式

（a）DNA 中核苷酸的连接方式；（b）DNA 书写方式

第三节　核酸的结构与功能

与蛋白质类似，核酸的分子结构通常也是在几个层次上进行研究：核酸的一级结构即基本结构；核酸中由部分核苷酸形成的有规律、稳定的空间结构属于核酸的二级结构；核酸的三级结构主要研究 DNA 的超级结构及 RNA 的三级结构，其中二级结构和三级结构统称为核酸的空间结构。

一、核酸的一级结构

核酸为核苷酸的缩聚物，通常把长度小于 50nt（nt：单链核酸长度单位，1nt 为 1 个核苷酸）的核酸称为寡核苷酸（oligonucleotide），更长的则称为多核苷酸（polynucleotide），它们都统称为核酸。

核酸的一级结构是指核酸分子中核苷酸的排列顺序。由于多核苷酸链中，核苷酸之间的差异仅是碱基的不同，因此核酸的一级结构也称为核酸分子中碱基的排列顺序。

> **考点提示**
>
> 核酸一级结构的概念。

知识拓展

人类基因组计划

1977 年，F. Sanger 建立 DNA 测序的链末端终止法，之后又引入计算机和荧光标记技术，开发出全自动 DNA 测序技术，为人类基因组计划的提前完成提供了有利的条件。2003 年 4 月 14 日，美国、英国、日本、意大利和中国等同时宣布，已经测定出人类 30 亿碱基 DNA 序列，一幅精确的人类基因组图谱展示在人们面前。人类基因组计划（human genome project，HGP）是由美国科学家于 1985 年率先提出，该计划对人类 23 对染色体的全部 DNA 进行测序，并绘制相关的遗传图谱、物理图谱、序列图谱和基因图谱。1990 年，美国正式启动被译为生命科学"阿波罗登月计划"的国际人类基因组计划，并任命 James Watson 为项目总负责人。随后，英国、法国、德国、日本相继加入该计划，中国于 1999 年跻身人类基因组计划，承担了 1% 的测序任务，即人类 3 号染色体短臂上约 3000 万个碱基对的测序，至此，中国成为参加这项研究计划的唯一发展中国家，并提前完成预定任务，赢得了国际科学界的高度评价。2000 年，六国科学家和美国塞莱拉公司联合公布人类基因组序列草图，为人类生命科学开辟了一个新纪元。

扫码"看一看"

二、DNA 的空间结构

DNA 的空间结构包括 DNA 的二级结构及三级结构。

（一）DNA 的二级结构

1953 年 J. Watson 和 R. Crick 根据 DNA 的 X 射线衍射分析数据和碱基分析数据，提出了著名的 DNA 双螺旋结构（double helix）模型。这一发现揭示了生物界遗传性状得以世代相传的分子基础，不仅阐明了 DNA 的理化性质，还将 DNA 结构与功能联系起来，为现代生命科学奠定了基础。此模型学说的提出，极大地推动了生物学的发展，是生物化学发展史上的一个重要里程碑，他们也因此获得了 1962 年的 Nobel 生理学/医学奖。DNA 双螺旋结构如图 8-3 所示。

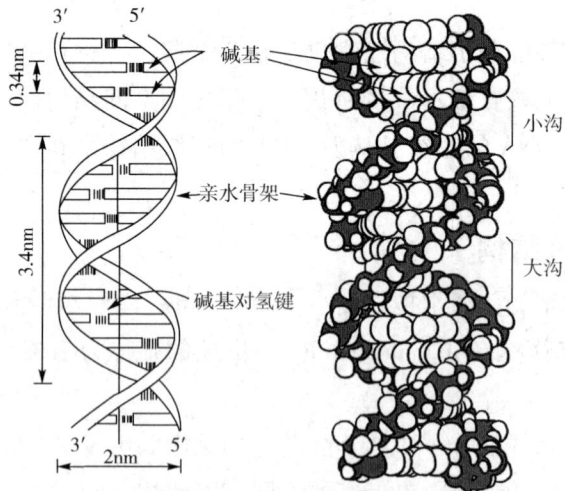

图 8-3　DNA 双螺旋结构示意图

DNA 双螺旋结构模型要点如下：

（1）DNA 分子是由两条平行且走向相反的多脱氧核苷酸链围绕一个中心轴，以右手螺旋的方式形成的双螺旋结构。其中一条链的走向是 5′→3′，另一条链的走向是 3′→5′，呈现反向平行的特征。

（2）在 DNA 双螺旋结构中，碱基侧链位于双螺旋的内侧，由磷酸和脱氧核糖交替连接

构成的主链（简称戊糖磷酸链）位于双螺旋的外侧。两条链间的碱基以氢键结合形成互补配对，即 A 与 T 配对形成两个氢键，C 与 G 配对形成三个氢键，此称为碱基互补配对原则（complementary base pair），也称为 Watson-Crick 配对（图 8-4），DNA 的两条链则称为互补链（complementary strand）。两个配对的碱基结构几乎在一个平面上，其与双螺旋的螺旋轴垂直。

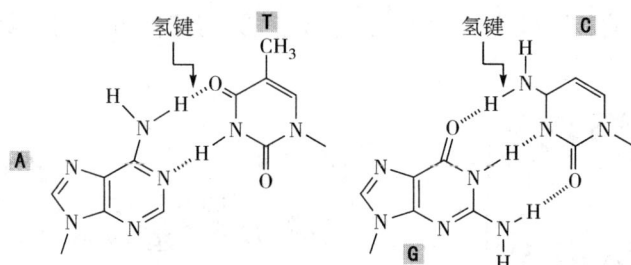

图 8-4　DNA 碱基互补配对图

（3）在双螺旋中，碱基平面与螺旋轴垂直，糖基平面与碱基平面接近垂直，与螺旋轴平行；双螺旋直径为 2nm，双螺旋每旋转一周包含 10bp（bp：双链核酸长度单位，1bp 为 1 个碱基对），螺距为 3.4nm，因此每相邻两碱基平面之间的距离为 0.34nm。DNA 双螺旋表面有两条沟槽，相对较深、较宽的为大沟（major groove），相对较浅、较窄的为小沟（minor groove）。大沟处在上下两个螺旋之间，小沟则处在平行的两条链之间，此沟状结构可能与蛋白质和 DNA 间的识别有关。

（4）DNA 双螺旋结构的稳定性靠横向的氢键及纵向的碱基堆积力维系，并且后者作用更为重要。DNA 中每相邻的两个碱基对平面在旋转中彼此重叠，产生了疏水性的碱基堆积力。

沃森（J. D. Watson）和克里克（F. H. Crick）提出的 DNA 双螺旋模型结构是在相对湿度为 92%、从生理盐水（0.9% 氯化钠溶液）中提取出来的纤维构象，称为 B 型构象。如果改变溶液的离子强度或相对湿度，DNA 双螺旋结构的螺距、沟槽、旋转角度等特征都会发生变化。后来发现自然界存在的 DNA 另有 A-DNA 和 Z-DNA（左手螺旋）（图 8-5）。

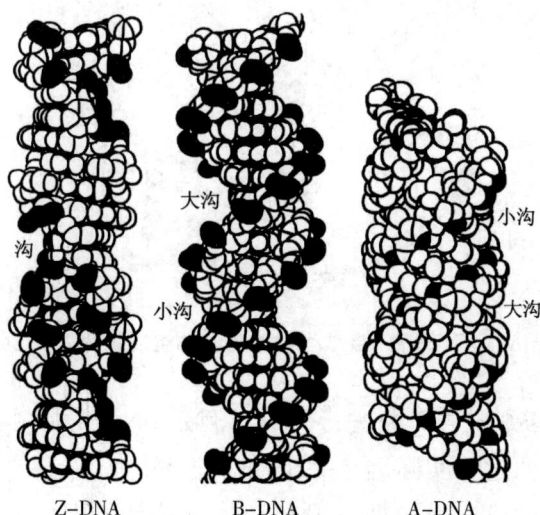

图 8-5　不同类型的 DNA 双螺旋结构

（二）DNA 的三级结构

在二级结构基础上，DNA 双螺旋进一步盘曲，形成更复杂的结构，称为 DNA 的三级结构。某些病毒、噬菌体和细菌的 DNA 及真核生物的线粒体 DNA 成环状，其三级结构是在双螺旋结构基础上进一步形成的超螺旋结构。原核生物、线粒体、叶绿体中的 DNA 是共价闭合的双螺旋环状结构，此环状结构再螺旋则形成超螺旋结构（图 8-6）。若超螺旋的扭曲方向与双螺旋旋转方向相同称为正超螺旋，若超螺旋的扭曲方向与双螺旋旋转方向相反称为负超螺旋。

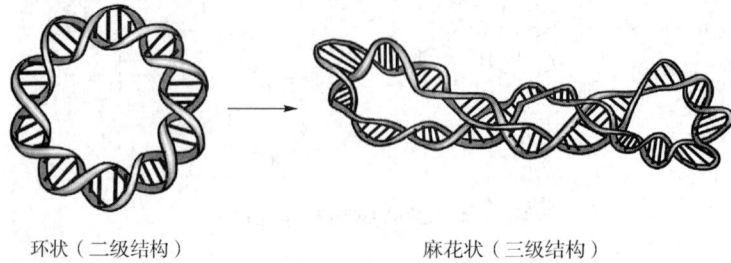

环状（二级结构）　　　　　　　　　麻花状（三级结构）

图 8-6　超螺旋结构

如果把真核生物 DNA 形成的双螺旋结构看成是 DNA 的一级压缩，那么 DNA 的二级压缩就是形成核小体。

真核生物染色体 DNA 是线性双螺旋结构，染色质 DNA 与组蛋白组成核小体，其中的组蛋白分别为 H_1、H_2A、H_2B、H_3 和 H_4。染色体的基本组成单位是核小体，其直径为 11nm，厚为 5.5nm。核小体的形成，第一需要各两分子的 H_2A、H_2B、H_3 和 H_4 共同构成一个八聚体的核心蛋白，接着长约 150bp 的 DNA 双螺旋链将缠绕在此核心上盘绕 1.75 圈，形成核小体的核心颗粒（core particle），各核心颗粒之间再由约 60bp 的 DNA 和组蛋白 H_1 构成的连接区连接，即形成串珠样的染色质结构。此为 DNA 在核内形成致密结构的一次折叠，在此过程中，DNA 的长度被压缩了 6~7 倍。染色质细丝进一步盘绕、折叠形成中空螺线管，从而进一步卷曲形成超螺旋管。之后，染色质纤维进一步压缩成染色单体，在核内组装为染色体（图 8-7）。

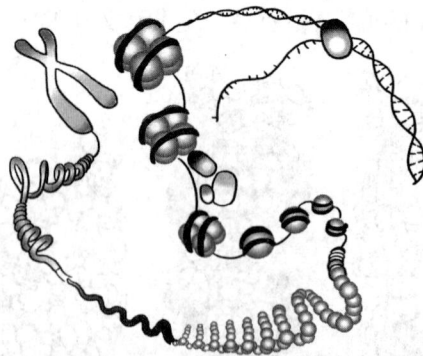

图 8-7　真核生物染色体的组装过程

需要指出的是：由于细胞内不断进行代谢，例如 DNA 复制及基因表达，DNA 的盘曲过程实际上是一个动态过程，所以在不同时期及 DNA 的不同区段，其盘曲方式和盘曲的程度都是不相同的。

考点提示

DNA 双螺旋结构模型要点。

> **知识拓展**
>
> ### DNA 的功能
>
> 　　早在 1928 年，生理学家格里菲斯（J. Griffith）在研究肺炎球菌时就认识到一定有一种什么物质，能够从死细胞进入活细胞中，改变了活细胞的遗传性状，把无毒细菌变成了有毒细菌。这种能转移的物质，格里菲斯把它叫做转化因子。直到 1944 年细菌学家艾弗里（Avery Oswald Theodore）才首次证明了该转化因子就是核酸（DNA）。后来，美国生理学家德尔布吕克（MAX. Delbück）选用大肠杆菌和噬菌体研究基因复制，进一步通过实验证明了 DNA 就是携带遗传物质的物质基础。
>
> 　　在真核细胞中，95%～98% 的 DNA 分布于细胞核中；在原核细胞中，DNA 存在于细胞质中的核质区。不论分布空间如何，DNA 都作为生物遗传信息的载体存在，并作为基因复制和转录的模板。它是生命遗传的物质基础，也是个体生命活动的信息基础。

三、RNA 的结构与功能

　　RNA 的二级结构不像 DNA 的右手双螺旋结构那么典型。除了少数 RNA 病毒的 RNA 之外，所有生物的 RNA 都是单链结构。单链 RNA 可通过链内互补构成局部的双螺旋结构，与 A–DNA 构象相似，其碱基互补配对的原则是 A 对 U、G 对 C。不过，RNA 的碱基配对不像 DNA 那么严格，实际上在 RNA 中存在较多的 G—U 碱基对。在实验室的研究中，发现 RNA 可以在高温、高盐的条件下形成与 Z–DNA 相似的构象，而与 B–DNA 构象相似的 RNA 还没发现。另外，如果 RNA 互补的双链部分存在未配对碱基，就会形成鼓泡、膨胀及发夹结构。

　　RNA 作为大分子核酸，在生命活动中具有重要作用，它和蛋白质共同负责基因的表达与表达过程的调控。与 DNA 相比，RNA 分子较小，稳定性稍差，容易被核酸酶水解，但体内 RNA 在种类、结构上却远比 DNA 复杂，这与它的功能多样化密切相关。真核细胞内主要的 RNA 包括信使 RNA（mRNA）、转运 RNA（tRNA）和核糖体 RNA（rRNA），此外还有不均一核 RNA（hnRNA）、核内小 RNA、核仁小 RNA 等，在此部分主要介绍信使 RNA（mRNA）、转运 RNA（tRNA）和核糖体 RNA（rRNA）三类。

（一）信使 RNA（mRNA）

　　信使 RNA 的特点是种类多、寿命短、含量少。不同的信使 RNA 编码不同的蛋白质，并且完成使命后将被进一步降解。

　　信使 RNA 是把 DNA 所携带碱基排列顺序的遗传信息，按碱基互补配对原则，将细胞核内的基因遗传信息转移到细胞质中，作为蛋白质合成的模板。mRNA 约占 RNA 总量的 2%～5%。真核生物 mRNA 不是细胞核内 DNA 转录的直接产物，它的前身为不均一核 RNA（hnRNA）。真核生物 mRNA 半衰期很短，由几分钟到数小时不等。细胞核内合成的 mRNA 初级产物 hnRNA 较成熟的 mRNA 分子大，需要经过剪接才能成为成熟的 mRNA 并移位至细胞质发挥翻译模板的作用。原核生物的 mRNA 一般不需要加工就可直接参与蛋白质的生物合成。真核生物 mRNA 结构特点如下（图 8-8）。

　　1. 5'端的帽结构　大多数真核生物 mRNA 在转录后 5'端以 7–甲基鸟嘌呤核苷三磷酸

（m^{7}Gppp）为起始结构，被称为"帽"结构，与帽结构相邻的第 1 个核苷酸中的核糖 C$_{2'}$ 通常也会被甲基化。mRNA 的帽结构起到保护 mRNA 免被核酸酶水解的作用，并且在翻译起始中可以促进核糖体与其结合，加快起始翻译的速度。

2. 3′端的多 A 尾结构 真核生物 mRNA 3′端由 30～200 多个腺苷酸连接而成，称为多腺苷酸尾或多 A 尾 [poly（A）tail]，3′端多 A 尾是在转录后逐个添加上去的，它的作用是增加 mRNA 的稳定性和维持其翻译活性。

真核生物 mRNA 结构中 5′帽结构和 3′端多 A 尾结构共同负责 mRNA 从核内向细胞质的转位、mRNA 的稳定性维持以及对翻译起始的调控。若去除多 A 尾和帽结构会导致细胞内 mRNA 迅速降解。在原核生物 mRNA 中，则没有这些特殊结构。

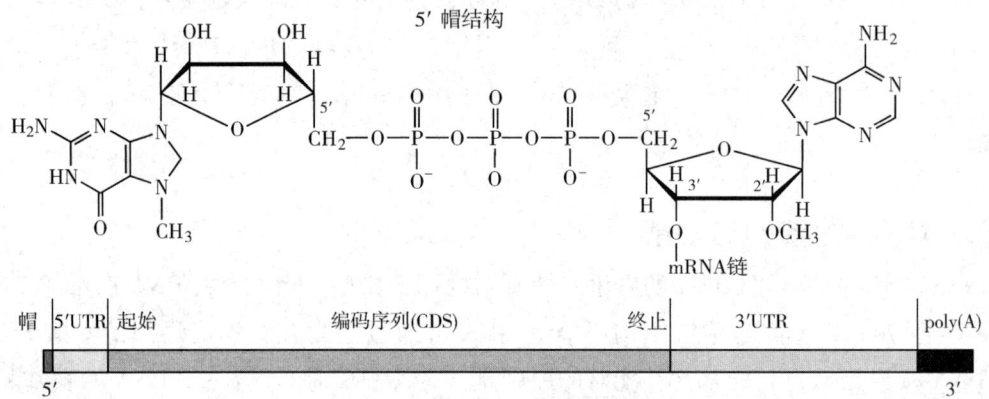

图 8-8 真核生物 mRNA 结构图

（二）转运 RNA（tRNA）

已发现的转运 RNA（transfer RNA，tRNA）有 60 多种，占细胞内总 RNA 的 10%～15%。在蛋白质生物合成过程中，转运 RNA 起选择性转运氨基酸和识别密码子的作用，每一种氨基酸都由相应的一种或几种转运 RNA 转运。

tRNA 是细胞内分子量最小的核酸，一般由 74～95 个核苷酸构成，其稳定性较好。tRNA 的功能是转运氨基酸，其根据 mRNA 上遗传密码的顺序将特定的氨基酸运到核糖体合成蛋白质。tRNA 的结构一般具有以下特点。

1. 含稀有碱基最多 稀有碱基是指除了 A、G、C、U 以外的碱基，如双氢尿嘧啶（DUH）、假尿嘧啶（pseudouridine，Ψ）、甲基化的嘌呤（^{m}G、^{m}A）等都是稀有碱基，它们都是在转录后修饰而成的。转运 RNA 含 7~15 个稀有碱基，大多数分布在非配对区。

2. 种类繁多 其 5′端常磷酸化，多数为 pG，3′端最后的 3 个核苷酸的碱基为—CCA。

3. 二级结构为三叶草结构 三叶草结构中，含有 4 个茎和 3 个环，其中比较重要的结构有氨基酸臂、胸苷假尿苷（TΨC）环、反密码子环和二氢尿嘧啶（DHU）环。氨基酸臂是 tRNA 3′端的最后 3 个核苷酸序列，均为—CCA，是氨基酸的结合部位。反密码子环内含有 3 个碱基，为反密码子，tRNA 通过反密码子辨别 mRNA 上相应的密码子，从而进行氨基酸的识别和装配，参与蛋白质多肽链的合成。[图 8-9（a）]

4. 三级结构为倒 L 型 X 射线衍射图表明，所有的 tRNA 具有相似的倒 L 形的空间结构，一端为氨基酸臂，另一端为反密码子环，由图可见，TΨC 环和 DHU 环在空间结构中距离很近。[图 8-9（b）]

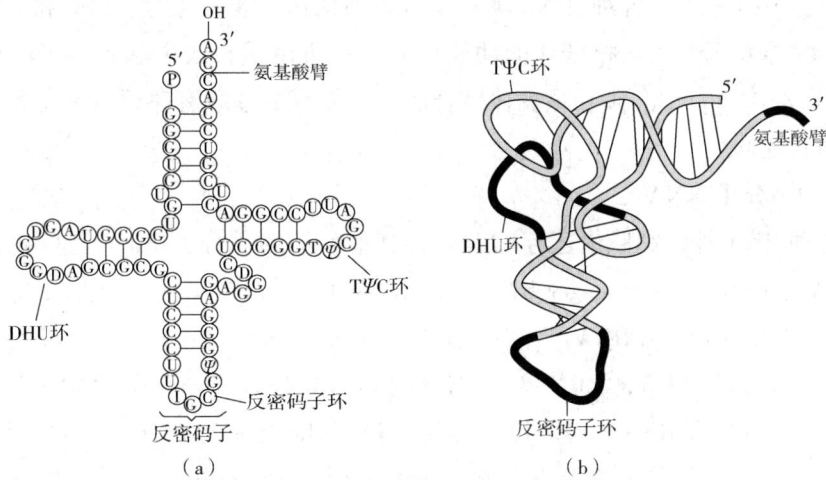

图 8-9　tRNA 的二级结构和三级结构示意图

（a）tRNA 的二级结构；（b）tRNA 的三级结构

（三）核糖体 RNA（rRNA）

核糖体 RNA（ribosomal RNA，rRNA）是细胞内含量最多的 RNA，约占细胞总 RNA 的 80% 以上。rRNA 与核糖体蛋白质共同构成的核蛋白体，称为核糖体（ribosome），是蛋白质合成的场所。原核生物和真核生物的核糖体由大、小两个亚基组成，一般情况下两个亚基分别以游离的形式存在于细胞质中，在进行蛋白质合成时聚合成为一体，蛋白质合成结束后又重新解聚。

不同 rRNA 的碱基组成没有一定的比例，不同来源的 rRNA 碱基组成差别较大。除 5S rRNA 外，均含有少量的稀有碱基，主要是假尿嘧啶（Ψ）和各种常见碱基的甲基化衍生物。真核生物的 18S rRNA 的二级结构含众多环茎结构，呈花状（图 8-10），大多数的结合位点为核糖体蛋白质的结合和蛋白质的组装提供了结构基础。

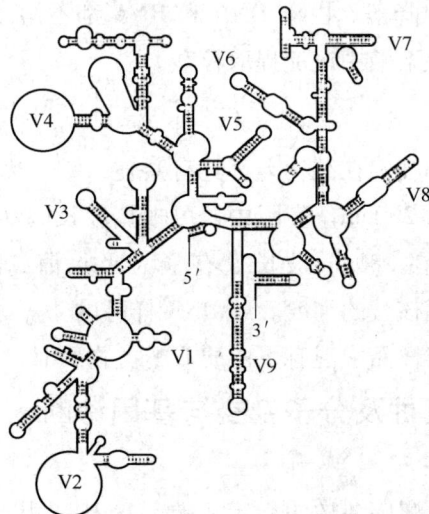

图 8-10　真核生物 18S rRNA 的二级结构

在蛋白质合成过程中，各种 rRNA 本身没有单独执行功能的能力，都要和多种蛋白质结合成核糖体后才能发挥作用。核糖体的功能也就是在蛋白质合成中起到装配的作用，无论是何种 mRNA 或 tRNA，都必须和核糖体结合后，才能将氨基酸有序地鱼贯而入，从而肽链合成才能启动和延伸。

（四）其他小分子 RNA

除以上三种 RNA 外，细胞内还存在着许多其他种类的小分子 RNA，这些 RNA 统称为非编码小 RNA（small non-messenger RNA，snmRNAs）。snmRNAs 主要包括以下几种：核小 RNA（small nuclear RNA，snRNA）、核仁小 RNA（small nucleolar RNA，snoRNA）、胞质小 RNA（small cytoplasmic RNA，scRNA）、催化性小 RNA（small catalytic RNA）、干扰小 RNA（small interfering RNA，siRNA）等。以上这些 RNA 在 hnRNA 和 rRNA 的转录后加工、转运以及基因表达过程的调控等方面具有非常重要的生理作用。例如 siRNA 可以与外源基因表达的 mRNA 相结合，并诱发这些 mRNA 发生降解。此外，某些小 RNA 分子具有催化特定 RNA 降解的活性，在 RNA 合成后的剪接修饰过程中具有重要的作用。snRNA 一般不单独存在。常与多种特异的蛋白质结合在一起，形成核小核糖核蛋白（snRNP）颗粒，其在 mRNA 的剪接过程中有重要的作用。

> **考点提示**
> mRNA、tRNA、rRNA 的结构特点。

扫码"看一看"

第四节　核酸的性质

一、核酸的一般性质

核酸是生物大分子，其结构中既含有酸性的磷酸，又含有碱性的碱基，因此核酸呈现出两性解离的性质，是两性电解质。因磷酸基的酸性较强，因此核酸分子通常表现出较强的酸性。利用核酸两性解离的特性，可用电泳法和离子交换层析法分离纯化核酸。碱性条件下，RNA 不稳定，能在室温下水解，利用此特性可测定 RNA 的碱基组成，也可除去 DNA 中混杂的 RNA。核酸溶液黏度较大，特别是 DNA，因为 DNA 是线形高分子化合物，在水溶液中表现出极高的黏性。RNA 分子远远小于 DNA，所以黏度要小得多。若核酸黏度降低或消失，即意味着变性或降解。由于 DNA 和 RNA 都不溶于一般的有机溶剂，因此可用乙醇、异丙醇等有机试剂从溶液中沉淀提取核酸。

二、核酸的紫外吸收

由于核酸分子中的嘌呤和嘧啶在结构上都具有共轭双键，因此都有吸收紫外线的性质，其最大吸收峰所对应的波长为 260nm。实际中，可根据波长 260nm 处的吸光度（A），测定溶液中核酸的含量。蛋白质在 280nm 波长处有最大吸收值，因此可利用溶液 260nm 和 280nm 处的吸光度比值来估算核酸的纯度。纯 DNA 样品的 A_{260}/A_{280} 为 1.8：1，纯 RNA 样品的 A_{260}/A_{280} 为 2.0：1。如核酸样品中混有蛋白质或酚类物质时，该比值将减小。

三、核酸的变性、复性及分子杂交与基因诊断

（一）DNA 的变性与复性

1. DNA 的变性　DNA 双螺旋结构的稳定主要靠碱基堆积力和碱基之间互补配对的氢键来维持，以上两种次级键的断裂均可造成 DNA 双螺旋结构的破坏。DNA 变性（DNA

denaturation）是指在某些理化因素作用下，DNA 分子中的氢键断裂，碱基堆积力遭到破坏，双螺旋结构解体，由双链分开形成单链的过程。引起 DNA 变性的因素有物理因素（如加热）和化学因素（如强酸强碱、有机试剂、尿素、甲酰胺等）。DNA 变性的实质是维持双螺旋稳定的氢键的断裂，其一级结构不发生改变。DNA 变性后其理化性质也发生相应变化，具体表现为 A_{260} 值增高，黏度下降等。

DNA 变性过程中，双螺旋结构逐渐解开，碱基逐渐暴露在外侧，使 DNA 在 260nm 处的吸光度值会随之增加，此现象称为 DNA 的增色效应。该效应是监测 DNA 双链是否发生变性及变性程度评价的最常用指标。

加热使 DNA 变性称为热变性。以温度对波长 260nm 处的吸光度值（A_{260}）作图，所得曲线称为 DNA 的解链曲线（或熔解曲线）（图 8-11）。在解链曲线中，260nm 处紫外吸光度值的变化值（ΔA_{260}）达到最大吸光度变化值的一半时所对应的温度称为 DNA 的解链温度，又称熔解温度（T_m）。

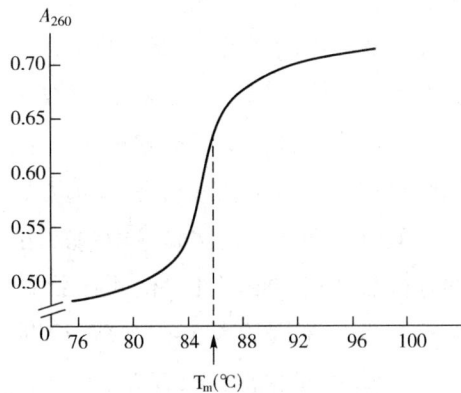

图 8-11　DNA 解链曲线图

DNA 的 T_m 值主要与 DNA 的长度以及碱基G+C的含量相关：DNA 长度越长，G+C 含量越高，T_m 值也越大，这是由于 G 与 C 比 A 与 T 之间多一个互补配对的氢键，解开 G 与 C 之间的氢键所消耗的能量就越多。此外，溶液离子强度越高，T_m 值也越大。

2. DNA 的复性　DNA 的复性（renaturation）是指在一定的条件下，变性 DNA 的两条互补单链又恢复到原来的双螺旋结构的现象。经热变性的 DNA 待冷却后即可复性，这一过程称为退火（annealing）。需要注意的是，DNA 受热变性后，其复性速度受温度的影响，只有温度缓慢下降才可使其重新配对复性，若迅速冷却至4℃以下，则复性是不能进行的。DNA 复性过程中，含共轭双键的碱基暴露得越来越少，因此溶液的 A_{260} 值降低，这一现象称为减色效应（hypochromic effect）。

（二）核酸分子杂交与基因诊断

具有互补序列的两条 DNA 可以形成双螺旋结构，利用该特性可以从不同来源的 DNA 中寻找同源序列。例如将人的 DNA 和鼠的 DNA 加热，使其完全变性解链，然后将它们混合，并在65℃下放置数小时，DNA 基本上全部退火。退火时绝大多数的 DNA 与原来的 DNA 复性，但也会形成少量新的双螺旋，这些由鼠和人的 DNA 所形成的杂化双链称为杂交分子。形成杂交分子的两条 DNA 是互补的，说明两种生物的 DNA 具有部分相同的序列。

不同来源的核酸链因存在互补序列而形成互补双链结构，这一过程称为核酸分子杂交（hybridization）。实际上，不同生物的某些具有相似功能的蛋白质或 RNA 往往具有相似的结构，而编码这些分子的 DNA 往往也具有相似的序列。物种之间进化关系越近，其 DNA 的杂交率也越高。人 DNA 与鼠 DNA 的杂交就比人 DNA 和酵母 DNA 杂交率高得多。

DNA 变性后的复性过程中，若将不同种类的单链 DNA 分子或 RNA 分子放在同一溶液中，此时只要两单链分子之间存在着一定程度的碱基配对关系，在适宜的条件下，就可以在不同的分子间形成杂化双链而进行核酸分子杂交。此杂化双链可以在不同的 DNA 与 DNA 之间形成，也可以在 DNA 和 RNA 分子间或者 RNA 与 RNA 分子间形成。

核酸分子杂交是基因诊断的最基本的方法之一。它的基本原理是：互补的 DNA 单链能够在一定条件下结合成双链，即能够进行杂交。这种结合是特异的，即严格按照碱基互补的原则进行，它不仅能在 DNA 和 DNA 之间进行，也能在 DNA 和 RNA 之间进行。因此，当用一段已知基因的核酸序列作出探针，与变性后的单链基因组 DNA 接触时，如果两者的碱基完全配对，它们即互补地结合成双链，从而表明被测基因组 DNA 中含有已知的基因序列。由此可见，进行基因检测有两个必要条件：一是必需的特异的 DNA 探针；二是必需的基因组 DNA。当两者都变性呈单链状态时，就能进行分子杂交。

核酸分子杂交也是实验室中的常用的实验技术，此原理可应用于研究基因的位置、确定两种核酸序列的相似性、检测样品的特异序列、作为基因芯片技术的基础、突变分析、疾病诊断等。基因诊断又称 DNA 诊断，它依托于 DNA 重组技术，从 DNA 水平检测人类疾病的突变基因或病原体基因，从基因型诊断表现型，因此又称逆向诊断，基因诊断对临床诊断具有重要意义，可对许多遗传性疾病、细菌或病毒感染性疾病、肿瘤等做出准确诊断，在现代临床诊断中有着广泛的应用。

> **考点提示**
> 核酸紫外吸收特性及 DNA 变性、复性与核酸分子杂交。

知识拓展

亲子鉴定

亲子鉴定，是指运用生物学、遗传学以及有关学科的理论和技术，根据遗传性状在子代和亲代之间的遗传规律，判断被控的父母和子女之间是否亲生关系的鉴定。

亲子鉴定原理是在没有基因突变、分型错误的基础上，孩子的一对等位基因必定一个来自父亲，另一个来自母亲，孩子不可能带有双亲均没有的等位基因。

亲子鉴定方法有：①血型检验，就是用父母的血型与孩子的血型进行配对，配对成功，表示有亲子关系；②短串联重复序列法（STR），具有仪器容易识别，得到结果相对快速，突变率低，以及很高的区别能力（平均每个 STR 有将近 10 个等位基因）等，所以在 10 多年前被正式采用，是亲子鉴定的最重要手段，也成为建立各国罪犯 DNA 数据库的基础。该方法是目前运用于亲子鉴定最常用的方法。

第五节　核苷酸的代谢

核苷酸是核酸的基本组成单位，体内存在的多为 $5'$-核苷酸，主要由机体细胞自身合成，不需要从食物提供，因此，核苷酸不属于营养必需物质。

食物中的核酸多以核蛋白的形式存在，在胃酸的作用，分解成核酸与蛋白质。核酸进入小肠后，经胰核酸酶水解成核苷酸，核苷酸可被小肠吸收，但是大部分在肠黏膜细胞内继续水解为磷酸、碱基和戊糖。戊糖可被吸收利用，碱基主要被分解出体外，极少数会被机体利用。

核酸的作用

核酸是遗传的物质基础，是生命的"身份证"。一切生命活动都离不开核酸，核酸也是人类饮食的组成成分。几乎所有疾病都与核酸异常有关，很多制药企业也试图开发核酸药物用于治疗疾病。核酸是在细胞内发挥作用。正常人体细胞内的核酸都是机体自身用核苷酸合成的。食物核酸不能直接被机体吸收利用，更不能进入人体细胞。核酸必须水解成核苷酸甚至进一步水解成核糖、碱基和磷酸，才能被机体吸收利用。当然，除了通过注射外，有一种途径可以让核酸进入人体，这就是病原体感染。

在临床上，碱基和核苷的确已经成功地用于疾病的治疗，如别嘌呤醇、5-FU、阿糖胞苷和 AZT 等；也有学者在探索应用基因治疗技术将核酸用于疾病治疗，如基因增补、反义核酸和自杀基因等。不过，这些核酸都是药品，其作用并不是饮食或营养食品、保健食品中的核酸成分能够替代的。

体内核苷酸具有多种生物学功能：①作为核酸合成的原料，这是核苷酸最重要的功能；②体内能量的利用形式，ATP 是细胞的主要能量形式；③参与代谢及生理调节，如 cAMP 是多种细胞膜受体激素作用的第二信使；④组成辅酶，如 AMP 可作为多种辅酶（NAD^+、FAD^+）等的组成成分；⑤活化中间代谢物，如 UDPG 是糖原及糖蛋白合成的原料，SAM 是活性甲基的载体等。

核苷酸在体内的分布广泛。一般来说，细胞中核糖核酸的浓度远高于脱氧核糖核酸的浓度。在细胞分裂周期中，细胞内脱氧核糖核苷酸含量波动范围较大，核糖核酸浓度则相对稳定。不同类型细胞中各种核苷酸含量差异很大。在一种细胞中，各种核苷酸含量虽然有差异，但总的核苷酸量变化不大。

体内核苷酸的合成有两条途径：从头合成途径（de novo synthesis）和补救合成途径（salvage pathway）。从头合成途径是以氨基酸、一碳单位、CO_2 等小分子物质为原料，经过一系列的酶促反应合成核苷酸的过程；补救合成途径是指以碱基或核苷为原料，经过简单的酶促反应合成核苷酸的过程。两者的重要性因组织不同而异，脑和骨髓等主要进行补救合成，肝则主要进行从头合成途径。各组织中嘌呤和嘧啶的分解代谢途径没有差别。

一、嘌呤核苷酸的代谢

（一）嘌呤核苷酸的合成代谢

1. 嘌呤核苷酸的从头合成途径 嘌呤核苷酸从头合成的主要器官是肝，其次是小肠黏膜及胸腺。整个过程在胞质中进行。嘌呤核苷酸从头合成的原料是甘氨酸、天冬氨酸、谷氨酰胺及一碳单位，嘌呤环中各原子的来源如图 8-12 所示。

嘌呤核苷酸从头合成过程较为复杂，可分为两个阶段：第一阶段，合成次黄嘌呤核苷

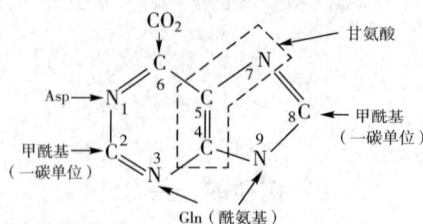

图 8-12　嘌呤环中各原子的来源

酸（IMP）；第二阶段，IMP 再转变成腺嘌呤核苷酸（AMP）与鸟嘌呤核苷酸（GMP）。

（1）IMP 的合成　葡萄糖经戊糖磷酸途径生成的核糖-5-磷酸（R-5-P），经一系列反应生成 1-焦磷酸-5-核糖磷酸（PRPP），此反应为核苷酸合成代谢中的关键步骤，由谷氨酰胺-PRPP-酰胺转移酶所催化，此酶为嘌呤核苷酸从头合成的关键酶。PRPP 中 1-焦磷酸基被谷氨酰胺的酰氨基取代生成 5-磷酸核糖胺，在此基础上，经过多步酶促反应，从而生成次黄嘌呤核苷酸（IMP）。

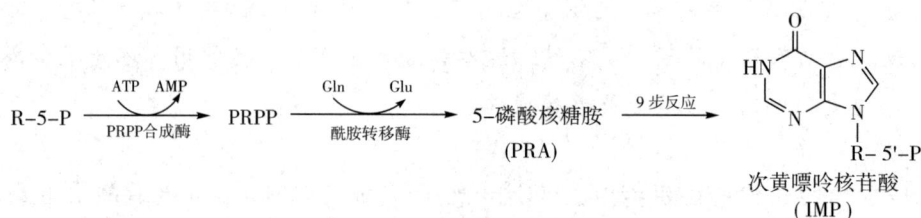

（2）IMP 和 GMP 的生成　IMP 虽然不是核酸分子的主要组成成分，但它是嘌呤核苷酸合成的重要中间产物，是 AMP 和 GMP 的前体。IMP 由天冬氨酸提供氨基，合成 AMP，此外，IMP 也可氧化成黄嘌呤核苷酸（XMP），然后再由谷氨酰胺提供氨基生成 GMP（图 8-13）。

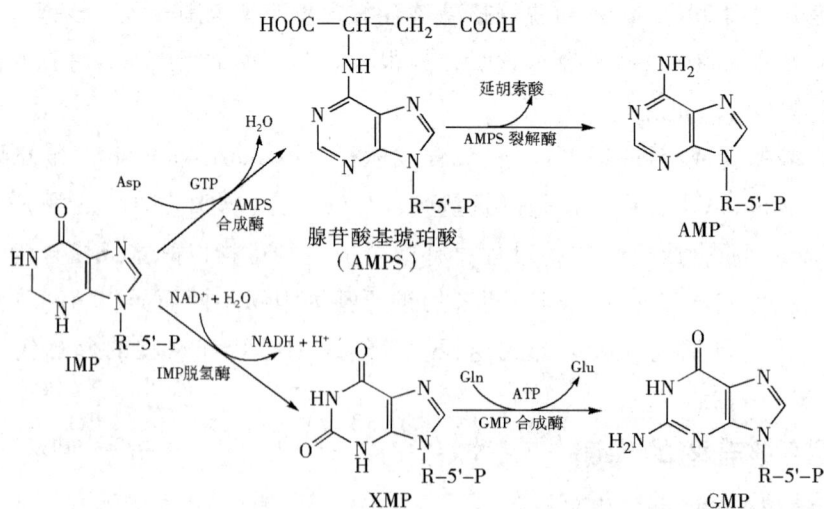

图 8-13　AMP 和 GMP 的合成

AMP 和 GMP 在激酶作用下，经过两步磷酸化反应，分别生成 ATP 和 GTP。经上述反应可知，嘌呤核苷酸是在核糖磷酸分子基础上逐步合成的，而不是首先单独合成嘌呤碱，然后再与核糖磷酸结合，此为嘌呤核苷酸从头合成的重要特点。

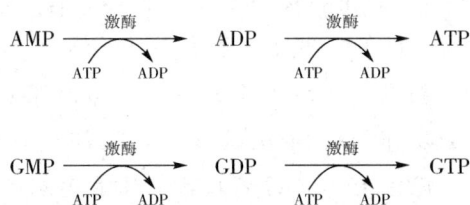

$$AMP \xrightarrow[\text{ATP} \quad \text{ADP}]{\text{激酶}} ADP \xrightarrow[\text{ATP} \quad \text{ADP}]{\text{激酶}} ATP$$

$$GMP \xrightarrow[\text{ATP} \quad \text{ADP}]{\text{激酶}} GDP \xrightarrow[\text{ATP} \quad \text{ADP}]{\text{激酶}} GTP$$

3. 嘌呤核苷酸的补救合成途径 补救合成是细胞利用现有嘌呤碱或嘌呤核苷与 PRPP 为原料，经酶促反应形成嘌呤核苷酸的过程。体内某些组织器官如骨髓、脑、红细胞等缺乏从头合成的酶，不能按上述从头合成的途径合成嘌呤核苷酸，只能进行补救合成途径合成嘌呤核苷酸。补救合成过程较简单，消耗能量少。有两种酶参与嘌呤核苷酸的补救合成：腺嘌呤磷酸核糖转移酶（APRT）和次黄嘌呤-鸟嘌呤磷酸核糖转移酶（HGPRT），由 PRPP 提供核糖磷酸，它们分别催化 AMP 和 IMP、GMP 的补救合成（图 8-14）。有一种遗传性疾病称自毁性综合征（Lesch-Nyhan 综合征），就是由于基因缺陷导致 HGPRT 完全缺失造成的，患有此症儿童，会出现智力发育障碍，共济失调，并有咬自己口唇、手指等自毁性综合征的症状。

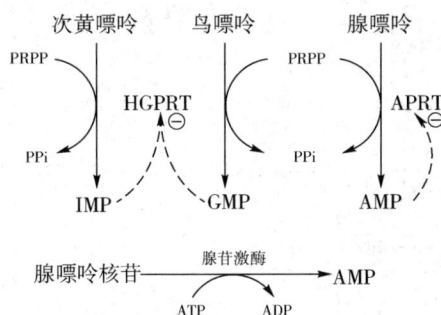

图 8-14 嘌呤核苷酸的补救合成途径

嘌呤核苷酸补救合成的生理意义：一方面是可以节省从头合成过程中能量和一些氨基酸的消耗；另一方面，对于体内某些组织器官如脑、骨髓等由于缺乏从头合成嘌呤核苷酸的酶体系，因此嘌呤核苷酸的补救合成具有更重要的生理意义。

知识链接

自毁性综合征

自毁性综合征：也称为 Lesch-Nyhan 综合征（Lesch-Nyhan syndrome），是由于次黄嘌呤-鸟嘌呤磷酸核糖转移酶的遗传缺陷引起的。缺乏该酶使得次黄嘌呤和鸟嘌呤不能转换为 IMP 和 GMP，而是降解为尿酸，过量尿酸将导致 Lesch-Nyhan 综合征。

自毁性综合征患者在发病时会毁坏自己的容貌，用各种器械把脸弄得狰狞可怕。这种疾病患者常常被束缚在床上或轮椅上。自毁性综合征患者大多死于儿童时代，很少活到 20 岁以后。现有的医疗技术对此无计可施，而只能寄希望于基因治疗。未来的基因治疗技术将大大提高人类的素质，降低新生儿遗传病的发生率，例如对孕妇做例行的产前检查，一经发现尚在母腹中的婴儿患有遗传性疾病，则马上就可施行基因手术。

迄今为止，全世界各地共陆续报道该病患者150多例，并且患者全部为男性儿童。这些患者在出生时并无异常表现，但3~6个月后便开始出现中枢神经系统症状（如肌张力异常、角弓反张、惊厥发作等），并迅速出现抬头困难、四肢无力、不能转身或坐起、吞咽比一般孩子困难等脑发育不正常的症状。随着逐渐长大，孩子会逐渐出现手足不自主动作、无故吵闹、站立困难现象，并表现出明显的智力障碍。

（二）嘌呤核苷酸的分解代谢

1. 嘌呤核苷酸分解的代谢过程　嘌呤核苷酸的分解代谢（图8-15）主要在肝、小肠及肾中进行。此过程是在核苷酸酶催化下，脱去磷酸生成嘌呤核苷。其中腺嘌呤核苷经过脱氨、水解，依次生成次黄嘌呤核苷和次黄嘌呤，次黄嘌呤再经过黄嘌呤氧化酶氧化生成黄嘌呤。而鸟嘌呤核苷则经核苷酶作用生成鸟嘌呤，再在鸟嘌呤脱氨酶作用下脱去氨基，生成黄嘌呤。黄嘌呤经黄嘌呤氧化酶的作用进一步生成尿酸。因此，嘌呤分解的最终代谢产物是尿酸。

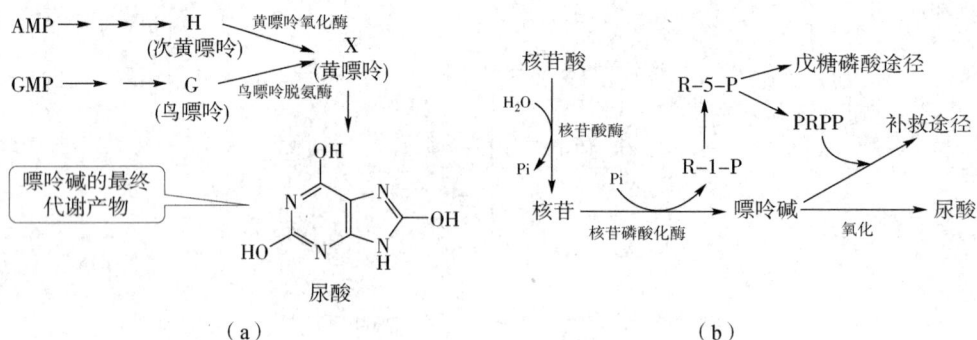

图8-15　嘌呤核苷酸的分解代谢
（a）核苷酸形成尿酸的过程；（b）AMP、GMP形成尿酸的过程

2. 嘌呤核苷酸分解代谢异常与痛风病　尿酸的水溶性较低，一般经肾随尿液排出体外，正常人血浆中的尿酸含量为$0.12~0.36$mmol/L，男性略高于女性。血中尿酸含量升高，当超过8mg/L时，尿酸盐结晶将沉积在软组织、软骨及关节等处，引起关节炎、尿路结石及肾疾病，称为痛风症。痛风症多见于男性，其病因尚不清楚，可能与嘌呤核苷酸代谢过程中相关酶的缺陷有关。此外，过多进食高嘌呤食物，如肉类、豆类及动物肝等，一些疾病如白血病、恶性肿瘤等所致体内核酸大量分解也可导致血浆中尿酸过高，此外，肾疾病造成尿酸排泄障碍时，也可导致血中尿酸升高。

临床上常用别嘌呤醇治疗痛风症。别嘌呤醇与次黄嘌呤结构相似，可竞争性抑制黄嘌呤氧化酶活性，从而抑制尿酸的生成（图8-16）。另外，别嘌呤醇还可生成别嘌呤核苷酸，后者与IMP结构相似，可以反馈性抑制嘌呤核苷酸从头合成的酶，从而使嘌呤核苷酸的合成减少。

> **考点提示**
>
> 嘌呤核苷酸从头合成与补救合成的部位、原料、关键酶、生理意义；自毁性综合征的病因；痛风的发病机制及治疗原则。

次黄嘌呤　　　　　　别嘌呤醇

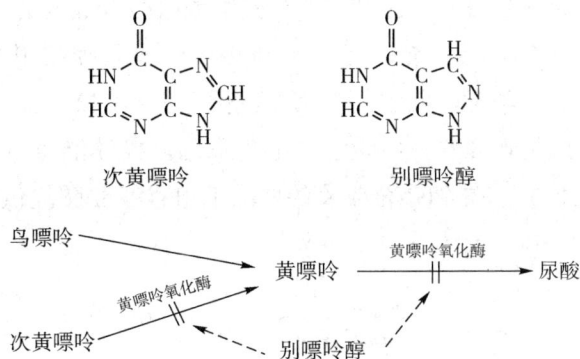

图 8-16　别嘌呤醇对黄嘌呤氧化酶的抑制

知识链接

"重男轻女"的痛风病

痛风（gout）是嘌呤代谢障碍所致的一组异质性慢性代谢性疾病，其临床特点为高尿酸血症、反复发作的痛风性急性关节炎、间质性肾炎和痛风石形成；严重者伴关节畸形或尿酸性尿路结石。本病常伴有肥胖、2 型糖尿病、高脂血症、高血压、动脉硬化和冠心病等，临床上称为代谢综合征。高尿酸血症和痛风仅为本综合征中的表现之一。

痛风分布在世界各地，受种族、饮食、饮酒、职业、环境和受教育程度等多因素影响。在我国，近年来痛风的发病率呈上升趋势，我国普通人群患病率 1%～3%，痛风的发生与性别和年龄相关，多见于中老年人，我国痛风患者平均年龄 48.28 岁，随着人们生活水平的提高，痛风逐步趋于年轻化，男女比例约为 15:1。

痛风患者要进食低嘌呤，低能量饮食，要少进食含嘌呤高的食物，如猪、牛、羊肉，鸡、鸭、鹅、兔以及各种动物内脏、骨髓等。鱼虾类、菠菜、豆类、蘑菇、花生等也有一定量的嘌呤，要少吃。蛋白质输入量限制在每日每千克标准体重 1g 左右，多饮水，每日饮水 2000ml 以上。避免暴食、酗酒、受凉受潮、过度疲劳和精神紧张，穿舒适鞋，防止关节损伤，慎用影响尿酸排泄的药物如某些利尿剂和小剂量阿司匹林等。防治伴发病如高血压、糖尿病和冠心病等。当尿 H^+ 浓度在 1000nmol/L（pH 6.0以下）时，需碱化尿液。如口服碳酸氢钠 1～2g，每日 3 次，使尿 H^+ 浓度维持在630.9～316.3nmol/L（pH 6.2～6.5）。晨尿酸性时，晚上加服乙酰唑胺 250mg，以增加尿酸溶解度，避免结石形成。

二、嘧啶核苷酸的代谢

（一）嘧啶核苷酸的合成代谢

与嘌呤核苷酸一样，嘧啶核苷酸的合成也有从头合成与补救合成两条代谢途径。

1. 嘧啶核苷酸的从头合成途径　与嘌呤核苷酸的从头合成途径不同，嘧啶核苷酸从头合成是首先合成以氨甲酰磷酸为起点，先合成嘧啶环，然后再与核糖磷酸相连而成，其最先合成的核苷酸是 UMP。尿嘧啶核苷酸的合成主要在肝内进行。嘧啶核苷酸从头合成的原料是天冬氨酸、谷氨酰胺和 CO_2。

　　氨甲酰磷酸合成的原料是谷氨酰胺和 CO_2，氨甲酰磷酸合成酶Ⅱ（CPSⅡ）是催化此反应的酶。氨甲酰磷酸与天冬氨酸结合，经一系列转变生成尿嘧啶甲酸，然后再与1-焦磷酸-5-磷酸核糖作用生成乳清酸核苷酸，最后脱羧生成尿嘧啶核苷酸（图8-17）。

　　胞嘧啶核苷酸的合成是在核苷三磷酸水平上进行的。机体能将 ATP 的高能磷酸基团转移给 UMP 生成 UDP 与 UTP，在 CTP 合成酶的催化下由谷氨酰胺提供氨基，可使 UTP 转变成 CTP。

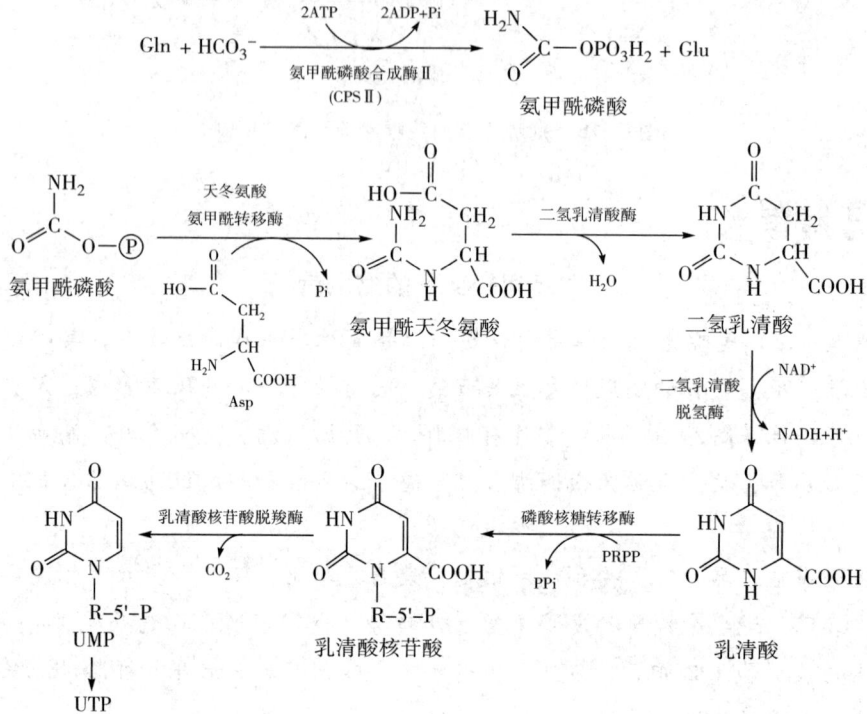

图 8-17　嘧啶核苷酸的从头合成途径

2. 嘧啶核苷酸的补救合成途径　催化嘧啶核苷酸补救合成的酶有尿嘧啶磷酸核糖转移酶、尿苷激酶及胸苷激酶三种，其中的尿嘧啶磷酸核糖转移酶是嘧啶核苷酸补救合成的主要酶。

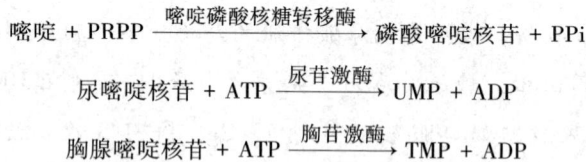

$$\text{嘧啶} + \text{PRPP} \xrightarrow{\text{嘧啶磷酸核糖转移酶}} \text{磷酸嘧啶核苷} + \text{PPi}$$

$$\text{尿嘧啶核苷} + \text{ATP} \xrightarrow{\text{尿苷激酶}} \text{UMP} + \text{ADP}$$

$$\text{胸腺嘧啶核苷} + \text{ATP} \xrightarrow{\text{胸苷激酶}} \text{TMP} + \text{ADP}$$

（二）脱氧核苷酸的合成代谢

　　脱氧核苷酸是 DNA 合成的前体。在体内脱氧核苷酸由核糖核苷酸直接还原生成，还原反应在核苷二磷酸水平上进行，此反应由核糖核苷酸还原酶催化。核糖核苷酸的还原反应比较复杂，需要硫氧化还原蛋白、NADPH 及硫氧化还原蛋白还原酶等参与（图8-18）。

> **考点提示**
> 　　嘧啶核苷酸从头合成与补救合成的部位、原料、关键酶、生理意义。

　　脱氧胸腺嘧啶核苷酸（TMP）是由脱氧尿嘧啶核苷酸（dUMP）经甲基化生成。此反应由胸苷酸合酶催化，N^5,N^{10}-甲烯四氢叶酸作为甲基的供体。N^5,N^{10}-甲烯四氢叶酸提供甲基后生成的二氢叶酸又可以经二氢叶酸还原酶的作用，重新生成四氢叶酸。dUMP 可来自 dUDP 的水解和 dCMP 的脱氨基，以后者为主（图 8-19）。

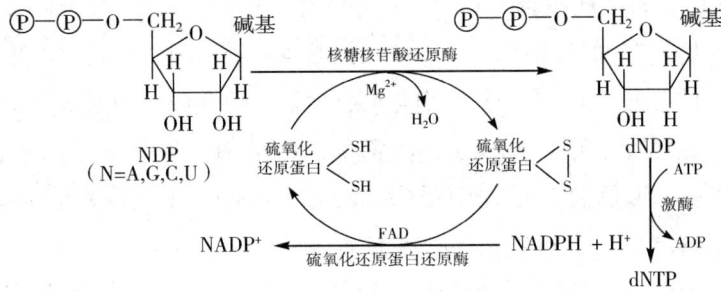

图 8-18　脱氧核苷酸的生成

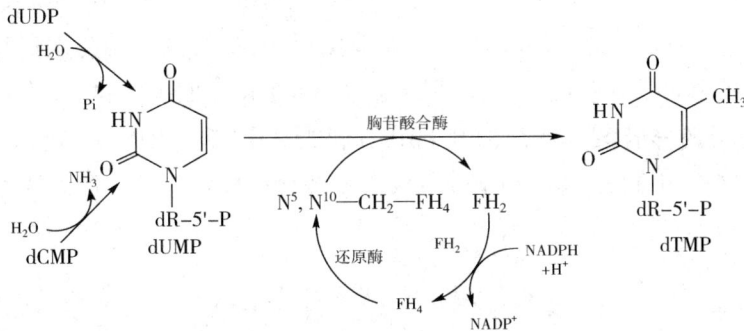

图 8-19　脱氧胸腺嘧啶核苷酸的合成

（三）嘧啶核苷酸的分解代谢

嘧啶核苷酸的分解代谢主要在肝进行。是在核苷酸酶和核苷磷酸化酶的催化下，除去磷酸与核糖，生成嘧啶碱。胞嘧啶脱去氨基转化为尿嘧啶，从而再还原，生成二氢尿嘧啶。二氢尿嘧啶水解后，终产物为 NH_3、β-丙氨酸与 CO_2，胸腺嘧啶则水解后生成 NH_3、β-氨基异丁酸与 CO_2（图 8-20）。

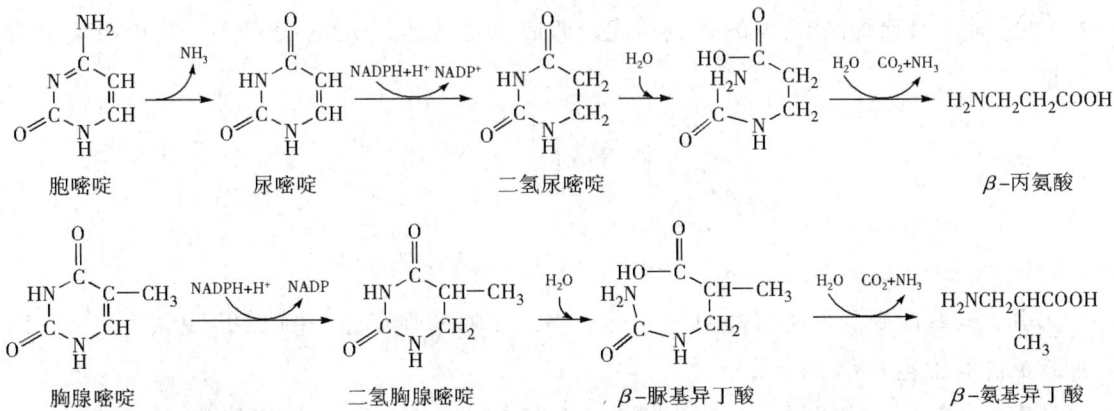

图 8-20　嘧啶核苷酸的分解代谢

三、抗核苷酸代谢的类似物与化疗药

抗代谢物（antimetabolite）是指在化学结构上与正常代谢物相似、能竞争性拮抗正常代谢的物质。抗代谢物大多数属于竞争性抑制剂，它们与正常代谢物竞争酶的活性中心，抑制酶活性，导致正常代谢不能进行，最终抑制核酸和蛋白质的生物合成。

（一）嘌呤核苷酸的抗代谢物

嘌呤核苷酸的抗代谢物是叶酸、氨基酸和嘌呤碱基的类似物质，它们主要通过竞争性抑制作用抑制嘌呤核苷酸的合成，从而影响生物大分子的合成，故具有抗肿瘤作用。

氨基蝶呤和甲氨蝶呤是叶酸类似物，能竞争性地抑制二氢叶酸还原酶，从而抑制四氢叶酸的合成，使嘌呤核苷酸合成过程中提供嘌呤环 C_8 和 C_2 的一碳单位得不到供应。氨基蝶呤和甲氨蝶呤在临床上用于白血病等肿瘤的治疗。

氮杂丝氨酸和 6-重氮-5-氧正亮氨酸等是 Gln 的类似物，可以干扰 Gln 在嘌呤核苷酸合成过程中的作用，从而抑制嘌呤核苷酸的合成。

嘌呤碱基类似物有 6-巯基嘌呤（6-MP）、6-硫代鸟嘌呤和 8-氮杂鸟嘌呤等，其中以 6-巯基嘌呤（6-MP）在临床上的应用较多。6-巯基嘌呤（6-MP）的结构与次黄嘌呤相似，只是由巯基取代了次黄嘌呤的羟基。6-巯基嘌呤（6-MP）的作用机制之一就是在体内通过核糖磷酸化生成 6-巯基嘌呤核苷酸，从而抑制 IMP 分解为 AMP 和 GMP。6-巯基嘌呤（6-MP）还能通过竞争性抑制作用直接影响次黄嘌呤-鸟嘌呤磷酸核糖转移酶，从而抑制嘌呤核苷酸的补救合成。

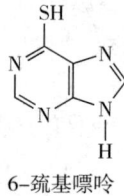

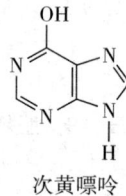

6-巯基嘌呤　　　　次黄嘌呤

（二）嘧啶核苷酸的抗代谢物

与嘌呤核苷酸的抗代谢物一样，嘧啶核苷酸的抗代谢物也是一些嘧啶、氨基酸或叶酸的类似物。它们的作用机制与嘌呤核苷酸的抗代谢物相似。

嘧啶碱基类似物主要有 5-氟尿嘧啶（5-FU），其结构与胸腺嘧啶相似，5-FU 本身并没有活性，但是在体内转化成脱氧氟尿嘧啶核苷一磷酸和氟尿嘧啶核苷三磷酸后，能够抑制 dTMP 的合成，从而抑制 DNA 的合成；或以假底物形式掺入 RNA 分子中，从而影响 RNA 的功能。

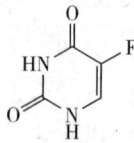

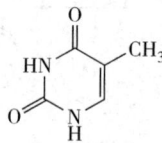

5-氟尿嘧啶（5-FU）　　　　胸腺嘧啶（T）

另外，某些改变了核糖结构的核苷类似物，如阿糖胞苷能抑制 CDP 脱氧生成 dCDP，从而抑制肿瘤细胞 DNA 的合成。

还有一些抗代谢物可以作为假底物掺入病原体生物大分子中，使其结构及功能异常，从而抑制病原体的生长与繁殖，如抗艾滋病药物 DDI、DDC、AZT。

抗代谢物的研究对阐明药物的作用机制和开发新药十分有益。以往许多有效合成药物是经过大量随机筛选才确定的，命中率十分低。目前，抗代谢物理论已经成功地应用于抗肿瘤及抗病毒药物的开发。

考点提示

嘌呤、嘧啶核苷酸的抗代谢物。

知识链接

抗肿瘤药物分类

根据抗肿瘤药物的来源及药物的作用机制将抗肿瘤药物分为烷化剂、抗代谢类、抗肿瘤抗生素、植物类、杂类、激素平衡类六大类。根据抗肿瘤药物对细胞增殖周期中 DNA 合成前期（G_1 期）、DNA 合成期（S 期）、DNA 合成后期（G_2 期）、有丝分裂期（M 期）各时相的作用靶点不同，又分为细胞周期特异性药物和细胞周期非特异性药物两大类。

细胞周期特异性药物，作用特点只限于细胞增殖周期的某一个时相，在一定的时间内发挥其杀伤作用。使用时宜缓慢或持续静脉注射、肌内注射、口服等会发挥更大作用。主要包括抗代谢类及植物类药物，如作用于 G_1 期的药物门冬酰胺酶等。作用于 S 期的药物氟尿嘧啶、甲氨蝶呤等。作用于 G_2 期的药物平阳霉素、亚硝脲类等。作用于 M 期的药物长春碱类、紫杉类、喜树碱类等。

细胞周期非特异性药物，无选择的直接作用于细胞增殖周期的各个时相，作用较强，可迅速杀伤肿瘤细胞，其剂量与疗效呈正相关，以一次静脉注射为宜。此类药物包括烷化剂、铂类及抗肿瘤抗生素类等，如氮芥、环磷酰胺、美法仑、顺铂、卡铂、奥沙利铂、多柔比星、放线菌素 D、卡氮芥等。

本章小结

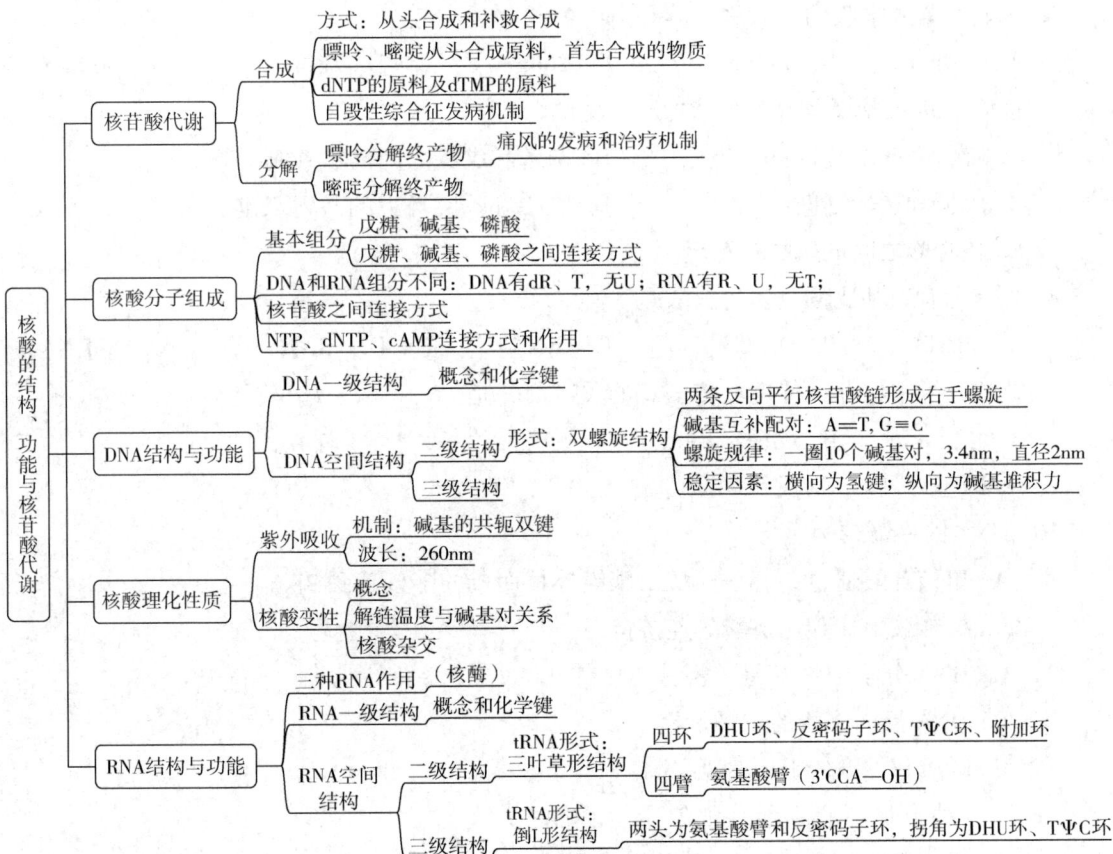

习 题

一、选择题

【A1 型题】

1. 在核酸测定中，可用于计算核酸含量的元素是
   A. 碳　　　　B. 氧　　　　C. 氮　　　　D. 氢　　　　E. 磷

2. 在核酸中一般不含有的元素是
   A. 碳　　　　B. 氢　　　　C. 氧　　　　D. 硫　　　　E. 氮

3. 通常既不见于 DNA 又不见于 RNA 的碱基是
   A. 腺嘌呤　　B. 黄嘌呤　　C. 鸟嘌呤　　D. 胸腺嘧啶　　E. 尿嘧啶

4. 组成核酸的基本单位是
   A. 核糖和脱氧核糖　　　　　B. 磷酸和戊糖
   C. 戊糖和碱基　　　　　　　D. 核苷酸
   E. 磷酸、戊糖和碱基

5. 脱氧核糖核苷酸彻底水解，生成的产物是
   A. 核糖和磷酸　　　　　　　B. 脱氧核糖和碱基
   C. 脱氧核糖和磷酸　　　　　D. 磷酸、核糖和碱基
   E. 脱氧核糖、磷酸和碱基

6. 核酸对紫外吸收的最大吸收峰在哪一波长附近
   A. 220nm　　B. 240nm　　C. 260nm　　D. 280nm　　E. 300nm

7. 核酸的紫外吸收是由哪个结构所产生的
   A. 嘌呤和嘧啶之间的氢键　　　B. 碱基和戊糖之间的糖苷键
   C. 戊糖和磷酸之间的酯键　　　D. 嘌呤和嘧啶环上的共轭双键
   E. 核苷酸之间的磷酸二酯键

8. 含有稀有碱基比例较多的核酸是
   A. mRNA　　B. DNA　　C. tRNA　　D. rRNA　　E. hnRNA

9. 核酸分子中储存、传递遗传信息的关键部分是
   A. 核苷　　　B. 戊糖　　　C. 磷酸
   D. 碱基序列　　E. 戊糖磷酸骨架

10. DNA 的一级结构是指
   A. 单核苷酸通过 3′,5′-磷酸二酯键连接而成的多核苷酸链
   B. 核苷酸中核苷与磷酸的连接链
   C. DNA 分子中碱基通过氢键连接链
   D. DNA 反向平行的双螺旋链
   E. 磷酸和戊糖的链形骨架

11. 下列关于 DNA 碱基组成的叙述，正确的是
   A. 不同生物来源的 DNA 碱基组成不同

B. 同一生物不同组织的 DNA 碱基组成不同

C. 生物体碱基组成随年龄变化而改变

D. 腺嘌呤数目始终与胞嘧啶相等

E. A+T 始终等于 G+C

12. 下列关于核苷酸生理功能的叙述，错误的是

A. 作为生物界最主要的直接供能物质

B. 作为辅酶的组成成分

C. 作为质膜的基本结构成分

D. 作为生理调节物质

E. 多种核苷酸衍生物为生物合成过程中的中间物质

13. DNA 分子中不包括

A. 磷酸二酯键　　　　　　　　B. 糖苷键

C. 氢键　　　　　　　　　　　D. 二硫键

E. 范德华力

14. 下列关于真核生物 DNA 碱基的叙述哪项是错误的

A. 腺嘌呤与胸腺嘧啶相等　　　B. 腺嘌呤与胸腺嘧啶间有两个氢键

C. 鸟嘌呤与胞嘧啶相等　　　　D. 鸟嘌呤与胞嘧啶之间有三个氢键

E. 营养不良可导致碱基数目明显减少

15. 关于 DNA 双螺旋结构学说的叙述，哪一项是错误的

A. 由两条反向平行的 DNA 链组成

B. 碱基具有严格的配对关系

C. 戊糖和磷酸组成的骨架在外侧

D. 碱基平面垂直于中心轴

E. 生物细胞中所有 DNA 二级结构都是右手螺旋

16. tRNA 的分子结构特征是

A. 含有密码子环　　　　　　　B. 含有反密码子环

C. 3′端有多腺苷酸　　　　　　D. 5′端有 CCA

E. HDU 环中都含有假尿苷

17. 关于 rRNA 的叙述哪项是错误的

A. 是生物细胞中含量最多的 RNA

B. 可与多种蛋白质构成核糖体

C. 其前体来自于 hnRNA

D. 不同的 rRNA 分子大小不同

E. 不同种生物细胞的 rRNA 种类不同

18. 腺苷三磷酸的符号是

A. AMP　　　B. ADP　　　C. ATP　　　D. dATP　　　E. TTP

19. 维系 DNA 双螺旋稳定的最主要的力是

A. 氢键　　　B. 离子键　　　C. 碱基堆积力　　　D. 范德华力　　　E. 二硫键

20. RNA 和 DNA 彻底水解后的产物

A. 戊糖相同，部分碱基不同　　　B. 碱基相同，戊糖不同

C. 碱基不同，戊糖不同　　　　　D. 碱基不同，戊糖相同

E. 戊糖相同，碱基相同

二、思考题

1. DNA 双螺旋结构的要点有哪些？

2. DNA 和 RNA 在分子组成和分子结构上的异同点。

3. 为什么核酸不是必需营养素？

4. 痛风症产生的生化机制及治疗原则。

（李姝梅）

扫码"练一练"

第九章　基因信息的传递

学习目标

1. **掌握**　DNA 复制的概念、方式及主要酶；逆转录概念；转录概念、真核生物 RNA 聚合酶种类、特点，mRNA 转录后加工；真核生物蛋白质翻译体系、密码子功能；基因表达调控概念；分子克隆概念，PCR 原理。

2. **熟悉**　DNA 复制过程；DNA 损伤修复概念、类型及修复方式；逆转录过程；RNA 转录过程；真核生物蛋白质翻译过程；真核基因结构；常用分子生物学实验技术种类。

3. **了解**　tRNA、rRNA 转录后加工修饰；蛋白质翻译后加工方式；真核基因表达调控过程；常用分子生物学技术原理。

4. 运用基因信息传递规律的知识，使学生具备分析、理解抗肿瘤药物和抗生素的临床应用及原理等。

5. 通过对基因信息的传递过程和规律的学习，养成探索生命奥秘的习惯，培养正确的科研思维。

案例讨论

[案例] 患者谢某，男性，71 岁。自诉胸闷、咳嗽、咳血丝痰、气喘加重半年余入院。经查 CT 为左肺下叶占位，右肺上叶增殖灶，纵隔、双侧肺门、右侧锁内上区淋巴结肿大。右侧锁骨上淋巴结活检后病理示转移性鳞癌（Ⅳ期）。

[讨论]

肺癌化疗药物的作用机制是什么？

第一节　概　述

遗传信息的物质基础主要是 DNA，DNA 分子中贮存着决定生物体性状的各种遗传信息。具有特定结构和功能的 DNA 区段称为基因（gene）。基因编码的生物活性产物包括 RNA 和蛋白质，蛋白质是生命活动的主要执行者。

生物体内的遗传信息传递遵循中心法则（图 9-1）。中心法则是指遗传信息从 DNA 经转录传递给各种 RNA，其中 mRNA 经翻译传递给蛋白质；也可以从 DNA 经复制传递给 DNA。它代表了大多数生物遗传信息贮存和表达的规律。

1970 年，H. Temin 发现 RNA 病毒不仅可以自身复制 RNA，而且能以病毒 RNA 为模板指导 DNA 合成，这种遗传信息的流向是从 RNA 到 DNA，与转录相反，故称之为逆转录或反转录，是对中心法则的补充。朊病毒是中心法则目前已知的唯一例外。

> **考点提示**
> 遗传学中心法则。

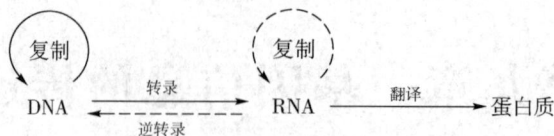

图 9-1　遗传信息传递的中心法则

第二节　DNA 的生物合成

DNA 分子是遗传信息的载体。生物体内进行的 DNA 合成主要包括 DNA 复制、DNA 损伤修复和逆转录合成 DNA 等过程。DNA 复制（replication）是以亲代 DNA 为模板（template），按照碱基互补配对原则将遗传信息传递给子代 DNA 的过程，其化学本质是酶促脱氧核苷酸聚合反应。DNA 复制过程中出现的错误以及各种体内外因素造成的 DNA 损伤大多数可以经酶促修复系统进行校正和修复。

真核生物和原核生物的 DNA 复制过程十分类似，但也存在许多细节上的差别。某些病毒的遗传物质是 RNA，可以经逆转录（reverse transcription）生成 DNA。本节将重点讨论 DNA 复制、DNA 损伤修复和逆转录合成 DNA 的过程。

一、DNA 复制

在 DNA 合成时，决定其结构特异性的遗传信息只能来于自身，必须由原来的 DNA 作为模板，按照碱基配对原则合成子代 DNA 分子。

（一）DNA 复制的特征

1. 半保留复制　DNA 复制时，亲代 DNA 双链解开，形成两条单链，分别作为模板，以四种脱氧核糖核苷三磷酸（dATP、dTTP、dGTP 和 dCTP）为原料，按照碱基互补配对原则，生成与模板序列互补的子代 DNA 单链，子链与母链重新形成双螺旋结构。在新生成的子代双螺旋 DNA 分子中，一条单链是由亲代完整保留下来的，另一条单链则是完全重新合成的，这种复制方式称为半保留复制（semi-conservative replication）（图 9-2）。

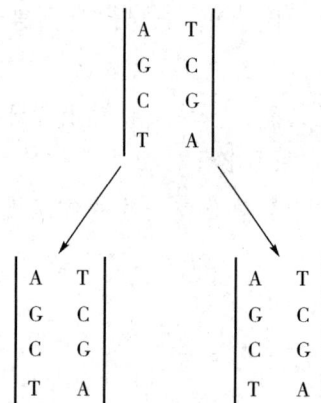

图 9-2　DNA 半保留复制

半保留复制对于理解 DNA 的功能以及物种的延续性具有重要作用。半保留复制使得子代 DNA 与亲代 DNA 序列保持高度一致，保证了遗传信息的准确传递。

2. 双向复制　原核生物基因组 DNA 呈环状，复制时，DNA 从唯一的复制起始点（origin）开始，向两个相反方向解链，形成两个"Y"型复制叉（replication fork）。

真核生物中，每个染色质的 DNA 呈多起点双向复制特征，每个起始点向两个相反方向各自形成复制叉（图 9-3），复制叉不断向 DNA 分子的两端延伸，复制完成后复制叉汇合连接。含有一个复制起始点的可独立完成复制功能的 DNA 区段称为复制子（replicon）。

考点提示

半保留复制的概念。

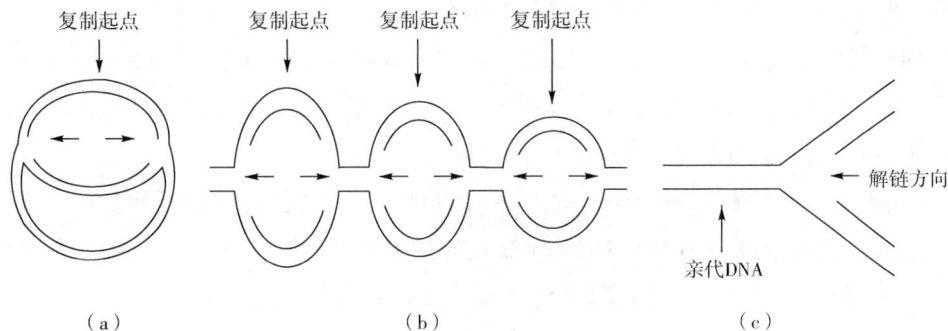

图 9-3　DNA 的双向复制

（a）原核生物的单复制子；（b）真核生物的多复制子；（c）复制叉

3. 半不连续复制　DNA 聚合酶催化 DNA 子链的合成是有方向性的，子链只能沿 $5'→3'$ 方向延伸。DNA 双螺旋结构的特征之一是两条链反向平行排列，一条链为 $5'→3'$ 方向，另一条链为 $3'→5'$ 方向。DNA 复制时，复制叉的解链方向只有一个，对于合成方向与模板链解链方向相同的子链，可以边解链，边合成。但是，对于合成方向与模板链解链方向相反的子链，只能等待解链进行到一定长度后，才可以沿 $5'→3'$ 方向开始合成，该过程周而复始，这条子链的合成是不连续的。通常将可以连续合成的子链称为前导链（leading strand），不能连续合成的子链称为后随链（lagging strand）。这种前导链可以连续合成而后随链不可以连续合成的方式称为半不连续复制（semi-discontinuous replication）。

后随链合成过程中生成的不连续的 DNA 片段称为冈崎片段（Okazaki fragment）。真核生物中冈崎片段长约 100 个核苷酸，而原核生物中冈崎片段长 1000～2000 个核苷酸。复制完成后，这些不连续的冈崎片段引物被去除，并填补引物留下的空隙，最终连接成完整的 DNA 子链（图 9-4）。

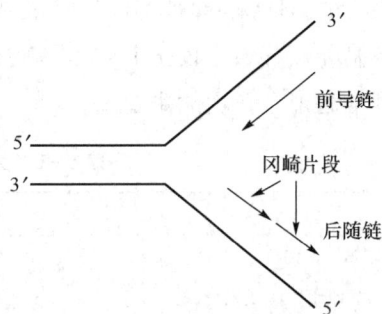

图 9-4　DNA 的半不连续复制

4. 高保真性　DNA 复制的高保真性是指子代 DNA 与亲代 DNA 碱基序列保持一致。DNA 复制可以保持高保真性的机制在于：①DNA 复制过程严格遵循碱基互补配对原则；②DNA 复制过程中可以准确选择脱氧核糖核苷三磷酸（dNTP），与模板核苷酸配对；③复制过程中出现的错误可以被 DNA 聚合酶的外切核酸酶活性加以纠正。

（二）DNA 复制体系

DNA 复制是一个涉及多因素的复杂过程，是由多种蛋白质因子参与、多种酶催化，并且受到精密调控的过程。

> **考点提示**
> 半不连续复制和冈崎片段。

1. 主要酶和蛋白质因子

（1）DNA 拓扑异构酶　DNA 拓扑异构酶（DNA topoisomerase）简称为拓扑酶，广泛存在于原核和真核生物中，主要作用是理顺 DNA 链。拓扑酶既可以水解，又可以连接 DNA 分子中的磷酸二酯键，使 DNA 超螺旋松弛，并克服 DNA 解链时分子高速反向旋转造成的分子打结、缠绕、连环现象。松弛状态的 DNA 又进入负超螺旋状态，断端在同一酶催化下再连接恢复。

（2）解旋酶　解旋酶（helicase）可以解开 DNA 双螺旋的两条互补链，形成单链。该过程需要 ATP 供能。每打开一对碱基，需要消耗 2 分子 ATP。

（3）DNA 单链结合蛋白　DNA 单链结合蛋白（DNA single strand binding protein，SSB）与 DNA 单链可逆结合，可以稳定其单链状态，防止形成双链，并防止核酸酶对 DNA 单链水解，确保 DNA 在复制过程中模板单链的完整性。

（4）引物酶　引物酶（primase）是一种特殊的 RNA 聚合酶。复制起始时，在模板的复制起始部位，催化生成一小段与 DNA 模板互补的 RNA 引物（primer）。该引物为 DNA 复制提供 3′—OH 末端，在 DNA 聚合酶催化下逐一加入 dNTP，延长 DNA 子链。

（5）DNA 聚合酶　DNA 聚合酶全称为于依赖于 DNA 的 DNA 聚合酶（DNA-dependent DNA polymerase，DDDP 或 DNA pol）。DNA 聚合酶只能在 DNA 模板的指导下，催化底物 dNTP，通过在引物的 3′—OH 上形成 3′,5′-磷酸二酯键逐个添加 dNMP，延长 DNA 子链，因此 DNA 复制是沿 5′→3′ 方向合成子链的。此外，DNA 聚合酶还具有 5′→3′ 端或者 3′→5′ 方向的外切酶活性，可以将 5′ 端或者 3′ 端的脱氧核苷酸水解下来，参与 DNA 损伤修复。

1）原核生物 DNA 聚合酶　从大肠杆菌（*E.coli*）中先后分离出 DNA 聚合酶Ⅰ、Ⅱ、Ⅲ（简称 DNA pol Ⅰ、DNA pol Ⅱ 和 DNA pol Ⅲ）。这三种聚合酶均具有 5′→3′ 聚合酶活性和 3′→5′ 外切酶活性。DNA pol Ⅰ 含量最多，主要作用是对复制中的错误进行校对，对复制和修复中出现的空隙进行填补；DNA pol Ⅱ 对模板的特异性要求不高，可以参与 DNA 损伤的应激状态的修复；DNA pol Ⅲ 由 10 个亚基组成不对称的二聚体，其中 α、ε 和 θ 三种亚基构成核心酶。DNA pol Ⅲ 不仅具有最高的 DNA 聚合反应活性，还具有 3′→5′ 外切核酸酶活性，切除错配核苷酸，校正 DNA 子链核苷酸排布顺序（表 9-1）。目前认为 DNA pol Ⅲ 是 DNA 复制中起聚合作用的主要酶。

表 9-1　大肠杆菌中三种 DNA 聚合酶的比较

	DNA pol Ⅰ	DNA pol Ⅱ	DNA pol Ⅲ
分子量（×10³）	109	120	250
5′→3′ 外切核酸酶活性	有	无	无
3′→5′ 外切核酸酶活性	有	有	有
3′→5′ 聚合酶活性	有	有	有
主要功能	引物切除，DNA 损伤修复，填补空隙	DNA 损伤修复	复制，校读

2）真核生物 DNA 聚合酶　真核生物具有五种 DNA 聚合酶，分别为 DNA pol α、DNA pol β、DNA pol γ、DNA pol δ 和 DNA pol ε。真核细胞中主要在 DNA 子链延长中起作用的是 DNA pol δ，作用类似于原核细胞中的 DNA pol Ⅲ；DNA pol α 具有引物酶活性，可以催化引物 RNA 的合成；DNA pol β 具有外切酶的活性，在 DNA 损伤修复中发挥作用；DNA 聚合酶 γ 是线粒体中催化 DNA 复制的酶；DNA pol ε 类似于原核生物的 DNA pol Ⅰ，主要作用是催化子链延长，在 DNA 复制过程中起到校对修复和缺口填补的作用（表 9-2）。

■ 考点提示
　　原核生物中，半保留复制过程各种酶的作用。

表 9-2 真核生物 DNA 聚合酶

DNA 聚合酶	α	β	γ	δ	ε
分子量（×10³）	16.5	4.0	14.0	12.5	25.5
细胞定位	胞核	胞核	线粒体	胞核	胞核
3′→5′外切酶活性	无	有	有	有	有
5′→3′聚合酶活性	有	有	有	有	有
主要功能	引物合成	DNA 损伤修复	线粒体 DNA 复制	DNA 复制，错配修复	校对，填补引物空隙

（6）DNA 连接酶 DNA 连接酶（DNA ligase）是在 DNA 单链 3′—OH 末端与另一相邻的 DNA 单链的 5′-Ⓟ末端之间催化形成磷酸二酯键，将相邻的不连续 DNA 链连接形成完整的链。DNA 连接酶不但在复制中起最后接合切口的作用，在 DNA 重组、修复以及剪接中也起到缝合切口的作用。

2. 模板与底物 DNA 的合成具有严格的模板（template）依赖性。复制过程中，以解开的亲代 DNA 单链为模板，指导 4 种脱氧核糖核苷三磷酸（dNTP）严格按照碱基配对的原则逐一连接，合成子链。

DNA 合成时的原料（底物）包括四种脱氧核糖核苷三磷酸：dATP、dGTP、dCTP 和 dTTP。DNA 的基本构成单位为脱氧核糖核苷一磷酸（dNMP），所以每聚合 1 分子核苷酸需水解掉 1 分子的焦磷酸，该合成为耗能过程。

$$(dNMP)_n + dNTP \longrightarrow (dNMP)_{n+1} + PPi$$

3. 引物 由于 DNA 聚合酶的 5′→3′聚合酶活性不能直接将两个游离的 dNTP 催化聚合以延伸子链，所以子链的生成需要从已有的寡核苷酸（RNA）的 3′—OH 末端开始，然后再继续延长，这一寡核苷酸被称为引物（primer），通常该引物是一段小分子 RNA。

（三）DNA 复制过程

原核生物和真核生物的 DNA 复制都可分为起始、延长和终止三个阶段，但每个阶段都有细微差别。真核生物的 DNA 复制发生在细胞分裂周期的 DNA 合成期（S 期）。由于真核生物基因组庞大，且存在核小体，所以 DNA 合成的反应体系、反应过程和调节都更为复杂。

1. 复制的起始 不同于原核生物 DNA 的闭合环状结构，真核生物 DNA 分布在许多染色体上，各自进行复制。每条染色体有上千个复制子进行多点复制，所以复制的起始点很多。

复制有时序性，复制子不同步启动，而是以分组方式激活。例如，高转录活性的 DNA 在 S 期早期就开始复制，而高度重复序列、中心体以及染色体两端的端粒（telomere）都是 S 期的后期才开始复制。

DNA 复制起始位点是一段包含特殊序列的 DNA 序列。例如酵母 DNA 复制起始位点 11bp 的核心序列富含 AT。在 DNA 复制起始过程中，由 6 个亚基组成的复制起点识别复合体（origin recognition complex，ORC）首先识别并结合到复制起始点位上。随后，一系列参与 DNA 复制起始的蛋白质（如 CDC6、CDT1、MCM 等）被依次召集到复制起始位点上，形成前复制复合体（pre-replicative complex，Pre-RC）（图 9-5）。之后，前复制复合体被激活，再次募集若干 DNA 结合蛋白和 DNA 聚合酶，启动 DNA 复制。真核生物 DNA 在一个细胞周期中只能复制一次。真核生物复制起始也是打开双链形成复制叉，形成引发体和合成

RNA 引物。但详细的机制，包括酶及各种辅助蛋白起作用的先后，尚未完全明了。

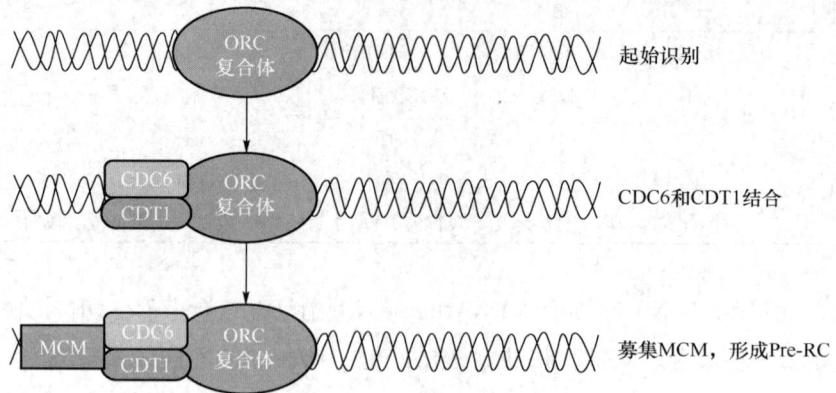

图 9-5　前复制复合体结构

复制的起始需要具有引物酶活性的 DNA pol α、具有解旋酶活性的 DNA pol δ、拓扑酶和复制因子的参与。增殖细胞核抗原（proliferation cell nuclear antigen，PCNA）具有与原核生物 DNA pol Ⅲ 的 β 亚基相似的构象和相同的功能，辅助 DNA pol δ 持久生成 DNA 子链。

2. 复制的延伸　DNA pol α 主要催化合成引物。复制叉和引物形成后，DNA pol δ 在 PCNA 的辅助下逐步取代 DNA pol α，连续合成前导链，不连续合成后随链。DNA pol δ 兼具有校正功能。真核生物以复制子为单位进行合成，引物和冈崎片段比原核生物都短。较多的引物需求使得子链延伸时，必须频繁进行 DNA pol α/δ 转换，并且 PCNA 参与协同，从而限制了 DNA 的速度。尽管单个复制起始点复制的速度较慢，估算为 50 个核苷酸/秒，但是多复制子的复制模式弥补了单个复制子速度上的不足。

3. 复制的终止　真核生物 DNA 是线性的，复制完成后 RNA 引物需切除，由于 DNA 聚合酶只能沿 5′→3′ 方向催化 DNA 合成，所以留下两个无法填补的缺口。端粒（telomere）是真核细胞染色体末端的一小段具有重复序列（$Tn-Gn$）$_x$ 的非转录 DNA，与端粒结合蛋白一起构成了特殊的"帽"结构，可以维持染色体的稳定性和转录 DNA 复制的完整性。对于脊椎动物，端粒中具有单链 TTAGGG 突出端。TTAGGG 的这个序列在人类染色体中重复约 2500 次。DNA 复制一次，端粒变短一次。在人类中，平均端粒长度从出生时的 1.1 万个碱基下降到老年时不足 4000 个碱基，男性的平均下降速度大于女性。

端粒酶（telomerase）也称为末端转移酶，是一种核糖核蛋白（ribonucleoprotein，RNP），包括三个部分：约 150nt 的端粒酶 RNA（telomerase RNA，hTR）、端粒酶协同蛋白 1（telomerase associated protein 1，hTP1）和端粒酶逆转录酶（telomerase reverse transcriptase，hTRT）。端粒酶能够以自身 RNA 分子为模板，在端粒的 3′ 端逆转录生成端粒重复序列，维持端粒长度（图 9-6）。端粒酶在正常干细胞和大多数癌细胞中是活跃的，但是通常在大多数体细胞中不存在，或者在大多数体细胞中处于非常低的水平。

二、逆转录

某些病毒以 RNA 为模板合成 DNA。由于该遗传信息流动方向（RNA→DNA）与转录过程（DNA→RNA）相反，故称为逆转录（reverse transcription）或反转录。催化逆转录过程的酶称为逆转录酶（reverse transcriptase）或反转录酶，全称为依赖于 RNA 的 DNA 聚合酶（RNA-dependent DNA polymerase，RDDP）。该酶主要存在于致癌的 RNA 病毒中。

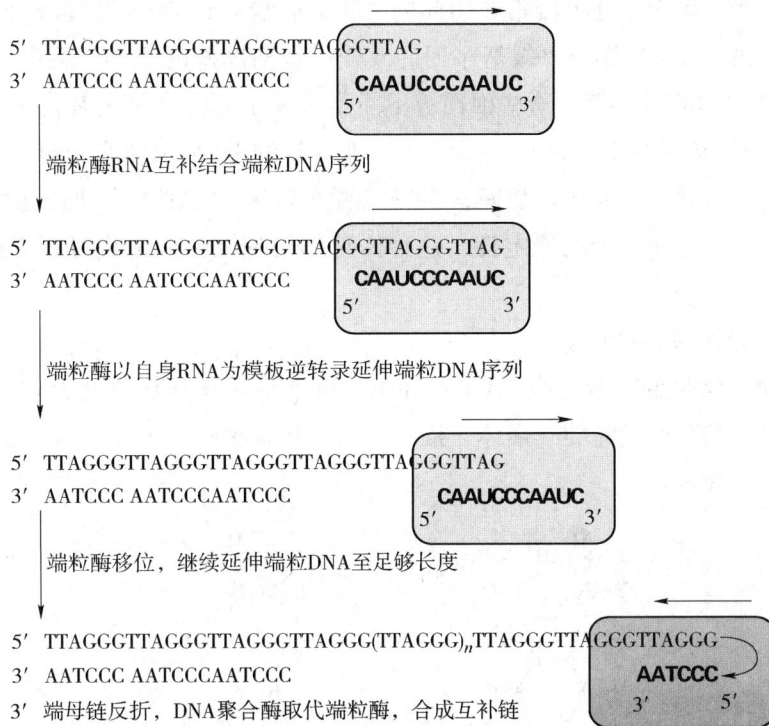

5′ TTAGGGTTAGGGTTAGGGTTAGGGTTAG

3′ AATCCC AATCCCAATCCC

CAAUCCCAAUC
5′　　　　3′

端粒酶RNA互补结合端粒DNA序列

5′ TTAGGGTTAGGGTTAGGGTTAGGGTTAGGGTTAG

3′ AATCCC AATCCCAATCCC

CAAUCCCAAUC
5′　　　　3′

端粒酶以自身RNA为模板逆转录延伸端粒DNA序列

5′ TTAGGGTTAGGGTTAGGGTTAGGGTTAGGGTTAG

3′ AATCCC AATCCCAATCCC

CAAUCCCAAUC
5′　　　　3′

端粒酶移位，继续延伸端粒DNA至足够长度

5′ TTAGGGTTAGGGTTAGGGTTAGGG(TTAGGG)ₙTTAGGGTTAGGGTTAGGG

3′ AATCCC AATCCCAATCCC

AATCCC
3′　　5′

3′ 端母链反折，DNA聚合酶取代端粒酶，合成互补链

图9-6　端粒合成过程

1. 逆转录过程　RNA 病毒感染宿主细胞后，在宿主细胞内以自身 RNA 为模板，dNTP 为原料，RNA 为引物，在逆转录酶催化下，合成一条互补的 DNA 链，形成 RNA-DNA 杂交链。此后，逆转录酶利用其 RNase 活性组分水解杂交链中的 RNA 单链，留下 DNA 单链作模板，在 DNA 聚合酶作用下，合成另一条互补的 DNA 链，形成双链 DNA 分子（图9-7）。

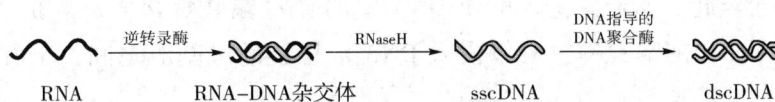

RNA　　RNA-DNA杂交体　　sscDNA　　dscDNA

图9-7　逆转录过程

在重组 DNA 分子时，利用逆转录酶催化合成的某些 mRNA 相对应的 DNA，称为互补 DNA（complement DNA，cDNA）。

考点提示

逆转录及其酶。

2. 逆转录的意义

（1）进一步补充和完善了分子生物学中心法则，表明某些生物体内 RNA 同样有遗传信息传代与表达功能；

（2）拓宽了病毒致癌理论，从逆转录 RNA 病毒中发现了癌基因；

（3）在基因工程中，应用逆转录酶作为获得目的基因的重要方法之一。

三、DNA 的损伤与修复

DNA 复制过程十分准确，由此保证了遗传的稳定性。但由于生物繁殖速度很快，DNA 分子很大，在复制过程中即使是极低频率的自发突变也会产生可观的变异现象，由此可见变异和遗传是对立而又统一的自然规律，没有变异就没有进化的发生。

生物体受物理、化学等外界因素或内环境改变的影响导致 DNA 结构及功能改变，称为 DNA 损伤。其实质为 DNA 分子中碱基序列的改变，包括碱基的置换、丢失、修饰、交联，DNA 骨架中磷酸酯键的断裂等。这些损伤若不能及时修正，将会影响其正常功能（如复制和转录），从而导致基因突变（gene mutation），即损伤的 DNA 未能完全修复，遗留碱基序列的改变，引起生物遗传的变异。然而，在一定的情况下，生物体可以修复 DNA 损伤，以保持生物体的正常功能和遗传的稳定性，这种修复作用是在长期进化过程中获得的一种保护功能。

（一）引发 DNA 损伤的因素

1. 物理因素 常见的有紫外线（UV）和电离辐射等。紫外线可使 DNA 分子中相邻的嘧啶碱基发生共价交联形成嘧啶二聚体，最常见的是胸腺嘧啶二聚体 T-T（图 9-8），也可产生 C-C、C-T 二聚体。

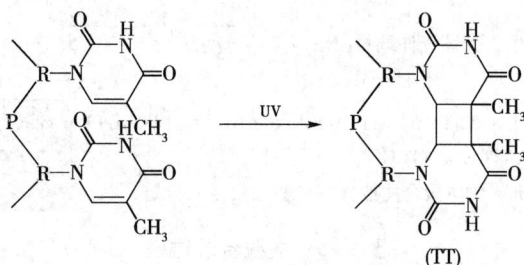

图 9-8　嘧啶二聚体的形成

2. 化学因素 通常为化学诱变剂或致癌剂，已发现 6 万多种，包括：①烷化剂，如氮芥类，可使碱基、核糖或磷酸基发生烷基化；②脱氨剂，如亚硝酸盐和亚硝胺类，通过脱氨基作用使 C→U，A→I，G→X；③碱基类似物，如 5-FU、6-MP，可取代正常碱基，干扰 DNA 的复制；④吖啶类，碱基类似物溴乙锭可以嵌入 DNA 双链中，产生移码突变；⑤DNA 加合剂，如苯并芘，可使 DNA 中的嘌呤碱共价交联；⑥抗生素及其类似物，如放线菌素 D 和阿霉素等，可以嵌入 DNA 双螺旋的碱基对之间，干扰 DNA 的复制与转录。

3. 自发因素 如碱基发生自发水解脱落以及脱氨基等。

4. 生物因素 如逆转录病毒等。

考点提示
DNA 损伤的类型与修复方式。

（二）基因突变的后果及类型

突变是指 DNA 分子中碱基序列的改变。DNA 复制过程中可发生自发突变，外界因素或人工方法也可使 DNA 发生突变，即诱变。其后果为：①致死性。②致病性，使生物体某些功能缺失，发生分子病或先天性代谢障碍。体细胞基因突变可能导致肿瘤的发生。③基因多态性，只改变基因型，而对表现型无影响。④生物进化，突变产生有利于生存的表型，适应了环境，经自然选择，物种得以保留。

根据 DNA 分子结构的改变，可把突变分为以下几种。

1. 点突变 是指只有一个碱基对发生改变。广义的点突变包括单个碱基的替换、插入或碱基缺失；狭义的点突变也称作单碱基替换。碱基替换可分为转换和颠换两类。转换：嘌呤和嘌呤之间的替换，或嘧啶和嘧啶之间的替换。颠换：嘌呤和嘧啶之间的替换。

点突变具有很高的回复突变率。

点突变的不同效应为同义突变、错义突变、无义突变和终止密码子突变。

2. 插入突变　是指 DNA 分子中插入原来没有的一个核苷酸或一段 DNA 片段，DNA 分子结构破坏。

3. 缺失突变　是指 DNA 分子中一个核苷酸或者一段 DNA 片段丢失。

4. 移码突变　主要指插入或缺失的核苷酸数目不是三的倍数，导致三联体密码阅读移位，导致 DNA 序列信息的彻底改变，也称为框移突变。移码突变所造成的 DNA 损伤一般远远大于点突变。

5. 重排突变　是指 DNA 分子内部发生 DNA 片段交换。

（三）DNA 的损伤修复

细胞内具有一系列发挥 DNA 损伤修复作用的酶系统，这些酶可以除去 DNA 分子上的损伤，修复成 DNA 的正常结构。DNA 损伤修复机制大致分为三类：直接修复、切除修复和重组修复，其中以切除修复最为普遍。

1. 直接修复（光修复）　可见光（300～600nm）可激活细胞内的光复活酶，该酶能特异性识别共价交联的嘧啶二聚体，断裂其共价键，使二聚体解聚，恢复 DNA 原来的结构。光复活酶分布广泛，从单细胞生物到鸟类细胞都有表达，但哺乳动物细胞缺乏此酶。

2. 切除修复　可分为碱基切除修复、核苷酸切除修复和碱基错配修复三种方式，其基本过程包括识别、切除、修补和连接几个步骤（图 9-9）。

（1）碱基切除修复　可以修复单个碱基的损伤。首先由 DNA 糖苷酶特异识别 DNA 分子中发生改变的碱基，并通过水解作用将其去除；无碱基位点内切核酸酶迅速识别这个丢失了碱基的裸露脱氧核糖残基，在其 5′端切断 DNA 骨架磷酸二酯键，并由磷酸二酯酶切除脱氧核糖磷酸残基；最后由 DNA 聚合酶和 DNA 连接酶将缺口修复。

（2）核苷酸切除修复　该修复系统并不识别具体

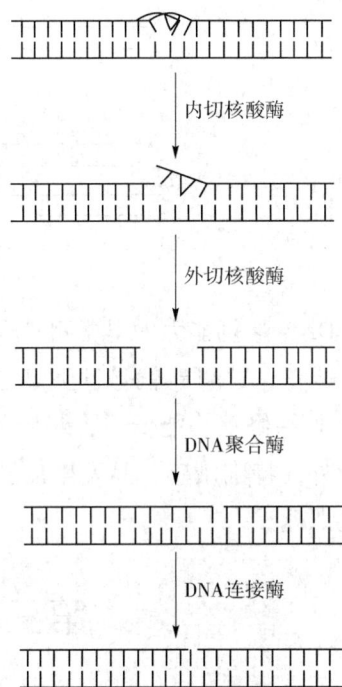

内切核酸酶

外切核酸酶

DNA 聚合酶

DNA 连接酶

图 9-9　切除修复

损伤，而是识别损伤造成的 DNA 双螺旋扭曲，修复过程类似碱基切除修复。①多酶复合体结合于正常 DNA 双螺旋区，并沿着 DNA 链移动，直到发现 DNA 损伤造成的变形；②内切核酸酶结合到损伤部位，并在损伤部位 5′端 21～25 个核苷酸处，以及其 3′端 3～5 个核苷酸处，分别切断磷酸二酯键，由解旋酶去除含有受损部位的 DNA 单链片段；③由 DNA 聚合酶 I 催化，以对侧链为模板，重新合成 DNA 片段，并由 DNA 连接酶进行连接。

（3）碱基错配修复　该修复系统可以修复由 DNA 复制时因碱基错配而引起的损伤，可以认为是碱基切除修复的一种特殊形式，维持 DNA 的稳定。原核生物和真核生物都有保守的碱基错配修复系统。

3. 重组修复　DNA 分子损伤较大时，先复制后修复。复制时，亲代链的损伤部位不能作为模板指导子代链的合成，造成子代链上出现缺口，重组修复解决该问题。修复时，将另一段未受损伤的同源或非同源 DNA 片段移到该缺口，作为模板进行修复，而提供未受损 DNA 片段的部位出现的缺口，由互补链作为模板，可在 DNA 聚合酶和 DNA 连接酶的作用下，使之完全复原（图 9-10）。在重组修复机制中，受损部位仍然保留，但在不断复制过程中，损伤链所占的比例越来越小，损伤被稀释。

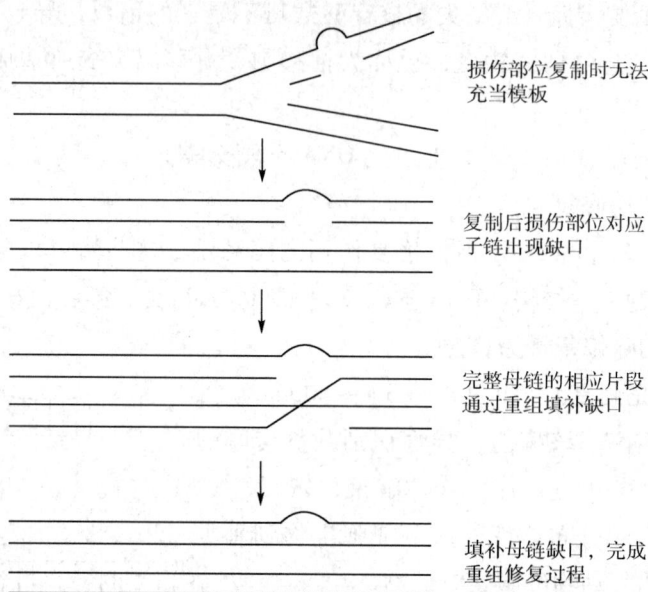

损伤部位复制时无法
充当模板

复制后损伤部位对应
子链出现缺口

完整母链的相应片段
通过重组填补缺口

填补母链缺口，完成
重组修复过程

图 9-10 DNA 重组修复的过程

DNA 修复能力的异常可能与衰老和某些疾病的发生有关。例如，老龄动物修复 DNA 功能降低，这可能就是发生衰老的原因之一。着色性干皮病是一种遗传性疾病，患者的 DNA 切除修复功能低下，对紫外线照射引起的皮肤细胞 DNA 损伤不能修复，患者对日光或紫外线特别敏感，易发生皮肤癌。目前，DNA 的损伤与修复，正成为研究癌变机制的重要课题。

第三节 RNA 的生物合成

生物体以 DNA 为模板合成 RNA 的过程称为转录（transcription）。转录是 RNA 合成的主要方式，也有少数生物以 RNA 为模板合成 RNA，称为 RNA 复制，例如 RNA 病毒。转录是遗传信息从 DNA→RNA 传递的过程，是遗传信息表达的重要环节，从功能上衔接 DNA 与蛋白质这两种生物大分子。

DNA 复制和转录的相同点：两过程都以 DNA 为模板，都需依赖 DNA 聚合酶，聚合过程每次都只延长一个核苷酸，核苷酸之间连接键都是 3',5'-磷酸二酯键，新链的延长方向都从 5'→3'。两者之间不同点见表 9-3。

考点提示

不对称转录与复制的区别。

表9-3　DNA复制和转录的区别

项目	DNA复制	转录
合成模板	DNA两条链均作模板	DNA一条链作模板
合成原料	dNTP（N=A,G,C,T）	NTP（N=A,G,C,U）
主要酶	DNA聚合酶	RNA聚合酶
产物	子代双链DNA分子	mRNA、tRNA、rRNA、microRNA、lncRNA等
碱基配对	A—T、G—C	A—U、T—A、G—C

一、转录体系和特点

（一）转录模板

在遗传信息传递过程中，所有DNA都可以进行复制，但并不是所有DNA分子都可以进行转录。在不同细胞的不同发育阶段以及不同的生存条件影响下，不同的基因进行转录。在基因组庞大的DNA双链分子上能转录出RNA的DNA区段称为结构基因（structural gene）。结构基因中，不是两条链都可以进行转录。在转录中起模板作用的一股链，称为模板链（template strand），也称为反义链，与其互补的另一条链称为编码链（coding strand），也称为有义链。这

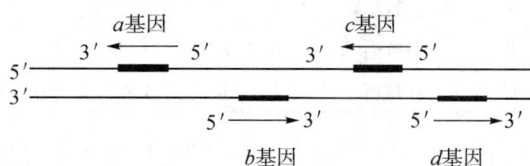

图9-11　不对称转录

种转录方式称为不对称转录（图9-11），包括两方面含义：一是在DNA双链分子上，一条链可转录，另一条链不转录；二是模板链并非永远在同一条链上。

（二）RNA聚合酶

RNA聚合酶又称DNA指导的RNA聚合酶（DNA-directed RNA polymerase，DDRP）。原核生物RNA聚合酶是一种多聚体蛋白质。如大肠杆菌（E. coli）的RNA聚合酶是由4种亚基组成的五聚体蛋白质$\alpha\alpha\beta\beta'\sigma$。其中，$\alpha$亚基决定哪些基因被转录，$\beta$亚基与转录全过程催化作用有关，$\beta'$亚基参与结合DNA模板，$\sigma$亚基辨认转录起始位点。

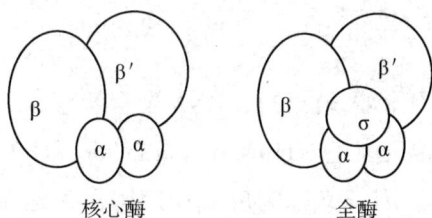

图9-12　核心酶和全酶组成

$\alpha\alpha\beta\beta'$亚基合称为核心酶（core enzyme），它能按模板DNA序列催化NTP合成RNA，但合成的RNA没有固定的起始位点。活细胞的转录起始需要全酶，即$\alpha\alpha\beta\beta'\sigma$组成的五聚体蛋白质。转录延长阶段则仅需核心酶（图9-12，表9-4）。RNA聚合酶催化聚合反应时需要有Mg^{2+}或Mn^{2+}的存在，由于该酶缺乏$3'\rightarrow5'$外切核酸酶活性，故没有校读的功能，这使得转录较复制过程的错误率高得多。

表9-4　大肠杆菌中的RNA聚合酶

亚单位	分子量	亚单位数目	功能
α	36512	2	决定哪些基因被转录
β	150618	1	与转录的全过程有关
β'	155613	1	结合DNA模板
σ	70263	1	辨认起始点

真核生物有三种 RNA 聚合酶，分别称为 RNA 聚合酶 Ⅰ、Ⅱ、Ⅲ，它们选择性地转录不同的基因，生成不同的产物。真核生物三种 RNA 聚合酶对 α-鹅膏蕈碱敏感性不同（表9-5）。

考点提示

原核生物中 RNA 聚合酶的组成和各亚基的作用。

RNA 聚合酶 Ⅰ 分布于核仁中，催化 45S rRNA 前体的合成，对 α-鹅膏蕈碱很不敏感；RNA 聚合酶 Ⅱ 分布于核基质中，催化 mRNA 的前体——核不均一 RNA（heterologous nuclear RNA，hnRNA）的合成，对 α-鹅膏蕈碱极为敏感；RNA 聚合酶 Ⅲ 也分布于核基质中，催化 tRNA 前体、5S rRNA 和核内小 RNA（small nuclear RNA，snRNA）的合成，对 α-鹅膏蕈碱中度敏感。hnRNA 加工成熟生成的 mRNA，在功能上承上启下，半衰期短，且不稳定，需经常合成，所以 RNA 聚合酶 Ⅱ 是真核生物中最重要的 RNA 聚合酶。

表 9-5 真核生物的 RNA 聚合酶

种类	分布	转录产物	α-鹅膏蕈碱的敏感性
Ⅰ	核仁	45S rRNA	不敏感
Ⅱ	核质	hnRNA	极敏感
Ⅲ	核质	tRNA、5S rRNA、snRNA	中度敏感

（三）转录的特点

1. 不对称性 对于某一特定的基因来说，只能以 DNA 双链中的一条链为模板进行转录。

2. 连续性 RNA 转录不需要引物，从起始位点开始转录直到终止位点为止，连续合成 RNA 链。

3. 单向性 RNA 转录时，只能向一个方向进行聚合，RNA 链的合成方向为 $5'\rightarrow 3'$，而模板链 DNA 分子的方向为 $3'\rightarrow 5'$。

4. 有特定的起始和终止位点 RNA 转录时，只能以 DNA 分子中的某一段作为模板进行转录，故存在特定的起始位点和特定的终止位点。

二、转录过程

真核生物转录过程较原核生物更为复杂。原核生物 RNA 转录时，RNA 聚合酶可以直接结合 DNA 模板。但是，真核生物 RNA 聚合酶需要与转录因子（transcription factor，TF）结合形成转录起始复合体，才能结合模板进行转录。转录因子又称为反式作用因子，是能与基因 3' 端上游特定序列专一性结合，从而保证目的基因以特定的强度在特定的时间与空间表达的蛋白质分子。此外，转录的延伸和终止也有区别。本部分内容主要介绍真核生物转录过程。

（一）转录的起始

根据转录因子的功能特性，可将其分为通用转录因子和特异转录因子。通用转录因子是 RNA 聚合酶介导基因转录必需的一类辅助蛋白质因子，所有基因转录都需要通用转录因子的参与。特异转录因子是个别基因转录必需的，决定基因转录的时空特异性。转录因子识别并结合基因转录起始位点上游顺式作用元件（详见本章第四节），之后募集 RNA 聚合酶，形成转录前起始复合体（pre-initiation complex，PIC），起始转录。

不同 RNA 聚合酶需要不同转录因子辅助进行转录的起始和延伸。RNA pol I、RNA pol II 和 RNA pol III 对应的转录因子分别为 TF I、TF II 和 TF III。TF II D 是进化上高度保守的通用转录因子，其余 TF 都是 RNA pol 所特有的。TF II A、TF II B、TF II E、TF II F 和 TF II H 是 RNA pol II 催化 mRNA 转录所必需的（表 9-6）。

表 9-6　TF II 的作用

转录因子	功　能
TF II A	稳定 TF II D-DNA 复合物
TF II B	稳定 TF II D-DNA 复合物，结合 RNA pol
TF II D	通过 TBP 亚基结合 TATA 框
TF II E	解旋酶，结合 TF II H
TF II F	介导其他因子和 RNA pol II 结合
TF II H	解旋酶、催化 CTD 磷酸化

TF II D 是由 TATA 结合蛋白（TATA binding protein，TBP）和多个 TBP 相关因子（TBP-associated factors，TAFs）组成的复合物。

PIC 形成的具体步骤如下：TF II D 识别 TATA 框，并结合到启动子区，TF II B 同时结合 TF II D 和 DNA，TF II A 稳定与 DNA 结合的 TF II D-TF II B 复合体；TF II D-TF II B 复合体与 RNA pol II-TF II F 复合体结合，协助 RNA pol II 靶向结合启动子；TF II E 和 TF II H 加入，形成闭合复合体，装配完成。TF II H 的解旋酶活性可以解开转录起始位点附近的 DNA 双螺旋，使闭合转录复合体成为开放转录复合体。TF II H 还具有激酶活性，使 RNA pol II 的羧基末端结构域（CTD）磷酸化，开放转录复合体构象改变，起始转录（图 9-13）。

考点提示
转录过程各阶段参与的因子及其作用。

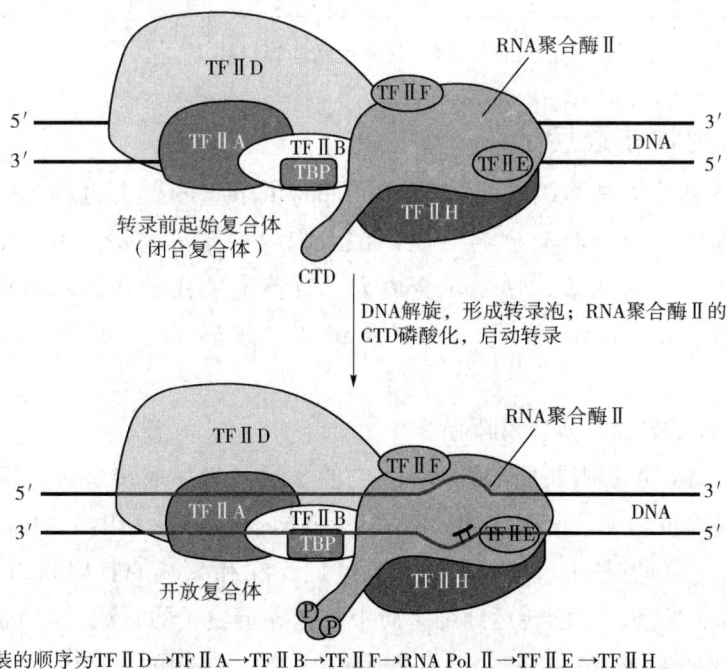

组装的顺序为 TF II D→TF II A→TF II B→TF II F→RNA Pol II→TF II E→TF II H

图 9-13　转录前起始复合体的形成

一个基因可以产生多种和多个 RNA 拷贝，且 RNA 半衰期较短，所以转录生成错误的 RNA 对细胞的影响比复制产生错误的 DNA 对细胞的影响小。

（二）转录的延伸

真核生物转录延伸过程中没有转录和翻译同步的现象。真核生物转录发生在细胞核内，翻译发生在细胞质内。体外转录实验可以在转录延伸过程中观察到核小体移位和解聚现象。

（三）转录的终止

目前还不清楚 RNA pol II 的 DNA 精确终止位点。位于基因编码区下游，能够终止 RNA 转录合成的特殊 DNA 序列称为终止子（terminator）。原核生物的终止子均具有回文结构，可分为依赖 ρ 因子和不依赖 ρ 因子的终止子两种类型。真核生物的终止子则与 poly（A）尾的添加相偶联。

真核生物转录终止和 hnRNA 加尾修饰同时进行。真核生物 hnRNA 近 3′ 端处转录产生一组共同序列，即 AAUAAA 和 GU 富集序列，为转录终止的识别位点和 poly（A）修饰识别位点。当转录越过修饰点后，RNA 链在修饰点处被水解切断，转录终止，随即进行加尾修饰（图 9-14）。

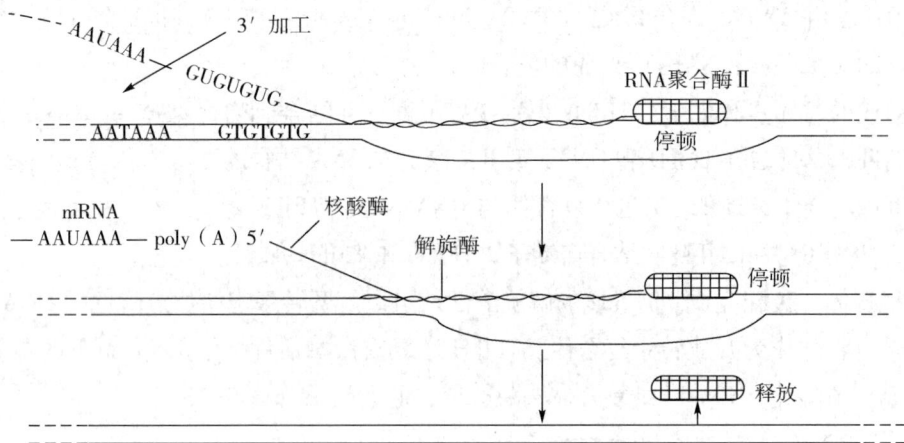

图 9-14　真核生物的转录终止

三、真核生物转录后加工

真核生物转录产物是初级转录产物（primary transcripts），也称为 RNA 前体。初级转录产物分子量大，且不具有生物活性，在细胞内一系列酶的催化下，RNA 前体经各种化学修饰、剪接、编辑等，使之转变成为具有特定生物学功能的成熟 RNA 的过程称为转录后修饰（post-transcriptional modification）或转录后加工（post-transcriptional processing）。

（一）mRNA 的转录后加工和降解

原核生物的 mRNA 不需要加工修饰，在它的 3′ 端尚未完成转录前，其 5′ 端已与核糖体结合，开始蛋白质的合成。真核生物 mRNA 的前体为核不均一 RNA（heterogeneous nuclear RNA，hnRNA）。在细胞核中合成后，还必须经过 5′ 端和 3′ 端的首尾修饰及对 hnRNA 的剪接等一系列的加工处理，才能转运到细胞质中，指导蛋白质的合成。对 hnRNA 加工修饰包括 5′ 端 7-甲基鸟嘌呤核苷三磷酸（$m^7GpppGp$）"帽"结构的形成、3′ 端多 A "尾"的形成，以及对 mRNA 链进行剪接等加工修饰过程（图 9-15）。

1. 5′ 端形成帽结构　真核生物 mRNA 在成熟的过程中，先经磷酸酶催化水解，释放出 5′ 端的 Pi 或 PPi，然后在鸟苷酸转移酶作用下连接另一分子 GTP，形成 GpppGp-，再经甲

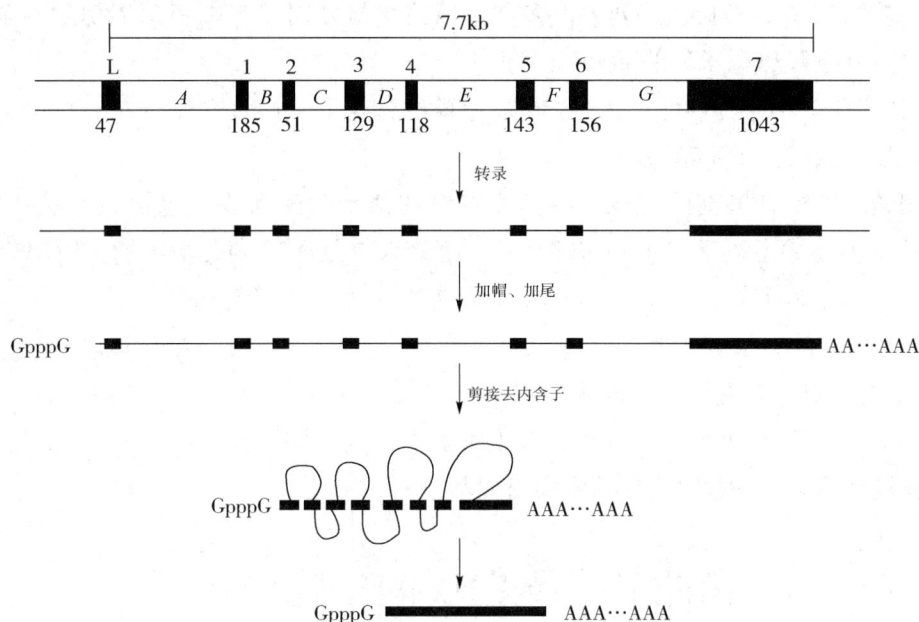

图 9-15 鸡卵清蛋白基因转录及其转录后的加工修饰

注：外显子以 1、2、3、4、5、6、7 表示，内含子以 A、B、C、D、E、F、G 表示

基转移酶的催化进行甲基化修饰，形成 $5'-m^7GpppGp$ 的帽结构。$5'$ 端加帽过程完成于细胞核内，且先于剪接过程。帽结构可保护 RNA 免受外切核酸酶的水解，并且为多肽合成提供启动信号，与翻译过程的起始有关。

2. $3'$ 端加入多腺苷酸尾 mRNA 前体先经特异外切核酸酶催化去除 $3'$ 端一些多余的核苷酸，以 ATP 为供体，经多腺苷酸聚合酶催化，通过聚合反应形成多腺苷酸尾［poly(A)］。该过程也是在核内完成，先于 RNA 链的剪接。哺乳类动物中，$3'$ 端 poly（A）尾长度为 20～200 个核苷酸，其长短与 mRNA 半衰期相关，可增加 mRNA 的稳定性，提高翻译的效率，并参与成熟 mRNA 从细胞核向细胞质的转运过程。

3. 前体 mRNA 的剪接 关于断裂基因的叙述详见本章第四节内容。成熟 mRNA 只保留外显子序列。去除内含子的剪接（splicing）过程是由剪接体（spliceosome）完成的，剪接体是 RNA 剪接时形成的多组分小核糖核蛋白体复合物。另外，在真核生物的线粒体中还发现 RNA 分子可以催化自身内含子剪接，称为自剪接（self-splicing）。

4. RNA 的编辑 RNA 的编辑（RNA editing）是指在 mRNA 水平上改变遗传信息的过程。是某些 RNA，特别是 mRNA 前体的一种加工方式，如插入、删除或替换一些核苷酸残基（包括 U→C，A→U；U 的插入或缺失、多个 G 或 C 的插入等）。经过编辑的 mRNA 序列发生了不同于模板 DNA 的变化，使得一个基因序列可能产生几种不同的蛋白质，这可能是生物在长期进化过程中形成的、更经济有效地扩展原有遗传信息的机制。

5. 真核细胞 mRNA 的降解 真核细胞 mRNA 半衰期从几分钟到数小时不等，降解是其发挥正常功能所必需的。异常转录产物也需要及时降解，维持机体的正常生理状态。正常和异常 mRNA 降解途径有差异。

（二）tRNA 的转录后加工

真核生物表达 40～50 种不同的 tRNA，前体 tRNA 需要转录后加工才能成为成熟 tRNA。

（1）前体 tRNA 存在插入序列，由多种核糖核酸酶分别在 5′端和 3′端切除多余的核苷酸序列以及 tRNA 反密码子环的部分插入序列。

（2）以 CTP、ATP 为供体，在核苷酸转移酶的催化下，在前体 RNA 的 3′端加上 CCA—OH 结构，使其获得携带氨基酸的能力。

（3）tRNA 中稀有碱基的生成，由高度专一的修饰酶来实现，包括：①甲基化反应，A→^mA，G→^mG；②还原反应，尿嘧啶（U）还原为二氢尿嘧啶（DHU）；③脱氨基反应，腺嘌呤（A）→次黄嘌呤（I）；④碱基转位反应，U→ψ（假尿苷）。

（三）rRNA 的转录后加工

真核生物细胞核仁内转录生成 45S rRNA 前体，经核糖核酸酶剪切生成 28S、18S 和 5.8S rRNA，同非细胞核仁来源的 5S rRNA 以及核糖体蛋白一起组成核糖体大小亚基。

> **考点提示**
> mRNA 和 tRNA 转录后加工的方式。

第四节　蛋白质的生物合成

基因表达（gene expression）是指基因通过转录、翻译等过程合成具有生物功能活性的蛋白质的过程。DNA 的遗传信息转录生成 mRNA，mRNA 以分子中 4 种核苷酸编码的遗传信息指导多肽链合成，该过程称为翻译（translation）。新合成的多肽链需经过加工修饰形成特定蛋白质构象才具有生物学功能。

一、蛋白质生物合成体系

蛋白质生物合成体系包括：原料氨基酸、指导合成多肽链的模板 mRNA、运载各种氨基酸的 tRNA、rRNA 和多种蛋白质构成的核糖体、参与氨基酸活化、起始、延长和终止阶段的多种蛋白质因子及酶类等。

1. mRNA 的模板作用　mRNA 是蛋白质生物合成的模板。从 mRNA 的起始密码子 AUG 开始，按 5′→3′方向，三个相邻核苷酸构成的三联体，称遗传密码或密码子（codon）。四种核苷酸 A、U、G、C 可组成 64 种遗传密码（表 9-7），其中有 61 种分别对应 20 种氨基酸。密码子 AUG，当其位于 mRNA 的 5′端起始部位时，不仅代表甲硫氨酸，而且是多肽合成的起始信号，称为起始密码子（initiator codon）。另外，位于 mRNA 的 3′端的 UAA、UAG 或 UGA 这三个密码子不对应任何种类的氨基酸，只作为肽链合成的终止信号，称为终止密码子（terminator codon）。

表 9-7　遗传密码

第一核苷酸 (5′端)	第二核苷酸				第三核苷酸 (3′端)
	U	C	A	G	
U	苯丙氨酸	丝氨酸	酪氨酸	半胱氨酸	U
	苯丙氨酸	丝氨酸	酪氨酸	半胱氨酸	C
	亮氨酸	丝氨酸	终止信号	终止信号	A
	亮氨酸	丝氨酸	终止信号	色氨酸	G
	亮氨酸	脯氨酸	组氨酸	精氨酸	U
	亮氨酸	脯氨酸	组氨酸	精氨酸	C

第一核苷酸 (5′端)	第二核苷酸				第三核苷酸 (3′端)
	U	C	A	G	
C	亮氨酸	脯氨酸	谷氨酰胺	精氨酸	A
	亮氨酸	脯氨酸	谷氨酰胺	精氨酸	G
	异亮氨酸	苏氨酸	天冬酰胺	丝氨酸	U
	异亮氨酸	苏氨酸	天冬酰胺	丝氨酸	C
A	异亮氨酸	苏氨酸	赖氨酸	精氨酸	A
	※甲硫氨酸	苏氨酸	赖氨酸	精氨酸	G
	缬氨酸	丙氨酸	天冬酰胺	甘氨酸	U
	缬氨酸	丙氨酸	天冬酰胺	甘氨酸	C
G	缬氨酸	丙氨酸	丙氨酸	甘氨酸	A
	缬氨酸	丙氨酸	丙氨酸	甘氨酸	G

※注：AUG 为起始密码子，是蛋白质合成的起始信号，又编码多肽链中的甲硫氨酸。

遗传密码具有以下的特点：

（1）简并性　20 种编码氨基酸中，除色氨酸和甲硫氨酸各有一个密码子外，其余每种氨基酸都有 2~6 个密码子。一种氨基酸具有 2 个或 2 个以上密码子的现象，称为遗传密码的简并性（degeneracy）。遗传密码的简并性对于减少有害突变，保证遗传的稳定性具有一定的意义。

（2）摆动性　在密码子与反密码子的配对中，第 1 对和第 2 对碱基严格遵守碱基互补配对原则，第 3 位碱基有时并不严格遵循配对原则，具有一定的自由性，称为摆动性。

（3）连续性　指两个相邻的密码子之间没有任何特殊的符号加以间隔，翻译时必须从起始密码子 AUG 开始，连续地一个密码子挨着一个密码子"阅读"下去，直到终止密码子为止。mRNA 上碱基的插入或缺失都会造成密码子的移码，翻译出的氨基酸序列发生改变，产生"移码突变"。

（4）方向性　mRNA 分子从 5′→3′方向，每 3 个连续的碱基组成 1 个密码子，翻译时从 mRNA 5′端的起始密码子 AUG 开始，至 3′端的终止密码子 UAA、UAG 或 UGA 结束，从而决定了多肽链从 N 端到 C 端的氨基酸顺序。mRNA 分子中的密码子不但代表了 20 种氨基酸，还决定了翻译过程的起始和终止位置。

（5）通用性　不同种属的生物中密码子都是相同的，也就是说从病毒、细菌、植物、动物到人均可用一套遗传密码。

2. 核糖体　rRNA 与多种蛋白质聚合成的复合体称为核糖体（ribosome），核糖体是蛋白质合成的场所，起到多肽链合成"装配机"的作用。

核糖体由大、小两个亚基组成，含有多个与蛋白质合成有关的功能活性部位：①与肽酰 tRNA 结合的部位，称为给位（P 位）；②与氨酰 tRNA 结合的部位，称为受位（A 位）；③肽酰转移酶（转肽酰酶，习惯称转肽酶）结合部位，作用是在肽链合成过程中催化氨基酸间形成肽键；④转位酶部位，又称 GTP 酶活性部位，能分解 GTP，将 A 位肽酰 tRNA 移到 P 位（图 9-16）。蛋白质合成一旦终止，核糖体立即解离成为大小两个亚基。

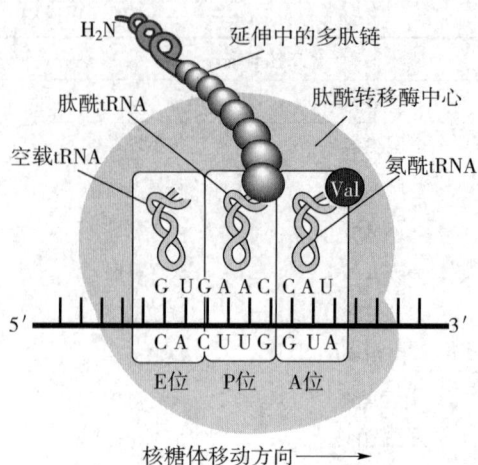

图 9-16　核糖体主要活性部位示意图

知识链接

核糖体与核糖核蛋白颗粒

核糖核蛋白颗粒（ribonucleoprotein particle，RNP）是 RNA 和 RNA 结合蛋白（RNA-binding proteins，RBPs）形成的复合体。核糖核蛋白包括核糖体、端粒酶以及小核糖核蛋白（small nuclear ribonucleic particle，snRNP）。

核糖体是细胞内的一种核糖核蛋白颗粒，主要由 rRNA 和核糖体蛋白质构成，是细胞内蛋白质合成的分子机器。动物细胞中含有两种核糖体：细胞质核糖体和线粒体核糖体。

snRNP 是一类 RNA-蛋白质复合体，存在于细胞核内，可以与前体 mRNA 以及一些其他蛋白质形成剪接体，对前体 mRNA 进行剪接，即切除转录本中的内含子，形成成熟的 mRNA。

---

3. 其他酶类和蛋白质因子　蛋白质合成过程需要 ATP 或 GTP 提供能量，还需要肽酰转移酶、氨酰 tRNA 合成酶等多种酶以及 Mg^{2+} 参与。整个翻译过程还需要各种起始因子、延长因子和释放因子。

4. tRNA 与氨基酸活化　蛋白质翻译过程中，tRNA 的作用是氨基酸活化和运输的工具。

参与多肽链合成之前，氨基酸需要活化，指的是氨基酸与特异 tRNA 结合形成氨酰tRNA 的过程。催化该反应的氨酰 tRNA 合成酶具有绝对特异性，可高度特异地识别 tRNA 和氨基酸两种底物，确保遗传信息从 DNA 到蛋白质传递的准确性。该反应是 ATP 参与的不可逆酶促反应。

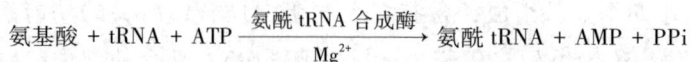

$$氨基酸 + tRNA + ATP \xrightarrow[Mg^{2+}]{\text{氨酰 tRNA 合成酶}} 氨酰 tRNA + AMP + PPi$$

tRNA 与氨基酸的结合是相对特异的，即一种氨基酸可以和 2~6 种 tRNA 特异性结合。tRNA 通过其 3′端 CCA—OH 与氨基酸羧基共价结合，同时，通过反密码子与 mRNA 上的密码子相识别，从而将携带的氨基酸准确地运输到指定的位置，合成肽链。

二、蛋白质生物合成过程

蛋白质生物合成包括起始、延长和终止三个阶段。本部分主要讲述真核生物翻译过程。真核生物与原核生物翻译过程基本类似，反应更为复杂。

1. 翻译的起始　翻译的起始主要是指 mRNA、起始甲硫氨酰 tRNA 分别与核糖体结合生成翻译起始复合体的过程。编码甲硫氨酸（Met）的密码子也是起始密码子。结合在起始密码子与可读框内的 Met-tRNA 在结构上是不一样的。真核细胞中具有起始功能的是 $tRNA_i^{Met}$（initiator-tRNA），肽链延长过程中携带 Met 的是 $tRNA^{Met}$。

（1）核糖体大小亚基分离　蛋白质合成是在核糖体上连续进行的，一轮合成的终止也是下一轮合成的起始。当一条多肽链合成终止时，eIF2B、eIF3 与核糖体小亚基结合，在 eIF6 参与下，促使 80S 核糖体分离，形成 60S 大亚基和 40S 小亚基。

（2）$Met\text{-}tRNA_i^{Met}$ 结合到小亚基 P 位　在 eIF2B 的作用下，eIF2 与 GTP 结合，连同 $Met\text{-}tRNA_i^{Met}$ 结合到小亚基，GTP 水解，释放 GDP-eIF2。最终，$Met\text{-}tRNA_i^{Met}$ 结合到小亚基的 P 位，形成 43S 前起始复合体。

（3）mRNA 在核糖体小亚基上定位　$Met\text{-}tRNA_i^{Met}$-小亚基沿 mRNA 5′→3′方向扫描起始密码子 AUG，并定位。tRNA 反密码子与 AUG 结合，形成 48S 前起始复合体。

在 eIF4F 复合物的帮助下，$Met\text{-}tRNA_i^{Met}$-小亚基不会错误识别并结合可读框内的 AUG 密码子。核糖体中的 rRNA 和蛋白质也参与识别、结合起始密码子附近的特殊序列，决定肽链正确合成。例如 Kozak 序列，它是位于真核生物 mRNA 5′端帽结构后面的一段核酸序列，通常是 GCCACCAUGG，可以与翻译起始因子结合而介导含有 5′端帽结构的 mRNA 翻译起始。

（4）核糖体大亚基结合　mRNA、$Met\text{-}tRNA_i^{Met}$ 与小亚基结合后，起始因子脱离 48S 前起始复合物。60S 核糖体大亚基结合 48S 前起始复合物，形成 80S 核糖体。

2. 肽链的延长　起始复合物形成后，开始肽链合成的延长。根据 mRNA 上 5′→3′密码子的信息，肽链从 N 端→C 端依次添加氨基酸，延长肽链。肽链的延长过程需要 mRNA、tRNA、核糖体、GTP 和数种延长因子。肽链的延长是一个进位、成肽和移位的循环过程，也称为核糖体循环。（图 9-17）

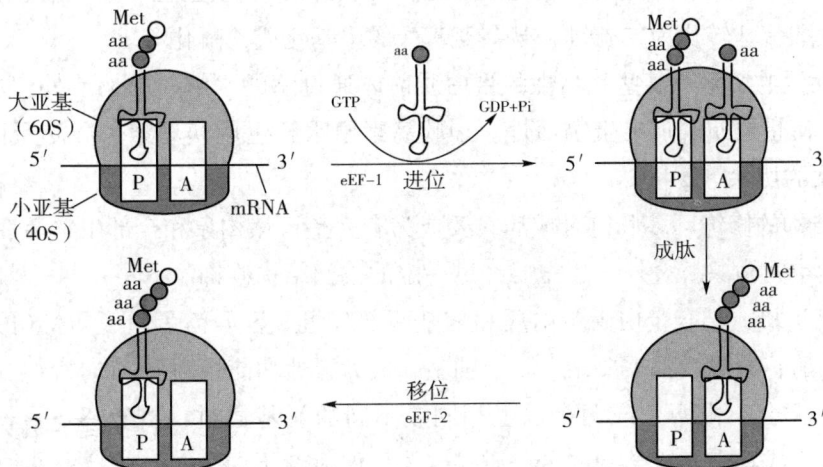

图 9-17　真核生物肽链的延长

（1）进位　是指在 mRNA 遗传密码的指导下，相应氨酰 tRNA 进入核糖体 A 位的过程。氨酰 tRNA 进位前需要在 eEF1α 和 eEF1β 的帮助下形成氨酰 tRNA-GTP 三元复合物。A 位对应第二个密码子，进入 A 位的氨酰 tRNA 种类由该密码子决定。核糖体对氨酰 tRNA 的进位有校正作用，是维持肽链合成的高度保真性的机制之一。

（2）成肽　是指在肽酰基转移酶催化下，P 位的起始甲硫氨酰基（或延长中的肽酰 tRNA 的肽酰基）与 A 位新进的氨酰 tRNA 的 α-氨基形成肽键的过程。当第一个肽键形成后，二肽酰 tRNA 占据核糖体 A 位，P 位上暂时由空载的 tRNA 占据。

（3）移位　是指核糖体沿 mRNA 5′→3′ 方向移位一个密码子的距离。P 位上空载的 tRNA 脱离，肽酰 tRNA 从 A 位移入 P 位，A 位对应下一个密码子，准备下一个氨酰 tRNA 进位。

这样，按照进位→成肽→移位的循环方式，每一次在肽链 C 端添加一个氨基酸，使肽链从 N 端→C 端不断向前延伸。肽链延长过程中，每生成一个肽键，消耗 4 分子高能磷酸键：进位和移位各消耗 1 个，生成氨酰 tRNA 消耗 2 个。

3. 翻译的终止　终止密码子不被任何氨酰 tRNA 识别，只有释放因子（release factor，RF）才可识别，并进入 A 位。RF 触发核糖体构象改变，诱导肽酰基转移酶转变为酯酶，水解 P 位上的 tRNA 与肽链间的酯键，肽链得以释出，tRNA、RF 和 mRNA 与核糖体分离。核糖体解离为大、小亚基，进入下一轮翻译前起始复合物的组装。

三、翻译后修饰

新生多肽链必须经过加工修饰才具有生物活性，包括对多肽链一级结构和空间结构的加工和修饰。

1. 新生肽链的折叠　一级结构是空间构象的基础。在核糖体上肽链边生成边折叠。大多数天然蛋白质的折叠需要折叠酶和分子伴侣的参与，真核生物肽链折叠机制尚有待阐明。

2. 肽链 N 端甲硫氨酸的切除　几乎所有成熟的多肽链都要经过有限水解这种方式进行加工。真核生物新生肽链 N 端的甲硫氨酸残基，在肽链离开核糖体后经特异的蛋白质水解酶切除。

3. 氨基酸残基的修饰　某些蛋白质的正常生物功能需要肽链中部分氨基酸残基共价修饰，如丝氨酸、苏氨酸或酪氨酸羟基的磷酸化；谷氨酸的 γ-羧基化；赖氨酸、脯氨酸的羟基化；半胱氨酸巯基转化为二硫键；某些氨基酸的甲基化或乙酰化等。

4. 部分肽段的切除　某些无活性的蛋白质前体通过酶的水解，内切或外切一个或几个氨基酸残基，使蛋白质表现出生物活性。如胰岛素原水解生成胰岛素、分泌蛋白或跨膜蛋白 N 端信号肽的切除等。

5. 空间结构的修饰　多肽链合成后，要成为有完整天然构象和全部生物活性的蛋白质，除了进行天然空间构象折叠外，还需要经过一定的空间结构修饰。

（1）辅基连接　结合蛋白由蛋白质和辅基两部分组成，如糖蛋白、脂蛋白、色蛋白及各种带辅基的酶，合成后都需要结合相应辅基，成为天然功能蛋白质。

（2）亚基聚合　由两个或两个以上相同或不同的亚基通过非共价连接聚合成具有四级结构的蛋白质寡聚体，如血红蛋白分子由 α、β 亚基形成寡聚体蛋白 $α_2β_2$。

考点提示

蛋白质合成的过程及其加工方式。

（3）疏水脂链的共价连接　包括 Ras 和 G 蛋白等在内的某些蛋白质，合成后需要在肽链特定位点共价连接一个或多个疏水性强的脂链，才能成为具有生物活性的蛋白质。

四、蛋白质生物合成与医学

蛋白质生物合成是很多抗生素和某些毒素的作用靶点，它们通过阻断蛋白质生物合成过程中某组分的功能，干扰和抑制蛋白质的合成。

1. 抗生素对蛋白质生物合成的影响　抗生素（antibiotics）可作用于遗传信息表达的各个环节，干扰细菌或肿瘤细胞的蛋白质合成，从而发挥药理作用。几种抗生素抑制蛋白质合成的机制见表9-8。

表 9-8　几种抗生素抑制蛋白质合成的机制

抗生素	作用位点	作用原理	应用
放线菌酮	真核核糖体大亚基	抑制肽酰基转移酶，抑制肽链延长	医学科研
伊短霉素	原核、真核核糖体小亚基	阻碍翻译起始复合物的形成	抗病毒药、抗肿瘤药
嘌呤霉素	原核、真核核糖体	使肽酰基转移到它的氨基上脱落	抗肿瘤药
四环素、土霉素	原核核糖体小亚基	抑制氨酰 tRNA 与小亚基结合	抗菌药
链霉素、新霉素、巴龙霉素	原核核糖体小亚基	改变构象引起读码错误、抑制起始	抗菌药
红霉素、氯霉素、林可霉素	原核核糖体大亚基	抑制肽酰基转移酶、阻断肽链延长	抗菌药
大观霉素	原核核糖体小亚基	阻止转位	抗菌药

2. 一些活性物质对蛋白质生物合成的影响　某些毒素在肽链延长阶段阻断蛋白质合成引起毒性。例如，白喉毒素（diphtheria toxin）是由白喉杆菌产生的一种真核细胞蛋白质合成抑制剂。白喉毒素是一种修饰酶，能催化真核生物延长因子 eEF2 发生 ADP 糖基化修饰而失活，从而抑制蛋白质合成。

真核细胞感染病毒后能分泌一类有抗病毒作用的干扰素（interferon，IF）。干扰素通过活化特异蛋白激酶使真核细胞主要起始因子 eIF2 磷酸化失活，从而抑制病毒蛋白质合成；或者通过使病毒 mRNA 降解来阻断病毒蛋白质合成。干扰素除抗病毒作用外，还有调节细胞生长、激活免疫系统的作用。我国现在已采用基因工程技术生产干扰素，用于临床。

第五节　真核基因结构及表达调控

一、真核基因结构

人类基因组包含 30 亿个碱基对，其中基因约为 2 万个。真核生物的基因结构包括编码区（coding sequence）和非编码区（noncoding sequence）。不同于原核生物，真核生物的基因是不连续的断裂基因（split gene）（图 9-18）。

编码区序列是不连续的，具有蛋白质编码功能的不连续 DNA 序列称为外显子（exon），外显子之间的非编码序列为内含子（intron）。每个外显子和内含子接头区都有一段高度保守的一致序列，即内含子 5'端大多数是 GT 开始，3'端大多是 AG 结束，称为 GT-AG 法则，是普遍存在于真核基因中 RNA 剪接的识别信号。第一个外显子首端和最后一个外显子末端，分别为翻译蛋白质的起始密码子和终止密码子。

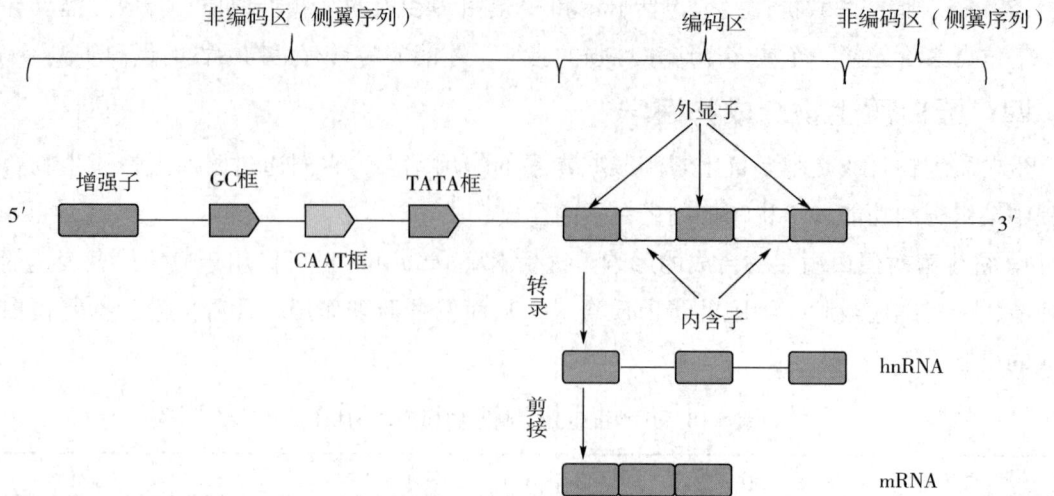

图 9-18 真核生物断裂基因

非编码区指的是首位和末位外显子两侧的区域，也称为侧翼序列。侧翼序列中包含一些顺式作用元件（*cis*-acting element），比如启动子（initiator）、沉默子（silencer）和增强子（enhancer）。

启动子是 DNA 分子上能够和 RNA 聚合酶结合并形成转录起始复合体的序列，真核生物主要有三种启动子，对应三种 RNA 聚合酶。

（1）富含 GC 的 I 类启动子增强转录起始，具有该类启动子的基因主要转录生成 rRNA。

（2）具有 TATA 框的 II 类启动子　该类启动子通常由增强子、起始元件和 TATA 框组成，决定 RNA 转录的起始位点。具有该类启动子的基因主要转录生成 mRNA 和一些小 RNA。

（3）具有 A 框、B 框和 C 框的 III 类启动子　具有该类启动子的基因主要转录生成 5S rRNA、tRNA 以及 U6 snRNA 等。

增强子不能启动基因的转录，但有增强转录的作用，可位于转录起始位点上游或下游，一般位于转录起始位点上游约 100 个核苷酸以外的位置。沉默子是可抑制基因转录的特定 DNA 序列。

终止子转录生成 mRNA 前体的近 3′端共同序列，即 AAUAAA 和 GU 富集序列，为转录终止的识别位点。

二、真核基因表达调控

真核生物基因表达调控较原核生物更为复杂，转录前、转录、转录后、翻译和翻译后五个水平均可对其进行调控。

1. 转录前调控　主要是指在 DNA 被转录成 RNA 之前，对基因组上的遗传信息进行修饰调控的过程，主要包括染色质丢失、基因扩增、基因重排、染色体 DNA 和组蛋白的修饰以及异染色质化等现象。所有这些通过改变 DNA 序列或染色质结构从而影响基因表达的过程均属于转录前水平的调节。

2. 转录调控　转录水平调控主要是指转录起始的调控。真核生物的转录调节蛋白称为转录因子（transcription factor，TF），也被称为反式作用因子。转录因子识别并结合基因的顺式作用元件，增强或降低基因的转录。

近年研究发现，lncRNA（long non-coding RNA）可以通过调节转录因子的结合与装配、竞争性结合转录因子或者调节 RNA 聚合酶的活性等方式影响基因转录。

3. 转录后调控　转录后调控主要指转录后 RNA 的加工和修饰。具体内容详见本章第二节 RNA 的生物合成。另外，microRNA 可以与靶 mRNA 3′端非翻译区（untranslated region，UTR）不完全互补配对，降解 mRNA 或者抑制其翻译。lncRNA 还可以通过与互补的 mRNA 形成 dsRNA，影响其加工和剪接，从而调节基因的表达。

4. 翻译调控　翻译水平的调节主要体现在翻译起始的调节。例如，起始因子活性的调节、Met-tRNA$_i^{Met}$ 与核糖体小亚基结合的调节、mRNA 与小亚基结合的调节等。翻译起始因子的调节主要通过磷酸化修饰进行。近年来，以 miRNA 和 lncRNA 为主的非编码 RNA 也参与调节了基因的翻译过程。

5. 翻译后调控　对翻译产物水平及活性的调节可以快速调控基因的表达。翻译后修饰详细内容见本章第三节蛋白质的生物合成。

真核细胞内蛋白质的降解途径主要有三种：溶酶体途径、泛素化途径和胱天蛋白酶途径。①溶酶体途径：是指将蛋白质运输到溶酶体中，在酸性环境中被相应的酶降解。②泛素化途径：是特异性降解蛋白质的重要途径，小分子多肽泛素以共价结合方式泛素化需要降解的蛋白质，ATP 参与下依次催化，最终形成蛋白质-泛素聚合链复合体，进入蛋白酶体，降解为肽段；③胱天蛋白酶途径：是细胞凋亡的蛋白质降解途径。

此外，lncRNA 等在蛋白质的降解以及活性水平调节方面也发挥重要作用。

第六节　常用分子生物学技术

一、分子克隆技术

分子克隆（molecular cloning）技术又称为重组 DNA 技术或基因工程技术，是将外源 DNA 片段经载体导入宿主细胞进行表达，改变宿主特定性状的技术。该技术主要过程包括目的 DNA 的分、选、接、转、筛。在体外，通常利用 PCR 技术获得目的 DNA 片段，在限制性内切核酸酶和 DNA 连接酶的帮助下，将目的 DNA 片段与基因载体相连形成重组体，通过转染或转化的方法将重组体导入宿主细胞，借助载体上的遗传标志进行筛选后，获得稳定表达特定性状的宿主细胞，用于后续工作。

分子克隆技术广泛用于以下医学领域：

（1）生物制药　目前以重组 DNA 技术为基础生产了近 20 种具有生物活性的蛋白质或多肽产品，如干扰素、生长因子、白细胞介素、生长素、胰岛素、单克隆抗体以及乙肝疫苗等。

（2）基因治疗　以正常外源基因替代或矫正缺陷基因，治疗肿瘤或遗传病。

二、聚合酶链反应技术

聚合酶链反应（polymerase chain reaction，PCR）又称体外基因扩增技术，是一种在体

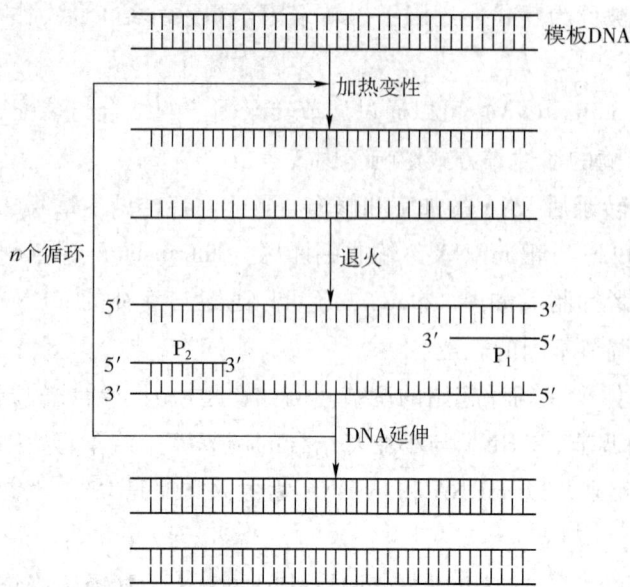

图 9-19　PCR 工作原理示意图

外模拟体内 DNA 复制的技术。PCR 反应体系的基本成分包括：模板 DNA、人工合成的特异性引物、耐热 DNA 聚合酶、dNTPs 以及含有 Mg^{2+} 的缓冲液。三步法 PCR 包括三个步骤：①变性。$94\sim95℃$，DNA 双链打开形成 DNA 单链。②退火。温度缓慢降至 $54\sim60℃$，引物与模板 DNA 按碱基配对原则相结合。③延伸。温度升至 $72℃$ 左右，DNA 聚合酶识别引物，沿 $5'\rightarrow3'$ 方向催化 4 种 dNTPs 接入 DNA 子链。完成一次循环，DNA 拷贝数增加一倍，通常循环 $20\sim40$ 次，DNA 扩增几百万倍（图 9-19）。

PCR 技术的医学应用：

（1）传染病诊断　PCR 技术可以检测传染病病原体的特异性 DNA 序列，如细菌、病毒或寄生虫等。

（2）肿瘤基因检测　检测肿瘤相关基因的突变、重排、缺失、扩增以及表达变化等。

（3）遗传病诊断　PCR 技术结合 DNA 测序技术可以识别遗传病的致病基因。

（4）法医鉴定　PCR 技术分析血斑、头发、精液、唾液、细胞和尿等，为法医鉴定提供可靠物证。

三、核酸分子杂交与印迹技术

1. 核酸分子杂交技术　核酸分子杂交（nucleic acid hybridization）技术以 DNA 分子的变性和复性为理论基础，将不同来源的具有互补序列单链核酸在一定条件下按碱基配对原则重新缔合形成双链的过程。

2. 印迹技术　印迹（blotting）技术是将待检测分子经电泳分离后，转移到硝酸纤维素膜上，再经核酸分子杂交或者抗原-抗体反应，最终实现对待测分子的定性和定量检测的过程。

印迹技术的类别及应用：

（1）DNA 印迹技术（Southern blotting）　DNA-DNA 杂交，即将 DNA 电泳、转印到固相支持物上，用核酸探针进行检测的方法。用于基因组 DNA、重组质粒和噬菌体的定性或定量分析。

（2）RNA 印迹技术（Northern blotting）　类似于 DNA 印迹技术，主要用于检测某一组织或细胞中已知的特异性 RNA 的表达变化，即用于 RNA 的定性定量分析。

（3）蛋白质印迹分析（Western blotting）　检测蛋白质，即将电泳分离的非标记蛋白质转移到固相载体上，用特异的抗体蛋白进行鉴定及定量的方法。用于蛋白质定性定量及相互作用研究。

四、生物芯片技术

生物芯片分为基因芯片和蛋白质芯片，将大量探针分子固定于支持物上后与带荧光标记的 DNA 或蛋白质进行杂交，通过检测每个探针分子的杂交信号强度进而获取样品分子的定性和定量分析。

（一）基因芯片技术

基因芯片（gene chip）又称为 DNA 微阵列（DNA microarray），原理是核酸杂交。该技术实现了 DNA 信息的大规模定性和定量检测，主要医学应用如下。

1. 药物筛选和新药开发 药物基本原理在于直接或间接改变基因的表达以及改变表达产物的功能而生效，基因芯片可以高通量、大规模、平行性地分析基因的表达，在药物筛选和新药开发方面具有巨大的优势。

2. 疾病诊断和预后 基因芯片优点在于高度的灵敏性和准确性、快速简便和高通量。可用于产前诊断以及各种临床疾病的诊断和预后分析。

3. 司法鉴定 可以通过 DNA 指纹对比来鉴定罪犯，也可以用于亲子鉴定。基因芯片可以大幅提高鉴定精度。

4. 医学研究领域 包括基因表达检测、基因突变和多态性分析，寻找新基因等方面。

（二）蛋白质芯片技术

蛋白质芯片（protein chip）的原理是抗原-抗体反应，可用于蛋白质表达谱分析，研究蛋白质与蛋白质的相互作用，主要医学应用如下。

1. 药物筛选和新药开发 蛋白质芯片可以充分了解药物作用前后蛋白质组学的变化，对药物的药效和毒性作出判断，发现药物的作用机制。

2. 疾病诊断和疗效判断 蛋白质芯片可以同时检测多种疾病标志物，比单一标志物更为准确可靠，还可以监测疾病进程、预后及判断疗效。

3. 医学研究领域 结合基因芯片和其他实验技术，用于研究疾病的发病机制。

五、高通量测序技术

高通量测序（high throughout sequencing）技术又称为二代测序（next generation sequencing，NGS）技术，是近几年出现的一项边合成边测序的革命性测序技术，利用其高通量、高覆盖度的优势，可以在极短的时间内获取数百万甚至数十亿的 DNA 序列数据信息。高通量测序可以对一个物种的转录组和基因组进行细致全貌的分析，所以又被称为深度测序（deep sequencing）。

高通量测序技术在医学领域的研究和应用越来越广泛。

1. 肿瘤诊断与精准医疗 高通量测序技术不仅能检测染色体结构变异、拷贝数变异、序列信息变异等基因组水平遗传变异，还可以分析 DNA 甲基化、组蛋白修饰等表观遗传学状态，结合 RNA-seq、ChiP-seq 等相关技术分析基因的表达调控有助于癌症预防、诊断和治疗新技术及新手段的开发和应用。

高通量测序技术是肿瘤精准治疗的技术基础：①肿瘤易感基因检测，确认导致患者患病的基因或者受检者是否携带有肿瘤基因突变或表达改变；②肿瘤药物靶点检测，分子靶向药物使用之前检测患者是否携带药物靶点或者寻找其他适宜的治疗手段，发挥最佳疗效；③药物毒副作用评估，检测并分析患者各类药物代谢遗传信息，帮助医生评估各类化学治疗药物的毒副作用风险，制定最佳治疗方案。

2. 产前检查 通过采集孕妇外周血，提取血浆中的游离 DNA，直接进行高通量测序。

通过分析序列的定位信息，统计 DNA 序列在染色体上的分布情况，可以准确地检测出胎儿是否存在遗传病。该方法更方便快捷，检测分辨率更高，可以深度挖掘基因突变信息。

3. 重大疾病预防　基于高通量 DNA 测序的重大疾病相关基因检测为重大疾病的预防和环境干预提供信息，例如各种癌症、心脑血管疾病、自闭症等神经系统疾病。

4. 健康相关的宏基因组研究　宏基因组（metagenome）是一个微生物群落中所有微生物物种基因组信息的总和。利用高通量测序技术可以揭示微生物群落与人体内环境的交互作用，加深对相关疾病的理解，推进精准医学的发展。

六、生物大分子相互作用研究技术

（一）蛋白质相互作用主要研究技术

目前实验室常用的蛋白质间相互作用检测方法包括酵母双杂交、融合蛋白沉降（GST-pull down）、免疫共沉淀、噬菌体展示、荧光共振能量转移（FRET）、串联亲和层析、蛋白质芯片技术等。本部分主要介绍融合蛋白沉降技术和免疫共沉淀技术。

1. 融合蛋白沉降　利用重组技术将靶蛋白与谷胱甘肽巯基转移酶（glutathione S transferase，GST）融合，融合蛋白通过 GST 与固相化在载体上的 GSH（glutathione）亲合结合，充当"诱饵蛋白"。因此，与融合蛋白有相互作用的蛋白质通过层析柱时就可被吸附而分离。洗脱结合物后通过 SDS-PAGE 电泳分析，从而证实两种蛋白质间的相互作用或筛选相应的目的蛋白。

2. 免疫共沉淀　免疫共沉淀（Co-Immunoprecipitation，Co-IP）的原理是抗原-抗体反应，是检测生理条件下两种蛋白质相互作用的有效方法。其基本原理在于假设一种已知蛋白质是某个蛋白质复合物的组成成员，那么利用这种蛋白质的特异性抗体，就可能将整个蛋白质复合物从溶液中分离出来，进而可以鉴定这个蛋白质复合物中的其他未知成员。

（二）DNA-蛋白质间相互作用主要研究技术

1. 凝胶电泳迁移率改变分析　凝胶电泳迁移率改变分析（electrophoretic mobility shift assay，EMSA）技术是体外定性或定量研究蛋白质和 DNA 结合的经典方法。原理如下：在凝胶电泳中，由于电场的作用，裸露的 DNA 分子向正电极移动距离的大小与其分子量的对数成反比。如果某种 DNA 分子结合上一种特殊的蛋白质，那么由于分子量的加大使其在凝胶中的迁移作用受到阻滞，朝正极移动速率也就相应减小，在凝胶中出现滞后的条带。

2. 染色质免疫沉淀　染色质免疫沉淀（chromatin immunoprecipitation assay，ChiP）技术是目前唯一研究体内 DNA 与蛋白质相互作用的方法。基本原理是在活细胞状态下交联蛋白质-DNA 复合物，超声随机断裂 DNA 至特定大小，利用蛋白质的特异性抗体沉淀蛋白质-DNA 复合物，通过对目的片段的纯化与检测，从而获得蛋白质与 DNA 相互作用的信息。

（三）RNA-蛋白质间相互作用主要研究技术

RNA 领域尤其是非编码 RNA（non-coding RNA，ncRNA）研究的快速发展，催生了多种蛋白质-RNA 相互作用鉴定技术。

1. RNA 结合蛋白免疫沉淀　RNA 结合蛋白免疫沉淀（RNA binding protein immuno-precipitation，RIP）是研究细胞内 RNA 与蛋白结合情况的技术，是了解转录后调控网络动态过程的有力工具，能帮助我们发现 miRNA 的调节靶点。RIP 这种新兴的技术运用针对目标蛋白的抗体把相应的 RNA-蛋白复合物沉淀下来，然后经过分离纯化就可以对结合在复合物上的 RNA 进行分析。RIP 可以看成是普遍使用的染色质免疫沉淀 ChIP 技术的类似应用，但由于研究对象是 RNA-蛋白复合物而不是 DNA-蛋白复合物，RIP 实验的优化条件与 ChIP 实验不太相同（如复合物不需要固定，RIP 反应体系中的试剂和抗体绝对不能含有 RNA 酶，抗体需经 RIP 实验验证等）。RIP 技术下游结合芯片技术被称为 RIP-Chip，帮助我们更高通量地了解癌症以及其他疾病整体水平的 RNA 变化。

2. RNA 纯化分离染色质 RNA 纯化分离染色质（chromatin isolation by RNA purification，ChIRP）是一种检测与 RNA 结合的 DNA 和蛋白质的实验方法。其基本原理类似于染色质免疫沉淀技术，首先胶联活细胞内的 RNA、DNA 和蛋白质复合物，通过设计生物素或链霉亲和素探针，把目标 RNA 特异性沉淀以后，可以富集与 RNA 结合的 DNA 和蛋白质，在通过其他技术分别定性定量鉴定 DNA 和蛋白质。

本章小结

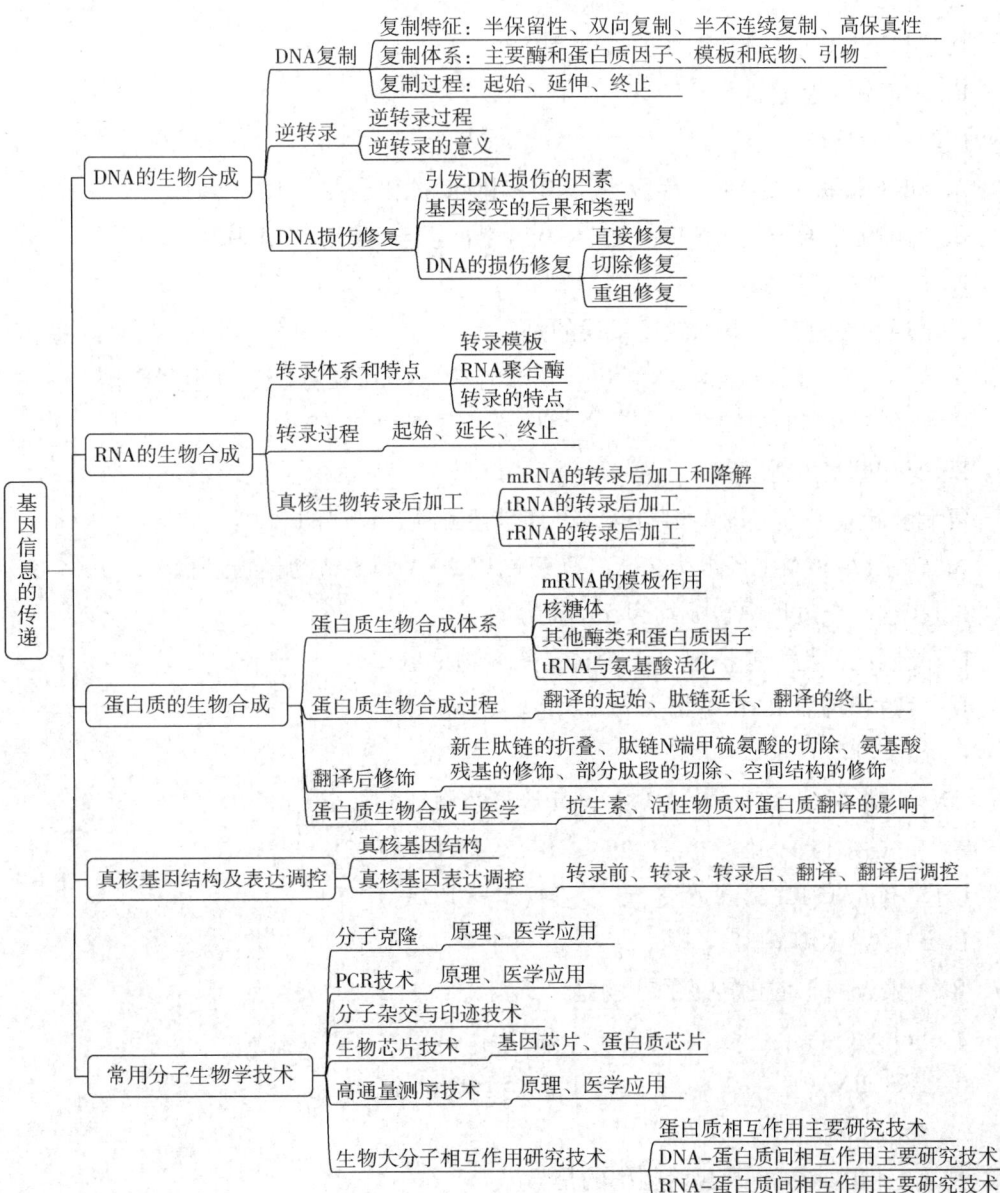

习 题

一、选择题

【A1 型题】

1. DNA 复制的特点哪一个是错误的
   A. 半保留复制
   B. 半不连续性
   C. 一般是定点开始，双向复制
   D. 复制的方向沿模板链的 5′→3′ 方向
   E. 复制的方向沿模板链的 3′→ 5′ 方向

2. 引物是指
   A. 由 DNA 片段引导合成的 RNA 片段
   B. 由 RNA 为模板合成的 DNA 片段
   C. 由 dNTP 为原料合成 DNA 片段
   D. 引导合成 DNA 片段的 RNA 片段
   E. 由逆转录酶合成

3. 冈崎片段是指
   A. DNA 模板上的 DNA 片段
   B. 引物酶催化合成的 RNA 片段
   C. 后随链上合成的 DNA 片段
   D. 前导链上合成的 DNA 片段
   E. 由 DNA 连接酶合成的 DNA 片段

4. 关于逆转录过程，下列叙述错误的是
   A. 以 RNA 为模板合成 DNA
   B. RNA-DNA 杂交分子是其中间产物
   C. 链的延长方向是 3′→5′
   D. 底物是四种 dNTP
   E. 遵守碱基配对规律

5. 复制和转录过程有许多相同点，下列描述哪项是错误的
   A. 转录以 DNA 一条链为模板，而复制以 DNA 两条链为模板进行
   B. 在这两个过程中合成均为 5′→3′ 方向
   C. 复制的产物通常情况下大于转录的产物
   D. 两过程均需 RNA 引物
   E. 以上都不是

6. DNA 模板链为 5′-ATTCAG-3′，其转录产物是
   A. 5′-GACTTA-3′
   B. 5′-CTGAAT-3′
   C. 5′-UAAGUC-3′
   D. 5′-CUGAAU-3′
   E. 5′- GACUUA-3′

7. RNA 聚合酶 I 催化转录的产物是
   A. SnRNA
   B. hnRNA
   C. 18S rRNA
   D. 5S rRNA
   E. 45S rRNA

8. 真核生物中控制转录起始频率的是

A. 核心启动子　　　　　　　B. 顺式作用元件

C. 上游启动子元件　　　　　D. 反式作用因子

E. 增强子

9. 端粒酶的作用是

A. 防止线性 DNA 分子末端缩短　　B. 促进线性 DNA 分子重组

C. 促进超螺旋构象的松解　　　　　D. 促进细胞染色质的分解

E. 促进细胞染色体的融合

10. 转录的忠实性一般低于复制的原因是

A. RNA 聚合酶不使用滑动夹子　　B. 不需要引物

C. RNA 聚合酶缺乏校对功能　　　　D. 延伸反应使用 dNTP

E. 以上都不是

11. 下列关于蛋白质生物合成的描述哪一项是错误的

A. 活化氨基酸的羧基与相应 tRNA 5′端核苷酸中核糖上的 3′—OH 以酯键连接

B. 完成多肽链合成以前，甲酰甲硫氨酸残基就从 N 端切掉

C. mRNA 上密码的阅读方向是由 5′→3′

D. 多肽链从 N 端→C 端延伸

E. 新合成的多肽链需经加工修饰才具生物活性

12. 反式作用因子是指

A. 具有激活功能的调节蛋白

B. 具有抑制功能的调节蛋白

C. 对自身基因具有激活转录功能的调节蛋白

D. 对另一基因具有激活转录功能的调节蛋白

E. 对另一基因具有转录调节功能的蛋白质

13. 下列关于氨基酸密码子的描述，错误的是

A. 密码子有种属特异性，所以不同生物合成不同的蛋白质

B. 密码子阅读有方向性，5′→3′

C. 一种氨基酸可有一组以上的密码子

D. 一组密码子可代表一种氨基酸

E. 密码子第 3 位碱基在决定氨基酸的特异性方面重要性较小

14. 密码子摆动配对是指

A. 密码子第 1 位碱基与反密码子的第 3 位碱基

B. 密码子第 3 位碱基与反密码子的第 1 位碱基

C. 密码子第 2 位碱基与反密码子的第 3 位碱基

D. 密码子第 2 位碱基与反密码子的第 1 位碱基

E. 密码子第 3 位碱基与反密码子的第 3 位碱基

15. 关于真核细胞基因叙述正确的是

A. 2%～15%的基因有转录活性　　B. 15%～20%的基因有转录活性

C. 20%～30%的基因有转录活性　　D. 25%～40%的基因有转录活性

E. 40%～50%的基因有转录活性

16. 启动子是指
    A. DNA 分子中能转录的序列　　B. 与 RNA 聚合酶结合的 DNA 序列
    C. 与阻遏蛋白结合的 DNA 序列　　D. 有转录终止信号的 DNA 序列
    E. 与反式作用因子结合的 RNA 序列

17. PCR 技术扩增 DNA，需要的条件是
    ①目的基因 ②引物 ③四种脱氧核苷酸 ④DNA 聚合酶 ⑤mRNA ⑥核糖体
    A.①②③④　　　　　　　　　　B.②③④⑤
    C.①③④⑤　　　　　　　　　　D.①②③⑥
    E.①②⑤⑥

18. PCR 是在引物、模板和 4 种脱氧核糖核苷酸存在的条件下依赖于 DNA 聚合酶的酶促合成反应，其特异性决定因素为
    A. 模板　　　　　　　　　　　　B. 引物
    C. dNTP　　　　　　　　　　　D. 镁离子
    E. DNA 聚合酶

19. 关于基因表达的概念叙述，错误的是
    A. 其过程总是经历基因转录及翻译的过程
    B. 某些基因表达经历基因转录及翻译过程
    C. 某些基因表达产物是蛋白质分子
    D. 某些基因表达产物不是蛋白质分子
    E. 某些基因表达产物是 RNA 分子

20. 基因工程的操作程序可简单地概括为
    A. 载体和目的基因的分离、提纯与鉴定
    B. 将载体和目的基因接合成重组体
    C. 分、切、接、转、筛
    D. 限制性内切核酸酶的应用
    E. 将重组体导人宿主细胞，筛选出含目的基因的菌株

二、思考题

1. DNA 半保留复制的意义是什么？如何保证复制的高保真性？
2. RNA 转录体系包括什么？它们在 RNA 合成中的作用是什么？
3. 蛋白质生物合成体系包括哪些物质？各起什么作用？
4. 基因表达调控可以分为几个水平？各个水平是如何来调控的？
5. 分子克隆的原理是什么？基本过程包括哪些步骤？

（张　虎）

第十章　细胞信息传递

第一节　信号分子

细胞信号转导（cellular signal transduction）是指细胞感受特定的化学信号并在细胞内传递而引发细胞反应的过程。信号分子与靶细胞膜或细胞内的受体特异性的识别并结合，启动特定的信号放大系统，导致靶细胞产生相应的生物学效应。依据细胞和刺激类型的不同，细胞反应可能涉及基因表达的改变、酶活性的改变、细胞骨架的重组、离子通道的开闭、DNA 合成的起始、细胞的死亡等。细胞信号转导的异常与许多常见疾病如肿瘤、内分泌代谢性疾病以及心血管疾病等密切相关。

细胞外信号分子（signaling molecules）又称作第一信使，是由特定的细胞合成并释放于胞外，通过扩散或体液转运等方式进行传递，与靶细胞膜或胞内的受体特异性识别并结合，调节靶细胞各种生命活动的一类化学物质。细胞分泌的化学信号分子多达几百种，包括蛋白质、寡肽、氨基酸衍生物、核苷酸、类固醇、脂肪酸衍生物以及可溶性气体分子，如一氧化氮（NO）、一氧化碳（CO）和硫化氢（H_2S）等（表 10-1）。

表 10-1　细胞间信号分子的分类、受体及功能

种　类	信号分子	受体	功　能
神经递质	乙酰胆碱、谷氨酸、去甲肾上腺素、γ-氨基丁酸	膜受体	离子通道开闭
生长因子	胰岛素样生长因子-1、表皮生长因子、血小板（源性）生长因子	膜受体	酶蛋白和功能蛋白磷酸化和脱磷酸，改变细胞的代谢和基因表达
激素	蛋白质、多肽及氨基酸类激素	膜受体	酶蛋白和功能蛋白磷酸化和脱磷酸，改变细胞的代谢和基因表达
	类固醇激素、甲状腺素	胞内受体	影响转录

一、细胞外信号分子的种类

细胞外信号分子可根据其来源和作用机制分为以下五大类。

1. 激素　激素（hormone）是由机体内分泌系统细胞（内分

考点提示

常见的第一信使。

泌腺或内分泌细胞）合成并分泌的化学信号分子，通常借助于血液循环而传递，与靶细胞的受体特异性结合，调节这些细胞的代谢和功能。激素按化学本质的不同分为四大类：①类固醇衍生物类，如醛固酮、皮质醇、睾酮、孕酮和雌二醇等；②氨基酸衍生物类，如肾上腺髓质激素、甲状腺激素、松果体激素等；③多肽和蛋白质类，如下丘脑激素、脑肽、胰岛素和甲状旁腺激素等；④脂肪酸衍生物类（花生四烯酸衍生物）。不同激素之间分工合作，相互制约。任何一种激素的分泌亢进或减退，都影响正常代谢及生理功能。

2. 神经递质　神经递质（neurotransmitter）是神经突触所释放的化学信号分子，它们只在突触间隙将信号传递给突触后的靶细胞，完成信息传递的功能。按化学本质的不同分为三类：①有机胺类，如乙酰胆碱、多巴胺、去甲肾上腺素、5-羟色胺等；②氨基酸类，如天冬氨酸、谷氨酸、γ-氨基丁酸等；③神经肽类，如P物质、脑啡肽。

3. 生长因子　生长因子（growth factor, GF）是由普通细胞合成并分泌的、调节生长和分化的化学信号分子，通常只作用于邻近的靶细胞，调节靶细胞的增殖与分化。已发现的生长因子均为多肽或蛋白质，每种生长因子都有特异的靶细胞和靶组织，如表皮生长因子、成纤维细胞生长因子、神经生长因子、血小板（源性）生长因子等。

4. 细胞因子　细胞因子（cytokine, CK）是由免疫细胞（如单核-吞噬细胞、T细胞等）和某些非免疫细胞（如血管内皮细胞、表皮细胞、成纤维细胞等）经刺激合成并分泌的一类具有广泛生物学活性的小分子蛋白质。细胞因子与机体的防御介质有关，主要介导和调节免疫应答功能、介导炎症反应、刺激造血并参与组织修复等。常见的包括白介素、干扰素、淋巴毒素、集落刺激因子、肿瘤坏死因子、转化生长因子、趋化因子等。

5. 无机物　主要包括气体分子（如NO、CO）等，这些物质在细胞内浓度的改变，触发特定的效应。由于NO是迄今在体内发现的第一个气体性信号分子，它能进入细胞直接激活效应酶，参与体内众多的生理病理过程，因而称为"明星分子"。

知识链接

硝酸甘油和一氧化氮（NO）

1864年，诺贝尔以硝酸甘油及硅藻土为主要原料，制造出了安全炸药。安全炸药的工业化生产给诺贝尔带来了荣誉和金钱，使他得以创立科学界的最高奖项——诺贝尔奖。然而，诺贝尔晚年患有严重的心脏病，医生曾建议他服用硝酸甘油，以缓解心绞痛的发作，但诺贝尔拒绝了，因为早在研制安全炸药的实验过程中，诺贝尔就发现吸入硝酸甘油蒸气会引起剧烈的血管性头痛。1896年，诺贝尔因心脏病发作而逝世。硝酸甘油可以有效地缓解心绞痛，但它的作用机制却困扰了医学界百余年，直到20世纪80年代才因为Robert F. Furchgott、Louis J. Ignarro及Ferid Murad这三位美国药理学家的出色工作而得以解决：硝酸甘油及其他有机硝酸酯通过释放一氧化氮气体而舒张血管平滑肌，从而扩张血管。由于这一发现，他们获得了1998年诺贝尔生理学或医学奖。NO是迄今在体内发现的第一种气体信号分子，由NO合酶（nitricoxide synthase, NOS）催化生成，底物分子是精氨酸，产物是胍氨酸和NO。NO能进入细胞直接激活效应酶，参与体内众多的生理或病理过程，因此已成为人们所关注的"明星分子"。

二、细胞外信号分子的传递方式

细胞释放的信号分子，经扩散或转运，到达靶细胞产生作用。根据传递距离和方式，将信号分子的传递方式分为四种。

1. 内分泌传递　这是一种长距离的信号传递方式，绝大部分的激素通过此方式进行传递。信号分子借助血液或淋巴液循环转运至全身各处的靶细胞而发挥作用。以这种方式传递的信号，其作用缓慢而持久，对受体的亲和力要求较高。

2. 旁分泌传递　信号分子只经细胞间液局部被动扩散后，作用于邻近的靶细胞，绝大多数生长因子、细胞因子通过此方式进行传递。此种传递方式作用快速而短暂。

3. 自分泌传递　细胞释放的信号分子作用于细胞自身或同类细胞，称为自分泌信号传递。许多生长因子以此种方式进行信号传递。肿瘤细胞常常产生和释放过量的生长因子，导致肿瘤细胞和邻近的非肿瘤细胞无限制的增殖。

4. 突触传递　神经递质通过邻近的突触传递，该途径可被看作是一种特殊的旁分泌传递方式，传递距离最短。

一种信号分子一般通过一种方式进行信号传递，也能够以两种或三种方式传递信号。

第二节　受　体

受体（receptor）是存在于靶细胞膜或细胞内的一类特殊蛋白质分子，能够特异性识别并结合信号分子，触发靶细胞产生特异生物学效应。受体的化学本质多为糖蛋白或脂蛋白。个别糖脂也具有受体作用，如霍乱毒素受体和百日咳毒素受体。与受体特异性结合的生物活性分子称之为配体（ligand），信号分子是最常见的一类配体。

一、受体的种类

按照受体存在的亚细胞部位的不同，分为细胞膜受体和细胞内受体两大类。

考点提示　受体、配体的概念。

1. 细胞膜受体　位于细胞膜表面，主要识别和结合水溶性信号分子，包括分泌型信号分子（神经递质、水溶性激素分子、细胞因子和生长因子等）和膜结合型信号分子（细胞表面抗原、细胞表面黏着分子等）。按照分子结构特点和信号转导方式的不同，分为离子通道受体、G蛋白偶联受体和酶偶联受体三大类（表10-2）。每种类型受体都有许多种，各种受体激活的信号转导通路由不同的信号转导分子组成，但同一类型受体介导的信号转导具有共同的特点。

表10-2　三类膜受体的结构和功能特点

特　性	离子通道受体	G蛋白偶联受体	酶偶联受体
配体	神经递质	神经递质，激素，趋化因子，外源刺激（味、光）	生长因子，细胞因子
结构	寡聚体形成的孔道	单体	具有或不具有催化活性的单体
跨膜区段数目	4个	7个	1个
功能	离子通道	激活G蛋白	激活蛋白激酶
细胞应答	去极化与超极化	去极化与超极化，调节蛋白质功能和表达水平	调节蛋白质功能和表达水平，调节细胞分化和增殖

（1）**离子通道受体** 位于细胞膜上的配体门控离子通道，由均一或非均一的亚基构成寡聚体。这些亚基围成跨膜通道，其中部分亚基具有配体结合部位。这类受体通过配体的结合控制通道的开关，选择性地允许离子进出细胞，引起细胞内某种离子浓度的改变，产生效应。这类受体引起的细胞应答主要是细胞膜电位的改变，引起细胞去极化与超极化。所以，离子通道受体是将化学信号转变为电信号而传递信息。配体主要为神经递质。离子通道受体的典型代表是 N 型乙酰胆碱受体。

（2）**G 蛋白偶联受体** 为单体蛋白质，仅由一条多肽链构成，多肽链分为细胞外区、跨膜区和细胞内区三部分，多肽链在细胞内外往返形成 7 个跨膜区段，故又称七跨膜受体（图 10-1）。受体的胞内部分可与三聚体 G 蛋白相互作用，构成偶联的结构域，通过 G 蛋白向下游传递信号。不同的 G 蛋白（不同的 $\alpha\beta\gamma$）与不同的下游分子组成信号转导通路，产生不同的效应。N-乙酰胆碱受体、视紫红质受体、α_2 和 β 肾上腺素受体等均属此类。

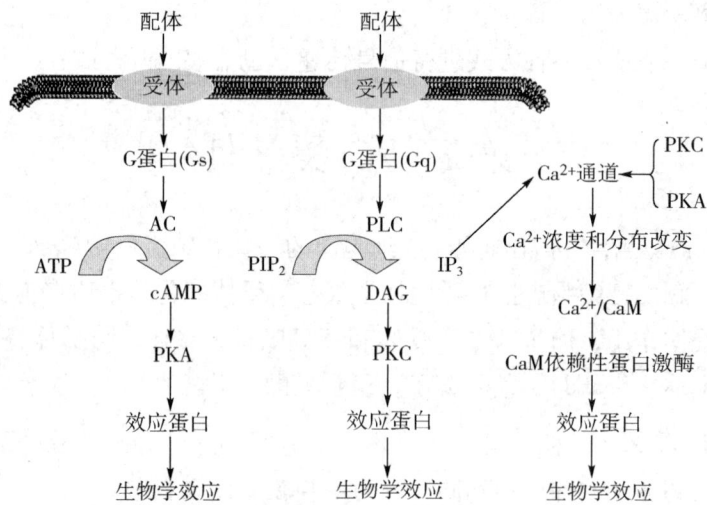

图 10-1 G 蛋白偶联型受体作用示意图

（3）**酶偶联受体** 是一类具有单次跨膜结构的酶蛋白。根据受体偶联的酶结构的不同，酶偶联受体可分为酪氨酸蛋白激酶受体、酪氨酸磷脂酶受体、丝/苏氨酸激酶受体、鸟苷酸环化酶受体等。该类受体由胞外配体结合区、跨膜区和胞质区组成。胞质区有些含有催化中心（或者可偶联有催化中心的酶）和调节序列。受体和配体结合后，可诱导受体的二聚化，激活胞质区内的激酶活性，使受体发生磷酸化，进而催化底物蛋白磷酸化，进一步催化细胞内的生化反应，由此完成信号从细胞外向细胞内的传递。这类受体介导的信号转导主要参与调节细胞增殖和分化，但引起细胞产生效应的过程比较缓慢，一般需数分钟。胰岛素受体和生长因子受体等即属于此型受体。

2. 细胞内受体 这类受体包括细胞质受体和细胞核内受体。其相应配体是脂溶性信号分子，如类固醇激素、甲状腺激素、维甲酸等。部分细胞内受体结合细胞内产生的信号分子，直接激活效应分子或通过一定的信号转导通路激活效应分子。大部分细胞内受体是基因表达调控蛋白，与进入细胞内的信号分子结合后，能与 DNA 的顺式作用元件结合，参与基因表达的调控。

细胞内受体、种类与功能的比较见表 10-3。

表 10-3　细胞内信号分子的种类与功能

种　类	信号分子	功　能
无机离子	Ca^{2+}	多种生理效应、激活 CaM 激酶、蛋白激酶 C
核苷酸	cAMP	激活蛋白激酶 A、产生 β 受体效应
	cGMP	激活蛋白激酶 G、参与视杆细胞感光效应
脂质衍生物	二酰甘油（DAG）	激活蛋白激酶 C、产生 α 受体效应
糖类衍生物	三磷酸肌醇（IP_3）	促进肌浆网 Ca^{2+}，激活 CaM 激酶

二、受体-配体相互作用的特点

受体在细胞膜和细胞内的分布可能是区域性的，也可能是散在的。作用都是识别和接收外源信号。受体与配体的相互作用有以下特点。

1. 高度的亲和力　受体与相应的配体的结合反应在极低的浓度下即可发生，而且能够充分起到调控作用。

2. 高度的专一性　受体分子具有一定空间构象的配体结合部位，即配体结合结构域。该结构域只能选择性地与具有特定分子结构的配体相结合。受体与配体的特异性识别和结合保证了调控的准确性。

3. 可逆性　受体与配体通过非共价键可逆地结合，生物效应发生后，受体-配体复合物解离，受体恢复到原来的状态，再次接收配体信息。

4. 可饱和性　在一定条件下，受体数目是一定的，当受体全部被配体占据后，即使提高配体浓度也不会增加信号转导的效应。

> **考点提示**
> 受体-配体相互作用的特点。

5. 特定的作用模式　受体的分布和数量具有组织和细胞特异性，呈现特定的作用模式，与配体结合后引起特定的效应。

第三节　受体介导的信号转导途径

一、膜受体介导的信号转导途径

膜受体介导的信号转导途径的共同特征是，细胞外的信号分子与靶细胞膜表面受体的特异结合触发细胞内的信号转导过程，信号分子本身并不进入细胞。通常将细胞外传递特异信号的信号分子称为第一信使，而将在细胞内传递特异信号的小分子物质称为第二信使（second messenger），如环腺苷酸（cAMP）、环鸟苷酸（cGMP）、Ca^{2+}、NO、二酰甘油（DAG）、三磷酸肌醇（IP_3）等作为外源信息在细胞内的信号转导分子。这些分子是构成信号转导通路的基础。

1. 环核苷酸信号转导途径　环核苷酸信号转导途径的共同特征是以小分子的环核苷酸（cAMP 或 cGMP）作为第二信使，通过细胞内环核苷酸浓度的改变来进行信号转导，这类信号转导通路的上游信号分子是相应的核苷酸环化酶。

（1）cAMP 信号转导途径　这是一条经典的信号转导途径，信号分子通常与 G 蛋白偶联受体结合而激活此途径。该途径的级联反应为：信号分子→膜受体→G 蛋白→腺苷酸环化酶→cAMP→蛋白激酶 A→效应蛋白酶→生物学效应。

G 蛋白，亦称鸟苷酸（GTP）结合蛋白，能够与 GTP 或 GDP 结合。结合 GTP 时处于活化形式，通过别构效应调节下游分子。当与 GDP 结合时失去活性。G 蛋白具有 GTP 酶活性，可将结合的 GTP 水解为 GDP，回到非活化状态。按照分子结构将 G 蛋白分为两大类。一类是由 α、β 和 γ 三亚基构成的异三聚体，直接由 G 蛋白偶联受体激活，进而激活下游信号转导分子，调节细胞功能。另一类则为单体蛋白质，又称 αG 蛋白，其超家族的成员至少有 50 种，包括 Ras、Rap、Rac、Rho 等，又称为 Ras 超家族，在细胞内分别参与不同的信号转导途径。cAMP 信号转导途径涉及的 G 蛋白为异三聚体。信号分子作用于 G 蛋白偶联受体后受体构象发生改变，使 α 亚基与 β、γ 亚基解离，α 亚基与 1 分子 GTP 结合转变为激活状态，参与下一步的信号转导过程。同时 α 亚基的 GTPase 活性，将 GTP 水解为 GDP，使 α 亚基失活重新与 β、γ 亚基结合成为异三聚体，信号转导终止。在哺乳动物中已克隆的 α 亚基达 21 种，按其功能的不同分为四大类，即 G_s、G_i、G_q 和 G_{12}。不同的亚基结合的底物不同，最终的生物学效应也不同。

腺苷酸环化酶的作用是催化细胞质中的 ATP 生成 cAMP，使胞质中 cAMP 浓度升高，在细胞内传递信息（图 10-2）。

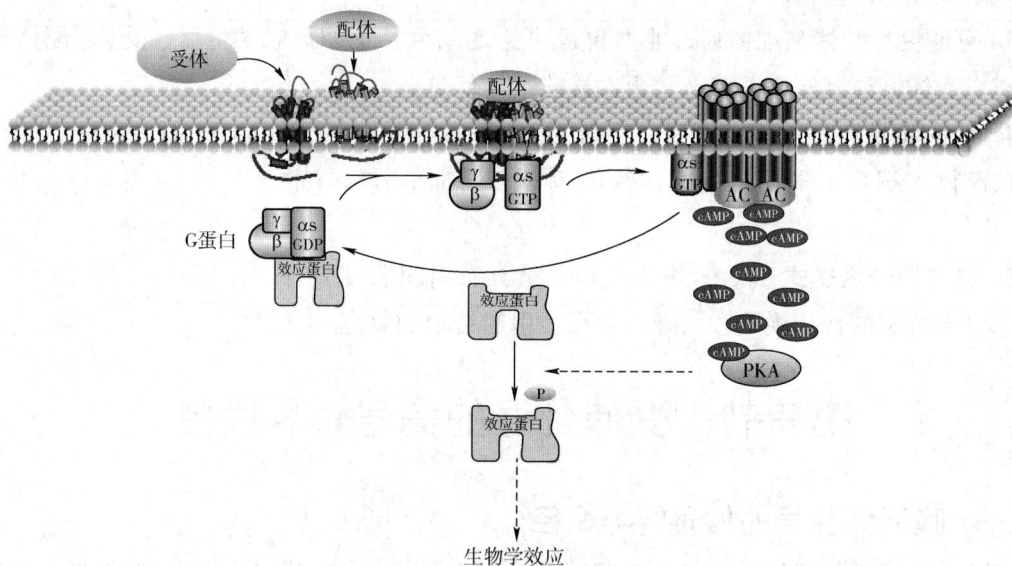

图 10-2　cAMP 信号转导途径的级联反应示意图

蛋白激酶 A（protein kinase A，PKA）是由两个催化亚基（C）和两个调节亚基（R）构成的四聚体。每个 R 亚基上都有 cAMP 的结合位点。PKA 作用非常广泛，参与调节物质代谢同时，也参与调节特异基因的表达等作用。

（2）cGMP 信号转导途径　该途径以鸟苷酸环化酶（guanylate cyclase，GC）催化 GTP 生成 cGMP 为特征，通过细胞质中 cGMP 浓度的改变来完成信号转导过程。信号转导的级联反应包括：信号分子→膜受体/鸟苷酸环化酶→cGMP→蛋白激酶 G→底物蛋白酶→生物学效应。

鸟苷酸环化酶可分为两类：一类为具有受体作用的跨膜蛋白质，细胞外区有与特异信号分子结合的结构，细胞内区则有 GC 结构域，也称为膜结合性 GC，主要分布于心血管组织、小肠、精子和视网膜杆状细胞；另一类为细胞质中的可溶性 GC，主要分布于脑、肝、肾、肺等组织中，可被一氧化氮（NO）特异激活。鸟苷酸环化酶催化产生的 cGMP 通过激活蛋白激酶 G（protein kinase G，PKG）发挥作用。PKG 有两型同工酶，Ⅰ 型酶为均一的二聚体，而 Ⅱ 型酶则为单体，每个亚基或单体都有 2 个 cGMP 的结合位点，催化特异的底物蛋白丝氨酸或苏氨酸残基的磷酸化修饰使其功能或活性发生改变。PKG 可引起血管平滑肌细胞质膜和肌浆网膜的受体蛋白磷酸化，引起胞质 Ca^{2+} 浓度降低而致平滑肌舒张。

2. 脂质衍生物信号转导途径 磷脂质化合物是构成生物膜的重要成分，由各种酶催化生成的若干衍生物，包括二酰甘油（diacylglycerol，DAG）、1,4,5-肌醇三磷酸（inositol-1, 4,5-triphosphate，IP_3）、磷脂酰肌醇-3,4-双磷酸（PI-3,4-P_2）、磷脂酰肌醇-3,4,5-三磷酸（PIP_3）等，也是细胞信号转导的第二信使。

（1）脂质第二信使介导的信号转导途径 此途径以生成脂质第二信使 DAG 和 IP_3 为特征。DAG 是脂溶性分子，生成后仍留在质膜上。IP_3 是水溶性分子，可在细胞内扩散至内质网或肌质网膜上，与受体结合。IP_3 受体具有 Ca^{2+} 通道的功能，结合 IP_3 后开放，使内质网等细胞钙库内的 Ca^{2+} 迅速释放，细胞内 Ca^{2+} 浓度迅速升高。DAG 的细胞内主要靶分子是蛋白激酶 C（protein kinase C，PKC），属于蛋白丝/苏氨酸激酶，广泛分布于哺乳动物细胞的细胞质中。目前已经发现 12 种以上 PKC 同工酶，不同的同工酶有不同的酶学特性、特异的组织分布和亚细胞定位，对辅助激活剂的依赖性亦不同。

PKC 可以催化几十种特异的底物蛋白质的磷酸化修饰，包括：①信号转导受体或酶，如 EGF 受体、胰岛素受体、α 肾上腺素能受体、鸟苷酸环化酶等；②膜蛋白和核蛋白，如组蛋白、Na^+,K^+-ATP 酶、钙泵等；③细胞骨架蛋白，如肌钙蛋白、微管蛋白等；④代谢酶类如糖原合酶、糖原磷酸化酶、起始因子等。PKC 还可通过信号途径之间的相互交流，使 PKC 持续激活，从而产生基因表达、细胞增殖和分化等晚期效应。

（2）磷脂酰肌醇激酶 磷脂酰肌醇激酶（phosphatidyl-inositol-kinase，PI-K）催化磷脂酰肌醇（PI）的磷酸化。而磷脂酰肌醇特异性磷脂酶 C（PLC）可将磷脂酰肌醇-4,5-双磷酸（PIP_2）分解成为 DAG 和 IP_3 两种第二信使。

（3）PDK 及其作用 依赖磷脂酰肌醇的蛋白激酶（phosphatidylinositol dependent protein kinase，PDK）有两种同工酶，分别称为 PDK1 和 PDK2。这两种酶发生膜转位后，均可与 PI-3,4-P_2 或 PI-3,4,5-P_3 形成复合物而被激活，催化蛋白激酶 B（protein kinase B，PKB）磷酸化修饰而使之激活。此外，PDK 还参与对 PKC 的磷酸化修饰作用。

（4）PKB 及其作用 PKB 是一种单体酶，通过催化特异底物蛋白/酶磷酸化修饰而发挥作用。如 PKB 使糖原合酶激酶（glycogen synthase kinase，GSK）磷酸化，降低活性，进而减少糖原合酶磷酸化而活性增高，使糖原合成增加。此外，PKB 还参与抑制细胞凋亡，并与葡萄糖的转运、细胞增殖分化以及细胞周期调节有关。

3. Ca^{2+} 信号转导途径 Ca^{2+} 是细胞内一种重要的信号物质。正常情况下，细胞质游离 Ca^{2+} 的含量极少，仅为 50～200nmol/L 的水平，而储存在细胞内质网/肌浆网中的 Ca^{2+} 约为

$20\mu mol/L$，细胞外液 Ca^{2+} 则高达 $1.12\sim1.23mmol/L$。通过对钙通道和钙泵活性的调节，能够迅速升高或降低胞质 Ca^{2+} 浓度。当胞质 Ca^{2+} 高于 $10^{-6}mol/L$ 时，将传递信号并引发特定的效应。胞质 Ca^{2+} 的排出依靠存在于质膜以及内质网/肌浆网膜的钙泵完成。通过消耗 ATP，钙泵能逆浓度梯度将胞质中 Ca^{2+} 迅速排至胞外或内质网/肌浆网中，使胞质 Ca^{2+} 恢复到正常水平。

胞质 Ca^{2+} 与钙结合蛋白结合发挥不同的生理功能。钙结合蛋白有两类：一类为钙调节酶，如 PKC、PI-PLC、PLA₂ 等，酶活性受 Ca^{2+} 调节；另一类为钙受体蛋白，没有酶活性，如钙调蛋白（calmodulin，CaM）、肌钙蛋白 C 等。其中 CaM 广泛分布于真核细胞中，由 148 个氨基酸残基组成，在细胞信号转导中具有广泛的调节作用。钙调蛋白分子具有钙结合位点，与 Ca^{2+} 结合，形成 Ca^{2+}/CaM 复合物被激活，调节钙调蛋白依赖性蛋白激酶（CaM-PK）的活性，进一步发挥调节作用。

4. 酶偶联受体介导的信号转导途径 该类信号转导途径主要是接受生长因子和细胞因子的刺激，通过蛋白质分子的相互作用和蛋白激酶的广泛参与，进行信号的转导与传递，参与调节蛋白质的功能、基因表达与转录调控，进而调节细胞增殖、分化及细胞运动。这类信号转导途径主要有酪氨酸蛋白激酶型受体介导的丝裂原激活的蛋白激酶（mitogen-activated protein kinase，MAPK）途径和酪氨酸激酶连接受体介导的 Jak-STAT 途径等。MAPK 途径是多种生长因子，包括表皮生长因子（EGF）、血小板（源性）生长因子（PDGF）、神经生长因子等实现功能的共有信号通路，在信号转导网络中占有重要位置。Jak-STAT 途径受白细胞介素、干扰素、集落刺激因子等多种细胞因子的激活后调控特定基因的表达，改变靶细胞的增殖与分化。

二、胞内受体介导的信号转导途径

位于细胞内的受体多为转录因子，与相应配体结合后，能与 DNA 的顺式作用元件结合，在转录水平调节基因表达。这类配体通常具有脂溶性，包括类固醇激素、甲状腺激素、1,25-二羟维生素 D_3 以及视黄酸等。这些信号分子的特异受体都分布于细胞质或细胞核中，以细胞核受体为主。

胞内受体的一级结构具有同源性，只有其中的激素结合区的序列差异明显，具有高度特异性。不同受体能够特异性识别相对应的激素分子并选择性的结合。一般情况下，细胞质受体与热休克蛋白构成无活性的复合物，阻止了受体向细胞核的移动及其与 DNA 的结合。当激素进入细胞与相应的受体结合后，受体构象发生变化，导致热休克蛋白与其解聚，暴露出受体的核内转移部位及 DNA 结合部位，激素-受体复合物向核内转移。在细胞核中，活化受体再次聚化，与若干转录共激活因子组装成特异的转录复合物，与 DNA 分子的特异顺式作用元件结合，调控特异基因的表达，引起细胞功能改变。

第四节 细胞信号转导异常的疾病与治疗

一、细胞信号转导异常与疾病

1. 细胞信号转导异常与受体病 因受体的数量、结构或调节功能变化，使之不能介导配体在靶细胞中应有的效应所引起的疾病称为受体病（receptor disease）。受体异常可以表现为受体下调或减敏，前者指受体数量减少，后者指靶细胞对配体刺激的反应性减弱或消失。受体异常亦可表现为受体上调或增敏，使靶细胞对配体的刺激反应过度，两者均可导致细胞信号转导障碍，进而影响疾病的发生和发展。当受体基因因某些因素的调控作用而过度表达时，会导致细胞表面呈现远远多于正常细胞的受体数量。在这种情况下，外源信号所诱导的细胞内信号转导通路的激活水平会远远高于正常细胞，使靶细胞对外源信号的刺激反应过度。当基因突变导致受体分子数量、结构或调节功能发生异常变化，受体异常失能时，不能正常传递信号，常导致靶细胞对相应的激素产生抵抗，已报道的有胰岛素、雄激素、糖皮质激素、盐皮质激素、1,25-二羟维生素 D_3 及甲状腺激素抵抗症等。

> **知识拓展**
>
> **自身免疫性甲状腺病与受体**
>
> 　　自身免疫性甲状腺病，是患者产生针对促甲状腺激素（TSH）受体的抗体，与 TSH 受体结合后能模拟 TSH 的作用，在没有 TSH 存在时激活 TSH 受体。同时由于该抗体与 TSH 受体结合阻断了 TSH 与受体的正常结合，减弱了正常 TSH 信号的传递。

　　2. 细胞信号转导异常与肿瘤　正常细胞的增殖受到严格控制。机体通过生长因子调控细胞的增殖能力。当细胞内生长因子及生长因子受体介导的信号转导因各种原因而发生功能的改变，如异常激活，可持续向下游传递信号，而不依赖外源信号及上游信号转导分子，最终导致细胞持续增殖，形成肿瘤。

　　3. 细胞信号转导与感染性疾病　霍乱毒素通过对 G 蛋白 α 亚基的共价修饰，使 G 蛋白处于持续激活状态，通过腺苷酸环化酶和 cAMP 的传递，持续激活蛋白激酶 A（PKA）。PKA 催化小肠上皮细胞膜的蛋白质磷酸化，使 Na^+ 通道和 Cl^- 通道持续开放，水和电解质大量进入肠腔，引起腹泻和水、电解质紊乱。百日咳毒素通过对 G_i 蛋白 α 亚基的共价修饰，使其失活而不能抑制腺苷酸环化酶的活性，导致气管上皮细胞 cAMP 水平增高，减少水、电解质和黏液分泌。

二、细胞信号转导分子与药物作用靶点

　　对各种疾病过程中的信号转导异常的认识，为研究新的疾病诊断和治疗手段提供了更多机会。各种病理过程中发现的信号转导分子结构和功能的改变为新药的筛选和开发提供了靶点，由此产生了信号转导药物这一概念。许多药物可通过阻断受体的作用治疗疾病，包括乙酰胆碱、肾上腺素、组胺 H_2 受体的阻断剂等。而有些药物则是通过影响胞内第二信使的浓度来治疗疾病，如氨茶碱、咖啡碱等能抑制 cAMP-磷酸二酯酶的活性，提高 cAMP 含量，引起平滑肌松弛来发挥平喘作用。

本章小结

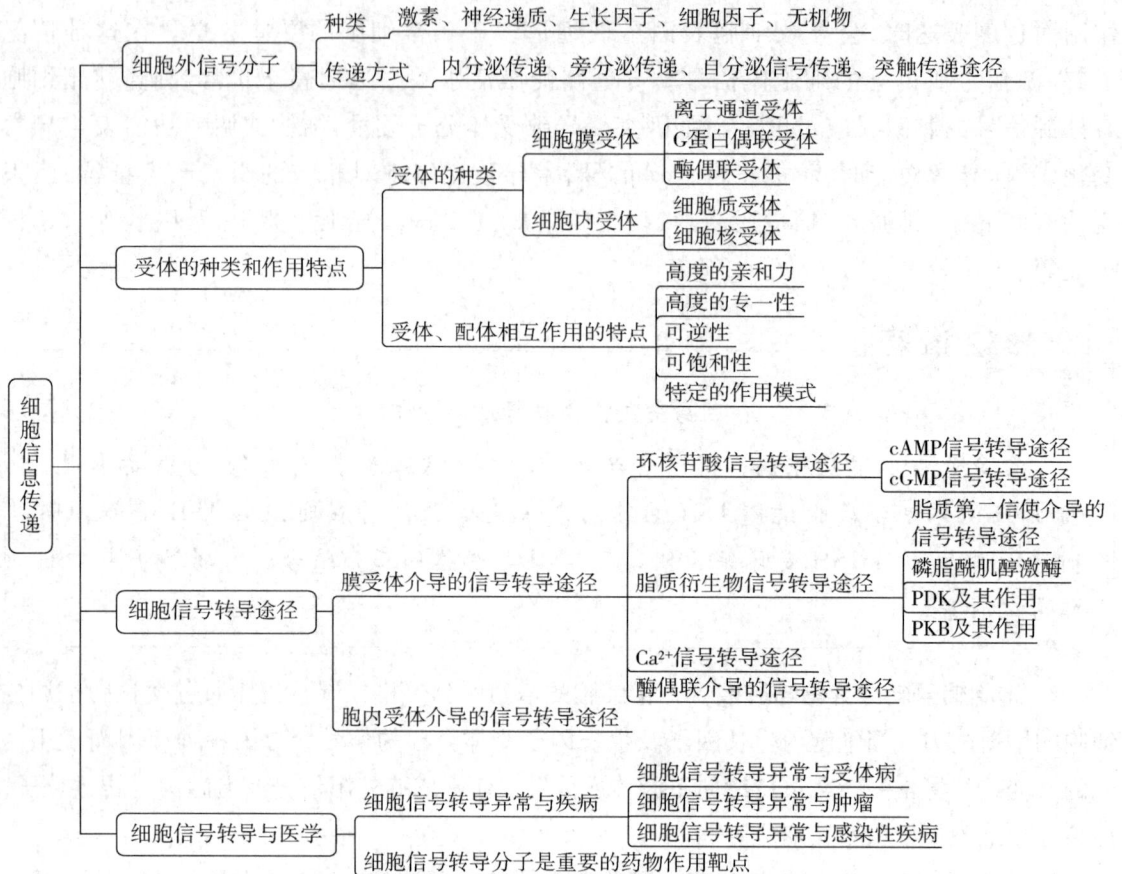

习题

一、选择题

【A1 型题】

1. 通过胞内受体发挥作用的信息物质为

    A. 乙酰胆碱   B. γ-氨基丁酸

    C. 胰岛素   D. 甲状腺素

    E. 表皮生长因子

2. 绝大多数膜受体的化学本质为

    A. 糖脂   B. 磷脂   C. 脂蛋白   D. 糖蛋白   E. 类固醇

3. 细胞内传递信息的第二信使是

    A. 受体   B. 载体

    C. 无机物   D. 有机物

E. 小分子物质

4. 下列哪项不是受体与配体结合的特点

    A. 高度专一性   B. 高度亲和力

    C. 可饱和性   D. 不可逆性

    E. 非共价键结合

5. 通过膜受体起调节作用的激素是

    A. 性激素   B. 糖皮质激素

    C. 甲状腺素   D. 肾上腺素

    E. 活性维生素 D_3

6. 下列哪项是旁分泌信息物质的特点

    A. 维持时间长   B. 作用距离短

    C. 效率低   D. 不需要第二信使

    E. 以上均不是

7. 胞内受体的化学本质为

    A. DNA 结合蛋白   B. G 蛋白

    C. 糖蛋白   D. 脂蛋白

    E. 糖脂

8. 下列哪种受体是催化型受体

    A. 胰岛素受体   B. 生长激素受体

    C. 干扰素受体   D. 甲状腺素受体

    E. 活性维生素 D_3 受体

9. IP_3 与相应受体结合后，可使胞质内哪种离子浓度升高

    A. K^+ B. Na^+ C. HCO_3^- D. Ca^{2+} E. Mg^{2+}

10. 在细胞内传递激素信息的小分子物质称为

    A. 递质   B. 载体   C. 第一信使   D. 第二信使   E. 第三信使

11. 影响离子通道开放的配体主要是

    A. 神经递质   B. 类固醇激素   C. 生长因子   D. 无机离子   E. 甲状腺素

12. cGMP 能激活

    A. 磷脂酶 C   B. 蛋白激酶 A

    C. 蛋白激酶 G   D. 酪氨酸蛋白激酶

    E. 蛋白激酶 C

13. cAMP 能别构激活

    A. 磷脂酶 A   B. 蛋白激酶 A

    C. 蛋白激酶 C   D. 蛋白激酶 G

    E. 酪氨酸蛋白激酶

14. 不属于细胞间信息物质的是

    A. 一氧化氮   B. 葡萄糖

    C. 甘氨酸   D. 前列腺素

E. 乙酰胆碱

15. 激活的 G 蛋白直接影响

　A. 蛋白激酶 A
　B. 蛋白激酶 C
　C. 蛋白激酶 G
　D. 磷脂酶 A
　E. 磷脂酶 C

16. G 蛋白是指

　A. 蛋白激酶 A
　B. 鸟苷酸环化酶
　C. 蛋白激酶 G
　D. 生长因子结合蛋白-2
　E. 鸟苷酸结合蛋白

17. 小 G 蛋白包括

　A. G 蛋白的亚基
　B. 生长因子结合蛋白-2
　C. 蛋白激酶 G
　D. Ras 蛋白
　E. Raf 蛋白

18. 有关细胞内信息物质的叙述错误的是

　A. 细胞内信息物质组成多样化
　B. 无机离子也可以是一种细胞内信息物质
　C. 细胞内信息物质绝大部分通过酶促级联反应传递信号
　D. 信号转导蛋白分子多为原癌基因产物
　E. 细胞内受体是激素作用的第二信使

19. 在信息传递过程中，产生第二信使的激素是

　A. 糖皮质激素
　B. 雌二醇
　C. 5β-羟基睾酮
　D. 醛固酮
　E. 促肾上腺皮质激素

20. 在信息传递过程中不产生第二信使的物质是

　A. 肾上腺素
　B. 胰高血糖素
　C. 甲状腺素
　D. 促肾上腺皮质激素
　E. 促性腺激素

二、思考题

1. G 蛋白如何对腺苷酸环化酶进行调节？

2. 细胞信号转导包括几个途径？

扫码"练一练"

（马永超）

第十一章 肝的生物化学

学习目标

1. **掌握** 生物转化作用的概念、方式及其意义；胆色素的概念及两种类型的胆红素。

2. **熟悉** 肝在物质代谢中的作用；胆汁酸的代谢。

3. **了解** 胆色素代谢及黄疸。

4. 运用肝生化的相关知识能分析肝相关疾病的发病机制；能阅读常见肝功能化验单。

5. 通过分析胆汁酸的代谢过程，学会分析胆石症的形成，通过学习胆色素代谢，学会分析三种黄疸的不同。

案例讨论

[案例] 患者，女，48岁。主因"腹痛、黄疸、肝脾肿大2个月余"，于2013年9月入院。患者2个月前无明显诱因出现上腹部胀痛不适，伴乏力，双下肢轻度水肿，遂至当地县医院就诊，检查发现肝功能损害和轻度黄疸。腹部B超示肝回声细密、胆囊水肿、脾肿大伴回声不均匀。经利尿、护肝、补液等对症支持治疗半个月后，上述情况略有缓解。但患者入院前近1个月腹胀不适又逐渐加重，下肢明显水肿，皮肤、巩膜黄染，尿量明显减少，色淡红。

[讨论] 该患者发生黄疸的原因。

第一节 概 述

肝是人体内最大的实质性器官，也是体内最大的腺体，约占体重的2.5%，在人体生命活动中占有非常重要的位置。它不仅在蛋白质、糖类、脂质、维生素、激素等代谢中起重要作用，还具有分泌、排泄、生物转化等方面的功能，也是体内多种物质代谢相互联系的重要场所，被誉为"物质代谢中枢"。

肝具有如此复杂多样的功能，是由其独特的形态结构和化学组成特点决定的。

（1）肝具有肝动脉和门静脉双重血液供给 肝通过肝动脉获得充足的氧，通过门静脉获得从消化道吸收的大量营养物质，以保证肝内各种生化反应的正常进行。

（2）肝具有丰富的血窦 肝经肝动脉和门静脉反复分支后，最终进入肝血窦，肝血窦增加了肝细胞与血液的接触面，加之肝细胞膜通透性大，因此肝血窦保证了肝内血流缓慢，停留时间长，利于进行物质交换，使营养物质进入肝被充分利用，有害物质则进行转化和解毒。

（3）肝有肝静脉和胆道两条输出通道　肝通过肝静脉和胆道分别与体循环和肠道相通，既有利于将肝内的代谢产物运输到其他组织被利用或排出，又可将一些代谢产物（如胆色素、胆固醇、胆汁酸盐等）和生物转化的产物随胆汁排入肠道，有利于非营养物质的代谢和排泄。

（4）肝细胞含有丰富的细胞器　如线粒体、内质网、高尔基复合体、溶酶体、微粒体等，保证肝内各种代谢区域化，使代谢途径互不干扰，彼此协调，有利于对各种代谢途径的调节。

（5）肝中含有数百种酶　有些酶为肝所特有，使得肝细胞除了有一般细胞所具有的代谢途径外，还具有特殊的代谢途径，如尿素、酮体合成酶系。

第二节　肝在物质代谢中的作用

一、肝在糖代谢中的作用

肝在糖代谢中的主要作用是维持血糖浓度的相对恒定。肝对血糖浓度的调节是通过糖原合成、糖原分解和糖异生作用来实现的。

进食后血糖浓度升高，肝细胞迅速从血中摄取血糖合成糖原而贮存起来，使血糖水平降至正常，这是进食后血糖的主要去路，过多的糖还可以在肝转变为脂肪。空腹时，血糖浓度降低，肝糖原迅速分解为葡萄糖，补充血糖，以供肝外组织利用。饥饿时，肝糖原大部分被消耗，糖异生作用成为供应血糖的主要途径，非糖物质如乳酸、甘油等转化为葡萄糖补充血糖，维持血糖的相对恒定。当空腹24～48小时后，糖异生可达最大速度。肝还可将果糖、半乳糖转变为葡萄糖，作为血糖的另一个补充来源。

当严重肝病时，肝糖原合成、分解及糖异生作用降低，使血糖不能维持正常，易出现耐糖量下降及进食后暂时性高血糖，而空腹又易发生低血糖、甚至休克的现象。此外，肝细胞戊糖磷酸途径也很活跃，能为生物转化提供足量的NADPH。

> **考点提示**
>
> 肝在糖代谢中的作用，肝调节血糖的途径，肝病时出现空腹低血糖的原因。

二、肝在脂质代谢中的作用

肝在脂质的消化、吸收、分解、合成及运输等代谢过程中均起重要作用。

肝细胞能分泌胆汁，其中的胆汁酸盐可促进脂质物质的消化和吸收，当肝细胞受损或胆道阻塞时，会造成胆汁酸分泌减少或胆汁排出障碍，从而引起脂质消化吸收障碍，出现厌油腻及脂肪泻等临床症状。

肝内含有丰富分解脂肪酸的酶系和合成脂肪酸的酶系，是脂肪合成、脂肪酸氧化的主要场所，肝内还含有活性较强的合成酮体的酶系，也是人体内酮体生成的主要场所。肝中活跃的脂肪酸β氧化过程，释放出较多能量，以供肝自身需要。肝可利用脂肪酸分解产生的乙酰辅酶A和乙酰乙酰辅酶A合成酮体，而生成的酮体不能在肝进一步氧化利用，而是经血液循环运输到肝外组织氧化利用，是肝外组织的能量来源。当血糖浓度过低的应激状态下，心、肾和骨骼肌能直接利用酮体供能，这对维持生命具有重要意义。当酮体生成超过肝外组织利用能力时，可出现酮症酸中毒和酮尿症。饥饿时，脂肪动员增加，脂肪酸β

氧化增强，酮体生成增多；饱食后，肝合成脂肪酸，并以三酰甘油形式储存于脂库。

　　肝是人体中合成胆固醇最旺盛的器官。肝合成的胆固醇占全身合成胆固醇总量的80%以上，是血浆胆固醇的主要来源。肝可以合成卵磷脂胆固醇脂酰基转移酶（LCAT），并释放入血，促进血浆中游离的胆固醇酯化形成胆固醇酯，以利于运输。肝也是胆固醇的重要排泄器官，可将胆固醇转化为胆汁酸，随胆汁排入肠道，参与脂肪乳化。

　　肝是合成磷脂和脂蛋白的重要器官。肝可将合成的脂质与载脂蛋白一起生成脂蛋白，脂蛋白是脂质在血液中的运输形式。肝功能受损时，磷脂合成障碍，脂蛋白合成减少，肝内的脂肪运输不出去，导致三酰甘油在肝内堆积，形成脂肪肝。

三、肝在蛋白质代谢中的作用

考点提示
　　在肝内合成的脂质，脂肪肝的形成。

　　肝在蛋白质的合成代谢中均起重要作用。肝除了合成自身所需蛋白质外，还合成血浆蛋白质。除 γ-球蛋白外，几乎所有的血浆蛋白质均由肝细胞合成，如清蛋白、凝血酶原、纤维蛋白原、载脂蛋白及部分球蛋白。肝合成清蛋白的能力很强，成人肝每日约合成12g清蛋白，占肝合成蛋白质总量的1/4。清蛋白在血浆中含量多而分子量小，在维持血浆胶体渗透压中起着重要作用。故肝功能严重损害时，常出现水肿及血液凝固功能障碍。

　　肝在蛋白质的分解代谢中也起着重要的作用。肝富含氨基酸代谢的酶类（如氨基转移酶、脱羧酶等），是氨基酸分解和转变的重要场所。肝功能受损时，细胞内酶溢出，致使血浆中相应酶活性增高，因而临床上检测血浆中某些酶活性增高可作为诊断肝病的指标。

　　肝是合成尿素的主要器官，其功能是清除氨基酸分解产生的氨，肝将有毒的氨通过鸟氨酸循环合成无毒的尿素，以解氨毒。严重肝病患者，肝合成尿素能力下降，大量氨进入脑组织，影响脑组织的正常代谢而诱发肝性脑病。

　　此外，肝也是胺类物质解毒的重要器官。

四、肝在维生素代谢中的作用

　　肝在维生素的吸收、贮存、运输、转化等方面均起重要作用。

　　肝合成和分泌的胆汁酸盐有助于脂溶性维生素的吸收，故肝胆系统疾病容易引起脂溶性维生素的吸收障碍。肝是含维生素较多的器官，如维生素 A、维生素 K、维生素 B_1、维生素 B_2、维生素 B_6、维生素 B_{12}、泛酸和叶酸等，也是维生素 A、维生素 E、维生素 K 和维生素 B_{12} 贮存的场所，如肝中维生素 A 的含量占到全身总量的95%。肝可将维生素 D_3 转变为25-羟维生素 D_3，还可将食物中摄取的 β-胡萝卜素转变为维生素 A，B 族维生素主要在肝中转化为相应的辅酶或辅基，如 TPP、FMN、FAD、NAD^+、$NADP^+$ 等。

五、肝在激素代谢中的作用

　　肝在激素代谢中的作用主要是参与激素的灭活和排泄。

　　正常情况下，激素在发挥作用后主要在肝中分解、转化或者失去活性，此过程称为激素的灭活。灭活后的代谢产物随尿及胆汁等排出体外。激素的灭活对于激素发挥作用的强度和作用时间的长短具有调控作用。一些类固醇激素，如雌激素、醛固酮等，可在肝中与葡糖醛酸或者活性硫酸结合而失去活性，一些肽类激素也在肝中灭活。因此，严重肝病时，灭活作用降低，使某些激素在体内堆积，引起物质代谢紊乱，如雌激素、醛

生物化学

固酮、抗利尿激素等水平升高，可出现男性乳房女性化、蜘蛛痣、肝掌或水、钠潴留等现象。

知识链接

肝病与蜘蛛痣、肝掌

当肝出现急慢性炎症或其他疾病时，对雌激素的灭活能力明显下降，造成雌激素在体内大量堆积，引起体内小动脉扩张。蜘蛛痣就是皮肤黏膜上的小动脉扩张的结果。由于小动脉扩张后酷似蜘蛛网，用铅笔尖压住"蜘蛛体"，网状形态立即消失。此痣小如小米粒，大的有2~3cm，量少的1~2个，多则数百个；多见于胸部以上，面、颈及上肢手背等部位。急性肝炎患者蜘蛛痣的发生率约1%左右，而慢性肝炎可达54%左右。蜘蛛痣的出现常和肝功能有关。当肝功能恶化时，蜘蛛痣可急剧增多。在大拇指和小指的根部的大小鱼际处皮肤出现了片状充血，或是红色斑点、斑块，加压后变成苍白色。这种与正常人不同的手掌称为肝掌。肝掌发生原因与蜘蛛痣一样，在双手手掌两侧的大、小鱼际和指尖掌面呈粉红色斑点和斑块，色如朱砂，加压后即变成苍白色，解除压迫后又呈红色，掌心颜色正常，如果留意观察的话，可看见大量扩展连片的点片状小动脉，有的情况下不仅手掌有，脚底也有。

第三节　肝在生物转化过程中的作用

一、生物转化的概念

在物质代谢的过程中，体内产生或者从外界摄入的某些物质，这些物质既不能构成组织细胞的成分，又不能氧化供能，故称之为非营养物质。机体将这些非营养物质进行化学转变，增加其极性或水溶性，使其容易随胆汁或尿液排出体外，这一过程称为生物转化（biotransformation）。

非营养物质的来源有两类：一是内源性非营养物质，为机体代谢产生的有毒的代谢产物，如氨、胆红素等，还有代谢产生的各种有待灭活的生物活性物质，如激素、神经递质等；第二是外源性非营养物质，为外界进入体内的各种异物，如药品、食品添加剂、色素、有机农药及其他化学物质等。机体只能将它们直接排出体外，或先将它们进行代谢转变，一方面增加其极性或水溶性，使其易随尿或胆汁排出，另一方面也会改变其毒性或药物的作用。

肝是生物转化作用的主要器官，在肝细胞微粒体、胞质、线粒体等部位均存在有关生物转化的酶类。其他组织如肾、胃肠道、肺、皮肤及胎盘等也可进行一定的生物转化，但以肝最为重要，其生物转化功能最强。

二、生物转化的反应类型

生物转化的化学反应可分为两相，第一相反应包括氧化、还原、水解反应，第二相反应为结合反应。有些物质经过第一相反应使分子极性增强，水溶性增加即可排出体外，但有些物质如药物、毒物等经过第一相反应后，极性变化不大，必须经第二相反应才能排出体外。有些物质则不经过第一相反应，直接进行第二相反应。

（一）第一相反应——氧化、还原、水解反应

1. 氧化反应　氧化反应是最常见的生物转化反应，参与反应的酶主要有单加氧酶系、单胺氧化酶系及脱氢酶系。

（1）单加氧酶系　又称羟化酶或混合功能氧化酶，此酶系存在于肝细胞的微粒体中，是氧化酶中最重要的酶类，由细胞色素 P_{450}（血红素蛋白）和 NADPH-细胞色素 P_{450} 还原酶（黄酶）组成，可催化多种化合物羟化。NADPH-细胞色素 P_{450} 还原酶以 FAD 和 FMN 为辅基，该酶可激活分子氧，使其中一个氧原子加在脂溶性底物分子上形成羟基化合物或环氧化合物，另一个氧原子被 NADPH 还原成水，一个氧分子发挥了两种功能。其反应通式如下：

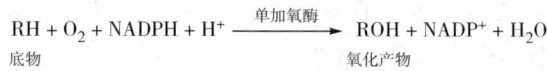

$$RH + O_2 + NADPH + H^+ \xrightarrow{\text{单加氧酶}} ROH + NADP^+ + H_2O$$
底物　　　　　　　　　　　　　　　　　　氧化产物

单加氧酶系的氧化反应不仅增加药物或毒物的极性，使其水溶性增加，易于排泄，而且是许多代谢过程不可缺少的步骤，如维生素 D 的羟化、类固醇激素及胆汁酸的合成过程等均需要羟化作用。然而需要指出的是，有些本来无活性的物质经氧化后却生成有毒或致癌物质，例如发霉的谷物、花生等，含有的黄曲霉素 B_1 经单加氧酶系作用，生成的黄曲霉素-2,3-环氧化物，成为导致原发性肝癌发生的重要危险因素。

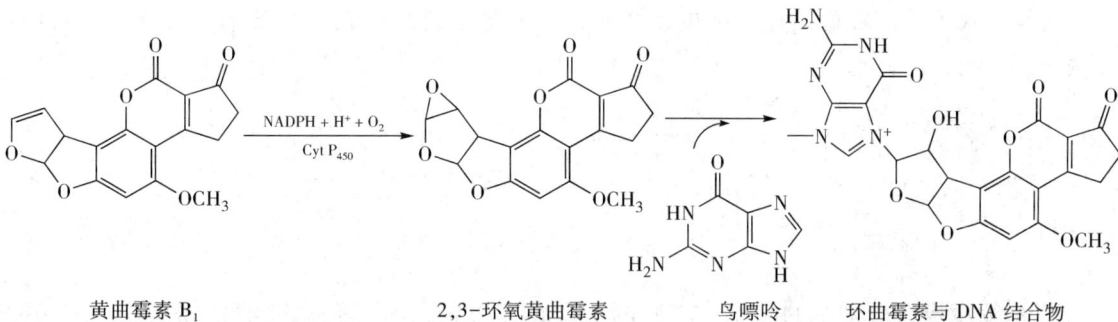

黄曲霉素 B_1　　　　　　　　2,3-环氧黄曲霉素　　　　鸟嘌呤　　　　环曲霉素与 DNA 结合物

（2）单胺氧化酶系　单胺氧化酶属于黄素酶类，存在于肝细胞的线粒体中。此酶可催化胺类物质氧化脱氨基生成醛和氨。肠道腐败产物如组胺、酪胺、尸胺、腐胺以及一些肾上腺素和药物如 5-羟色胺，均可在此酶作用下氧化生成相应的醛和氨，其反应式如下：

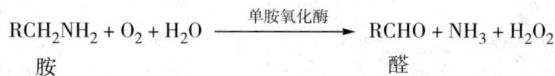

$$RCH_2NH_2 + O_2 + H_2O \xrightarrow{\text{单胺氧化酶}} RCHO + NH_3 + H_2O_2$$
胺　　　　　　　　　　　　　　　　　　　醛

（3）脱氢酶系　肝细胞的胞质及线粒体中分别存在有以 NAD^+ 为辅酶的醇脱氢酶和醛脱氢酶，分别催化醇或醛脱氢，氧化生成相应的醛或酸类。反应如下：

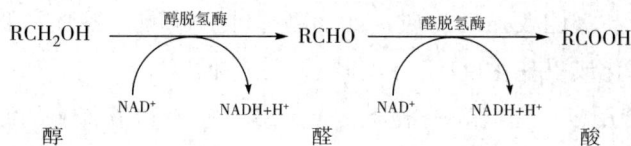

长期酗酒为何会引起肝损伤

正常情况下，乙醇进入机体后，可迅速地被吸收入血。被吸收的乙醇 90%～98% 经肝中乙醇脱氢酶体系（ADH）氧化代谢。大量饮酒后，一方面乙醇代谢转化时，会增加氧和 NADPH 的消耗，使肝内能量耗竭，同时产生的氧自由基增加；另一方面乙醇可在肝内转变为大量的乙醛，既可引起线粒体的功能障碍，也可引起肝细胞膜脂质过氧化损害，还可影响体内脂肪酸的代谢，形成脂肪肝。因此长期大量饮酒可造成肝损伤。

2. 还原反应 肝细胞的微粒体中存在着还原酶系，主要是硝基还原酶和偶氮还原酶，反应时需要 NADPH 供氢，还原产物为胺类。这些胺类在单胺氧化酶的作用下生成相应的酸。例如氯霉素在硝基还原酶的作用下还原而导致失效。

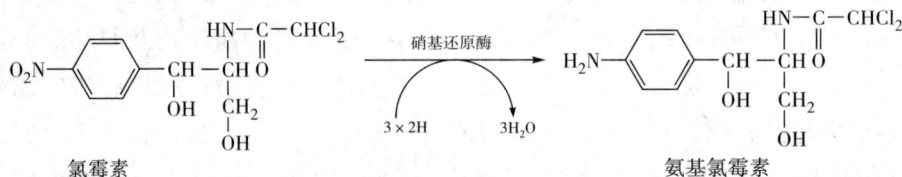

氯霉素　　　　　　　　　　　　　　　　　　氨基氯霉素

偶氮染料甲基红在偶氮还原酶的作用下，偶氮键断裂，生成邻氨基苯甲酸 N-二甲基氨基苯胺。

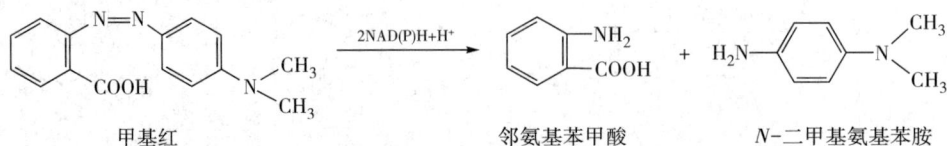

甲基红　　　　　　　　邻氨基苯甲酸　　　　　N-二甲基氨基苯胺

3. 水解反应 肝细胞的胞质、内质网及微粒体等中含有多种水解酶，如酯酶、酰胺酶及糖苷酶等，分别水解酯键、酰胺键及糖苷键。例如，异烟肼经酰胺酶水解生成异烟酸和肼后失去作用。

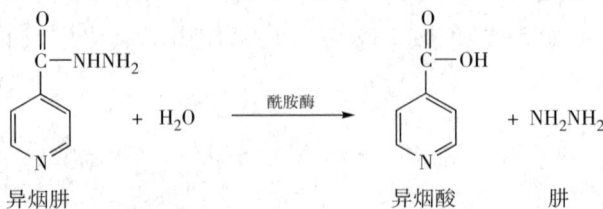

异烟肼　　　　　　　　　　　　　异烟酸　　　　　肼

（二）第二相反应——结合反应

结合反应是体内最重要的生物转化方式。凡含有羟基、羧基或氨基等功能基团的非营养物质，在肝内均可与极性较强的物质，如葡糖醛酸、硫酸、谷胱甘肽、甘氨酸等发生结合反应，或进行酰基化或甲基化反应，以利于灭活或排出。

1. 葡糖醛酸结合反应 葡糖醛酸结合反应是最为重要和最普遍的结合反应。肝细胞微粒体中含有葡糖醛酸转移酶，该酶以尿苷二磷酸葡糖醛酸（UDPGA）为葡糖醛酸的活性供体，催化葡糖醛酸基转移到毒物或其他活性物质的羟基（—OH）、氨基（—NH$_2$）或羧基（—COOH）上，形成葡糖醛酸苷。结合后其毒性降低，且易排出体外。胆红素、类固醇激素、吗啡、苯巴比妥类药物等可在肝内与葡糖醛酸结合而进行生物转化作用。临床上，用葡糖醛酸类制剂（如肝泰乐）治疗肝病，其原理是增强肝的生物转化功能。

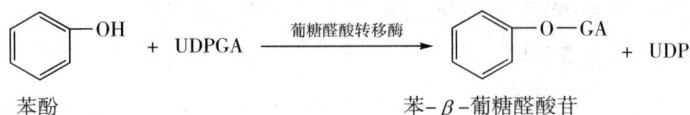

2. 硫酸结合反应　肝细胞胞质中含有硫酸基转移酶，该酶以 3′-磷酸腺苷-5′-磷酰硫酸（PAPS）作为活性硫酸供体，能将 PAPS 中的硫酸根转移到类固醇、酚类或芳香族胺类的分子上，生成硫酸酯化合物，如雌激素在肝内与硫酸结合而灭活。

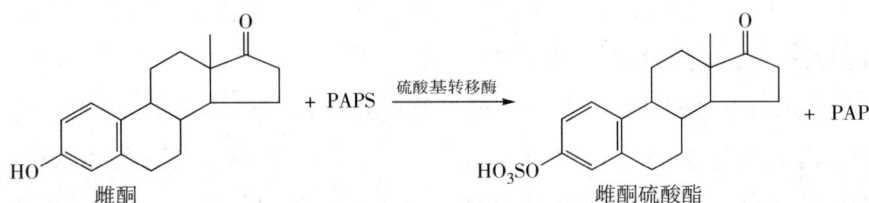

3. 乙酰基结合反应　肝细胞胞质中有乙酰基转移酶，该酶能催化乙酰辅酶 A 与芳香族胺类化合物结合生成相应的乙酰化衍生物。如磺胺类药物及抗结核药物异烟肼在肝经乙酰化而失去作用。

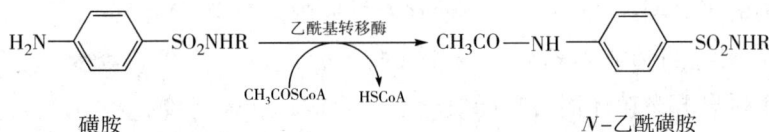

应该注意的是，磺胺类药物经乙酰化反应后，溶解度反而降低，在酸性尿中容易形成结晶析出。因此，在服用磺胺药的时候可以同时服用碱性药或者增加饮水，使其易于随尿排出。

4. 甲基结合反应　肝细胞胞质及微粒体中具有多种甲基转移酶，含有羟基、巯基或氨基的化合物可进行甲基化反应，甲基供体是 S-腺苷甲硫氨酸（SAM），例如儿茶酚胺、5-羟色胺及组胺等。

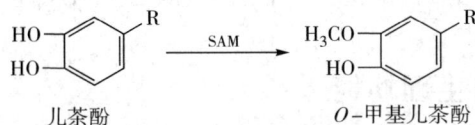

除上述结合反应外，还有谷胱甘肽、甘氨酸等结合反应。

三、生物转化的生理意义

1. 灭活体内的活性物质　如激素、神经递质等在体内发挥生理功能后需经生物转化而灭活，便于维持机体正常的代谢功能。

2. 改变药物的活性或毒性　大多数药物经过肝的生物转化作用后，活性或毒性降低或消失，如磺胺类药物、阿司匹林类等。但是，有些药物必须经过生物转化才能转变为活性形式，如大黄、环磷酰胺、水合氯醛等。

3. 清除外来物质　通过呼吸、肠道、皮肤等进入人体的环境污染物、色素、防腐剂、添加剂等外来物质，经血液运输至肝、肾、肠、皮肤等部位，进行生物转化而排出体外。

4. 指导临床合理用药　新生儿肝蛋白质合成功能不够完善，微粒体酶系活性较成人低，对非营养物质代谢的能力较差，对某些药物敏感，易发生药物中毒。老年人器官衰老，肝的生物转化能力下降，使药效增强，副作用增大，用药需谨慎。

多数非营养物质经生物转化后其极性增强、溶解度增大，易于随胆汁和尿液排出，使其生物活性降低或丧失，或使有毒物质的毒性减低或消失。但有些非营养物质经肝生物转化后其毒性反而增强，许多致癌物质通过代谢转化才表现出致癌作用，如黄曲霉素 B_1 在体内并不能直接与核酸等生物大分子结合，但经肝转化生成环氧化黄曲霉素 B_1 才可与鸟嘌呤第 7 位 N 结合而致癌。因此，生物转化作用具有解毒和致毒的双重性，不能简单看作是"解毒作用"。

四、影响生物转化作用的因素

生物转化作用常存在着年龄、性别、诱导物及肝功能等诸多体内、外因素的影响。

1. 年龄　新生儿生物转化酶系发育不完整，对药物、毒物等的转化能力较弱，易发生药物和毒物中毒。老年人肝的重量和肝细胞数量明显减少，肝血流量及肾的廓清速率下降，导致血浆药物的清除率降低，药物的半衰期延长。因此，临床上对新生儿及老年人的药物用量应较成人低，对某些药物须谨慎应用。

2. 性别　生物转化还受性别影响，正常情况下，女性生物转化能力强于男性。如氨基比林在男性体内的半衰期约 13.4 小时，而在女性体内只有 10.3 小时。

3. 诱导物　某些药物或毒药可诱导相关酶的合成，如长期服药苯巴比妥可诱导肝微粒体混合功能氧化酶的合成，加速药物代谢过程，使之产生耐药性。临床上利用苯巴比妥可诱导肝微粒 UDP-葡糖醛酸转移酶的合成，加速游离胆红素转变为结合胆红素，治疗新生儿高胆红素血症。

> **考点提示**
> 生物转化作用的概念及反应类型、重要的转化方式和常见的结合物。

4. 疾病　肝实质病变时，生物转化能力下降，使药物、毒药等的灭活速度降低，易蓄积中毒，故对肝病患者用药应当慎重。

第四节　胆汁酸的代谢

一、胆汁的组成与生理功能

胆汁（bile）是肝细胞分泌的有色液体，经胆道系统流出贮存于胆囊，再经胆总管排泄至十二指肠参与食物消化和吸收。正常成人每天分泌胆汁 $300\sim700ml$。肝细胞刚分泌的胆汁呈金黄色、清澈透明、有黏性和苦味，称为肝胆汁（hepatic bile）。在胆囊中肝胆汁部分水和其他成分被吸收，并掺入黏液，使胆汁浓缩 $5\sim10$ 倍，密度增大，颜色加深为暗褐色或棕绿色，称胆囊胆汁（gallbladder bile）。

胆汁的组成成分主要是水，约 80%，固体成分主要是胆汁酸盐，其次是胆固醇、胆色素、磷脂、无机盐、蛋白质和药物、毒物、重金属盐等排泄成分。肝细胞分泌的胆汁具有以下两个方面的功能：①作为消化液促进脂质物质的消化和吸收；②作为排泄液，能将体内某些代谢产物（胆红素、胆固醇）或生物转化后的产物排入肠道，随粪便排出体外。

二、胆汁酸的分类、代谢与生理功能

胆汁酸（bile acids）是胆汁的主要成分，是肝细胞以胆固醇为原料转变生成的 24 碳类固醇化合物，是胆固醇在体内的主要代谢产物。

（一）胆汁酸分类

按照胆汁酸的来源将其分为初级胆汁酸和次级胆汁酸两大类。肝细胞内，以胆固醇为原料直接合成的胆汁酸称为初级胆汁酸，包括胆酸和鹅脱氧胆酸。初级胆汁酸在肠道细菌的作用下，进行 7α 脱羟作用生成的胆汁酸，称为次级胆汁酸，包括脱氧胆酸和石胆酸。按结构可分为两大类：一类为游离型胆汁酸，包括胆酸、脱氧胆酸、鹅脱氧胆酸和少量的石胆酸；另一类是游离型胆汁酸与甘氨酸或牛磺酸结合的产物，称为结合型胆汁酸，主要包括甘氨胆酸、甘氨鹅脱氧胆酸、牛磺胆酸、牛磺鹅脱氧胆酸、甘氨脱氧胆酸和牛磺脱氧胆酸。（图 11-1）

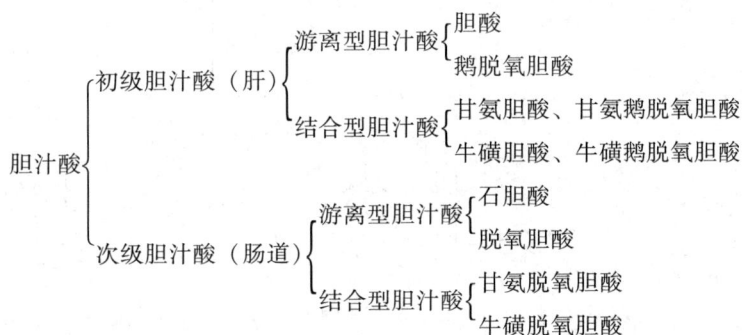

图 11-1　胆汁酸的分类

（二）胆汁酸代谢

1. 初级胆汁酸的生成　正常成人每日合成 1～1.5g 胆固醇，其中约 40%（0.4～0.6g）的胆固醇在肝中转变成为胆汁酸。胆固醇首先在 7α-羟化酶催化下，转变为 7α-羟胆固醇，再经过氧化、还原、羟化及断裂等多步反应生成初级游离型胆汁酸，主要为胆酸和鹅脱氧胆酸。初级游离型胆汁酸在肝细胞微粒体和胞质中酶的作用下可分别与甘氨酸或牛磺酸结合形成初级结合型胆汁酸，分别为甘氨胆酸、牛磺胆酸、甘氨鹅脱氧胆酸和牛磺鹅脱氧胆酸。结合型胆汁酸的形成使其极性增强，亲水性更大，有利于胆汁酸在肠道内促进脂质的消化吸收，也防止胆汁酸在肠道及胆管过早被吸收。

7α-羟化酶是胆汁酸合成的限速酶，受胆汁酸浓度的负反馈调节。临床应用口服考来烯胺以减少胆汁酸的重吸收，促进肝内胆固醇转化为胆汁酸的速度，从而达到降低血胆固醇的治疗作用。甲状腺素能通过激活 7α-羟化酶及侧链氧化酶系的活性，加速胆固醇转化为胆汁酸。故甲状腺功能亢进时，血清胆固醇浓度常偏低，反之亦然。此外，糖皮质激素、生长激素可提高该酶活性。同时，7α-羟化酶也是一种单加氧酶，维生素 C 对此种羟化反应有促进作用。

2. 次级胆汁酸的生成　初级结合型胆汁酸以盐的形式随胆汁进入肠道，在协助脂质物质消化吸收的同时，在小肠下段及大肠上段受肠道细菌的作用，一部分水解脱去甘氨酸或牛磺酸生成初级游离型胆汁酸，再通过肠菌酶的作用，7 位脱羟基，使胆酸转变为脱氧胆酸，鹅脱氧胆酸转变为石胆酸，脱氧胆酸与石胆酸称为次级游离型胆汁酸。石胆酸的溶解度小，不能与甘氨酸或牛磺酸结合，而脱氧胆酸能与甘氨酸或牛磺酸结合，生成次级结合型胆汁酸，即甘氨脱氧胆酸和牛磺脱氧胆酸。胆汁中的初级胆汁酸与次级胆汁酸均以钠盐或钾盐的形式存在，形成相应的胆汁酸盐，简称胆盐。胆盐是胆汁的主要固体成分。胆汁中的胆汁酸以结合型为主，甘氨酸结合物与牛磺酸结合物的比值 2：1～3：1。

胆汁酸的生成见图 11-2。

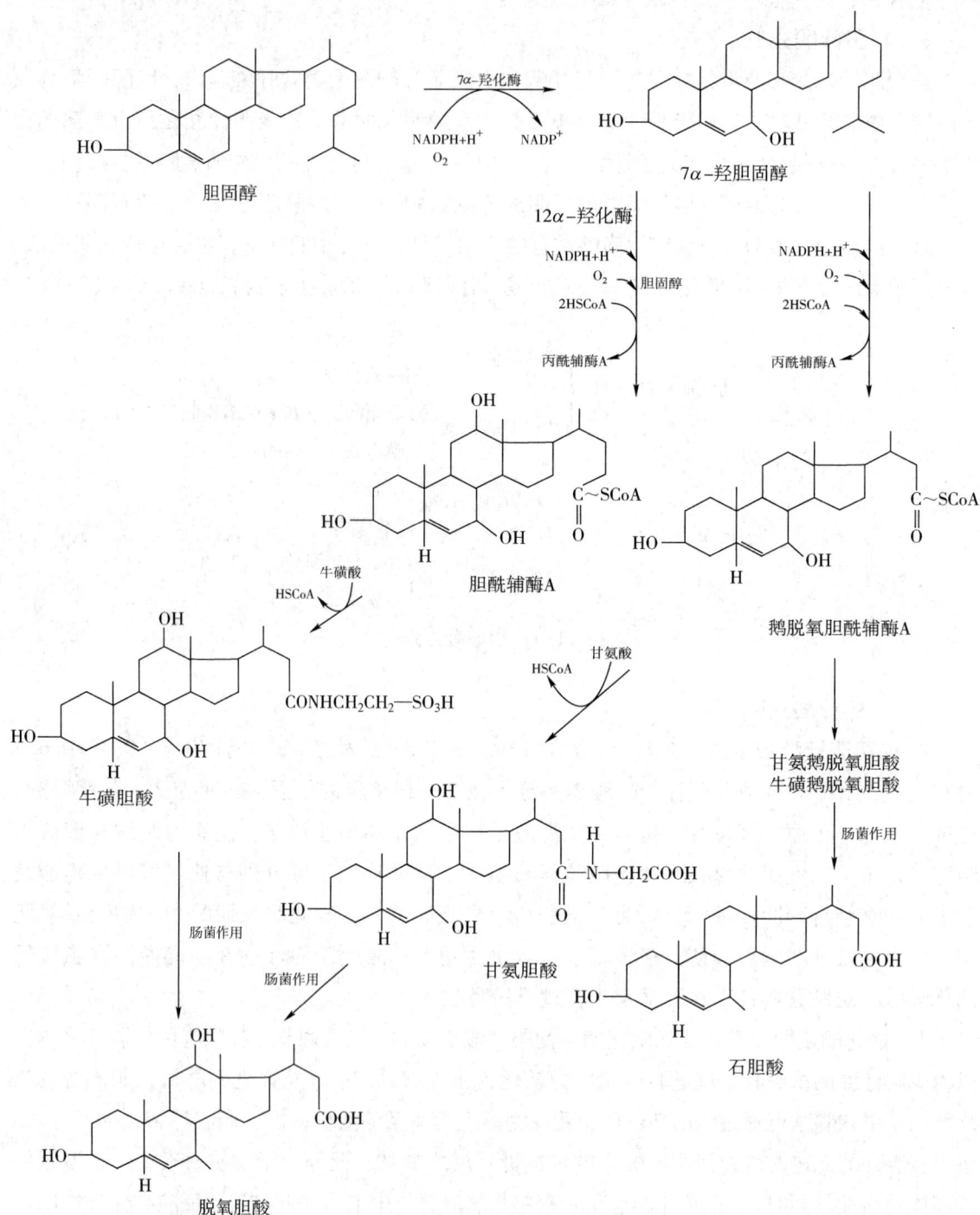

图 11-2　胆汁酸的生成

3. 胆汁酸的肠-肝循环　排入肠道中的胆汁酸（包括初级和次级、结合型和游离型）约 95% 以上被重吸收入血，其余的随粪便排出。结合型胆汁酸在小肠下段被主动重吸收，少量未结合胆汁酸在肠道的各段被动重吸收。这些由肠道重吸收的胆汁酸经门静脉进入肝，在肝细胞中，游离型胆汁酸再转变为结合型胆汁酸，并与新合成的结合型胆汁酸一同再随胆汁排入肠道，此过程称为"胆汁酸的肠-肝循环"（图11-3）。肠道中的石胆酸因溶解度小，一般不被重吸收，直接随粪便排出。

　　肝每日合成胆汁酸的量为 0.4～0.6g，而正常人体内需胆汁酸总量 3～5g，才能维持脂质物质的乳化，因此，肝每日需通过6～12次肠-肝循环，才能弥补肝合成胆汁酸能力的不足，使有限的胆汁酸重复利用，发挥最大限度的乳化作用，以保证脂质的消化吸收。

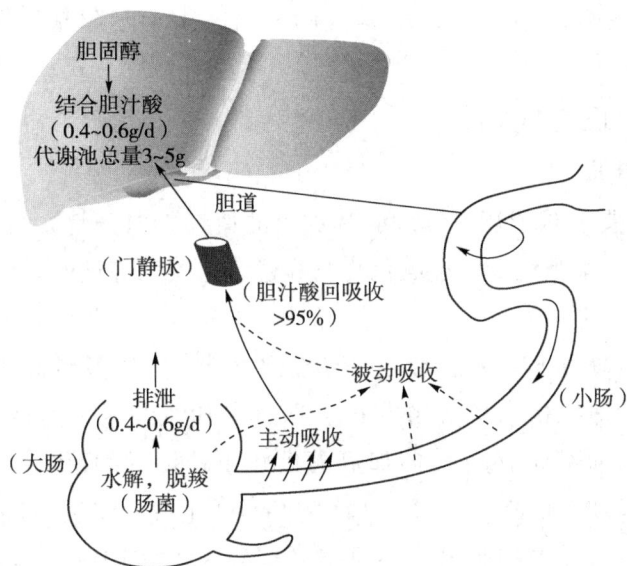

图 11-3　胆汁酸的肠-肝循环

（三）胆汁酸的生理功能

1. 促进脂质的消化吸收　胆汁酸分子内既含有亲水性的羟基、羧基、磺酸基等，又含有疏水性烃核和甲基，使胆汁酸构型上具有亲水和疏水的两个侧面，具有较强的界面活性，能降低油-水两相间的表面张力，故胆汁酸是较强的乳化剂，促进脂质等乳化为混合微粒，既有利于消化酶作用，又利于脂质的吸收。

2. 抑制胆固醇结石的形成　胆固醇难溶于水，必须与卵磷脂和胆汁酸盐形成可溶微团，才能通过胆道运送到小肠而不致沉淀析出。不同胆汁酸对结石形成的作用不同，鹅脱氧胆酸可使胆固醇结石溶解，而胆酸及脱氧胆酸则不具有该作用。临床常用鹅脱氧胆酸治疗胆固醇结石。

> **知识链接**
>
> #### 胆结石与胆固醇
>
> 　　在胆囊或胆管内形成的结石称为胆结石。胆汁中磷脂与胆固醇维持一定的比例，可以形成稳定的微团。当代谢异常，胆汁酸盐、卵磷脂含量减少，胆汁酸及卵磷脂与胆固醇比值小于10∶1，则可使胆固醇过饱和而析出，产生胆固醇晶核，并发展成为结石。因此，胆固醇分泌过量、胆汁酸分泌不足、胆汁淤积是胆结石形成的重要原因。

第五节　胆色素代谢

胆色素（bile pigments）是体内含铁卟啉化合物（血红蛋白、肌红蛋白、细胞色素、过氧化物酶和过氧化氢酶等）的主要分解代谢产物，包括胆红素、胆绿素、胆素原和胆素等。其中，除胆素原无色外，其余均有一定颜色，正常时主要随胆汁排泄。

胆红素是胆汁中的主要颜色，呈橙黄色，具有毒性，可引起脑组织不可逆的损害。但近年来研究发现，正常代谢的胆红素是一种抗氧化剂，具有清除超氧化物和过氧化物自由基的作用。

一、胆色素的正常代谢

（一）胆红素的生成

体内的胆红素主要来源于衰老红细胞释放出的血红蛋白分解产生的，占 70%～80%，其余来源于肌红蛋白、细胞色素、过氧化物酶和过氧化氢酶等铁卟啉的化合物。正常成人每天生成 200～300mg 胆红素。

正常红细胞的寿命为 120 天，衰老的红细胞可被肝、脾及骨髓等单核-吞噬细胞识别并吞噬，释放出的血红蛋白被分解为铁、珠蛋白和血红素，前两者分别进入铁代谢和氨基酸分解代谢，血红素在微粒体加氧酶催化下，消耗 O_2 和 NADPH，铁卟啉环上的 α-次甲基桥（—CH＝）断裂，释出 CO 和 Fe^{2+} 并生成胆绿素。Fe^{2+} 被重新利用，CO 排出体外，胆绿素由胞质中的胆氯素还原酶（辅酶为 NADPH）催化，被还原生成胆红素（图 11-4）。

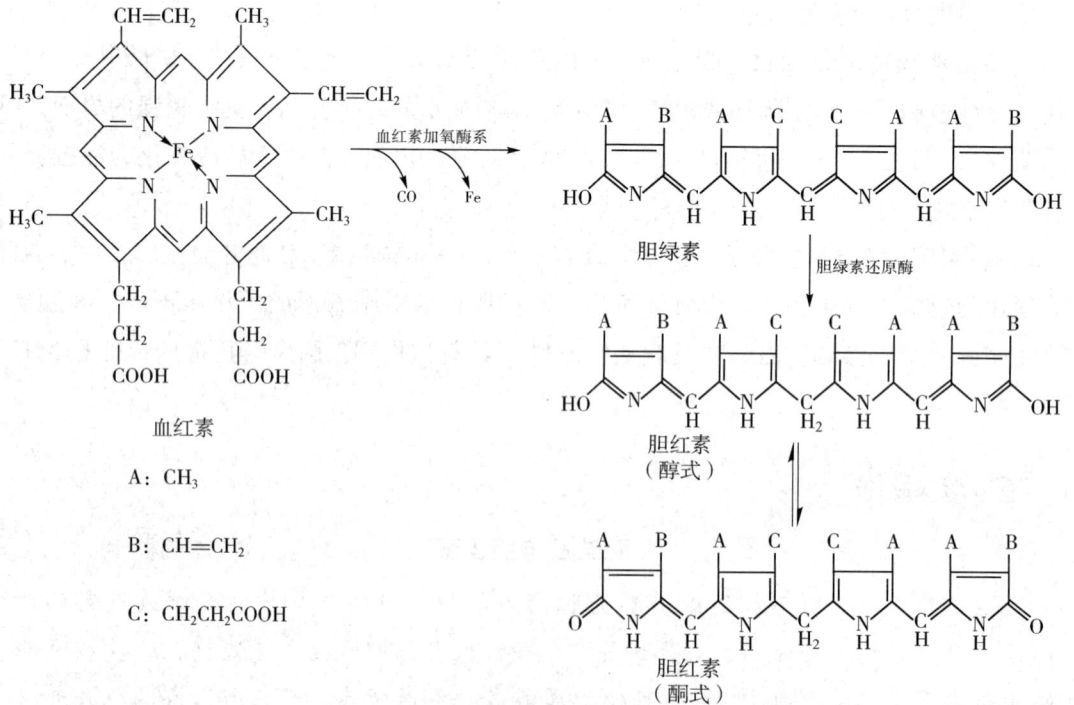

A: CH_3

B: $CH＝CH_2$

C: CH_2CH_2COOH

图 11-4　胆红素的生成

胆红素分子中虽然含有羧基、羰基、羟基和亚氨基等极性基团，但这些极性基团被包埋于分子内部，而暴露于分子表面的是疏水基团，胆红素是一种非极性的脂溶性物质，具有疏水亲脂性质，极易透过生物膜。当透过血-脑屏障进入脑组织，它能抑制大脑细胞 RNA 和蛋白质的合成及糖代谢，并与神经核团结合产生核黄疸，干扰脑细胞的正常代谢及功能。

（二）胆红素在血液中的运输

胆红素生成后可进入血液，主要与血浆清蛋白结合形成胆红素-清蛋白进行运输，这样既增加了胆红素在血浆中的极性和水溶性，便于胆红素在血浆中的运输，又限制其自由透过各种生物膜，使其不致对组织细胞产生毒性作用。因胆红素与清蛋白结合后分子量变大，不能被肾小球滤过而随尿排出，故尿中无胆红素-清蛋白。由于胆红素-清蛋白必须加入乙醇或尿素等破坏氢键后，才能与重氮试剂起反应生成紫红色偶氮化合物，故称为间接胆红素，又因胆红素-清蛋白未进入肝进行生物转化作用，故又称为未结合胆红素。血浆中每 100ml 的清蛋白就能结合 20～25mg 胆红素，所以正常情况下，血浆中的清蛋白足以结合全部胆红素。若清蛋白含量下降、胆红素与清蛋白结合部位的亲和力下降或某些有机阴离子如磺胺类、脂肪酸、胆汁酸、水杨酸等和胆红素竞争与清蛋白结合，从而使胆红素游离出来，增加其透入细胞的可能性。因此，在新生儿高胆红素血症时，必须谨慎使用这些有机阴离子药物。

（三）胆红素在肝中的转变

肝细胞对胆红素的代谢包括摄取、转化和排泄三方面。

1. 肝细胞对胆红素的摄取 血液以"胆红素-清蛋白"的形式将胆红素运输到肝，胆红素与清蛋白立即分离，在肝细胞的肝窦侧细胞膜处被摄入到肝细胞内。摄入肝细胞的胆红素与胞质中的 Y 蛋白和 Z 蛋白结合，形成胆红素-Y 蛋白和胆红素-Z 蛋白，以该种形式运送至内质网进行转化。Y 蛋白是肝细胞内转运胆红素的主要配体蛋白。胆红素与 Y 蛋白和 Z 蛋白结合使胆红素不能反流入血，从而使胆红素不断进入肝细胞内。许多有机阴离子如类固醇、四溴酚酞磺酸钠等能竞争性抑制这两种载体蛋白（以 Y 蛋白为主）与胆红素结合，影响肝细胞对胆红素的摄取。苯巴比妥可诱导新生儿 Y 蛋白的合成，临床上用其治疗新生儿生理性黄疸。

2. 肝细胞对胆红素的转化 胆红素-Y 蛋白和胆红素-Z 蛋白将胆红素运送到肝细胞的滑面内质网中，在葡糖醛酸转移酶（UGT）催化下，由 UDPGA 提供葡糖醛酸，胆红素以酯键与葡糖醛酸结合，生成胆红素葡糖醛酸酯，即结合胆红素。由于胆红素分子中有两个羧基均可与葡糖醛酸结合，所以可形成两种结合物，即胆红素葡糖醛酸一酯和胆红素葡糖醛酸二酯。在人胆汁中主要为胆红素葡糖醛酸二酯（占 70%～80%），其次为胆红素葡糖醛酸一酯（占 20%～30%），也有小部分与硫酸根、甲基、乙酰基、甘氨酸等结合。结合胆红素水溶性和极性都大大增强，易透过肾小球从尿中排出。但不易通过细胞膜和血-脑屏障，因此不易造成脑组织的中毒，是胆红素解毒的重要方式。由于结合胆红素内部的氢键已经断裂，可直接与重氮试剂发生反应，产生紫红色偶氮化合物，又称为直接胆红素。UGT 是诱导酶，能够被许多药物如苯巴比妥等诱导，从而加强胆红素代谢，这是苯巴比妥治疗新生儿黄疸的又一理论依据。未结合胆红素和结合胆红素的区别见表 11-1。

表 11-1　两种胆红素的区别

名　称	未结合胆红素	结合胆红素
别名	血胆红素、间接胆红素、游离胆红素	肝胆红素、直接胆红素
溶解性质	脂溶性	水溶性
与葡糖醛酸结合	未结合	结合
与重氮试剂反应	缓慢、间接反应	迅速、直接反应
水中溶解度	小	大
透过细胞膜能力	大	小
脑细胞毒性	大	无
经肾随尿排出	不能	能

3. 肝细胞对胆红素的排泄　结合胆红素由肝细胞逆浓度梯度排入毛细胆管中，作为胆汁的组成成分随胆汁排入小肠，此过程是肝代谢胆红素的限速步骤。正常时尿中无结合胆红素，但当胆道阻塞，毛细胆管因压力过高而破裂，结合胆红素才可能逆流入血，在血和尿中均可出现结合胆红素。

（四）胆红素在肠中的转化

结合胆红素随胆汁排入肠道后，在肠道细菌作用下，先水解脱去葡糖醛酸转变成游离胆红素，再逐步加氢还原成为无色的胆素原族化合物，即中胆素原、粪胆素原及尿胆素原，其中80%的胆素原随粪便排出体外。粪胆素原在肠道下段与空气接触，可氧化为黄褐色的粪胆素，呈黄褐色，它是正常粪便的主要色素。正常成人每天从粪便中排出的胆素原总量 $40\sim280mg$，当胆道完全梗阻时，结合胆红素不能排入肠道，不能形成粪胆素原及粪胆素，粪便则呈灰白色，临床上称之为白陶土样便。婴儿肠道细菌少，未被细菌作用的胆红素可随粪便直接排出，粪便可呈胆红素的橙黄色。

（五）胆色素的肠-肝循环

正常生理情况下，肠道中的胆素原有10% ～20%被肠黏膜重吸收入血，经门静脉进入肝。进入肝中的胆素原大部分（约90%）再随胆汁排入肠道，此过程称为胆素原的肠-肝循环。另有小部分约10%的胆素原可进入体循环，再经肾小球滤过随尿排出，即为尿胆素原。尿胆素原接触空气后被氧化成尿胆素，是尿液中的主要色素。正常成人每天从尿中排出的尿胆素原 $0.5\sim4.0mg$，临床将尿胆素原、尿胆素及尿胆红素称为尿三胆，作为肝功能检查的指标之一。胆色素的正常代谢过程可以概括表示为图 11-5 所示。

二、血清胆红素与黄疸

肝清除胆红素的能力很强，每天可达 3000mg 以上。因此正常人血清中胆红素浓度小于 $17.1\mu mol/L$，其中约有 4/5 是未结合胆红素，其余为结合胆红素。凡能引起血清中胆红素生成过多，或肝细胞对胆红素摄取、转化、排泄过程发生障碍而引起血浆胆红素升高，称高胆红素血症。当血清中胆红素浓度升高时，可扩散入组织，引起皮肤、黏膜、巩膜被黄染，称为黄疸（jaundice）。黄疸程度与血清中胆红素的浓度密切相关，当血清中胆红素浓度超过 $34.2\mu mol/L$ 时，肉眼可明显见组织黄染，称为显性黄疸；当血清胆红素超过 $17.1\mu mol/L$ 而低于 $34.2\mu mol/L$ 时，肉眼尚观察不到巩膜或皮肤黄染，称为隐性黄疸。临床上根据黄疸

考点提示
结合胆红素和未结合胆红素的特点。

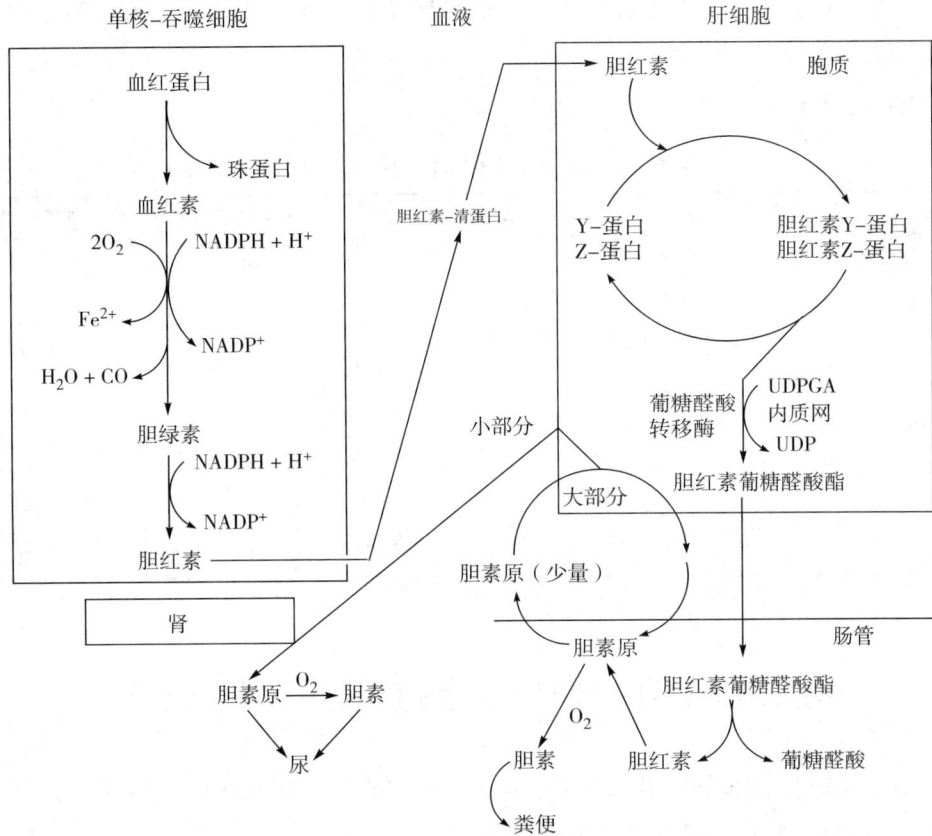

图 11-5 胆色素代谢示意图

的发生原因分为溶血性黄疸、肝细胞性黄疸和阻塞性黄疸三种类型。

1. 溶血性黄疸 因红细胞大量破坏，单核-吞噬细胞产生的胆红素过多，超过肝细胞的处理能力，引起血中未结合胆红素浓度异常增高，称为溶血性黄疸或肝前性黄疸。其特征为血清总胆红素、未结合胆红素增高，结合胆红素变化不大，与重氮试剂间接反应阳性；未结合胆红素不能被肾小球滤过，故尿中无胆红素，肝细胞最大限度处理和排泄胆红素，胆素原的肠-肝循环增多，故粪便和尿液的颜色加深。某些疾病如恶性疟疾、镰状细胞贫血，某些药物，或葡糖-6-磷酸脱氢酶缺乏及输血反应等均可造成溶血性黄疸。

2. 肝细胞性黄疸 因肝实质性病变使得肝细胞功能障碍，对胆红素的摄取、结合、转化及排泄能力下降所引起的高胆红素血症，称为肝细胞性黄疸或肝源性黄疸。因肝不能将未结合胆红素全部转化为结合胆红素，使血中未结合胆红素升高，另外，由于肝细胞肿胀，压迫毛细胆管，或造成肝内毛细胆管阻塞，使已生成的结合胆红素部分反流入血，血中结合胆素含量也增加。因此，肝细胞性黄疸的特征为：血中未结合胆红素和结合胆红素均增高，与重氮试剂双相反应均呈阳性；尿胆红素阳性；粪便颜色变浅；因肝细胞损伤程度不同，尿中胆素原含量不定。某些疾病如肝炎、肝硬化、肝肿瘤、败血症等均可引起肝细胞性黄疸。

3. 阻塞性黄疸 因胆红素排泄受阻，使胆小管和毛细胆管内压力增高而破裂，使胆汁中的结合胆红素反流入血，造成血清胆红素升高而引起的黄疸，称阻塞性黄疸或肝后性黄疸。其特征为：血中结合胆红素升高，非结合胆红素无明显改变，与重氮试剂直接反应阳性，因结合胆红素被肾小球滤过，故尿中出现胆红素；由于结合胆红素不易或不能排入肠道，使胆素原生成减少，故粪便颜色变浅或成白陶土色。胆管炎症、结石、肿瘤或胆道闭塞等疾病均可引起阻塞性黄疸。

三种黄疸的实验室检查见表 11-2。

表 11-2　三种类型黄疸血、尿、粪的变化

指　标	正　常	溶血性黄疸	肝细胞性黄疸	阻塞性黄疸
血清胆红素总量	<1mg/dl	>1mg/dl	>1mg/dl	>1mg/dl
结合胆红素	极少	正常	↑	↑↑
未结合胆红素	0～0.7mg/dl	↑↑	↑	正常
尿三胆				
尿胆红素	–	–	++	++
尿胆素原	少量	↑	不定	↓
尿胆素	少量	↑	不定	↓
粪便颜色	正常	深	变浅或正常	变浅/陶土色

第六节　常用肝功能试验的临床意义

临床用于检验肝功能试验的项目有很多，通过这些项目的检测，可以从不同方面对肝的代谢、转化、分泌和排泄功能作出综合评价。

一、血浆蛋白质的检测

临床检验测定血浆蛋白质的方法有很多种，较为经典和常用的有凯氏定氮法、双缩脲法、酚试剂法等。

（一）血浆总蛋白质测定（双缩脲法）的临床意义

1. 血清总蛋白浓度降低

（1）合成障碍　当肝功能严重受损时，蛋白质合成减少，以清蛋白减少最为显著，如急性肝细胞坏死、慢性肝炎、肝硬化等。

（3）血液稀释　如静脉注射过多低渗溶液或各种原因引起的钠、水潴留。

（4）营养不良和消耗增加　如长期营养不良、慢性胃肠道疾病、严重结核病、甲状腺功能亢进、恶性肿瘤等。

（4）丢失过多　严重烧伤、大量失血、肾病综合征及溃疡性结肠炎等。

2. 血清总蛋白质浓度增高

（1）合成增加　主要见于异常球蛋白合成增加，多发性骨髓瘤。

（2）血液浓缩　如严重腹泻、呕吐、高热、休克、慢性肾上腺皮质功能减退等。

（二）血浆清蛋白测定（溴钾酚绿法）的临床意义

1. 血浆清蛋白浓度增高　见于严重失水，血浆浓缩所致。临床上尚未发现单纯清蛋白浓度增高的疾病，而以清蛋白浓度降低为多见。

2. 血浆清蛋白浓度降低　与总蛋白质浓度降低的原因大致相同，但有时会出现总蛋白浓度接近正常，而清蛋白浓度降低的情况，主要是同时伴有球蛋白浓度增高所致，严重时可能出现 A/G 值<1.0,称为 A/G 值倒置。急性清蛋白浓度降低主要由于急性大量出现和严

重烧伤；慢性清蛋白浓度降低主要见于肝合成清蛋白功能障碍、腹水形成时清蛋白的丢失和肾病时尿液中的丢失。清蛋白浓度低于 20g/L，由于胶体渗透压的下降，常见到水肿现象，病变严重时血浆清蛋白浓度可低于 10g/L。

（三）血浆蛋白质电泳法（醋酸纤维素薄膜电泳法）测定的临床意义

正常血清蛋白质电泳一般分为 5 条区带，即清蛋白、α_1-球蛋白、α_2-球蛋白、β-球蛋白、γ-球蛋白。脐带血清、胎儿血清及部分原发性肝癌患者血清，在清蛋白与 α_1-球蛋白之间增加一条甲胎蛋白带。

急慢性肝炎和肝硬化，主要表现为球蛋白降低，β-球蛋白和 γ-球蛋白增高，出现 β 和 γ 带难分离而相连的 "β-γ 桥"，此现象往往是由于 IgA 增高所致，IgA 与肝纤维化有关。

二、血清酶的测定

正常情况下，肝细胞内的酶在血浆中含量甚微，但当肝受损造成肝细胞破坏或细胞膜通透性增高时，肝细胞内酶大量释放入血，引起血浆中酶含量增加。

（一）血清丙氨酸氨基转移酶活性的测定

肝细胞中 ALT 含量较多，主要存在胞质内，当肝细胞受损，该酶可释放入血，使血中 ALT 活性浓度增加。

1. 作为肝细胞损伤的灵敏指标　急性病毒性肝炎患者血清氨基转移酶升高的阳性率可达 80%～100%，到恢复期，氨基转移酶逐渐转入正常，但如果在 100U 左右波动，或恢复后再度上升提示转化为慢性活动性肝炎。重症肝炎或亚急性重型肝炎患者症状恶化时，该酶活性反而降低，提示肝细胞坏死后增生不良、预后不佳。

2. 作为肝病诊断的重要指标　慢性活动性肝炎或脂肪肝时，氨基转移酶轻度增高（100～200U），或在正常范围，且 AST>ALT。肝硬化、肝癌时，ALT 有轻度或中度增高，提示可能并发肝细胞坏死，预后严重。其他原因引起的肝损害，如心功能不全时，肝淤血导致肝小叶中央带细胞的萎缩或坏死，可使 ALT、AST 明显升高；某些化学药物如氯丙嗪、苯巴比妥、四氯化碳、砷剂等可不同程度地损害肝细胞，引起 ALT 升高。

3. 协助诊断其他疾病　骨骼肌损伤、多发性肌炎等因素可引起氨基转移酶升高。磷酸吡哆醛缺乏时 ALT 活性也降低。

（二）血清天冬氨酸氨基转移酶活性的测定

1. 用于肝病的诊断　血清中 AST 可来源于肝细胞，各种肝病可引起血清 AST 升高，有时可达 1200U/L，中毒性肝炎患者还可更高。

2. 用于心肌梗死的诊断　AST 在心肌细胞中含量较多，心肌梗死患者发病时，血清中 AST 活性增高，在发病后 6～12 小时显著增高，在 48 小时达到高峰，在 3～5 天恢复正常。

3. 其他疾病的协助诊断　胸膜炎、肾炎以及肺炎患者等也可引起血清 AST 的轻度增高。

（三）血清碱性磷酸酶活性的测定

碱性磷酸酶可作为肝、胆疾病和骨骼疾病的临床辅助诊断指标。肝、胆疾病，如阻塞性黄疸、急性或慢性黄疸型肝炎、肝癌等血清酶活力可增高。骨骼疾病，如纤维性骨炎、成骨不全症、佝偻病、骨软化病、骨转移癌和骨折修复愈合期等，由于骨的损伤或疾病使成骨细胞所含高浓度的碱性磷酸酶释放入血，引起血液中碱性磷酸酶活力增高。碱性磷酸酶减少比较少见，主要见于呆小病、成骨不全症、磷酸酶过少症、维生素 C 缺乏症等。

三、胆色素代谢试验

（一）血清总胆红素

1. 黄疸及黄疸程度的鉴别　溶血性、肝细胞性及阻塞性黄疸时均可引起血清胆红素升高。

2. 肝细胞损害程度和预后的判断　胆红素浓度明显升高，反映有严重的肝细胞损害；但某些疾病如胆汁淤积型肝炎时，尽管肝细胞受累较轻，血清胆红素却可升高。

3. 新生儿溶血症的判断　血清胆红素有助于了解疾病严重程度。

4. 再生障碍性贫血及数种继发性贫血（主要见于癌或慢性肾炎引起）鉴别　血清总胆红素减少。

（二）血清结合胆红素的测定

结合胆红素与总胆红素的比值可用于鉴别黄疸类型。比值<20%，见于溶血性黄疸，阵发性血红蛋白尿、恶性贫血、红细胞增多症等；比值 40%～60%，主要见于肝细胞性黄疸；比值>60%，主要见于阻塞性黄疸。

本章小结

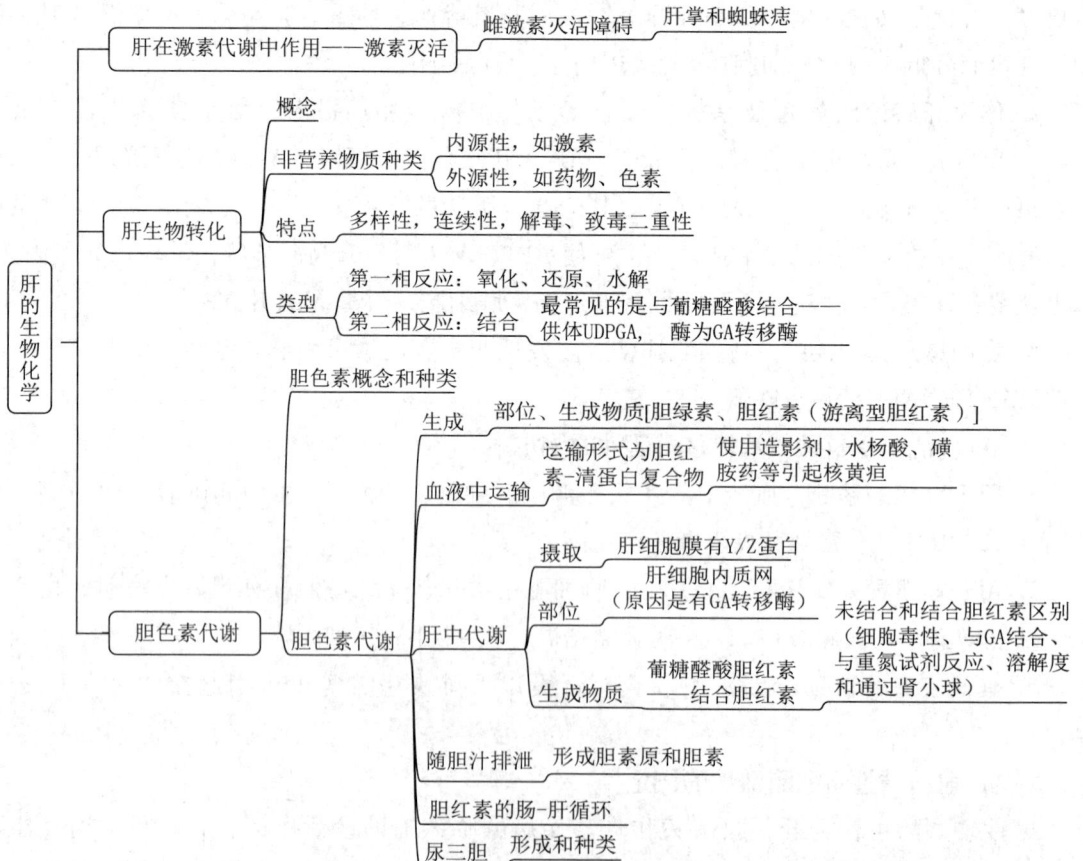

一、选择题

【A1 型题】

1. 不属于生物转化反应类型的是

　　A. 还原反应　　B. 氧化反应　　　C.　分解反应　　　D. 水解反应　　　E. 结合反应

2. 哪种物质是初级游离型胆汁酸

　　A. 甘氨胆酸　　　　　　　　　　B. 石胆酸

　　C. 鹅脱氧胆酸　　　　　　　　　D. 脱氧胆酸

　　E. 牛磺脱氧胆酸

3. 葡糖醛酸结合反应中，葡糖醛酸的直接供体是

　　A. UTPGA　　　B. UDPGA　　　C. UDPG　　　　D. CTPGA　　　　E. CDPGA

4. 生物转化对人体最重要的意义是

　　A. 使毒物的毒性降低　　　　　　B. 使药物失效

　　C. 使生物活性物质灭活　　　　　D. 使某些药物药效更强或毒性增加

　　E. 使非营养物质极性增强，利于排泄

5. 下列哪种物质不是胆色素

　　A. 胆绿素　　　B. 血红素　　　C. 胆红素　　　　D. 胆素　　　　E. 胆素原

6. 肝分泌出的胆红素是

　　A. 胆红素-清蛋白　　　　　　　B. 胆红素-Y 蛋白

　　C. 胆红素-Z 蛋白　　　　　　　D. 葡糖醛酸胆红素

　　E. 游离胆红素

7. 关于游离胆红素的叙述，正确的是

　　A. 水溶性较大　　　　　　　　　B. 胆红素与葡糖醛酸结合

　　C. 与重氮试剂呈直接反应　　　　D. 可通过肾随尿排出

　　E. 易透过生物膜

8. 有关肝细胞性黄疸患者血尿中化学物质变化的描述错误的是

　　A. 血清间接胆红素含量升高　　　B. 血清总胆红素含量升高

　　C. 血清直接胆红素含量升高　　　D. 血清直接胆红素／总胆红素>0.5

　　E. 尿胆红素阴性

9. 有关生物转化的描述，错误的是

　　A. 作用的实质是裂解生物活性物质

　　B. 是疏水性物质水溶性增加

　　C. 是非极性物质的极性增强

　　D. 有些物质经过生物转化毒性增强

　　E. 肝是进行生物转化最重要的器官

10. 体内生物转化作用最强的器官是

    A. 肾   B. 胃肠道   C. 肝   D. 心脏   E. 胰腺

11. 下列胆汁酸中哪些属于次级结合型胆汁酸

    A. 石胆酸   B. 甘氨脱氧胆酸

    C. 牛磺鹅脱氧胆酸   D. 脱氧胆酸

    E. 鹅脱氧胆酸

12. 胆汁中含量最多的有机成分是

    A. 胆色素   B. 胆固醇   C. 胆汁酸盐   D. 糖   E. 磷脂

13. 肝不能进行下列哪项反应

    A. 酮体的合成   B. 酮体的氧化

    C. 糖原的合成   D. 糖原的分解

    E. 糖异生

14. 胆固醇转变为胆汁酸的限速酶是

    A. 1α-羟化酶   B. 25α-羟化酶

    C. 7α-羟化酶   D. HMG-CoA 还原酶

    E. 裂解酶

15. 发生阻塞性黄疸，变化正确的是

    A. 血中胆红素-清蛋白增加   B. 血中结合胆红素减少

    C. 尿中胆素原增加   D. 尿中出现胆红素

    E. 粪便颜色加深

16. 结合胆红素与未结合胆红素的区别是胆红素与下列哪一种物质结合

    A. Y-蛋白   B. 葡糖酸   C. 胆汁酸   D. 葡糖-6-磷酸   E. 葡糖醛酸

17. 胆汁酸是下列哪一种物质在肝内转化而成

    A. 胆固醇   B. 胆汁   C. 胆红素   D. 胆素原   E. 胆汁酸盐

18. 易透过血-脑屏障，形成核黄疸的物质是

    A. 胆绿素   B. 胆素原

    C. 胆素   D. 胆红素

    E. 结合胆红素

19. 血浆胆红素以哪一种为主要的运输形式

    A. 胆红素-Y 蛋白   B. 胆红素-球蛋白

    C. 胆红素-清蛋白   D. 胆红素-Z 蛋白

    E. 以上都不是

20. 结合胆红素是指

    A. 胆红素与清蛋白结合   B. 胆红素与球蛋白结合

    C. 胆红素与 γ-球蛋白结合   D. 胆红素与葡糖醛酸结合

    E. 以上都不是

二、思考题

1. 肝在糖、脂质、蛋白质代谢中的作用。

2. 生物转化的反应类型有哪些？有何生理意义？

3. 胆汁酸的生理功能和胆汁酸肠-肝循环的意义。

4. 正常血中的胆红素主要是哪种？肝在胆色素代谢中有何作用？

5. 比较三种黄疸在血、尿、粪中的异常改变。

（周治玉）　　扫码"练一练"

第十二章   酸碱平衡

案例讨论

[案例] 患者，男，45岁，腹痛4小时，有腹泻，严重呕吐症状。化验检查如下：血 pH7.49，$PCO_2$48mmHg，SB35mmol/L。

[讨论] 请分析上述病例所出现的何种酸碱平衡失调。

第一节   概   述

机体正常功能的发挥有赖于内环境的稳定，即适宜的温度、适宜的渗透压、适宜的pH。体液 pH 变化会直接影响体内生物大分子的生物学功能及体内各种生化反应。机体在生命活动过程中不断地产生酸性物质和碱性物质，同时又不断地从食物中摄取酸碱物质。机体通过一系列的调节作用，最后将多余的酸性或碱性物质排出体外，使体液 pH 维持在相对恒定的范围内，这一过程称为酸碱平衡（acid-base balance）。

机体各部分体液 pH 值不完全相同，实际上各细胞内因代谢情况不同，则 pH 也不同。一般来讲，细胞内液 pH（pH6.8～7.0）<细胞间液 pH（7.25）<血浆 pH（7.35～7.45）。

由于各部分体液每时每刻都在不停地进行交换，所以无论哪一部分体液 pH 变化最终都会反映到血浆中来，因此血液 pH 的变化可反映整个体液的酸碱平衡情况，另外，由于测定细胞内液和细胞间液的 pH 相对困难，所以临床主要是测定血浆 pH 来表示，正常人血浆 pH 值恒定在 7.35～7.45。血浆 pH 的恒定主要依赖于血液缓冲体系、肺的呼吸和肾的排泄及重吸收三方面调节，任何一方面出现问题，都可引起酸碱平衡紊乱。

体液 pH 之所以能够维持相对恒定，主要取决于三方面的调节作用：即体液自身的缓冲作用，肺通过呼出 CO_2 以及肾对 H^+ 或 NH_4^+ 排出的调节。这三方面的作用相互协调、制约，共同维持体液 pH 的相对恒定。如果体内的酸碱物质超过了机体的调节范围，或三种调节作用中的某一方出现障碍，就有可能导致体液酸碱平衡紊乱（acid-base imbalance），从而出现酸中毒（acidosis）或碱中毒（alkalosis）。

第二节 体内酸碱物质的来源

在化学反应中，凡能释放出 H^+ 的化学物质称为酸，如 HCl、H_2SO_4、H_2CO_3、NH_4^+ 等；反之，凡能接受 H^+ 的化学物质称为碱，如 OH^-、NH_3、HCO_3^- 等。

一个化学物质作为酸释放出 H^+ 时，必然同时有一个碱性物质生成，同样，当一个化学物质作为碱而接受 H^+ 时，必然也有一个酸性物质生成。因此，酸总是与相应的碱形成一个共轭体系，如 H_2CO_3、H^+、HCO_3^- 等。

一、体内酸性物质的来源

体内的酸性物质主要来源于糖、脂质及蛋白质等的分解代谢，故这些物质被称为成酸物质，另外，少量来自于某些食物及药物。酸性物质可分为挥发性酸（volatile acid）和非挥发性酸（non-volatile acid）两大类。

1. 挥发性酸（碳酸） 挥发性酸即碳酸。正常成人每天由糖、脂质和蛋白质分解代谢产生约 350L（15mol）的 CO_2，所生成的 CO_2 主要在红细胞内碳酸酐酶（carbonic anhydrase，CA）的催化下与水结合生成碳酸。碳酸随血液循环运至肺部后重新分解成 CO_2 并呼出体外，故称碳酸为挥发性酸，是体内酸的主要来源。

2. 非挥发性酸（固定酸） 体内的糖、脂质、蛋白质及核酸在分解代谢过程中产生一些有机酸及无机酸，如核酸、磷脂和磷蛋白分解产生的磷酸；糖分解代谢产生的丙酮酸和乳酸；脂肪酸在肝内氧化产生的酮体；含硫氨基酸氧化产生的硫酸等。这些酸性物质不能由肺呼出，必须经肾随尿排出体外，所以称之为非挥发性酸或固定酸（fixed acid）。正常人每天产生的固定酸仅为 50~100mmol，与每天产生的挥发酸相比要少得多。正常情况下，固定酸中的一些物质可被继续氧化，如乳酸、丙酮酸和酮体等。固定酸还可来自某些食物，如醋酸、柠檬酸等。此外某些药物，如阿司匹林、水杨酸等也呈酸性。

二、体内碱性物质的来源

机体在物质代谢过程中还可产生少量的碱性物质，但碱性物质主要来源于食物中的蔬菜和水果。蔬菜和水果中含有较多的有机酸盐，如柠檬酸钾盐或钠盐、苹果酸钾盐或钠盐等。这些有机酸在体内氧化生成 CO_2 和 H_2O，剩下的 Na^+、K^+ 则与 HCO_3^- 结合生成碳酸氢盐。所以蔬菜和水果被称为碱性食物。此外，某些药物本身就是碱，如抑制胃酸的药物碳酸氢钠等。正常情况下，体内产生的酸性物质多于碱性物质，故机体对酸碱平衡的调节作用以对酸的调节为主。

> **考点提示**
> 体内酸、碱物质的来源，固定酸和挥发性酸的概念。

酸碱平衡与健康

鸡、鸭、鱼、肉营养好，味道也好，但吃得太多，整个人会觉得无精打采，实际是体内产生过量的酸性物质。当体内酸碱物质超过了人体自身调节能力，内环境的稳定遭到破坏，肺、肾等参与体内酸碱平衡调节的器官负担加重时，人体免疫力低下，神经的敏感性降低，内分泌及许多集体重要功能发生紊乱，癌细胞易生长和扩散。

第三节 酸碱平衡的调节

一、血液的缓冲作用

无论是体内代谢产生的还是由体外进入的酸性或碱性物质，都要进入血液并被血液缓冲体系（buffer system）缓冲；血液的缓冲作用和肺、肾对酸碱平衡的调节直接相关，因此在体液的多种缓冲体系中，以血液缓冲体系最为重要。

（一）血液的缓冲体系

血浆的缓冲体系有：$NaHCO_3/H_2CO_3$，Na_2HPO_4/NaH_2PO_4，$Na-Pr/H-Pr$（Pr：血浆蛋白）

红细胞的缓冲体系有：$KHCO_3/H_2CO_3$，K_2HPO_4/KH_2PO_4，$K-Hb/H-Hb$，$K-HbO_2/H-HbO_2$，有机磷酸钾盐/有机磷酸（Hb：血红蛋白 HbO_2：氧合血红蛋白）

血液中各缓冲体系的缓冲能力比较见表12-1。

表 12-1 全血各缓冲体系的比较

缓冲体系	占全血缓冲能力的百分数（%）
HbO_2和Hb	35
有机磷酸盐	3
无机磷酸盐	2
血浆蛋白质	7
血浆碳酸氢盐	35
红细胞碳酸氢盐	18

在血浆缓冲体系中，以碳酸氢盐缓冲体系最重要；在红细胞缓冲体系中，以血红蛋白及氧合血红蛋白缓冲体系最为重要。血浆 $NaHCO_3/H_2CO_3$ 缓冲体系之所以重要，不仅是因为该体系缓冲能力强，还在于该体系易于调节，其 H_2CO_3 浓度，可通过体液中物理溶解的 CO_2 取得平衡而受肺的呼吸调节；而 $NaHCO_3$ 浓度则可通过肾的调节作用维持相对恒定。

（二）血液的缓冲机制

血浆的 pH 主要取决于血浆中 $[NaHCO_3]/[H_2CO_3]$ 的值。在正常条件下，血浆 $NaHCO_3$ 的浓度约为 24mmol/L，H_2CO_3 的浓度约为 1.2mmol/L，两者比值为 $24:1.2=20:1$。血浆 pH 可由亨德森-哈塞巴（Henderson-Hassalbach）方程式计算：

$$pH = pK_a + lg[NaHCO_3]/[H_2CO_3]$$

其中，pK_a 是 H_2CO_3 解离常数的负对数，温度在 37℃ 时为 6.1。将数值代入上式：

$$pH = 6.1 + \lg 20/1 = 6.1 + 1.3 = 7.4$$

上式充分说明了血浆 pH 与血浆 $[NaHCO_3]/[H_2CO_3]$ 之间的关系：只有当血浆 $[NaHCO_3]/[H_2CO_3]$ 维持在 20∶1 时，血浆 pH 才能维持在 7.4 不变；如两者之间的比值变化，则血浆 pH 也随之改变。当其中任何一方的浓度发生变化时，机体只要对另一方做相应的调节，使两者的浓度之比仍维持 20∶1，则血浆 pH 仍为 7.4。由此可见，酸碱平衡调节的实质就是调节 $NaHCO_3$ 与 H_2CO_3 浓度的比值来维持血浆 pH 的相对恒定。$NaHCO_3$ 浓度可反映体内的代谢状况，受肾的调节，称为代谢性因素，H_2CO_3 浓度可反映肺的通气状况，受呼吸作用的调节，称为呼吸性因素。

进入血液的固定酸或碱性物质，主要由碳酸氢盐缓冲体系缓冲；挥发性酸主要由血红蛋白缓冲体系缓冲。

1. 对固定酸的缓冲作用　代谢过程中产生的磷酸、硫酸、乳酸、酮体等固定酸（HA）进入血浆时，主要由 $NaHCO_3$ 中和，使酸性较强的固定酸转变为酸性较弱的 H_2CO_3。H_2CO_3 则进一步分解成 H_2O 及 CO_2，CO_2 可经肺呼出体外，从而不致使血浆 pH 有较大波动。对固定酸的缓冲作用可表示如下：

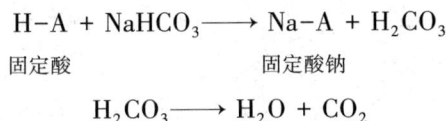

$$H\text{-}A + NaHCO_3 \longrightarrow Na\text{-}A + H_2CO_3$$

固定酸　　　　　　　　固定酸钠

$$H_2CO_3 \longrightarrow H_2O + CO_2$$

另外，血浆中其他缓冲体系也有一定的缓冲作用：

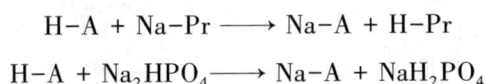

$$H\text{-}A + Na\text{-}Pr \longrightarrow Na\text{-}A + H\text{-}Pr$$

$$H\text{-}A + Na_2HPO_4 \longrightarrow Na\text{-}A + NaH_2PO_4$$

2. 对碱性物质的缓冲作用　碱性物质进入血液后，可被血浆中的 H_2CO_3、NaH_2PO_4 及 H-Pr 所缓冲，使碱性变弱。

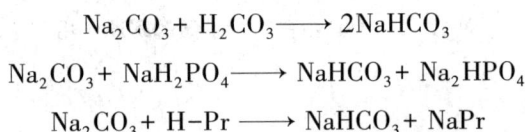

$$Na_2CO_3 + H_2CO_3 \longrightarrow 2NaHCO_3$$

$$Na_2CO_3 + NaH_2PO_4 \longrightarrow NaHCO_3 + Na_2HPO_4$$

$$Na_2CO_3 + H\text{-}Pr \longrightarrow NaHCO_3 + NaPr$$

反应的结果是使碱性较强的 Na_2CO_3 转变为碱性较弱的 $NaHCO_3$，其中所消耗的 H_2CO_3 可由体内不断产生的 CO_2 得以补充。因此 H_2CO_3 是对固定碱进行缓冲的主要成分，缓冲后生成的过多 $NaHCO_3$ 可由肾排出体外，从而保持了血液 pH 的恒定。

3. 对挥发性酸的缓冲作用　体内各组织细胞在代谢过程中不断产生的 CO_2 主要经红细胞中的血红蛋白缓冲体系缓冲，此缓冲作用伴随血红蛋白的运氧过程。

由于组织细胞与血液之间存在 CO_2 分压（PCO_2）差，当动脉血流经组织时，组织中的 CO_2 可经毛细血管壁迅速扩散入血浆，其中大部分 CO_2 继续扩散进入红细胞，在红细胞中的碳酸酐酶的作用下生成 H_2CO_3，后者解离成 HCO_3^- 和 H^+。HbO_2 释放出 O_2 后转变成 Hb^- 和 H^+ 结合生成 HHb 而被缓冲（$HbO_2 \rightarrow Hb^- + O_2$，$H^+ + Hb^- \rightarrow HHb$），红细胞内 HCO_3^- 因浓度增高而向血浆扩散。此时红细胞内阳离子（主要是 K^+）较难通过红细胞膜，不能随 HCO_3^- 逸出，因此血浆中等量的 Cl^- 进入红细胞，以维持电荷平衡，这种通过红细胞膜进行 HCO_3^- 与 Cl^- 交换的过程称为氯离子转移（chloride shift）。

生物化学

在肺部，由于肺泡中氧分压（PO_2）高、PCO_2低，当血液流经肺部时，HHb 解离成 H^+ 和 Hb^-，Hb^- 和大量扩散入血的 O_2 结合形成 HbO_2，H^+ 与 HCO_3^- 结合生成 H_2CO_3，并立即经碳酸酐酶催化分解成 CO_2 和 H_2O，CO_2 从红细胞扩散入血浆后，再扩散入肺泡而呼出体外。此时，红细胞中的 HCO_3^- 很快减少，继而血浆中的 HCO_3^- 进入红细胞，与红细胞内的 Cl^- 进行又一次等量交换（图 12-1）。

血液中的缓冲对及其作用。

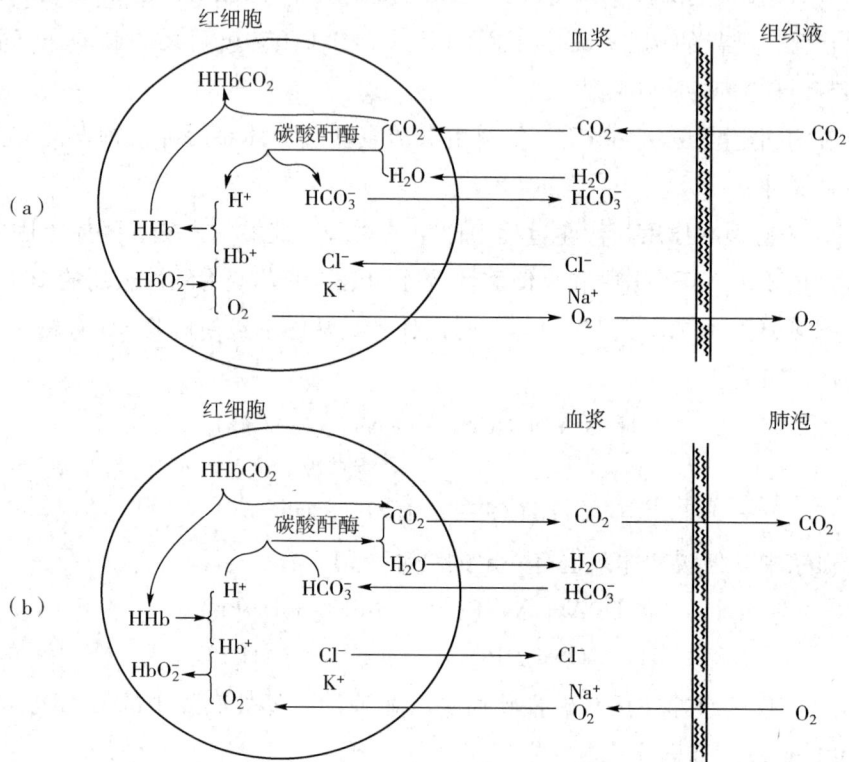

图 12-1　血红蛋白对挥发酸的缓冲作用

（a）组织液；（b）肺部

在严重呕吐丢失大量胃液时，损失较多的 H^+ 和 Cl^-，血浆 Cl^- 浓度降低，HCO_3^- 从红细胞进入血浆，血浆 HCO_3^- 浓度代偿性增加，从而导致低氯性碱中毒。

二、肺对酸碱平衡的调节作用

肺主要以呼出 CO_2 的形式来调节血浆中 H_2CO_3 的浓度。肺呼出 CO_2 的作用受呼吸中枢的调节，而呼吸中枢的兴奋性又受血液中 PCO_2 及 pH 的影响。当体内产酸增多时，$NaHCO_3$ 减少而 H_2CO_3 增多，使血浆中 [$NaHCO_3$]/[H_2CO_3] 值变小。血中的 H_2CO_3 经碳酸酐酶催化分解为 CO_2 及 H_2O，使血浆 PCO_2 增高，刺激延髓的呼吸中枢，呼吸加深加快，呼出更多的 CO_2，从而降低了血中的 H_2CO_3 浓度，使 [$NaHCO_3$]/[H_2CO_3] 值及 pH 恢复正常。

延髓呼吸中枢对血液 PCO_2 的变化十分敏感，PCO_2 的少量变化即可引起肺通气深度和速率的变化。正常动脉血 PCO_2 为 5.33kPa，当增至 5.87kPa 时，即刺激呼吸中枢，使肺通气量成倍增加。当动脉血 PCO_2 增至 8.4kPa 时，肺通气量可增加数倍；如 PCO_2 进一步增加，呼吸中枢反而受到抑制，产生二氧化碳麻醉；反之，当 PCO_2 下降时，呼吸中枢受抑制，肺通气量下降；另外，当血浆 pH 下降及 PO_2 降低时，可刺激主动脉弓和颈动脉窦内的化学感受器，使呼吸加深加快，以增加 CO_2 的排出。

总之，当动脉血 PCO_2 增高或 pH 及 PO_2 降低时，呼吸中枢兴奋，呼吸加深加快，CO_2 呼出增多；反之，当动脉血 PCO_2 降低或 pH 升高时则呼吸中枢受抑制，呼吸变浅变慢，CO_2 呼出减少。肺通过呼出 CO_2 来调节血中 H_2CO_3 的浓度，以维持 $[NaHCO_3]/[H_2CO_3]$ 的正常值。所以，在临床上密切观察患者的呼吸频率和呼吸深度具有重要意义。

三、肾对酸碱平衡的调节作用

考点提示
　肺对酸碱平衡的调节作用。

肾对酸碱平衡的调节作用，主要是通过排出机体在代谢过程中产生的过多的酸或碱，调节血浆中 $NaHCO_3$ 浓度，以维持血浆 pH 的恒定。当血浆中 $NaHCO_3$ 浓度降低时，肾则加强对酸的排泄及对 $NaHCO_3$ 的重吸收作用，以恢复血浆中 $NaHCO_3$ 的正常浓度；当血浆中 $NaHCO_3$ 浓度升高时，肾减少对 $NaHCO_3$ 的重吸收并排出过多的碱性物质，使血浆中 $NaHCO_3$ 浓度仍维持在正常范围。可见肾对酸碱平衡的调节作用，实质上就是调节 $NaHCO_3$ 的浓度。肾的这种作用主要是通过肾小管细胞的泌氢、泌氨及泌钾作用，排出多余的酸性物质来实现的。

（一）肾小管泌 H^+ 及重吸收 Na^+（H^+-Na^+ 交换）

肾小管细胞主动分泌 H^+ 的作用与 Na^+ 的重吸收同时进行。

1. $NaHCO_3$ 的重吸收　在肾小管上皮细胞内含有碳酸酐酶（CA），在该酶催化下 CO_2 与 H_2O 化合生成 H_2CO_3，H_2CO_3 又解离为 H^+ 和 HCO_3^-。

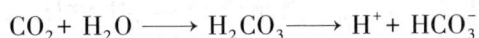

$$CO_2 + H_2O \longrightarrow H_2CO_3 \longrightarrow H^+ + HCO_3^-$$

解离出的 H^+ 从肾小管上皮细胞主动分泌到肾小管液中，而 HCO_3^- 则保留在细胞内。分泌到肾小管液中的 H^+ 与其中的 Na^+ 进行交换，称为 H^+-Na^+ 交换。进入肾小管上皮细胞中的 Na^+ 可通过钠泵主动转运回血浆，肾小管细胞中 HCO_3^- 则被动吸收入血，两者重新结合生成 $NaHCO_3$，以补充缓冲固定酸所消耗的 $NaHCO_3$。人体每天由肾小球滤过的 HCO_3^- 90% 在近曲小管重吸收，其余的在髓袢及远曲小管重吸收。肾小管液中的 H^+ 一部分与 HCO_3^- 结合生成 H_2CO_3，H_2CO_3 又分解为 CO_2 和 H_2O。CO_2 可扩散入肾小管细胞，也可进入血液运至肺部呼出。此过程没有 H^+ 的真正排出，只是管腔中的 $NaHCO_3$ 全部重吸收回血液，故称为 $NaHCO_3$ 的重吸收。

血液中 $NaHCO_3$ 的正常值为 $22\sim28mmol/L$。当血浆 $NaHCO_3$ 浓度低于 $28mmol/L$ 时，原尿中的 $NaHCO_3$ 可完全被肾小管重吸收。当血浆中 $NaHCO_3$ 的浓度超过此值时，则不能完全吸收，多余的部分随尿排出体外。故代谢性碱中毒时，有较多的 $NaHCO_3$ 随尿排出（图 12-2）。

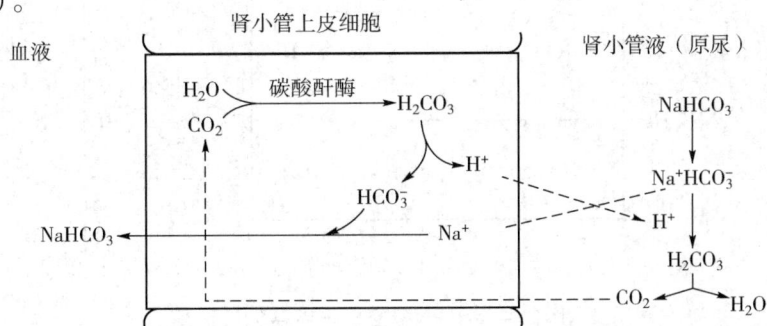

图 12-2　H^+-Na^+ 交换与 $NaHCO_3$ 的重吸收

2. 尿液的酸化　在正常血液 pH 条件下，Na_2HPO_4/NaH_2PO_4 缓冲对的浓度比值为 4:1。在近曲小管管腔中，这一缓冲对仍保持原来的比值，但终尿中这一比值变小，尿中排出 NaH_2PO_4 增加，尿液 pH 降低，这一过程称为尿液的酸化。

当原尿流经肾远曲小管时，其中的 Na_2HPO_4 解离成 Na^+ 和 HPO_4^{2-}，Na^+ 与肾小管上皮细胞分泌的 H^+ 交换，Na^+ 进入肾小管上皮细胞并与 HCO_3^- 重吸收进入血液结合形成 $NaHCO_3$，而管腔中的 H^+ 和 Na^+ 与 HPO_4^{2-} 结合形成 NaH_2PO_4 随尿排出，使尿液的 pH 降低（图 12-3）。

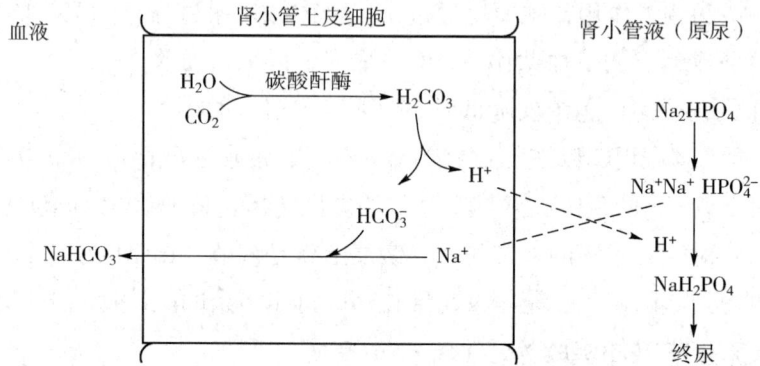

图 12-3　H^+-Na^+ 交换与尿液的酸化

尿液 pH 的高低，因食物成分的不同有较大差异。正常人尿液 pH 在 4.6~8.0。在食入混合食物时，终尿的 pH 在 6.0 左右。当小管液的 pH 由原尿中的 7.4 下降到 4.8 时，$[Na_2HPO_4]/[NaH_2PO_4]$ 值下降，Na_2HPO_4 几乎全部转变为 NaH_2PO_4。

（二）肾小管泌 NH_3 及 Na^+ 的重吸收（NH_4^+-Na^+ 交换）

肾远曲小管和集合管上皮细胞有泌 NH_3 作用。NH_3 主要来源于血液转运的谷氨酰胺（占 60%），在谷氨酰胺酶的催化下可分解为谷氨酸和 NH_3；另一部分 NH_3 则来源于肾小管细胞内氨基酸的脱氨基作用（占 40%）；NH_3 生成后与分泌入小管液中的 H^+ 结合生成 NH_4^+，并与强酸盐（如 $NaCl$、Na_2SO_4 等）的负离子结合生成酸性的铵盐随尿排出。同时，小管液中强酸盐解离出的 Na^+ 重吸收入细胞与 HCO_3^- 进入血液结合生成 $NaHCO_3$ 而维持血浆中 $NaHCO_3$ 的正常浓度（图 12-4）。

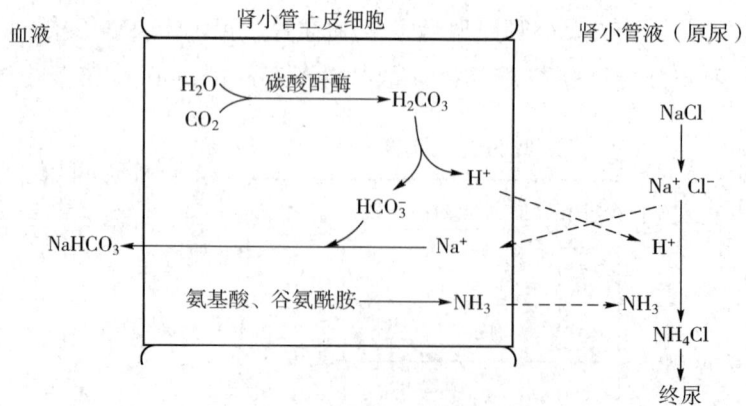

图 12-4　H^+-Na^+ 交换与铵盐的排泄

正常情况下，每天 30~50mmol 的 H^+ 和 NH_3 结合成 NH_4^+ 由尿排出；而在严重酸中毒时，每天由尿排出的 NH_4^+ 可高达 500mmol。随着 NH_3 的分泌，肾小管液中 H^+ 浓度降低，有利于肾小管细胞继续分泌 H^+。同时，肾小管细胞分泌 H^+ 增强，又能促进 NH_3 的分泌。NH_3 的分泌量随尿液的 pH 而变化，尿液酸性愈强，NH_3 的分泌愈多；如尿液呈碱性，NH_3 的分泌减少，甚至停止。这种调节酸碱平衡的强大代偿作用对于迅速排除体内多余的强酸具有重要意义。

（三）肾小管 K^+ 的分泌及 Na^+ 的重吸收（K^+-Na^+ 交换）

肾远曲小管上皮细胞还有主动排、泌钾而换回钠的作用，从而使血液中 K^+ 与肾小管液中的部分 Na^+ 进行交换，Na^+ 吸收入血，K^+ 随终尿排出体外。K^+-Na^+ 交换虽不能直接生成 $NaHCO_3$，但与 H^+-Na^+ 交换有竞争性抑制作用，故间接影响 $NaHCO_3$ 的生成。血钾浓度增高时，肾小管泌 K^+ 作用加强，即 K^+-Na^+ 交换加强，而 H^+-Na^+ 交换受抑制，结果使细胞外液中 H^+ 浓度升高，高血钾时常伴有酸中毒；血钾浓度降低时，H^+-Na^+ 交换增强，而 K^+-Na^+ 交换减弱，结果尿液中排 K^+ 减少，排 H^+ 增多，细胞外液中 H^+ 浓度降低，低血钾时常伴有碱中毒（图 12-5）。

> **考点提示**
> 肾对酸碱平衡的调节作用。

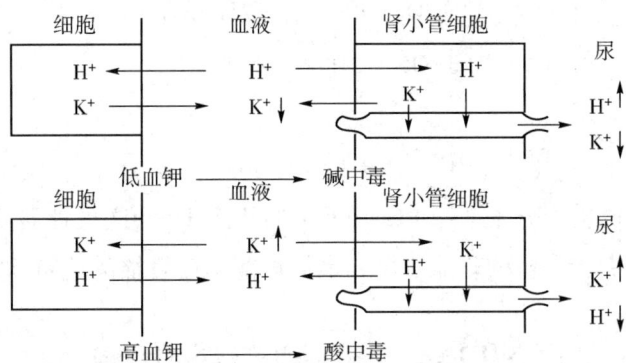

图 12-5 钾代谢与酸碱平衡的关系

四、其他组织细胞对酸碱平衡的调节

体液酸碱平衡的正常维持，除了体液自身的缓冲、肺和肾对酸碱平衡的调节作用之外，还与肌肉、骨骼等组织细胞对酸碱平衡的调节作用有关。这些组织细胞的调节作用主要是通过离子交换而实现的。

1. 细胞内外的离子交换 Na^+、K^+ 和 H^+ 的交换，除在肾小管上皮细胞内外进行外，也见于肌肉、骨骼等细胞。通过细胞内外离子的交换起到调节酸碱平衡的作用。如当细胞外液 H^+ 浓度增加时，一部分 H^+ 在细胞外液被缓冲，另一部分 H^+ 则进入细胞内液与 K^+ 或 Na^+ 相互交换，通常每 3 个 H^+ 进入细胞内时伴有 1 个 K^+ 和 2 个 Na^+ 转移到细胞外，因此使细胞外 K^+ 浓度增加，这是酸中毒时引起高血钾的原因之一。相反，当细胞外液 H^+ 浓度降低时，H^+ 由细胞内外移，而 K^+ 则进入细胞内，使血 K^+ 降低，这是碱中毒引起低血钾的原因之一（图 12-6）。

2. 骨骼组织对酸碱平衡的调节作用 骨细胞中的无机盐随体液中 pH 的变化而变化，起到调节骨代谢和酸碱平衡的双重作用。当长期代谢性酸中毒时，由于体液中 H^+ 浓度增

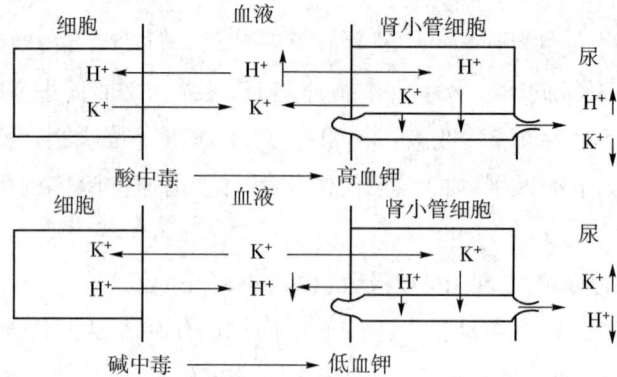

图 12-6　酸碱平衡与钾代谢的关系

加，使骨细胞中钙盐溶解增加，$Ca_3(PO_4)_2$ 从骨组织进入血浆，并与 H_2CO_3 发生下列反应：

$$2PO_4^{3-} + 2H_2CO_3 \longrightarrow 2HPO_4^{2-} + 2HCO_3^-$$

所生成的 2 分子 HCO_3^- 可中和 2 个 H^+，生成 2 分子 H_2CO_3，2 分子 HPO_4^{2-} 又可结合 2 个 H^+ 生成 2 分子 $H_2PO_4^-$。其反应式如下：

$$2HCO_3^- + 2H^+ \longrightarrow 2H_2CO_3$$
$$2HPO_4^{2-} + 2H^+ \longrightarrow 2H_2PO_4^-$$

总反应式：

$$2PO_4^{3-} + 4H^+ \longrightarrow 2H_2PO_4^-$$

所以，骨细胞释放出 1 分子 $Ca_3(PO_4)_2$ 可缓冲 4 个 H^+，这是骨骼系统参与酸碱平衡的有效缓冲手段，但是由于大量的骨盐溶解，最终可能引起骨骼的严重软化。

第四节　酸碱平衡失调

当体内酸或碱的产生过多或不足，肾和肺的调节功能不健全，以致消耗过多的缓冲体系并得不到及时的补充和维持时，就会发生酸碱平衡失调。表现为血浆 $NaHCO_3$ 与 H_2CO_3 的浓度异常。若因 CO_2 呼出过少，以致血浆 H_2CO_3 浓度原发性升高，使正常血浆 $[NaHCO_3]/[H_2CO_3]$ 的值变小，pH 降低，则称为呼吸性酸中毒（respiratory acidosis）；反之，若血浆 H_2CO_3 浓度原发性降低，使正常血浆 $[NaHCO_3]/[H_2CO_3]$ 的值增大，pH 升高，则称为呼吸性碱中毒（respiratory alkalosis）。若血浆 $NaHCO_3$ 浓度原发性降低，使正常血浆 $[NaHCO_3]/[H_2CO_3]$ 的值变小，pH 降低，则称为代谢性酸中毒（metabolic acidosis）；反之，如果血浆 $NaHCO_3$ 浓度原发性升高，使正常血浆 $[NaHCO_3]/[H_2CO_3]$ 的值增大，pH 升高，则称为代谢性碱中毒（metabolic alkalosis）。

如果血浆 $NaHCO_3$ 和 H_2CO_3 两者之一的浓度发生原发性改变，而另一成分的浓度也发生相应的继发性改变，则正常血浆 $NaHCO_3$ 与 H_2CO_3 的绝对浓度虽有改变，但两者的比值可以不变，pH 仍可维持在正常范围内，此种现象称代偿作用。因此，无论呼吸性或代谢性酸碱中毒，又都可分为代偿性或失代偿性两种类型。

呼吸性酸中毒对机体的影响

呼吸性酸中毒对机体的影响主要表现为中枢神经系统和心血管系统的功能障碍。

中枢神经系统严重的呼吸性酸中毒，造成典型的中枢神经系统功能障碍是"肺性脑病"，患者早起可能出现持续头痛、焦虑不安，进一步发展可有精神错乱、谵妄、震颤、嗜睡、昏迷等。

心血管系统疾病与代谢性酸中毒相似，呼吸性酸中毒也可以引起心律失常、心肌收缩力减弱及心血管系统对儿茶酚胺的反应性降低等，体内二氧化碳堆积，造成缺氧。

一、酸碱平衡失调的基本类型

1. 呼吸性酸中毒　呼吸性酸中毒是由于 CO_2 呼出不畅，导致血浆 H_2CO_3 浓度原发性升高。

当血浆 PCO_2 及 H_2CO_3 浓度升高时，肾小管细胞泌 H^+、泌 NH_3 作用增强，$NaHCO_3$ 重吸收增多，结果导致血浆 $NaHCO_3$ 浓度相应地继发性升高，如果 $[NaHCO_3]/[H_2CO_3]$ 的值仍维持在 $20:1$，pH 仍在正常范围之内，则称为代偿性呼吸性酸中毒（compensatory respiratory acidosis）。

当血浆 H_2CO_3 浓度过高，超出机体的代偿能力时，则 $[NaHCO_3]/[H_2CO_3]$ 的值变小，血浆 pH 随之降低至 7.35 以下，称为失代偿性呼吸性酸中毒（non-compensatory respiratory acidosis）。

呼吸性酸中毒的特点是：血浆 PCO_2、H_2CO_3 浓度升高，血浆 $NaHCO_3$ 浓度也相应升高。

2. 呼吸性碱中毒　呼吸性碱中毒是由于肺的呼吸过度（换气过度），CO_2 呼出过多，使血浆 H_2CO_3 浓度原发性降低。

若血浆 PCO_2 及 H_2CO_3 浓度降低时，肾小管细胞泌 H^+、泌 NH_3 作用减弱，$NaHCO_3$ 重吸收减少，血浆中 $NaHCO_3$ 浓度继发性降低，使 $[NaHCO_3]/[H_2CO_3]$ 的值仍然在 $20:1$，pH 仍维持在正常范围之内，称为代偿性呼吸性碱中毒（compensatory respiratory alkalosis）。

当血浆 H_2CO_3 浓度过低，超出机体的代偿能力时，则 $[NaHCO_3]/[H_2CO_3]$ 的值增大，pH 升高至 7.45 以上，称为失代偿性呼吸性碱中毒（non-compensatory respiratory alkalosis）。

呼吸性碱中毒的特点是：血浆 PCO_2、H_2CO_3 浓度降低，血浆 $NaHCO_3$ 浓度也相应降低。

3. 代谢性酸中毒　代谢性酸中毒是由于固定酸来源过多，如糖尿病或服用过多的酸性药物；固定酸排出障碍，如肾功能不全；肾排酸和重吸收 $NaHCO_3$ 障碍；碱性消化液丢失过多等原因造成血浆 $NaHCO_3$ 浓度原发性降低。

固定酸产生过多引起代谢性酸中毒时，通过血液、肺、肾的代偿过程，虽然使血浆 $NaHCO_3$ 和 H_2CO_3 的绝对浓度都有所减少，但两者的比值仍在 $20:1$，血浆 pH 仍维持在正常范围之内，则称为代偿性代谢性酸中毒（compensatory metabolic acidosis）。

超出机体的代偿能力时，血浆 $[NaHCO_3]/[H_2CO_3]$ 的值则变小，pH 随之降低 7.35 以下，称为失代偿性代谢性酸中毒（non-compensatory metabolic acidosis）。

代谢性酸中毒的特点是：血浆 $NaHCO_3$ 浓度降低，血浆 H_2CO_3 浓度也相应降低。

4. 代谢性碱中毒 代谢性碱中毒是由于各种原因导致血浆 $NaHCO_3$ 原发性增多。如严重呕吐时，酸性物质丢失过多，碱性药物摄入过多或低血钾等。

当血浆 $NaHCO_3$ 浓度升高时，血浆 pH 升高，抑制呼吸中枢，使呼吸变浅变慢，保留较多的 CO_2 使血浆 H_2CO_3 浓度升高；使肾小管细胞泌 H^+ 和泌 NH_3 作用减弱，减少 $NaHCO_3$ 的重吸收。结果仍能使 $[NaHCO_3]/[H_2CO_3]$ 的值维持在 20∶1，血浆 pH 仍维持在正常范围内，称为代偿性代谢性碱中毒（compensatory metabolic alkalosis）。

当超出代偿能力时，血浆 $[NaHCO_3]/[H_2CO_3]$ 的值增大，pH 随之升高至 7.45 以上，称为失代偿性代谢性碱中毒（non-compensatory metabolic alkalosis）。

代谢性碱中毒的特点是：血浆 $NaHCO_3$ 浓度升高，血浆 H_2CO_3 浓度也相应升高。

二、酸碱平衡的主要生化诊断指标

为了全面、准确地了解体内的酸碱平衡状况，一般需要测定血液的 pH、代谢性因素和呼吸性因素三方面的指标，如 PCO_2、缓冲碱或碱剩余等。

1. 血浆 pH 血浆 pH 是表示血浆中 H^+ 浓度的指标。正常人动脉血 pH 变动范围为 7.35~7.45，平均为 7.40。pH>7.45 为失代偿性碱中毒；pH<7.35 为失代偿性酸中毒；但血浆 pH 的测定并不能区分酸碱中毒是代谢性的还是呼吸性的。pH 在正常范围说明属于正常酸碱平衡，或有酸碱平衡失调而代偿良好，或有酸中毒合并碱中毒。

2. 血浆二氧化碳分压 血浆二氧化碳分压（partial pressure of carbon dioxide，PCO_2）是指物理溶解于血浆中的 CO_2 所产生的张力。动脉血浆 PCO_2 的正常范围为 4.5~6.0kPa，平均为 5.3kPa。动脉血 PCO_2 基本上反映肺泡气的 CO_2 压力，两者数值大致相等。PCO_2 降低提示肺通气过度，CO_2 排出过多，为呼吸性碱中毒；PCO_2 升高提示肺通气不足，有 CO_2 蓄积，为呼吸性酸中毒。代谢性酸中毒时由于肺的代偿作用，血浆 PCO_2 降低；相反，代谢性碱中毒时在肺的代偿作用下，血浆 PCO_2 升高。

3. 实际碳酸氢盐（AB）和标准碳酸氢盐（SB） 实际碳酸氢盐（actual bicarbonate，AB）是指在隔绝空气的条件下测得血浆中 $NaHCO_3$ 的真实含量。AB 的正常变动范围为（24±2）mmol/L，平均为 24mmol/L，AB 反映血液中代谢性成分的含量，但也受呼吸性成分的影响。

标准碳酸氢盐（standard bicarbonate，SB）是全血在标准条件下（即 Hb 的氧饱和度为 100%，温度 37℃，PCO_2 为 5.3kPa）测得的血浆中 $NaHCO_3$ 的含量，不受呼吸性成分的影响，因此是代谢性成分的指标。

在血浆 PCO_2 为 5.3kPa 时，AB=SB。如果 AB>SB，则表明 PCO_2>5.3kPa；反之，如果 AB<SB，则表明 PCO_2<5.3kPa。

4. 缓冲碱（BB） 缓冲碱（buffer base，BB）是指血液中具有缓冲作用的负离子碱的总和，如 HCO_3^-、Hb^-、HbO_2^-、Pr^-、HPO_4^- 等。常以氧饱和的全血在标准状态下测定，正常值为（50±5）mmol/L。BB 是反映代谢性酸碱紊乱的指标，代谢性酸中毒时 BB 减少，代谢性碱中毒时 BB 升高。

5. 碱剩余（BE）或碱缺失（BD） 血浆碱剩余（base excess，BE）或碱缺失（base deficient，BD）值是指在标准条件下（温度为 37℃、PCO_2 为 5.3kPa、血红蛋白的氧饱和度为 100%）将血液用酸或碱滴定至 pH 为 7.4 时所消耗的酸或碱的量。如果用酸滴定，结果用"+"表示；如果用碱滴定，结果则用"−"表示。血浆 BE 的正常参考范围为−3.0～+3.0mmol/L。BE >+3.0mmol/L 时，表示体内碱剩余，为代谢性碱中毒；BE <−3.0mmol/L 时，表示体内碱缺失，为代谢性酸中毒。

6. 阴离子间隙（AG）　血浆中主要的阳离子是 Na^+ 和 K^+，称可测定阳离子，其余为未测定阳离子。主要的阴离子是 Cl^- 和 HCO_3^-，称可测定阴离子，其余为未测定阴离子。阴离子间隙（anion gap，AG）是指未测定阴离子与未测定阳离子的差值。临床上常用可测定阳离子与可测定阴离子的差值表示：AG =（[Na^+] + [K^+]）−（[Cl^-] + [HCO_3^-]）。正常参考值为 8～16mmol/L，平均为 12mmol/L。AG 值增高可见于代谢性酸中毒，如乳酸、酮体等增多或肾衰竭所致酸中毒。AG 值降低见于低蛋白血症等。

本章小结

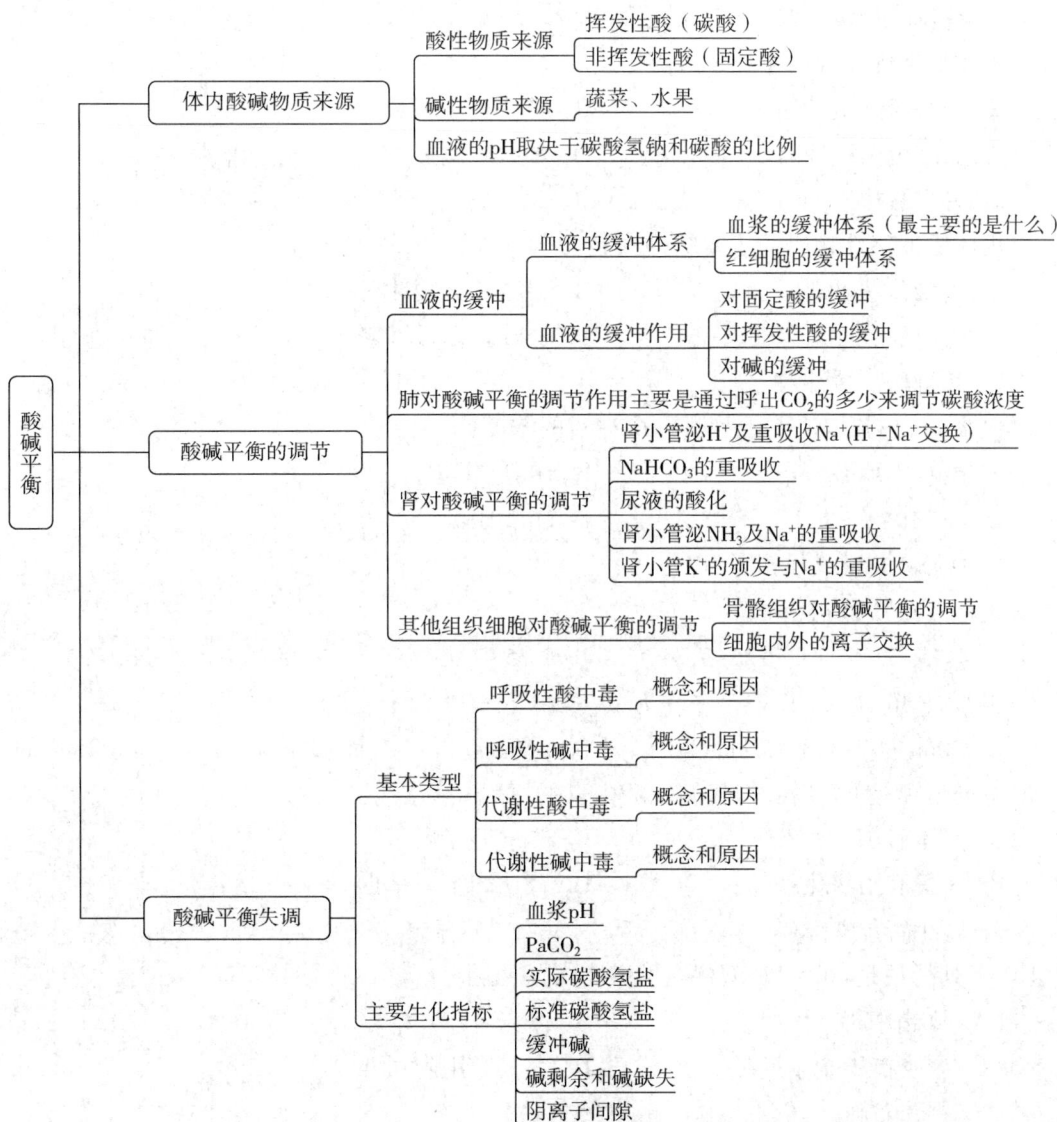

习 题

一、单选题

【A1 型题】

1. 机体在代谢过程中产生最多的酸性物质是
   A. 硫酸　　　B. 尿酸　　　C. 碳酸　　　D. 磷酸　　　E. 乳酸

2. 挥发酸是指
   A. 磷酸　　　B. 尿酸　　　C. 硫酸　　　D. 碳酸　　　E. 乳酸

3. 机体缓冲固定酸的主要缓冲对是
   A. 碳酸氢盐缓冲对　　　　　B. 磷酸盐缓冲对
   C. 蛋白质缓冲对　　　　　　D. 血红蛋白缓冲对
   E. 有机酸盐缓冲对

4. 机体缓冲挥发酸的主要缓冲对是
   A. 碳酸氢盐缓冲对　　　　　B. 磷酸盐缓冲对
   C. 血红蛋白缓冲对　　　　　D. 蛋白质缓冲对
   E. 有机酸盐缓冲对

5. 机体缓冲碱性物质的主要缓冲对是
   A. 磷酸盐缓冲对　　　　　　B. 碳酸氢盐缓冲对
   C. 蛋白质缓冲对　　　　　　D. 血红蛋白缓冲对
   E. 有机酸盐缓冲对

6. 血浆 pH 主要取决于下列哪种缓冲对的浓度比
   A. HCO_3^-/H_2CO_3　　　　　　B. $HPO_4^{2-}/H_2PO_4^-$
   C. Pr^-/HPr　　　　　　　　　D. Hb^-/HHb
   E. $HbO_2^-/HHbO_2$

7. 正常人动脉血 pH 为
   A. 7.15~7.25　B. 7.25~7.35　C. 7.35~7.45　D. 7.45~7.55　E. 7.55~7.65

8. 正常人 SB 与 AB 相等，平均为
   A. 20mmol/L　B. 22mmol/L　C. 24mmol/L　D. 26mmol/L　E. 28mmol/L

9. 下列哪项是 AG 增大型代谢性酸中毒的原因
   A. 严重腹泻　　　　　　　　B. 严重糖尿病
   C. 大量服用氯化铵　　　　　D. 肾功能不全早期
   E. 肾小管排酸障碍

10. 下列哪项是 AG 正常型代谢性酸中毒的原因
    A. 酒精中毒　　　　　　　　B. 休克
    C. 肾功能不全早期　　　　　D. 大量服用阿司匹林
    E. 严重贫血

11. 代谢性酸中毒时机体的代偿调节，下列哪项最重要的
    A. 红细胞内 H_2CO_3 释放入血

B. 血中 H^+ 刺激中枢化学感受器引起呼吸加深加快

C. 血中 K^+ 向细胞内转移

D. 主要由磷酸盐的酸化加强，增加 H^+ 排出

E. 主要由铵盐排出增强，增加 H^+ 排出

12. 代谢性酸中毒时机体的代偿调节表现为

A. 肾内离子交换细胞内外离子交换 K^+–Na^+ 交换减少 H^+ 释出

B. K^+–Na^+ 交换增强 H^+ 释出　　C. K^+–Na^+ 交换减少 H^+ 内移

D. K^+–Na^+ 交换增强 H^+ 内移　　E. H^+–Na^+ 交换减少 H^+ 内移

13. 下列哪项不是酮症酸中毒时的变化

A. 血 K^+ 浓度升高　　　　　　B. 血 Cl^- 浓度升高

C. AG 增大　　　　　　　　　D. SB 降低

E. BE 负值加大

14. 下列哪项不是代谢性酸中毒时的变化

A. AG 增大　　　　B. 血 K^+ 浓度升高　　C. 血 Ca^{2+} 浓度降低

D. AB 降低　　　　E. $PaCO_2$ 降低

15. 关于肾小管性酸中毒，下列哪项是正确的

A. $PaCO_2$ 升高　　　　　　　B. BE 正值加大

C. AG 正常　　　　　　　　　D. 血 Cl^- 浓度正常

E. 尿 H^+ 浓度增高

16. 严重饥饿引起的代谢性酸中毒时，机体可以发生哪种变化

A. 外周阻力血管收缩　　　　　B. 心肌 Ca^{2+} 内流增加

C. 中枢神经系统抑制　　　　　D. 血 Cl^- 浓度增高

E. 尿 H^+ 浓度降低

17. 呼吸性酸中毒可由哪一因素引起

A. 呕吐　　　　　　　B. 肺气肿　　　　C. 摄入过量 $NaHCO_3$

D. 过度通气　　　　　E. 饥饿

18. 调节酸碱平衡很重要的器官是

A. 肝　　　　B. 胃　　　　C. 肺　　　　D. 肾　　　　E. 小肠

19. 要使 pH 值恒定在正常范围，机体的 $[NaHCO_3]/[H_2CO_3]$ 值必须是

A. $[NaHCO_3]/[H_2CO_3]=15:1$　　B. $[NaHCO_3]/[H_2CO_3]=20:1$

C. $[NaHCO_3]/[H_2CO_3]=10:1$　　D. $[NaHCO_3]/[H_2CO_3]=30:1$

E. $[NaHCO_3]/[H_2CO_3]>20:1$

20. 血浆中对固定酸起主要中和作用的指标是

A. $NaHCO_3$　　B. Na–Pr　　C. NaH_2PO_4　　D. Na_2CO_3　　E. Na_2HPO_4

二、思考题

1. 血液缓冲体系，肺、肾对酸碱平衡的调节。

2. 血钾浓度与酸碱平衡的关系。

3. 酸碱平衡失调的常用指标及意义。

扫码"练一练"

（陈　华）

第十三章　钙、磷、铁代谢

学习目标

1. **掌握**　钙在体内的分布特点；钙、磷的功能及钙、磷代谢调节机制；血浆钙三种存在形式。

2. **熟悉**　钙、磷与骨的关系；铁的功能与缺乏病。

3. **了解**　钙、磷及铁的吸收和排泄。

4. 学会运用本章内容解释为什么补钙，怎样补钙等常见临床问题。

5. 运用钙、磷、铁代谢的基本知识，分析临床相关缺乏病的原因，拟定相关的解决方案。

案例讨论

[案例]　患儿，男，1岁。其母主诉：多汗，哭闹，惊跳，夜睡不宁3个月。个人史：第1胎第1产，人工喂养。体检示神志清楚，前囟门2.5cm×2.5cm，枕秃，方颅，乳牙2颗，体温正常，胸部可见串珠及郝氏沟，心肺未闻及异常，腹部平软。检验示血钙1.75mmol/L，血磷1.2mmol/L，碱性磷酸酶升高。诊断为佝偻病（极期Ⅱ°）。

[讨论]

1. 病例诊断的依据是什么？

2. 佝偻病产生的原因是什么？

通过前面的学习，我们认识了机体中的有机物结构和功能，但除了有机分子外，还有很多的无机物参与到了细胞及组织的构建中，它们在人体内也发挥着非常重要的作用。在本章节中，对机体内重要的无机物做以下相关介绍。

第一节　钙、磷代谢

一、钙、磷的分布与功能

（一）钙、磷的分布

钙（calcium，Ca）是人体内含量最多的无机元素，被称为"生命金属"，正常人钙的含量占体重的1.5%～2.2%，总量700～1400g；磷（phosphorus，P）含量仅次于钙，占0.8%～1.2%，总量400～800g，两者都分布于细胞内外。其中，99%的钙和86%的磷以羟磷灰石[$3Ca_3(PO_4)_2 \cdot Ca(OH)_2$]的形式存在于骨骼和牙齿中，其余的钙和磷以溶解状态的离子形式分布在体液与软组织中，骨骼是钙和磷的最大储备库。人体中钙的分布状态见图13-1。

$$\text{人体总钙} \begin{cases} \text{骨盐} \\ (99\%) \end{cases} \begin{cases} \text{羟磷灰石晶体} \\ \text{磷酸钙沉淀} \end{cases}$$

人体总钙

骨盐（99%）：羟磷灰石晶体、磷酸钙沉淀

体液钙（1%）：
- 非扩散钙：蛋白结合钙
- 可扩散钙：乳酸钙、柠檬酸钙等、难解离含钙物质
- 离子钙：游离钙

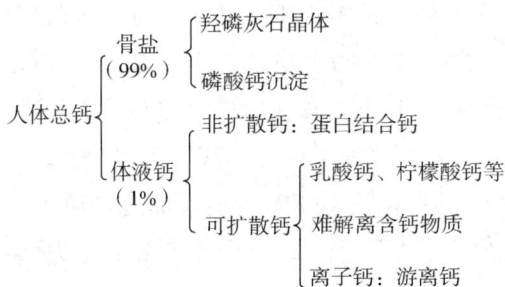

图 13-1　人体钙主要存在形式

体液中的钙仅占总钙的 1%，但正是 Ca^{2+} 在物质代谢、信号传导方面起着极其重要的作用。细胞内液的 $[Ca^{2+}]$ 受细胞膜和细胞内膜系统（内质网膜、线粒体膜）上的钙泵的双重作用，使细胞内膜系统的钙比胞质钙多数百倍，它们往往以钙磷酸复合物的形式存在，是细胞内可迅速利用的钙库。细胞内液的 $[Ca^{2+}]$ 相当稳定，当受体被激活或在生物信号的刺激下，胞膜钙离子通道将开放，Ca^{2+} 内流，瞬间增高的 $[Ca^{2+}]$ 将进一步发挥生物放大效应。细胞也可以通过自身的调控功能，使胞质 $[Ca^{2+}]$ 回复到静息水平。

> **考点提示**
> 钙和磷的存在形式及功能。

（二）钙、磷的功能

钙和磷除了构成骨骼和牙齿之外，还具有以下功能。

1. 钙的功能　虽然体液及软组织中的钙含量占总钙量百分比极微，但它在体内的各种代谢中发挥着重要的作用。

（1）Ca^{2+} 是体内多种酶的激活剂和抑制剂，体内许多重要的酶都受 Ca^{2+} 的调节。

（2）Ca^{2+} 参与血液凝固过程，被称为凝血因子Ⅳ。

（3）Ca^{2+} 能降低神经、肌肉兴奋性，能提升心肌兴奋性。

（4）Ca^{2+} 参与神经递质的合成与分泌，能降低血管壁的通透性。

（5）Ca^{2+} 参与细胞信号转导，细胞内有许多生物大分子，如酶、蛋白质因子、结构蛋白等对 Ca^{2+} 有依赖性，胞质 $[Ca^{2+}]$ 的改变将会引起细胞若干功能的变化，因此 Ca^{2+} 是细胞内一种重要的信号物质。

2. 磷的功能　磷在体内的存在形式主要是与多种物质构成各种化合物，在体内的各种代谢及组织构建中发挥着重要的作用。

（1）磷是核酸的组成成分，参与细胞分裂、增殖及核蛋白的合成。

（2）磷是磷脂的组成成分，磷脂是组成细胞膜的主要脂质成分；磷脂也是脂蛋白的重要组成成分，参与脂质物质的运输。

（3）参与 ADP、ATP、磷酸肌酸等的构建，是细胞内化学能的主要来源。

（4）参与酸碱平衡的调节，血浆中的 $HPO_4^{2-}/H_2PO_4^-$ 构成缓冲对，调节体液酸碱平衡。

（5）磷能刺激神经肌肉，使肌肉有规则地收缩。

二、钙、磷的吸收与排泄

（一）钙的吸收与排泄

1. 钙的吸收　钙主要在小肠上段主动吸收，其中十二指肠和空肠上段为最有效的吸收部位。机体对钙的需要量和吸收量随年龄及生理状态的改变有明显差异，容易导致体内缺

乏而致各种疾病。乳及乳制品含钙丰富，且吸收率又高，是最好的钙源，水产品中小虾皮含钙最多，其次是海带等。含磷较多的食物是谷类、豆类、硬壳果及肉、鱼、牛乳、乳酪等。正常人每日摄入钙量在 0.6~1.0g。食物中的钙虽然含量不少，但大多是以难溶的钙盐形式存在，只有转变为游离 Ca^{2+} 后才被吸收，所以成人的吸收率通常只有 20% 左右。据科学研究表明，成人 40 岁之后，钙吸收率随年龄增长而逐渐降低，以每十年平均减少 5% ~ 10% 的速率直线下降，故老年人经常由于钙吸收率降低而易患骨质疏松症。不同年龄及生理状态的人群每天对钙的需要量见表 13-1。

表 13-1 不同阶段人群每日对钙的需求量

不同年龄段人群	每日需要量（mg）
婴儿	360~540
儿童	800
青春期	1200
成人	800
妊娠期或哺乳期妇女	1500

人体内钙的来源主要是食物，但很多因素对钙的吸收影响很大，现列举几种常见因素。

（1）维生素 D 能够促进小肠对钙的吸收，目前认为是影响钙吸收的最重要的因素。长期维生素 D 缺乏，成人易患软骨症，儿童易患佝偻病。

（2）肠道 pH 在酸性条件下钙盐易于溶解，胃酸、氨基酸、乳酸等因为能与钙形成可溶性钙盐，增加钙的溶解度而促进钙的吸收，故临床上补钙常用乳酸钙、葡糖酸钙等。

（3）钙、磷比例 食物中的钙往往与磷同时存在，当磷酸盐含量过高时可在肠道形成难溶的磷酸钙复合物，抑制钙的吸收，同时也抑制磷的吸收。目前虽仍有争论，但较多学者认为，食物中的钙、磷比在 2:1 时钙与磷吸收最佳。

（4）其他因素 食物中有很多物质会降低钙的吸收，如植酸盐、纤维素、糖醛酸、草酸因能与钙形成不溶性钙盐而降低钙的吸收。年龄因素在前文中已做描述，故不再赘述。

2. 钙的排泄 正常成人摄入的钙中，约 80% 从粪便排出，20% 从肾排出。肠道排出的钙视食物中钙含量和钙吸收状况而有很大波动。肾排钙比较恒定，不受食物钙含量的影响，但随血钙水平升降而增减，这是由于钙在肾的重吸收取决于血钙的浓度。血浆钙每天约有 10g 经肾小球滤过，但其中 95% 以上仍被肾小管重吸收，这种吸收主要受到甲状旁腺素的严格调控，使每天从尿中排出的钙量比较稳定，多吃多排，少吃少排，保持动态平衡。

（二）磷的吸收与排泄

1. 磷的吸收 磷在食物中分布非常广，可以同钙一起吸收，而且能在体内储存，故不易缺乏。每天需要量为 800~900mg，正常人每日摄取磷 1.0~1.5g，以有机磷酸酯及有机磷为主。磷的吸收部位在小肠上段。人体对食物中的磷的吸收率达 60% ~ 70%，在低磷膳食时，可高达 90%。故临床上因磷的吸收不良而引起的磷缺乏病比较罕见。食物中的 Ca^{2+}、Mg^{2+}、Fe^{2+} 等金属过多时，易与磷酸根结合成不溶性的盐而影响其吸收。

2. 磷的排泄 磷排泄与钙相反，粪便排出磷占总排出量的 20% ~ 40%，以磷酸钙的形式排出。磷大部分由肾排出，尿磷排出量占总排出量的 60% ~ 80%。当血磷浓度降低时，肾小管对磷的重吸收增强。故当肾功能不全时，血浆无机磷升高，使磷与血浆钙结合而在组织中沉积，从而导致某些组织发生异位钙化。

三、血钙与血磷

（一）血钙

血浆中的钙约占机体总钙的 0.1%，称为血钙（blood calcium）。血钙通常指血清钙，浓度为 2.25~2.75mmol/L（9~11mg/dl），血钙分为可扩散钙（diffusible calcium）和非扩散钙（nondiffusible calcium）两部分，以三种形式存在。

1. 非扩散钙　因能够与血浆蛋白（主要是清蛋白）结合而又称为蛋白质结合钙，约占血钙总量 40%，因与蛋白质结合后不能透过毛细血管壁和半透膜，而称为非扩散钙。

2. 可扩散钙

（1）可扩散结合钙　约 10% 的血钙与有机酸根离子结合，如柠檬酸钙、磷酸钙等。因能够透过毛细血管壁和半透膜，故称为可扩散结合钙。

（2）离子钙　又称游离钙，即钙离子（Ca^{2+}），约占血钙总量的 50%，易透过毛细血管壁和半透膜，离子钙和上述的两种钙处于动态平衡，其含量与血液 pH 有关。pH 每改变 0.1 个单位，血浆离子钙浓度将改变 0.05mmol/L。血浆中 $[Ca^{2+}][H^+][HCO_3^-]$ 的关系可由下式表示：

$$[Ca^{2+}] = K \frac{[H^+]}{[HCO_3^-]} \quad (K \text{ 为常数})$$

血钙的三种形式受血浆 pH 的影响，pH 下降时，离子钙浓度升高。pH 升高时，离子钙浓度下降。血浆钙的总量并无明显的变化，但离子钙浓度的改变会引起临床异常，离子钙浓度下降可引起神经肌肉的兴奋性增高，导致手足搐搦。因此，临床上碱中毒时常伴有抽搐现象，与低血钙有关。而当离子钙浓度过高，则可引起精神神经症状或肌无力。

（二）血磷

血磷是指血浆中无机磷酸盐，临床实验室中检测的血磷是血清中的无机磷，正常成人血磷浓度为 0.97~1.62mmol/L。血磷主要以 HPO_4^{2-} 的形式存在，占血磷 80%~85%，其余 15%~20% 的血磷以 $H_2PO_4^-$ 的形式存在，PO_4^{3-} 的含量极微。血磷不如血钙稳定，与年龄密切相关，随年龄增长而下降。

血浆中钙、磷浓度关系密切，在以 mg/dl 表示时，钙磷乘积（$[Ca]\times[P]$）为 35~40。当（$[Ca]\times[P]$）>40，则钙和磷以骨盐形式沉积于骨组织；若（$[Ca]\times[P]$）<35 则妨碍骨的钙化，甚至可使骨盐溶解，影响正常的成骨作用，易产生软骨病及佝偻病。血钙和血磷含量的相对稳定依赖于钙、磷的吸收与排泄，钙化及脱钙间的相对平衡，而这些平衡又主要受 1,25-二羟维生素 D_3、甲状旁腺素和降钙素等激素的调节。

考点提示
血钙的存在形式。

四、钙、磷代谢的调节

（一）甲状旁腺素的调节

甲状旁腺素（parathormone，PTH）是由甲状旁腺主细胞合成和分泌的一种单链多肽激素，成熟 PTH 含 84 个氨基酸残基，分子量约为 9500。其分泌受血液钙离子浓度的调节，血钙不仅调节 PTH 的分泌，而且影响 PTH 的降解。当低血钙刺激 PTH 的释放后，就不断抑制 PTH 的降解速度，血中 PTH 水平升高。当钙离子水平升高时，体内的 PTH 降解速度加快，血中 PTH 水平降低，故血钙浓度与 PTH 的水平呈良好的负相关关系。PTH 在机体内具有升血钙、降血磷的功能，这一功能主要通过以下几个方面来体现。

1. 对骨的作用 PTH 具有促进成骨和溶骨的双重作用。研究表明，微量 PTH 可促进成骨作用，而大量的 PTH 则可促进溶骨作用。PTH 可刺激骨细胞分泌胰岛素样生长因子 I，从而促进骨胶原和基质的合成，利于成骨作用。临床上利用此作用，给骨质疏松症患者连续使用小剂量 PTH 治疗，取得良好疗效。另一方面，PTH 能使骨组织中破骨细胞的数量和活性增加，破骨细胞分泌各种水解酶，并且产生大量乳酸和柠檬酸等酸性物质，使骨基质及骨盐溶解，释放钙和磷到细胞外液。但 PTH 只引起血钙升高，而血磷却减少，其原因在于 PTH 对肾的作用。

2. 对肾的作用 PTH 可促进肾远曲小管对钙的重吸收，但由于 PTH 促进骨吸收和升高血钙的作用，使肾小球滤过的钙量增多，超过了肾小管重吸收的限度，故尿钙排出量仍比正常水平高。PTH 能抑制近曲小管对 HPO_4^{2-} 的重吸收，使尿磷排出增加，血磷降低。

3. 对小肠的作用 PTH 能够激活肾 α_1-羟化酶，从而促进 1,25-二羟维生素 D_3 的合成。1,25-二羟维生素 D_3 能促进小肠对钙和磷的吸收，从而间接对小肠发挥作用，但此效应出现得较为缓慢。

（二）降钙素的调节

降钙素（calcitonin，CT）是由甲状腺滤泡旁细胞（C 细胞）分泌的一种单链多肽类激素，由 32 个氨基酸残基构成，分子量为 3500。CT 在机体内具有降血钙、降血磷的功能，这一功能主要通过以下几个方面来体现。

1. CT 对骨的作用 促进骨组织中骨盐的沉积，抑制骨盐溶解，减少钙、磷的释放。其作用是 CT 直接抑制破骨细胞的生成，又可加速破骨细胞转化为成骨细胞，使破骨细胞减少，从而抑制骨盐溶解。因成骨细胞增多，促进骨盐沉积，降低血钙、血磷浓度。

2. CT 对肾的作用 CT 直接抑制肾近曲小管对钙、磷的重吸收，使尿磷、尿钙排出增多，使血钙及血磷浓度降低。

3. CT 对小肠的作用 CT 可抑制肾 α_1-羟化酶的活性，减少 1,25-二羟维生素 D_3 的生成，从而间接抑制肠道对钙、磷的吸收，使血浆钙、磷水平降低。

（三）1,25-二羟维生素 D_3 的调节

维生素 D 被吸收后经肝和肾的羟化作用生成 1,25-二羟维生素 D_3，是维生素 D 的活性形式。1,25-二羟维生素 D_3 在机体内具有升血钙、升血磷的功能，这一功能主要通过以下几个方面来体现。

1. 对骨的作用 1,25-二羟维生素 D_3 对骨有溶骨和成骨的双重作用。1,25-二羟维生素 D_3 能促进破骨细胞的生成且能提高破骨细胞的活性，从而促进溶骨作用。1,25-二羟维生素 D_3 还能刺激成骨细胞分泌胶原，促进骨的生成。所以，在钙、磷供应充足时，1,25-二羟维生素 D_3 主要促进成骨作用。当血钙降低、肠道钙吸收不足时，主要促进溶骨作用，从而使血钙、血磷升高。

2. 对肾的作用 1,25-二羟维生素 D_3 可促进肾近曲小管对钙、磷的重吸收，从而升高血钙和血磷。由于 1,25-二羟维生素 D_3 是在肝、肾中，维生素 D 经羟化作用生成，故严重的肝病或肾病时，均可导致 1,25-二羟维生素 D_3 合成减少，导致软骨病或佝偻病。必须用

$1,25-$二羟维生素 D_3 治疗才能见效。

3. 对小肠的作用　$1,25-$二羟维生素 D_3 能促进小肠对钙、磷的吸收，这是其最主要的生理功能。$1,25-$二羟维生素 D_3 与小肠黏膜细胞内的特异胞质受体结合，进入细胞核内，促进 DNA 转录生成 mRNA，从而使钙结合蛋白和 Ca^{2+}-ATP 酶合成增高，促进 Ca^{2+} 的吸收转运。同时，$1,25-$二羟维生素 D_3 可影响小肠黏膜细胞膜磷脂的合成及不饱和脂肪酸的量，增加 Ca^{2+} 的通透性，利于肠腔内 Ca^{2+} 的吸收，利于 $1,25-$二羟维生素 D_3 在促进 Ca^{2+} 吸收同时，伴随磷吸收的增强。

> **考点提示**
> 钙、磷代谢的激素调节。

综上可见，PTH、$1,25-$二羟维生素 D_3 及 CT 均可调节钙、磷代谢，三者相互协调，相互制约，以维持血中钙、磷的动态平衡。三种激素对钙、磷代谢的调节总结于表 13-2。

表 13-2　三种激素对钙、磷代谢的调节

调节激素	溶骨	成骨	肾排磷	肾排钙	肠钙吸收	血钙	血磷
PTH	↑↑	↑	↑	↓	↑	↑	↓
CT	↓	↑	↑	↑	↓	↓	↓
$1,25-$二羟维生素 D_3	↑	↑	↓	↓	↑↑	↑	↑

注：↑表示升高，↑↑表示显著升高，↓表示降低。

五、钙、磷与骨代谢

人体中的钙和磷99%都是存在于骨骼及牙齿中，它们不仅作为人体的支架组织，也是人体内钙、磷的最大储存库，因此骨骼中的钙、磷代谢是机体钙、磷代谢的重要部分。骨是一种特殊的结缔组织，人体通过成骨与溶骨作用，不断与细胞外液进行钙、磷交换，从而使血钙和血磷浓度维持动态平衡，促进骨的更新。

（一）骨的组成

骨由骨盐、有机基质和骨细胞等组成。骨盐增加骨的硬度，基质决定骨的形状及韧性，骨细胞在代谢中起主导作用。骨盐占骨干重的 65%～70%，其主要成分为磷酸钙，占 84%，骨盐约有 60% 以结晶的羟磷灰石 $[3Ca_3(PO_4)_2 \cdot Ca(OH)_2]$ 的形式存在，其余 40% 为无定形的 $CaHPO_4$。骨盐中的 Ca^{2+} 可与体液中的 H^+ 交换，当体液 pH 降低，即 $[H^+]$ 升高时，由于 Ca^{2+}-H^+ 交换，致使骨盐溶解。

骨基质包括胶原和少量细胞外液及蛋白多糖等非胶原化合物。其中，胶原约占 90% 以上，骨盐就沉积在胶原纤维之间的间隙之中。非胶原蛋白中含量较多的是骨钙素和骨连接素。骨连接素是附着于胶原的一种糖蛋白，易与羟磷灰石结合，是骨盐沉积的核心。

（二）成骨作用与钙化

骨的生长、修复或重建过程，称为成骨作用。成骨过程中，成骨细胞先合成并分泌胶原和蛋白多糖等基质成分，形成骨样质；骨盐沉积于骨样质中，形成坚硬的骨质，此过程称为钙化。

成骨细胞表面有突起的骨原小泡，富含丝氨酸磷脂和碱性磷酸酶，前者与 Ca^{2+} 有较强的亲和力，能有效集中周围基质中的钙，碱性磷酸酶能水解多种磷酸酯，使 HPO_4^{2-} 的浓度增加，作为钙化的原料。基质中的骨连接素可促使羟磷灰石结晶的形成；骨钙素则可直接结合羟磷灰石，使之有规律地沉积于胶原上。

（三）溶骨作用与脱钙

骨处在不断的更新之中，原有旧骨的溶解和消失称为骨的吸收或溶骨作用。溶骨作用包括基质的水解和骨盐的溶解，后者又称为脱钙。溶骨作用通过骨组织细胞的代谢活动，可分为细胞外和细胞内两相完成。

破骨细胞通过接触骨面的刷状缘，释放出溶酶体中多种水解酶类，可使胶原纤维和氨基多糖水解；同时通过糖原分解产生大量酸性物质扩散到溶骨区，促使羟磷灰石从解聚的胶原中释出，骨盐溶解。柠檬酸与 Ca^{2+} 结合成柠檬酸钙，降低局部 Ca^{2+} 浓度，从而促进磷酸钙溶解，以进一步脱钙。多肽、羟磷灰石等经胞饮作用进入破骨细胞，并与溶酶体融合形成次级溶酶体。在此，多肽水解为氨基酸、羟磷灰石转变为可溶性钙盐。溶骨作用增强时，血、尿中羟脯氨酸增高，故可将血、尿中羟脯氨酸含量作为溶骨程度的参考指标。

成骨与溶骨两种作用不停地交替进行，处于动态平衡，既保证了骨骼的正常生长，也维持钙和血磷浓度的相对恒定。骨骼发育生长时期，成骨作用大于溶骨作用；而老年人则溶骨作用显著增强，易发生骨质疏松症。

第二节　铁　代　谢

一、铁的体内过程

（一）铁的含量与分布

铁是体内含量最多的一种微量元素，约占体重的 0.0057%。正常成人体内含铁总量约为 40mmol（3~5g），或 50mg/kg 体重，女性略低于男性，与月经期失血、怀孕期及哺乳期铁的消耗量有关。铁在体内分布很广，但极不均匀，其中总铁量的 60%~70% 存在于血红蛋白中，称为血红蛋白铁，25% 左右以铁蛋白、含铁血黄素和未知铁化合物等形式储存于肝、脾、骨髓、肌肉和肠黏膜等器官中，10% 存在于肌红蛋白中，各种含铁酶类（如细胞色素、过氧化物、过氧化氢酶等）含铁约占 1%，而在血浆中运输的铁仅占 0.1% 左右。

（二）铁的来源、吸收与排泄

1. 铁的来源　人体内铁的来源有两种方式：一是来自于食物中的铁；另一种是体内 Hb（血红蛋白）分解释放的铁。后者的 80% 用于重新合成 Hb，20% 以铁蛋白等形式储存备用。人体对铁的需要量和吸收量因年龄、性别和生理情况不同而异（表 13-3）。胃肠道铁的吸收率在 10% 以下，因此一般每天膳食中含铁量 10~15mg，就能满足需要。血红蛋白铁较易吸收，通常有 20%~40% 被吸收。

2. 铁的吸收　铁主要在十二指肠和空肠上段吸收，并受多种因素的影响。在肠腔 pH 条件下，Fe^{2+} 比 Fe^{3+} 溶解度大，易被吸收，而食物中铁多以 Fe^{3+} 形式存在，故胃酸、维生素 C、半胱氨酸和谷胱甘肽等还原物质能将 Fe^{3+} 还原为 Fe^{2+}，从而促进铁的吸收；某些氨基酸、柠檬酸、苹果酸和胆汁酸等可与铁结合成可溶性螯合物，有利于铁的吸收；植酸、草酸和鞣酸等可与铁形成不溶性铁盐而阻碍铁的吸收；此外，小肠黏膜细胞中存在与铁结合的特异受体，能根据需要控制铁的摄取，当体内储存铁增多时则吸收减少，反之，储存铁不足时则增加铁的吸收。

表 13-3　不同生理阶段人群每日对铁的需求量

不同生理阶段人群	每日需要量（mg）
儿童	1
成年男性	1
绝经期妇女	1
青春期妇女	2
妊娠期妇女	2.5

3. 铁的排泄　正常情况下，铁的吸收与排泄保持动态平衡。成年男性排铁量为 0.5~1mg/d 主要是胃肠道黏膜脱落细胞随粪便排出，少部分从泌尿生殖道和皮肤脱落的上皮中排出，生育期女性铁的排出较多，平均排出量约为 2mg/d。

（三）铁的运输、储存和利用

从肠道吸收入血的 Fe^{2+} 在血浆铜蓝蛋白催化下被氧化生成 Fe^{3+}，然后再与血浆运铁蛋白结合而运输。运铁蛋白是一种结合三价铁的糖蛋白，由两条多肽链构成，每条多肽链有一个铁的结合位点。运铁蛋白将 90% 以上的铁运到骨髓，用于合成血红蛋白；将另外不到 10% 的一部分铁运到各组织细胞合成肌红蛋白、含铁酶类等；还有一部分用于合成铁蛋白和含铁血黄素储存于单核-吞噬细胞系统和肝细胞中。铁蛋白是铁储存的主要形式，大部分存在于肝、脾、骨髓和骨骼肌，其次在肠黏膜上皮细胞；铁在铁蛋白中以 Fe^{3+} 形式存在，在出血或其他需要铁的情况下，储存铁可以释放，参与造血及其他含铁化合物的合成。含铁血黄素内的铁也可利用，但不如铁蛋白内的铁易于动员，且含铁总量低于铁蛋白。

知识拓展

铁吸收障碍

生活习惯可影响铁的吸收。例如长期饮浓茶、咀嚼茶叶可致缺铁性贫血（IDA），因茶叶中含有鞣酸，与 Fe^{3+} 形成不溶性沉淀，影响铁的吸收，是目前已知抑制铁剂吸收的最强因素之一，特别是餐后饮茶对铁的吸收有明显影响。咖啡、蛋清和牛乳也抑制铁吸收。十二指肠和空肠上段为铁吸收的主要部位，胃内的酸性环境有利于铁的吸收，胃肠道疾病常影响铁的吸收。胃切除术后由于食物进入空肠过速，绕过十二指肠及胃酸缺乏等原因致铁吸收减少。萎缩性胃炎、消化性溃疡服用抑酸药可影响铁吸收。胃肠功能紊乱，如慢性腹泻、小肠吸收不良综合征等，可造成铁吸收障碍，从而引起 IDA。

二、铁的功能与缺乏病

（一）铁的功能

1. 铁和酶的关系　铁参与血红蛋白、肌红蛋白、细胞色素、细胞色素酶等的合成，并且激活琥珀酸脱氢酶、黄嘌呤氧化酶等的活性。红细胞的作用是输送氧，每个红细胞约含 2.8 亿个血红蛋白，每个血红蛋白分子又含 4 个铁原子，这些血红蛋白里的铁原子，才是真正携带与输送氧的重要成分。肌红蛋白是肌肉贮存氧的地方，每个肌红蛋白含一个亚铁血红素，当肌肉运动的时候，它可以提供或者补充血液输氧的不足。

2. 铁参与能量代谢和造血功能　因铁在人体中有非常多种类的存在形式，其生理功能也相当广泛。如血红蛋白可输送氧，肌红蛋白可贮存氧，细胞色素可转运电子，铁结合各类酶又可分解过氧化物，解毒抑菌，并且参与三羧酸循环，释放能量。铁的释放能量作用和细胞膜线粒体聚集铁的数量多少有关，线粒体聚集铁愈多，释放的能量也就愈多。铁还影响蛋白质和脱氧核糖核酸的合成、参与造血和维生素的代谢。很多研究表明，缺铁时肝内脱氧核糖核酸的合成将受到抑制，肝的发育减慢，肝细胞及其他细胞内的线粒体与微粒体发生异常，细胞色素 C 的含量减少，造成蛋白质的合成和能量减少，进而发生贫血和身高、体重发育不良等。

3. 铁和免疫功能　铁在身体内参与造血，并且形成血红蛋白、肌红蛋白，参与氧的携带与运输。铁还是多类酶的活性中心，铁的过剩与铁的缺少均可以使机体感染机会增多，因微生物的生长繁殖也需要铁。实验表明，缺铁时中性粒细胞的杀菌能力降低，淋巴细胞的作用受损，在补充铁后免疫功能可以得到改善。在中性粒细胞吞噬细菌的过程中，需要依赖超氧化物酶将细菌杀灭，在缺铁时，此酶系统不能发挥其作用。

（二）铁的缺乏病

1. 婴幼儿屏气发作　有些婴幼儿在受委屈或某种目的达不到时会大声哭叫，继之出现屏气、呼吸暂停、两眼上翻、面部及口唇发紫，约数分钟后停止屏气，发出哭声，面色转红润，四肢变柔软。这种屏气发作多见于1~3岁的幼儿。近年来研究发现，这种屏气发作的患儿血清铁、运铁蛋白饱和度与铁蛋白都低于正常儿童，给患儿补充铁剂后，发作即减少或停止发作。而停止发作的患儿，上述化验值都已恢复正常，因此认为屏气发作与缺铁有关。

2. 小儿交叉擦腿综合征　有些小儿，尤其是女孩子更为多见，常会发作性出现双下肢伸直交叉，或使劲夹紧两腿摩擦，两眼发红，上肢屈曲握拳，同时伴外阴充血，分泌物增多，男孩子阴茎勃起，过去认为是"小儿手淫"，后来又认为是孩子受寄生虫骚扰。近年来，临床医生详细检查发现，大约有70%的患儿血中铁蛋白降低，认为此症系体内贮存铁不足，引起儿茶酚胺代谢紊乱的结果。

3. 主妇综合征　国外有人做过调查，发现在25~50岁育龄妇女中，有40%~60%可有全身乏力、无精打采、早上不想起床而晚上又辗转难眠、情绪易波动、郁闷不乐、常突然不能自禁地流泪哭泣、记忆力减退、注意力不集中等症状。究其原因系缺铁，而且常常是化验无明显贫血，仅血清铁偏低。研究还发现，患者肌肉组织铁含量明显降低。因为多发生于家庭主妇，所以称之为"主妇综合征"。补充铁剂后，上述症状可显著改善。

4. 妇女冷感症　美国一学者研究证实，缺铁的妇女体温较正常妇女低，热量产生少13%，新陈代谢也比正常人低。补充铁剂后，她们怕冷感觉可减轻。

5. 异食癖　缺铁还可以引起异食癖，即对正常饮食不感兴趣，却对粉笔、浆糊、泥土、石灰、布、纸、蜡烛等异物有癖好，吃得津津有味。现研究发现，异食癖者缺铁、缺锌明显，补充铁、锌后可迅速好转。缺铁引起的异食癖形式多样，最为多见的是嗜食冰，大冷天也喜食冰块。

6. 神经性耳聋　研究发现，神经性耳聋患者中有不少血清铁含量比正常人低，给以磁石等含铁为主的药物治疗后有显著疗效，绝大多数患者听力明显改善，有的可完全恢复。

进一步研究表明，缺铁可导致耳蜗血管纹萎缩，螺旋神经节退化，损伤听觉细胞而发生耳聋。

上述是由于铁缺乏而导致的疾病，值得注意的是，由于误服过量铁制剂等可引起体内铁过多，可出现急性胃肠刺激症状及呕吐、黑色粪便等。慢性铁过多可出现肤色变深，甚至肝硬化等。

本章小结

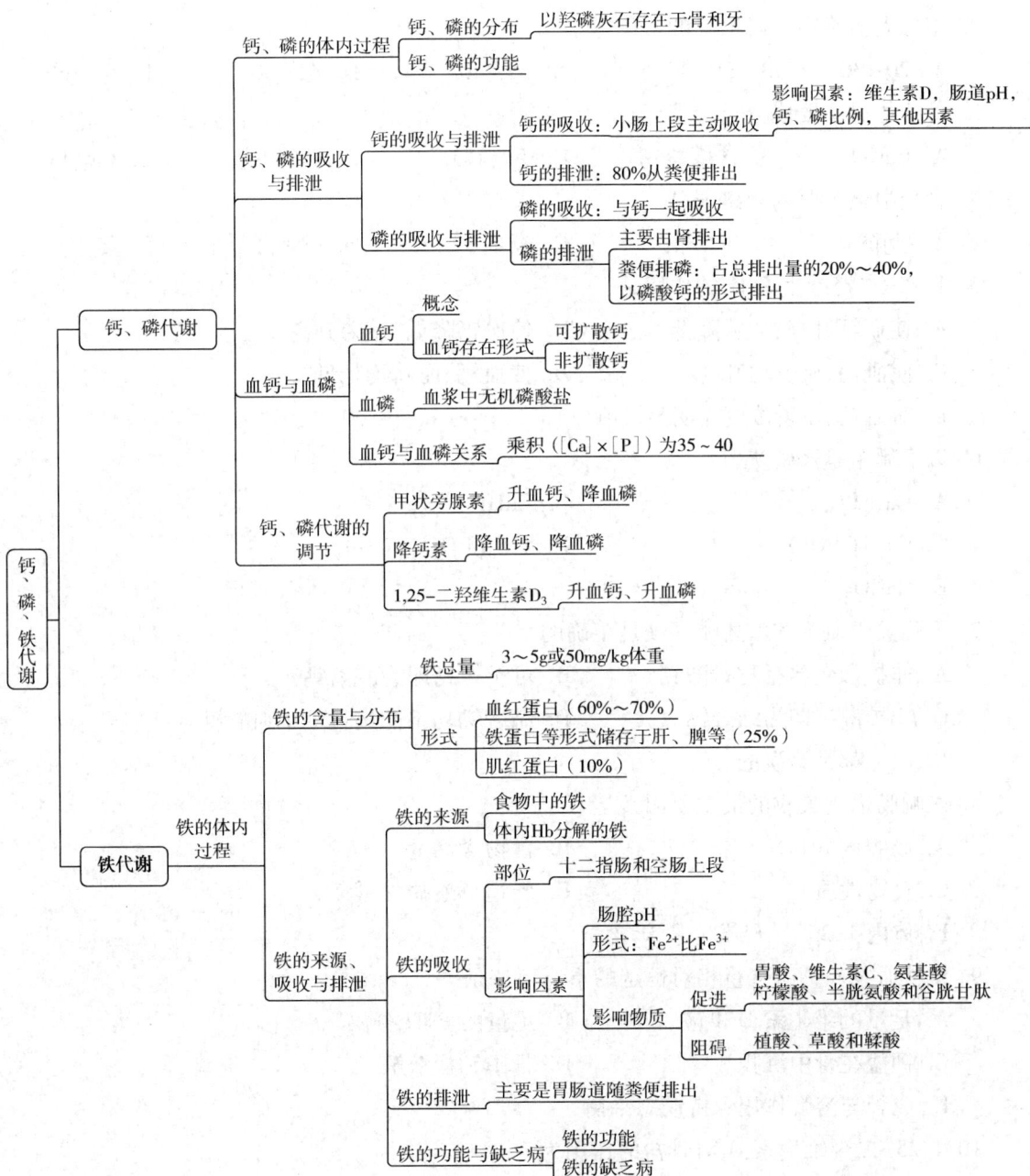

习题

一、选择题

【A1 型题】

1. 血浆结合钙最主要的是指
   A. 与球蛋白结合的钙　　　　B. 磷酸氢钙
   C. 与清蛋白结合钙　　　　　D. 红细胞膜上附着的钙
   E. 柠檬酸钙

2. 正常人血浆钙、磷浓度的乘积等于
   A. 20～30　　B. 31～40　　C. 35～40　　D. 41～50　　E. 51～60

3. 骨盐的最主要成分是
   A. $CaCO_3$　　B. 柠檬酸钙　　C. $Mg_3(PO_4)_2$　　D. $CaHPO_4$　　E. $Ca_3(PO_4)_2$

4. 骨盐中最主要的阴离子是
   A. 磷酸根　　B. 碳酸根　　C. 氟离子　　D. 碘离子　　E. 氯离子

5. 1,25-二羟维生素 D_3 的作用是
   A. 使血钙升高,血磷降低　　　　B. 使血钙降低,血磷升高
   C. 使血钙、血磷均升高　　　　　D. 使血钙、血磷均降低
   E. 对血钙、血磷浓度无明显影响

6. 以下哪个是羟磷灰石
   A. $Ca_3(PO_4)_2$　　　　　　B. $CaHPO_4$
   C. $Ca(H_2PO_4)_2$　　　　　D. $Ca_{10}(PO_4)_6(OH)_2$
   E. $CaCO_3$

7. 下列关于血钙的叙述哪一项是正确的
   A. 非扩散钙包括柠檬酸钙　　　B. 可扩散钙即为游离钙
   C. 非扩散钙即为结合钙　　　　D. 结合钙均不能透过毛细血管壁
   E. 以上都是错误的

8. 影响肠道钙吸收的最主要因素是
   A. 肠腔内 pH　　　　　　B. 食物含钙量
   C. 食物性质　　　　　　　D. 肠道草酸盐含量
   E. 体内 1,25-二羟维生素 D_3 含量

9. 维持血浆、钙磷含量相对恒定的重要环节是
   A. 足量的维生素 D 供应　　　B. 足量的 PTH 分泌
   C. 钙盐在骨中沉积　　　　　　D. 骨中钙盐溶解
   E. 成骨与溶骨作用保持动态平衡

10. 1,25-二羟维生素 D_3 对骨盐的作用为
    A. 促进骨质钙化,抑制骨钙游离
    B. 促进骨钙游离,抑制骨质钙化

C. 既促进骨质钙化，又促进骨钙游离

D. 既抑制骨质钙化，又抑制骨钙游离

E. 仅促进骨质钙化

11. 促进 1,25-二羟维生素 D_3 合成的因素是

    A. 血磷增高　　　　　　　　B. 血钙增高

    C. PTH 分泌增多　　　　　　D. 降钙素分泌增多

    E. 雄激素分泌增多

12. 1,25-二羟维生素 D_3 合成的关键酶是

    A. 25-羟化酶　　　　　　　　B. 24-羟化酶

    C. 7α-羟化酶　　　　　　　D. 1α-羟化酶

    E. 1,25-羟化酶

13. 正常人的血钙中，含量最多的存在形式为

    A. 离子钙　　　　　　　　　B. 蛋白结合钙

    C. 扩散钙　　　　　　　　　D. 不扩散钙

    E. 柠檬酸钙和碳酸氢钙

14. 下述 PTH 的作用中，哪个是错误的

    A. 生理剂量的 PTH 促进钙化作用

    B. 过量的 PTH 促进骨盐溶解

    C. 促进肾小管重吸收钙，血钙升高

    D. 抑制肾小管重吸收磷，血磷降低

    E. 促进肠中磷的吸收，抑制钙的吸收

15. 降钙素对钙、磷代谢的影响是

    A. 使尿磷增加　　　　　　　B. 使尿磷减少，血磷升高

    C. 使尿钙减少，血钙升高　　D. 促进溶骨作用

    E. 生理浓度即可促进肠道对钙的吸收

16. PTH 的作用为抑制

    A. 溶骨　　　　　　　　　　B. 肾小管对磷的重吸收

    C. 肠钙吸收　　　　　　　　D. 1,25-二羟维生素 D_3 形成

    E. 腺苷酸环化酶活性

17. PTH 对尿中钙、磷排泄的影响是

    A. 增加肾小管对钙的重吸收，减少对磷的重吸收

    B. 增加肾小管对磷的重吸收，减少对钙的重吸收

    C. 增加肾小管对钙、磷的重吸收

    D. 减少肾小管对钙、磷的重吸收

    E. 以上都不对

18. 下列有关 PTH 生理功能的描述中哪项应排除

    A. 血钙增高　　　　　　　　B. 降低血磷

    C. 碱化血液　　　　　　　　D. 影响骨、肾、肠等器官的钙、磷代谢

    E. 酸化血液

19. 下列有关维生素 D_3 对钙、磷代谢调节的描述，哪项是错误的

    A. 成骨作用大于溶骨作用　　　　B. 肾钙排泄减少

    C. 血钙升高　　　　　　　　　　D. 血磷下降

    E. 小肠对钙、磷吸收增加

20. 下列有关降钙素对钙、磷代谢调节影响的描述，哪项是错误的

    A. 加速成年动物尿钙排泄　　　　B. 血钙下降

    C. 血磷下降　　　　　　　　　　D. 抑制骨盐溶解、加速成骨作用

    E. 生理剂量时抑制磷的吸收，促进钙吸收

二、思考题

1. 三种激素对血钙及血磷的调节作用及机制。

2. 铁的功能及缺乏病。

（李　军）

扫码"练一练"

参考答案

第一章

1. E 2. B 3. D 4. E 5. C

第二章

1. B 2. C 3. A 4. D 5. A 6. A 7. C 8. E 9. C 10. A
11. B 12. C 13. B 14. C 15. D 16. B 17. B 18. D 19. B 20. C

第三章

1. E 2. A 3. C 4. A 5. C 6. C 7. E 8. D 9. C 10. D
11. D 12. D 13. C 14. A 15. A 16. E 17. E 18. C 19. C 20. A

第四章

1. A 2. A 3. D 4. B 5. B 6. C 7. D 8. D 9. C 10. E
11. E 12. E 13. E 14. C 15. A 16. A 17. B 18. C 19. A 20. C

第五章

1 D 2. D 3. B 4. E 5. D 6. D 7. E 8. B 9. C 10. E
11. B 12. C 13. B 14. D 15. B 16. A 17. D 18. B 19. D 20. D

第六章

1. B 2. B 3. B 4. A 5. C 6. A 7. C 8. C 9. D 10 D
11. A 12. D 13. B 14. D 15. A 16. D 17 C 18. D 19. B 20. B

第七章

1 C 2. C 3. E 4. E 5. E 6. B 7. C 8. C 9. B 10. D
11. B 12. E 13. D 14. A 15. 16. C 17. C 18. C 19. E 20. B

第八章

1 E 2. D 3. B 4. D 5. E 6. C 7. D 8. C 9. D 10. A
11. A 12. C 13. D 14. E 15. E 16 B 17. C 18. C 19. C 20. C

第九章

1 D 2. D 3. E 4. D 5. D 6. B 7. A 8. A 9. D 10. D
11. A 12. C 13. B 14. B 15. E 16. E 17. D 18. E 19. E 20. C

第十章

1 D 2. A 3. C 4. C 5. D 6. D 7. E 8. D 9. A 10. C
11 A 12. E 13. A 14. B 15. A 16 C 17. A 18. B 19. A 20. C

第十一章

1. C 2. C 3. B 4. E 5. B 6. D 7. E 8. E 9. A 10. C

11. B 12. C 13. B 14. C 15. D 16. E 17. A 18. D 19. C 20. D

第十二章

1. C 2. D 3. B 4. C 5. A 6. A 7. C 8. C 9. B 10. C
11. E 12. E 13. B 14. C 15. B 16. C 17. B 18. D 19. B 20. A

第十三章

1. C 2. C 3. E 4. A 5. C 6. D 7. E 8. E 9. E 10. C
11. C 12. D 13. A 14. E 15. A 16. B 17. A 18. C 19. D 20. E

（杨留才）

参考文献

[1] 何旭辉，吕士杰．生物化学［M］．北京：人民卫生出版社，2014.

[2] 高国全．生物化学［M］．北京：人民卫生出版社，2013.

[3] 查锡良，药立波．生物化学与分子生物学［M］．8版．北京：人民卫生出版社，2013.

[4] 查锡良，吴佳学，刘观昌．生物化学检验实验指导［M］．2版．北京：人民卫生出版，2016.

[5] 施红．生物化学［M］．9版．北京：中国中医药出版社，2016.

[6] 姚红兵．生物化学［M］．7版．北京：人民卫生出版社，2011.

[7] 吴梧桐．生物化学［M］．3版．北京：中国医药科技出版社，2010.

[8] 王易振，何旭辉．生物化学［M］．2版．北京：人民卫生出版社，2013.

[9] 周新，涂植光．临床生物化学和生物化学检验［M］．3版．北京：人民卫生出版社，2006.

[10] 刘观昌，冯少宁．生物化学检验［M］．4版．北京：人民卫生出版社，2015.

[11] 王继峰．生物化学［M］．北京：中国中医药出版社，2007.

[12] 赵佳．生物化学［M］．北京：中国医药科技出版社，2015.

[13] 潘文干．生物化学［M］．北京：人民卫生出版社，2003.

[14] 晁相蓉，余少培，赵佳．生物化学［M］．北京：中国科学技术出版社，2017.

[15] 林德馨．生物化学［M］．北京：人民卫生出版社，2013.

[16] 范明．生物化学［M］．北京：中国中医药出版社，2013.

[17] 高凤琴．生物化学［M］．北京：中国中医药出版社，2014.